中等专业学校园林专业系列教材

园林树木栽培学

北京市园林学校　石宝锌　主编

中国建筑工业出版社

图书在版编目（CIP）数据

园林树木栽培学/石宝锌主编. —北京：中国建筑工
业出版社，1999（2023.3重印）
中等专业学校园林专业系列教材
ISBN 978-7-112-03641-7

Ⅰ. 园…　Ⅱ. 石…　Ⅲ. 园林树木-栽培学-专业学
校-教材　Ⅳ. S68

中国版本图书馆 CIP 数据核字（1999）第 03332 号

　　本书从园林树木栽培和繁殖的特点出发，系统介绍了园林树木生长发育规律，城市园林苗圃的建立，园林树木的种子生产，苗木的繁殖、抚育、出圃，植树工程，园林树木养护管理以及屋顶绿化和垂直绿化等育苗、栽培新技术的基本理论和方法，是研究和学习苗圃管理和园林树木栽培技术和组织与管理方法的一本实用教材。

　　本书可作为城市建设中等专业学校园林专业的教材，也可供园林工作者和园林爱好者学习参考。

*　　*　　*

责任编辑：时咏梅

中等专业学校园林专业系列教材

园林树木栽培学

北京市园林学校　石宝锌　主编

*

中国建筑工业出版社出版、发行（北京西郊百万庄）
各地新华书店、建筑书店经销
北京建筑工业印刷厂印刷

*

开本：787×1092 毫米　1/16　印张：18¾　字数：452 千字
1999 年 6 月第一版　　2023 年 3 月第十四次印刷
定价：**39.00** 元
ISBN 978-7-112-03641-7
（33469）

前　言

　　良好的生态环境，是国民经济长期稳定发展的重要保证。增加覆盖国土的绿色植被，发展城市园林绿化，改善生态环境，已成为当今世界上引人注目的重要课题之一。

　　园林树木是城市园林建设不可缺少的重要材料，因此，园林树木的繁殖培育和施工养护管理工作在园林事业中占有重要的地位。

　　本书是根据建设部普通中等专业学校园林专业培养方案以及课程与实践环节教学大纲中的有关要求和内容编写的。全书汇集了园林苗圃学和绿化施工与养护管理的基本内容。

　　园林树木栽培学是一门与生产密切相关，实践性很强的学科。编写中既注意系统地阐明基本理论，又注重联系生产实际，同时力图反映国内外的先进技术，并兼顾各地需要。但我国幅员辽阔，树种繁多，栽培的技术和方法也有异同，难以照顾周全。各校在使用本教材时，可结合当地具体情况酌情增减。

　　书中绪论、第七章、第十一章及实习内容由石宝锌编写（北京市园林学校）；第一章由王希亮编写（山东省城市建设学校）；第二章、第五章、第六章由杨秀贤（大连城建学校）、石宝锌编写；第三章、第四章、第八章由蒙俊杰编写（天津市园林学校）；第九章由祁林、石宝锌编写（北京市园林学校）；第十章由倪沛编写（北京市园林学校）。全书各章插图分别由石宝锌、王希亮、蒙俊杰、祁林提供。

　　此外，上海市园林学校孙余杰曾为本书编写"各类园林植物的培育与养护"以及"部分城市树木养护工作月历"两部分，为与教学大纲相符或避免与有关章节内容重复，此次未列入本书，在此表示歉意。

　　本书经北京园林学会常务理事、北京市园林科研所顾问陈自新教授审阅。

　　由于编写人员的水平有限，谬误和不足之处在所难免，欢迎读者批评指正。

目　　录

绪　论

第一节　园林树木栽培学的任务

绿化美化建设是城市建设的重要组成部分，也是城市文明建设和现代化城市的重要标志之一。园林绿化作为城市建设的一个不可分割的组成部分是在大城市和工业城市造成城市公害的情况下才为人们所确认的。环境是人类的生存条件，城市必须与自然并存，建设一个良好的城市环境，不仅关系到城市经济的发展和城市居民的身心健康，也是全民族精神文明的体现。

树木是绿色植物的主体，在陆地生态系统中面积最大、结构最复杂、功能最稳定、生物量最多，是陆地生态平衡的主要维护者。从宏观来讲，园林绿化工作的主体是园林植物，其中又以园林树木所占比重最大。园林树木是木本植物，通常体型比较高大，寿命较长，管理简便，又各有其典型的形态、色彩与风韵之美。因此，它们常可较其他植物发挥更多的作用，在园林绿地和风景区的综合功能中居于主导地位，起着美化城市，减轻噪声，固沙吸尘，调节小气候，净化空气的作用，也为发展旅游事业创造条件，为人民的生活提供优美、清新、舒适的环境。

我国国土辽阔，地跨寒、温、热三带，山岭逶迤，江川纵横，奇花异木种类繁多，风景资源极为丰富。从园林绿化风景建设和保持国土的良好生态环境而言，园林树木是极为重要的因素。从概念上来讲，凡适合于各种风景名胜区、休疗养胜地和城乡各类型园林绿地应用的木本植物，统称为园林树木，是包括乔木、灌木和藤木在内的木本观赏植物的总称。按其在园林中的用途，常可分为园景树、庭荫树、行道树、花灌木、攀援植物、绿篱植物及木本地被植物等，也包括那些室内绿化装饰用的木本观赏植物在内。

园林树木栽培学，是以园林建设为宗旨，对园林树木生长发育的规律与环境的相互关系，以及对园林树木的繁殖、栽培和养护管理等方面进行系统研究的学科。学习它的目的和任务就是要学会应用园林树木来建设园林的能力，并具有使园林树木能较长期并充分地发挥其园林功能的能力。此课程属于应用科学范畴，是为园林建设服务的，因此，它是园林专业的重要专业课。学好此门课程，对苗圃建设、绿化工程施工以及园林的养护管理等实践工作具有重要意义。

第二节　我国园林植物栽培简史

我国不仅园林树木的种质资源丰富，而且勤劳、智慧的人民在历代长期引种栽培、选种繁育园林树木等方面，积累了丰富的实践经验和科学理论，创造出无数优良品种，遗留下一套较为完整的珍贵遗产。无数考古事实说明，中华先民在远古时代就有当时居于世界前列的作物栽培技术和高超的审美能力。《魏书·刘芳传》载："按《论语》称夏后氏以松，……，而《尚书逸篇》则云太社惟松，东社惟柏，南社惟梓，西社惟栗，北社为槐"。这反映在夏代社坛始有绿化。

早在春秋时代的一些民歌中，已有关于野生树木形态、生态与应用的记述。到了战国时代，杏树已在园圃栽培。秦王嬴政在京都长安、骊山一带建阿房宫、上林苑，大兴土木，广种花、果、树木，其中，木兰、女贞、梅、柿、黄栌、柑桔、枇杷等树种，已作为观赏树木在园林中广泛栽培。由此可见，我国古代就是从植物的观察、欣赏到引种、栽培与布置应用，先以经济实用为主要选择条件，然后逐步发展为园艺栽培。

汉代以后，随着生产力的发展，树木栽培由以经济、实用为主，逐渐转向以观赏、美化为主，引种规模渐大，并将花木、果树用于城市绿化。至晋代，树木栽培在原有基础上有较大提高，如西晋稽撰《南方草木状》，描述了华南植物80种；东晋戴凯之在《竹谱》中记载了70多种竹子，是中国第一部观赏植物专谱。公元6世纪，北魏贾思勰写成农业巨著《齐民要术》，除总结当时华北较高水平的农业技术外，还记述绿篱制作，槐与麻子混播促槐苗端直，梨树嫁接及砧穗关系以及阔叶树的育种等问题，反映了当时世界上前所未有的栽培技艺。

隋、唐、宋时代，我国园林树木栽培技术已相当发达，在当时世界上居于领先地位。隋炀帝在洛阳建西苑，广植奇花异卉。由于他诏进名花，易州献20箱牡丹名品。唐朝是中国封建社会中期的全盛时期，观赏园艺业日益兴盛，花木种类与品种不断增多，寺庙园林及对公众开放的游览地、风景区都栽培不少名木。宋代大兴造园、植树栽花之风，同时，撰写花木专谱之风盛行。如欧阳修所著《洛阳牡丹记》，反映宋初牡丹选种、育种、品种分类、栽培繁殖等，都已达较高水平。范成大《梅谱》除记述当时苏州的梅花品种外，还涉及野梅、古梅、促成栽培、梅文化等诸多方面。南宋时陈景沂编纂《全芳备祖》，堪称中国古代的花卉百科全书。记述栽培植物近三百种，其中园林树木约占1/6以上。此外，还有张峋《洛阳花谱》、沈立《海棠谱》、周师厚《洛阳花木记》等等。

明清两代在北京、承德、沈阳等地建立了一些皇家园林，在北京、苏州、无锡等城市出现了一批私家园林。前者要求庄严肃穆，种植松、柏、槐、栾甚多，缀以玉兰、海棠；后者则注意四季特色与诗情画意，如春有垂柳、玉兰、梅花、桃花，夏有月季、紫薇，秋有桂花与红叶树种，冬有腊梅、竹类等植物。自明代而后，园艺商品化生产渐趋兴旺。今北京市称为花乡的丰台十八村，当时已出现甚多花卉专业户。河南鄢陵当时就以"花都"著称，这个地区的花农长期以来培育成功多种多样绚丽多彩的观赏植物，在人工捏、拿、树冠整形技术上有独到之处，如用桧柏捏扎成的狮、象等动物至今仍深受群众喜爱。除此，山东菏泽赵楼村、安徽歙县卖花渔树、广州花田等地，都出现较大规模的花卉商品化生产栽培。明末清初，在经济文化发达、民间造园活动频繁的江南地区涌现了一大批杰出的造园家，有的出身于文人阶层，有的出身于叠山工匠。丰富的造园经验不断积累，再由文人或文人出身的造园家总结为理论著作刊行于世。在人工山水园的建造中，园林植物配置尽管姹紫嫣红、争奇斗妍，但都以树木为主调。栽植树木不讲求成行成列，但亦非随意参差，往往以三株五株、虬枝古干而予人以葱郁之感，运用少量树木的艺术概括而表现天然植被的气象万千。

从清代植物栽培专著中，可看出在初期较多较好，后期趋于停滞。陈淏子所著《花镜》堪称花卉栽培技艺总结。《广群芳谱》乃汪灏等于1708年在王象晋著《二如亭群芳谱》的基础上改编扩写而成的花卉巨著。吴其濬著《植物名实图考》，是中国古代最大的区域性植物志，共收植物 1714 种，比《本草纲目》增加了 519 种，其中包括了不少观赏植物。

1911 年辛亥革命结束了清政府的统治，成立了中华民国，却因为军阀政客争逐权势加之日本帝国主义入侵，社会动荡，广大人民处于水深火热之中。以后的 30 多年中，仅南京中山陵园、金陵大学园艺试验场、庐山植物园等少数单位断续从事园艺生产与科研工作。当时的北京，在反复几次做为首都或陪都的不同时期中，一直灾难未已。园林方面也只是继承了前人所有，随着岁月流逝，不少园林胜地反而渐趋凋敝。至于一些旧园古刹，不是被占作别用，就是残破倾圮，所不同的只是在一些游览区里，增添了不少洋人买办或某些新贵的山庄别墅，使这些地方增加了一些不谐调的半殖民地色彩。1949 年北京解放时，城近郊区对外开放的大公园只有中山、北海、天坛、颐和园、西郊公园（今动物园）等 7 处，以及正义路、中华门、景山东街等小绿地 5 处，总面积 772ha（其中水面 274.19ha）。按当时城市人口，平均每人只有公共绿地 $3.6m^2$。栽有树木的道路、河道只有 87km。公共绿地约有树木 6.41 万株（公园 49600 株，行道树 9100 株，河道树 5400 株）。为城市绿化服务的苗圃只有 3 处，总面积 30ha。有苗木 14 万株，由于缺乏移植和抚育，不少是不适合使用的原床苗和"小老苗"。

建国以来，党和国家非常重视园林绿地的保护和建设，城市和风景区园林绿化建设取得了显著的成绩。特别是党的十一届三中全会以后，园林绿化事业呈现出新的活力。1979 年 6 月，国家城建总局下发了全国城市园林绿化工作会议讨论通过的《关于加强城市园林绿化工作的意见》，明确提出了城市园林绿化工作的方针、任务和加速实现城市园林化的要求。1981 年 12 月 13 日，第五届全国人民代表大会第四次会议通过了《关于开展全民义务植树运动的决议》，进一步调动了广大群众植树绿化的积极性，举国上下迅速兴起了全民性的绿化祖国的群众运动。1982 年 2 月 27 日，国务院常务委员会议通过并颁布了《国务院关于开展全民义务植树运动的实施办法》，并要求各省、自治区、直辖市人民政府结合实际情况，制定实施细则。国务院、中央军委于 1982 年 2 月 12 日发出了《关于军队参加营区外义务植树的指示》。1984 年 3 月 1 日，中共中央、国务院发出《关于深入扎实地开展绿化祖国运动的指示》。1984 年 9 月 20 日颁布的《中华人民共和国森林法》将各级人民政府应当组织全民义务植树写进法律条款。1992 年 5 月 20 日，国务院 104 次常务会议通过《城市绿化条例》，并于 1992 年 8 月 1 日起在全国施行。上述颁布的一系列法律、法规、决议、规定等，为园林绿化事业确定了大政方针，把国土绿化，改善生态环境，提高到国家发展的战略地位，作为一项基本国策。园林绿化在健全城市生态，改善和美化城市环境，建设文明城市中的地位和作用，越来越被各级领导和广大群众所认识，我国的园林绿化事业进入了恢复和发展的新时期。

以北京为例。十几年前，在一次防止城市沙漠化的国际会议上，北京被列入"世界沙漠边缘城市"。不仅风沙紧逼北京城，而且出现了"热岛效应"——空气中的二氧化碳含量不断增多，城市气温逐年上升。

现在的北京，生态环境明显改善，科学测试的最新数据表明：北京地区 8 级以上大风天气由 70 年代平均 36.1 天降为 12.4 天；降尘量由 1979 年每平方公里每月 25.1t 降为 21t；风沙日与大风天气日的比值也由过去的 1.4 降为 0.82。这一切，应主要归功于持续了 10

多年的北京绿化热潮。1995年，北京市城市园林绿地总面积已达20623.76ha，城市公共绿地总面积5016.46ha；城近郊区人均公共绿地面积7.08m²，绿化覆盖率32.68%；实有树木3848.43万株；建成区道路绿化总长度2181.28km。如今从空中鸟瞰首都，京城绿色尽收眼底。城内，条条道路郁郁葱葱，公园绿地随处可见；四周，二环、三环、四环，层层绿树环绕，"翡翠项链"铺荫吐绿；京郊，昔日的荒山、荒滩也陆续披上了绿装。到2000年，从市区到郊区，从平原到山区，将形成一个点、线、面、片、网、带相结合的绿化体系。市区做到三季有花、四季长青、黄土不见天；平原开辟营建一批森林公园，浅山丘陵区建成风景旅游区和春花秋实的干鲜果品基地；西部、北部、东部山区建成防风御沙的绿色屏障。力争全市林木覆盖率达到40%以上，城市人均公共绿地达到10m²。把北京真正建成"环境最清洁、最卫生、最优美的第一流城市"。

第三节　我国园林树木栽培的现状与展望

随着我国城乡园林绿化事业的发展，园林苗木繁育、绿化施工、养护管理等方面也获得了较快的发展和提高。在园林树木引种、驯化方面，随着园林科研机构的相继建立和日趋完善，树木引种、驯化工作得到迅速发展，使一些树种的生长区向南或向北推移，如毛竹在山东济南生长，苹果在江南栽培成功，不仅可以丰富本地区的树种资源，改善自然景观，而且可以不断选育出高产、优质的新树种或品种、类型。我国从澳大利亚、北美洲引进的木麻黄、湿地松、火炬树、加勒比松，在南方生长茂盛，其中木麻黄已成为南方海滨城市绿化的先锋树种。南京市中山植物园自1954年重建以来，广泛开展以中亚热带为主的树木引种驯化研究，成功地引种树木近千种，除积极推广优良树种外，还进行了外来树木在新条件下的生长发育和适应性的观察研究。北京市植物园在引种驯化大量华北地区野生植物资源的基础上，近几年已搜集到观花、观叶、观果、观枝干和其他园林植物约600种，经过科学的引种驯化实验，有180多种（或品种）获得成功。在园林树木选育种方面，技术不断创新与发展，单倍体育种、多倍体育种及电离辐射等新技术研究在我国已有突破，正在向应用阶段发展。

生物工程在观赏园艺上取得新进展。在调查研究基础上，一些野生园林树木资源和新属新种被发现，如银杉、金花茶、红花油茶、深山含笑等。在园林树木育苗方面，苗圃建设和苗木生产有了长足的发展。塑料薄膜的问世，为园林树木的保护地栽培提供了广阔的前景，塑料温室（大棚）的应用，使一些难以繁殖的珍贵花木能获得较高的生根率，为多、快、好、省地培育各类园林苗木创造了条件。间歇喷雾的应用，使全光照扦插育苗得以实现。生长激素的推广和植物组织培养技术的日趋成熟和完善，使苗木的繁殖进入一个新时期。在园林树木栽培、养护方面，工厂化生产技术，在我国已初步用于少数园林树木上，无土栽培和保护地栽培技术的应用已初见成效。透气透水地面铺装的推广，将为改善城市树木的生长状况开辟蹊径。适于城市条件施用的新型树肥及其配套施用工具的研制，必将改变园林树木同城市土壤贫瘠和不具备常规施肥条件的状况。古树保护、复壮研究已有突破。以生防为重点的综合防治病虫害技术将有所发展，生物制剂在城市绿化中有广阔的应用前景。

在园林绿化工程施工方面，经过多年摸索积累，大树移植工程已形成一整套经验，并得到广泛应用。绿化施工机具、施工技术规程及规范等方面的研究工作，均取得一定的成果，与此同时，园林专业教育和科研工作也获得了恢复和发展。

80年代以来，特别是进入90年代后，我国园艺事业发展迅猛，形势喜人。应用于园林绿化的园林植物生产，也随着市场经济的发展而逐增。至1990年底，我国467个城市绿化苗圃约1.4万ha，占城市建成区面积1%左右，园林苗木作为城市园林绿化、美化的基础材料有着广泛的国内外市场。如北京的园林苗木市场在1980年以前尚处于朦胧状态，对外交换流通量很小。十一届三中全会以后园林苗木开始走向社会，进入市场。由农村生产者开始，由南向北，江浙一带的园林苗木向北方涌来，北京的苗木向三北散去。当前，园林系统的苗圃、花木公司独家经营生产的局面早已经被打破，国营、集体、个人，各行各业，不同层次、不同体制的花木生产经营实体，如雨后春笋般地发展起来，众多的政企分开的自主经营企业，对受计划经济模式制约的园林专业生产是个有力的冲击，园林苗木市场竞争的态势逐步形成。

随着国民经济的迅速发展，人民生活水平的逐步提高，城市建设将会同步协调发展，园林绿化建设的速度也一定会加快，走生态园林的道路，建设大园林，必将成为当代城市园林绿化建设的发展方向。苗圃将建设成为设备完善、生产技术先进的园林植物生产基地，逐步做到生产区域化、专业化、社会化，生产足够的优质苗木，保证城市园林绿地的需要。园林科学的基础研究和开发研究将进一步加强，园林建设的技术水平和艺术风格将有很大提高。园林管理法规日趋完善健全，园林管理工作将逐步实现现代化、科学化，走出一条符合我国实际并继承历史文化传统的具有中国特色的园林绿化建设道路。展望21世纪，我国园林植物栽培和园林植物产业化经营必将得到迅猛的发展，尽快赶上发达国家的水平，把全国主要城市建设成为清洁、优美、生态健全的文明城市的宏伟目标，将会变成现实。

复 习 思 考 题

1. 试述园林树木和园林树木栽培学的概念。
2. 为什么说我国园林树木栽培历史悠久，源远流长？
3. 试述我国园林树木栽培的发展前景。

第一章　园林树木的生长发育

第一节　树体的基本知识

一、树体的组成

一株正常生长的树木，主要由树根、枝干（或藤木主蔓）、树叶所组成。此外，在一定树龄范围内，还有花、果等。习惯上把树根称为"地下部分"；把枝干及其分枝形成的树冠（包括叶、花、果）称为"地上部分"；地上部分与地下部分的交界处，称为"根颈"。各类树木（乔木、灌木、藤木）其组成又各有特点。现以乔木为例来说明树体的组成（图1-1）。

（一）树干

树干是树体的中轴，下接地下部分——根系，上承地上部分的树冠。树干又可分为主干和中心干。但有些树种或经过整形定干的树体，则没有中心干。

1. 主干

指树木从根颈以上到第一个主枝之间的部分，俗称为"树干"。灌木仅具有极短的主干；丛木不具主干，而呈丛生枝干；藤木的这一部分，称为"主蔓"。主干是树体内营养上、下运转所必经的总渠道，也是贮藏有机物的场所之一。它在结构上起支撑作用。

2. 中心干

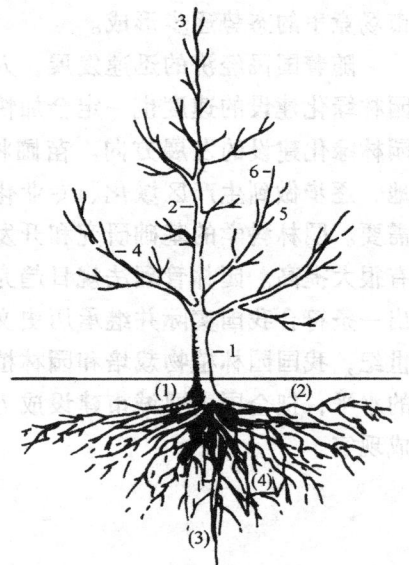

图1-1　树体的组成
1—主干；2—中心枝；3—中央领导干；
4—主枝；5—侧枝；6—主枝延长枝
(1)—根颈；(2)—水平根；(3)—主根；
(4)—垂直根

指主干以上至树顶之间的部分，即位于树冠中央直立生长的大枝，称为"中心干"或"中央领导干"。它领导着全树冠各类枝条的生长。中心干的有无和强弱，对树形有很大的影响。

（二）树冠

树冠是指主干以上集生树枝的部分。包括主枝、各级骨干枝及其延长枝、侧枝和树叶，系由茎逐级分枝所构成。由中心干分出来的主要大枝叫一级枝（又称主枝）；由一级枝上分生出来的主要枝条，叫二级枝；依此类推，还有三级枝……。不同级次的枝条，相互形成主从关系。分枝级次的多少，以树体大小而异。

(1) 主枝与次级骨干枝，它们是构成树冠的主要骨骼。主枝和树干呈一定的角度着生，有的在中心干上常呈层次排列。

(2) 从主枝上分生出来的主要大枝，叫侧枝（或叫副主枝）。在侧枝上分生出来的主要大枝，叫副侧枝。在各级枝系中，构成树冠骨架的大枝，统称为"骨干枝"。它们支撑树冠全部的侧生枝及叶、花、果，在生理上主要起运输、贮藏水分和养分的作用。由于骨干枝着生的状态不同，构成树冠的基本外貌也各异。

(3) 延长枝　中心干和各级骨干枝先端领头延伸的一年生枝，统称为"延长枝"。延长枝在树木幼、青年期生长量较大，起到扩大树冠的作用。其枝龄增高后，转变为骨干枝的一部分。随着分枝级次的增高，到一定级次后，延长枝和附近的侧生枝差别很小或变得难以区分。

(4) 小侧枝　自骨干枝上所分生的较细的枝条，叫小侧枝。它们可能是单独一枝或再分生成小枝群（枝组），常能分化花芽并开花、结果。

(三) 根颈

树干和根的交界处称为"根颈"。它是树木器官中机能比较活跃的部分。根颈埋入土中过深或过浅或露出地面，都容易引起生长不良；对青壮年树还会引起早衰。根颈进入休眠晚，而解除休眠早，同时因接近地面，温差变化大，因此，在初冬和早春易受冻害和日灼，引起腐烂或病害，在栽培上尤应注意保护。

实生树的根颈，由下胚轴发育而成，是真根颈；用扦插、压条、分株等营养繁殖的树木，没有真根颈，其相应的部分称为假根颈。

(四) 根系

树木的根系是树体极重要的器官和组成部分。它有固着树体、吸收、输导、贮藏和合成营养物质及某些激素等功用。有的还能萌蘖更新，形成新的独立植株的能力。

树木的根，以发生来源可分为定根和不定根。定根由种子的胚根发育而成；不定根在茎干或叶上形成。

树木个体根的总体，称为"根系"。定根和不定根均可发育成根系，根系都有一定的形态。按其形态可分为直根系和须根系。

主根较粗大发达，多垂直向下生长，而侧根较短小，这种主、侧根有明显区别的根系，为直根系。大部分双子叶树种和裸子植物的根系都属这种类型。如银杏、松类、栎等。

主根不发达或早期停止生长，由茎基发生许多粗细相似的不定根，呈丛生状的这种根系，为须根系。如竹类、棕榈等大部分单子叶树种的根系，属此类型。

园林树木的根系，按繁殖器官的不同，又可分实生根系、茎生根系和根蘖根系三类。

1. 根系结构

树木的根系通常由主根、侧根和须根所组成。实生根系由种子的胚根发育而成，胚根向下垂直生长形成主根。由主根先端原生中柱组织分生出大侧根，为一级根，依次再分出各级侧根。

(1) 主根和大侧根　构成根系的骨架，称为"骨干根"。骨干根寿命长，有固着、输导及贮藏养分的作用。

(2) 须根　主根和各级侧根上着生的细小根，统称为"须根"。须根细而短，一般寿命较短。大部分须根在营养末期死亡，未死亡的则发育成为骨干根的一部分。须根是根系中最活跃的部分。包括须根在内的初生根，按形态、构造和功能可分为生长根、吸收根、输导根。生长根又称轴根或延长根，是具初生结构的根，多呈白色，生长较快，也有吸收能力。其功能主要是在土壤中延伸和分生新的生长根和吸收根。原生长根转为次生结构呈浅褐色或深褐色变为输导根，加粗生长后成为骨干根。吸收根又称"营养根"，也是初生结构的白色根，主要功能是吸收水分和矿质，并将其转化为有机物。它具有高度的生理活性，且数量最多，在根系生长的旺季，其数量占根系总量的90%以上。可见吸收根的多少与树木营养状况的关系极为密切。吸收根一般不能转变为次生结构，寿命较短。

（3）根毛　生长根和吸收根的先端，密被数量极多而细小的薄壁细胞，称为"根毛"。根毛起吸收作用，但寿命很短，随根的伸长，不断更新。

多数树木的实生根系为直根系，但有些单子叶树木，虽由实生繁殖而来，主根早期停长，由粗细差别不大的不定根组成丛状的须根系。

用扦插、压条繁殖的树木为茎生根系，由茎所发生的不定根发育而成，没有真正的主根。但其中有少数不定根往往发育粗壮，外表上与主根相似，这种具有直根系形态的根系，习惯上亦把它看成是直根系。

2. 根系的分布

树木的根系在土壤中的分布有明显的层次，一般可分为 2～3 层。最上层侧根与主根的夹角（根群角）大，几乎与地表平行，称为"水平根"。下层的根群角较小，与地表近于垂直的根，称为"垂直根"。垂直根与水平根之间的根，有过渡类型。这些不同层次根的综合分布形态，构成根系的外貌。

（1）深根性与浅根性。从遗传性来看，有些树木的根系以垂直向下生长占优势，具有深根性，深入土层可达 3～5m。如马尾松、香樟、黄菠萝、臭椿、栓皮栎、银杏、核桃、板栗、泡桐、柿树等，均为深根性树种。而有些树木，其初生根很快转慢，主根不发达，而以侧根呈水平方向生长占优势，大都分布在离地表 20～30cm 土壤表层中。如刺槐、枫杨、落羽松、山杨、鱼鳞松、冷杉、杉木等。乔化砧木的根系一般比矮化砧木的根系分布深而广。灌木的根系多较浅；藤木多为深根性。

（2）水平根与垂直根的分布。水平根的分布范围，一般都超过树冠投影的 1～3 倍。一般土壤肥沃，粘重时水平根的分布范围较小；瘠薄山地或沙地，水平根分布则广。水平根的分生性强，着生的细根亦多，对树木地上部分的营养供应，起着极为重要的作用。

垂直根的分布深度一般小于树高。一般直立性强的树种，其垂直根深。在深厚疏松而孔隙度大的土壤中，根分布得深；在地下水位低的土壤中，根常沿蚯蚓孔道延伸很深；在干旱地区或具竖向母岩裂缝的山地，垂直根分布亦深。在地下水位高的地段，地下水位活动区，成为根系垂直分布的界限。垂直根的作用，主要是固着树体和吸收土壤深层的水分和营养元素。垂直根因处在离地面较深处，受地上环境条件的影响小，主要受土壤深层环境的影响。其分布能力较弱，占全根量的比例虽较少，但它的存在和分布深度，对适应不良的气候环境，起着重要的作用。

一般根的集中分布层在地表以下 10～80cm 处，多数在 10～40cm 之间，这是根系吸收肥、水主要的土层，土壤管理尤其要注意改善这一范围的水、肥、气、热状况。须根常大量分布在含氮和矿质最多、微生物活动最旺盛的土层中。注意加深耕作层，使根系向深层生长，有利于提高树木对干旱、高温、严寒等不良条件的抗逆能力。

（3）根瘤与菌根。有许多树木与微生物共生，形成根瘤和菌根，与固氮的根瘤菌共生，除豆科树木（紫穗槐、合欢、刺槐、胡枝子等）外，木麻黄属、杨梅属、胡颓子属、苏铁、罗汉松等也见有根瘤形成。另有些树种与真菌共生而形成菌根，分内生、外生、内外生几种形式。这种共生一般对树木生长都有良好的影响。但当真菌生长过旺，耗根的养分过多，对树木生长也有不利影响。

（4）根蘖　某些树种在水平根上能形成不定芽，萌发抽梢露出地面，同时在其下面发生新根，形成新苗，称为"根蘖"。如刺槐、杨属的几个种、李、杏、银杏等。根蘖对这类树木具有更新作用，也可用来繁殖新植株。根蘖多发生在土壤通气良好或根部外露的部位，也常发生在根弯曲处或受过机械损伤的部位。根蘖根系与其他根系在习性和机能上并没有本质的区别。

二、园林树木的两个特性

（一）园林树木的生物学特性

园林树木的生物学特性即树木个体生长发育的规律。这个规律就是由种子萌发，经幼苗、幼树，逐渐生长发育到开花结果，最后衰老死亡，整个生命过程的发生发展规律。不同的树种有各自不同的生长发育规律，即不同的树种有各自不同的生物学特性。这是由各自不同的树种本身特性所决定的。不同树种的生长速度、寿命长短、开花结实特性与繁殖性能都是各不相同的。

（二）园林树木的生态学特性

园林树木的生态学特性即园林树木对环境条件有一定的要求和适应能力的特性。不同的树种在长期的系统生长发育过程中形成了不同的生物学特性，对周围的环境有一定的要求和适应能力。例如：生长在热带、亚热带、温带和寒带的树种或深根性、浅根性等树种对周围的环境（如温度、水分、土壤等）要求各不相同，其适应能力也不相同。影响园林树木生长的环境条件叫生态因子。如光照、水分、温度、空气、土壤等。

三、园林树木的生长发育

植物的生长发育是其正常代谢的综合表现。植物由种子播种后，经发芽、出苗，由小长大，继而开花结果，最后衰老死亡，完成整个生活史，这就是植物生长发育的现象。

生长与发育是两个既有密切联系又有具体差别的生命现象。植物在同化外界物质的过程中，通过细胞的分裂和扩大（也包括某些分化过程在内），导致体积和重量不可逆的增加，称为"生长"。生长的结果是使植物躯体的长大（伸长、加粗），器官的增加（叶片增多、分蘖、根分枝等），是量的变化。在其生活史中，基于细胞、组织、器官分化基础上的结构和功能（难以用简单数字等表达的质）的变化，称为"发育"。当植物顶端分生组织细胞分化成花芽后，使植物体出现了生殖体，这是质的变化。

生长与发育，关系极为密切，生长是发育的基础，发育是生长的继续。植物从播种开始，经幼年、性成熟开花、结果直至衰老死亡的全过程称为"生命周期"。植物在一年中经历的生活周期称为"年周期"。春播一年生植物在年内完成生命周期，它的年周期就是生命周期。二年生植物需跨年，即春播者至次年；秋播者，有的要到第三年才能开花，进而完成其生命周期。

由于园林树木是多年生木本植物，有的可活上千年。因此，所有的园林树木从繁殖开始，无论是实生苗还是营养繁殖苗，或长或短都要年复一年地经过多年的生长才能进入开花结实并完成其生命过程。

由此可见，园林树木的生长发育存在着两个周期，即年周期和生命周期。研究园林树木的生长发育规律，对正确选用树种和制定栽培措施，有预见性地调节和控制园林树木的生长发育，做到快速育好苗，使其在移植成活并健壮长寿的基础上，充分发挥园林绿化功能，有十分重要的意义。例如在不同年龄时期的不同物候期应采取哪些养护措施，使其提早或延迟开花、防止早衰和在古树更新复壮等都具有重要的指导意义。

四、园林树木的生长发育的基本规律

园林植物的生长发育与其他植物一样具有一定的规律。在园林植物的栽培实践中，可以利用这些规律对园林植物的生长发育加以调节，以便更好地发挥它们在园林中的绿化功能作用。

（一）生长的节奏性

无论是植物的细胞、器官、单株或群体，一般都表现出初期生长缓慢，而后愈来愈快，到了生长后期或接近成熟时，又逐渐变慢，以至停止生长的这种普遍的节奏性规律。若以总重量或总长度计，整个过程出现"慢-快-慢"的节奏性；若以坐标曲线表示，呈"S"形的曲线（图1-2）。这一过程是不可逆的，但是各个阶段生长的快慢与长短则能适当的调节。

植物生长快慢的节奏性规律其原因较为复杂，这主要是与光合面积的大小及生命活动的强弱有关。在生长初期，生命活动虽强，但由于光合面积小，合成的光合养料也少，因而限制了生长的速度；中期的光合面积增大，生命活动也强，合成的光合养料也多，因而生长也快；到了后期，叶片渐趋衰老，生命活动递减，所以生长也就逐渐停止。这种"慢-快-慢"的生长节奏，是植物生长过程中表现出的普遍规律。

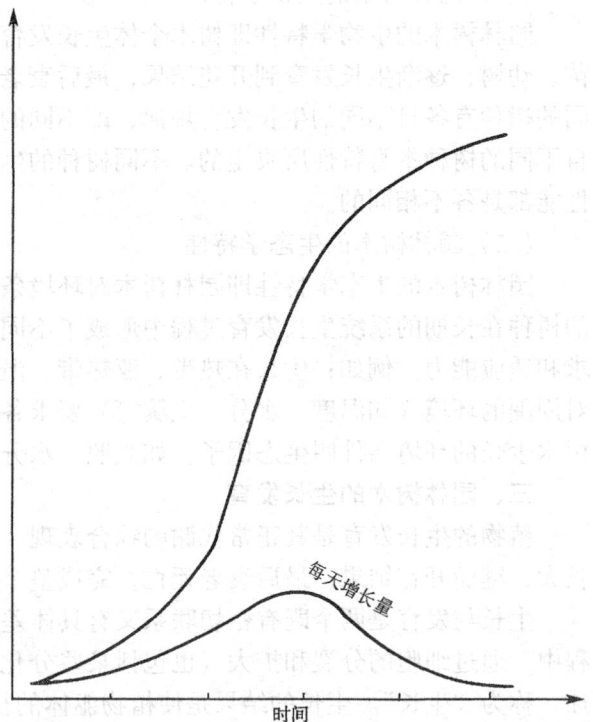

图1-2 器官生长模式图

了解园林树木生长节奏性规律对指导园林生产实践有很重要的意义。生长初期是细胞大量分生阶段，生长的绝对量虽小，而相对量则很大，做好这一时期肥水等措施的管理，对促进生长而言，虽然当时的效果不明显，但对中后期的生长及最后的产量可产生深远的影响。在生产实践过程中，不能因为生长速度不快、生长量小而忽视管理。培育壮苗就是这个道理。在生长中期是细胞增大期，生长的绝对量大于相对量，这是需要肥水最多的时期，满足这一时期对肥水等条件的需求，是提高栽培质量的最重要的时期。到生长后期则两者都小，对促进生长的措施要相应逐步减少，控制肥水的应用。

（二）生长发育的阶段性

一二年生的草本植物，从种子萌芽开始，经过营养生长，转入生殖生长，开花结实，最后衰老死亡，完成这一生长发育的过程，具有比较明显的阶段性。多年生植物尤其是多年生的园林树木，经过一段时期的营养生长，转入生殖生长后，一生中能多次开花结实，因而不如一二年生的草本植物的阶段性明显，但总的趋势是相似的，也是首先要通过营养生长阶段后才能转入生殖生长阶段。植物在不同的生长发育阶段，具有不同的特性，这主要是由内部质变所决定的，而当时的环境条件也有重大的影响。

植物生长发育具有阶段性，而每一个阶段时期对外界的环境条件都有不同的特殊要求。前一阶段要求的条件得不到满足时，后一阶段的生长发育就会受到阻滞。各种植物生长发育中的不同阶段，对外界环境条件的要求是有差异的，这主要决定于植物的遗传性。我们只有在了解和掌握在不同阶段所要求的外界条件后，才能通过人为的影响加以调节和改变，以达到我们预期的目的。例如：运用不同的播种期来调节掌握对温度的要求；运用人工光源或遮光来满足植物生长对光照时间长短的要求，使植物生长各个阶段的发育顺利通过。

了解植物生长各个阶段的外部形态特征和内部生理变化与外界调节的关系，是园林植物栽培的基本任务，而目前在这方面的工作做得还很不够，有待在今后生产实践中不断进行研究总结和提高。

第二节　树木的生命周期

树木从繁殖开始，经幼年、性成熟开花、结果、成年，到老年直至衰老死亡个体生命结束为止的全部生活史，称为"树木的生命周期"。

一、树木生长与衰亡的变化规律

（一）离心生长与离心秃裸

1. 离心生长

树木自繁殖成活后，以根颈为中心，根和茎均以离心的方式进行生长。即根具有向地性，在土中逐年发生并形成各级骨干根和侧生根，向纵深发展；地上芽具背地性，向上发枝生长并形成各级骨干枝和侧生枝，向空中发展。这种由根颈向两端不断扩大其空间的生长是以离心的方式进行的，我们把它叫做"离心生长"。树木因受遗传性和树体生理以及所处土壤条件等的影响，其离心生长是有限的；也就是说根系和根冠只能达到一定的大小和范围。

2. 离心秃裸

根系在离心生长过程中，随着年龄的增长，骨干根上早年形成的须根，由基部向根端方向出现衰亡，这种现象称为"自然疏根"，简称"自疏"。同样，地上部分由于不断地离心生长，外围生长点增多，枝叶茂密，使内膛光照恶化。壮枝竞争养分的能力强；而内膛骨干枝上早年形成的侧生小枝，由于所处的地位，得到的养分较少，长势较弱。侧生小枝起初有利于积累养分，开花结实较早，但寿命短，逐年由骨干枝基部向枝端方向出现枯落，这种现象称为"自然枯枝"，简称"自枯"。这种在树体离心生长过程中，以离心方式进行的根系的"自疏"和树冠的"自枯"，统称为"离心秃裸"。有些树木（如棕榈类的许多树种），由于没有侧芽，只有以顶端逐年延伸的离心生长，而没有典型的离心秃裸，但从叶片枯落而言仍是按离心方式进行的。

（二）向心更新与向心枯亡

随着树龄的增加，由于离心生长和离心秃裸，造成地上部分大量的枝芽生长点及其产生的叶、花、果都集中在树冠外围，由于受重力影响，骨干枝角度变得开张，枝端重心外移，甚至弯曲下垂。离心生长造成分布在远处的吸收根与树冠外围枝、叶间的运输距离增大，使枝条生长势减弱。当树木生长接近在该地达到其最大树体时，某些中心干明显的树种，其中心干延长枝发生分叉或弯曲，称为"截顶"。

当离心生长日趋衰弱，具有潜伏芽寿命长的树种，常于主枝弯曲的高位处，萌生直立旺盛的徒长枝，开始进行树冠的更新。徒长枝仍按离心生长和离心秃裸的规律形成新的小树冠，俗称"树上长树"。随着徒长枝的扩展，加速了主枝和中心干的先端出现枯梢，全树由许多徒长枝形成新的树冠，逐渐代替原来衰亡的树冠。当新树冠达到其最大限度以后，同样会出现先端衰弱、枝条开张而引起优势部位下移，从而又可萌生新的徒长枝来更新。这种更新和枯亡的发生，一般都是由（树冠）外向内（膛）、由上（顶部）而下（部），直至根颈部进行的，所以称为"向心更新"和"向心枯亡"。

由于树木离心生长与向心更新，导致树木的体态变化（图1-3）。当树木主干枯亡后，有些潜伏芽寿命长的树种，根颈和根蘖萌条又可以类似小树时期进行的离心生长和离心秃裸，并按上述规律进行第二轮的生长与更新。有些实生树能进行多次这种循环更新，但树冠一次比一次矮小，直至死亡。根系也发生类似的相应更新，但发生时期较晚，而且由于受土壤条件影响较大，周期更替不那么规则。

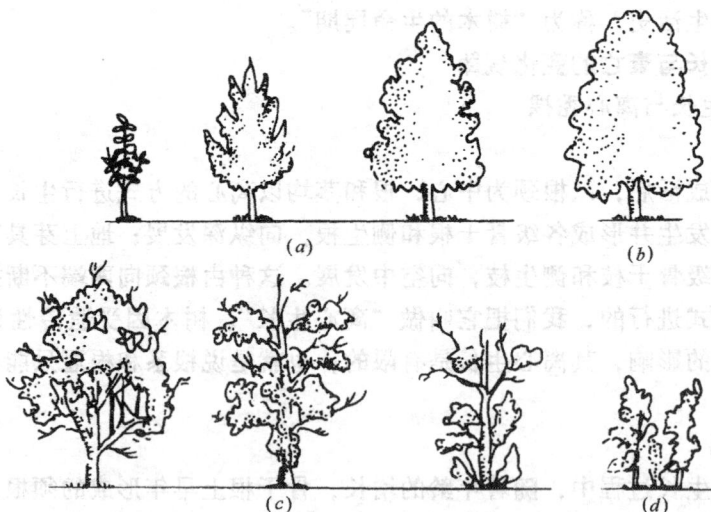

图1-3　（具中干）树木生命周期体态变化图
（a）幼年、青年期；（b）壮年期；（c）衰老更新期；（d）第二轮更新初期

树木离心生长的持续时间、离心秃裸的快慢、向心更新的特点与树种、环境条件及栽培技术有关。

（三）不同类别树木的更新特点

不同类别的树木，其更新方式和能力大小相差很大。

1. 乔木类

乔木由于地上部分骨干枝寿命长，有些具有潜伏芽寿命长的树种，在原有母体上可依靠潜伏芽所萌生的徒长枝进行多次主侧枝的更新。虽具有潜伏芽但寿命短，也难以发生向心更新，如桃树等。因为桃树潜伏芽寿命短（仅个别的寿命较长），一般很难发生向心更新，即使由人工更新，锯掉衰老枝后，在下部不一定从什么地方发出枝条来，形成的树冠多不理想。

凡无潜伏芽的，只有离心生长和离心秃裸，而无向心更新。如松属的许多树种，虽有侧枝，但没有潜伏芽，也就不会出现向心更新，而多半出现顶部先端枯梢，或由于衰老，易受病虫侵袭造成整株死亡。只有顶芽无侧芽的树种，由于只有顶芽延伸最大离心生长，而无侧生枝的离心秃裸，也就无向心更新，如棕榈等。有些乔木除靠潜伏芽更新外，还可依靠根蘖更新；有些只能以根蘖更新，如乔木型竹类等。竹笋当年在短期内就能达到离心生长最大高度，生长很快；只有在侧枝上具有萌芽能力的芽，多数只能在数年中发生细小侧枝进行离心生长，地上部分不能向心更新，而以竹鞭萌蘖更新为主。

2. 灌木类

灌木离心生长时间短，地上部分枝条衰亡较快，寿命多不长；有些灌木干、枝也可向心更新，但多从茎枝基部及根上发生萌蘖更新为主。

3. 藤木类

它们的先端离心生长常比较快，主蔓基部易光秃。其更新有的类似乔木，有的类似灌木，也有的介于二者之间。

二、两种繁殖树的生命周期特点

（一）实生树的生命周期

实生树一生的生长发育是有阶段性的。有的学者把实生树的个体发育阶段划分为：胚胎、幼年、性成熟（或青年）、繁殖、衰老等五个阶段。但世界多数学者认为，实生树的生命周期主要是由两个明显的发育阶段所组成，即幼年阶段和成年阶段。

1. 幼年阶段

从种子萌发起，到具有开花潜能（具有了形成花芽的生理条件，但不一定就开花）之前的一段时期，这一段时期叫"幼年阶段"。对木本植物习惯上称为"幼年期"。我国民谚"桃三、杏四、梨五年，栽上小枣当年还"，就是指这几种树种的幼年期的长短。也就是说，绝大多数实生树不生长到一定年龄是不会开花的。不同树木种类和品种，其幼年期的长短差别很大。少数短的，播种当年就能开花，如：矮石榴、紫薇等，但一般均需经过较长的年限才能开花。如梅花需经过 4～5 年；松树和桦木需经过 5～10 年；核桃除个别品种需经过 2 年外，一般需经过 5～12 年；银杏需经过 15～20 年才能开花。在幼年阶段未结束时，不能接受成花诱导而开花。也就是说，在这一阶段，用任何人为的措施都不能使其开花。但这一阶段是可以被缩短的。

2. 成年阶段

幼年阶段达到一定的生理状态后，就获得了形成花芽的能力，这一动态过程叫"性成熟"。树木达到性成熟，则进入了成年阶段。进入性成熟（或成年）阶段的树木就能接受成花诱导（如进行环剥、喷激素等条件）并形成花芽。开花是树木进入性成熟的最显著的特征。现在，我们对树木幼年阶段的结束比较确切的最大判断标志，还只能以首次开花来确定。然而幼年阶段的结束与首次开花可能是不一致的。即论阶段，此时已经结束，但并未成花。当发生这种不一致的情况时，有人把那个实际已具有开花潜能而尚未真正诱导成花的一段时期，称为"过渡时期"。实生树经过多年开花结实后，逐渐出现衰老和死亡现象，这一总体上的衰老过程，称为"老化过程"，简称"老化"。

（二）营养繁殖树的生命周期

营养繁殖树，一般都已经过了成年阶段，因此没有性成熟之前的过程，只要生长正常，有成花诱导条件，随时就可成花。从定植时起，经多年开花结实进入衰老死亡。可见营养繁殖树的生命周期，只有成年阶段和老化过程，而寿命比实生树要短。

如何缩短实生树的幼年阶段，加速性成熟过程，以及维持成年阶段和延缓老化（或衰老）过程，是树木栽培和育种工作的重要任务之一。

三、有关树木发育阶段的研究

（一）实生树幼年阶段与成年阶段的研究动态

1. 实生树的早花现象

实生树一般需经过数年才能开花的树木，有的偶尔也可见到很早就开花的现象。例如需经 5～10 年才能开花的油松，曾见有一年生苗就产生了雌球花；据报道，柑桔类的许多种、板栗、核桃、苹果、葡萄、无花果等实生苗中，均见有早花现象，有少数植株当年即可开花。上述树木的早花现象说明，有些树木的幼年阶段可能比习惯认为的要短；或可以通过树木育种和早期改变栽培条件来缩短，只是其规律还没有被真正揭示。

2. 幼年阶段的标志

（1）形态标志

①叶形。如杏，总体上与上部成年叶比，树冠下部枝上的叶片小；桃，与上部成年叶或嫁接的栽培品种比，均较窄；侧柏具针刺状叶（而成年叶为鳞片状叶）；兰桉幼年叶圆钝而宽大（成年叶呈披针形）。

②分枝角度及其附属物。如苹果幼年期所发枝分枝角度很小；刺槐干基部的枝有刺，多不开花。

③枯叶脱落。栎类某些树种（如栓皮栎、橡树、水青冈、板栗等）的实生幼树秋冬已枯之叶不落，待来春发芽时才落；而成年树上部枝的枯叶秋冬普遍都落。

④叶序。有的树木幼年时为互生，长大变为对生；也有的相反变化。

⑤扦插、压条生根能力。许多成年树外围枝已丧失再生不定根的能力，而幼年期树木多数生根容易。例如：苹果实生矮化砧母株，如进行灌丛状的直立压条易生根，而进行普通压条繁殖时，年龄越大，先端枝生根越难。需进行回缩重剪，用根颈部所发之枝进行水平压条才易生根。

（2）解剖学特征

有研究发现，水青冈不论光照如何，其幼年叶倾向于阴性结构；苹果和其他树种也有类似情况。仁果类幼树一年生的横切面，木质部占的比例大，导管少，薄壁细胞和髓细胞少，皮层与韧皮部不发达，因而有人认为，其幼年期的枝茎解剖构造，不宜于积累大量的碳水化合物，故利用环剥等不能诱导成花。

（3）生理生化特征

树木幼年期体内的还原糖、淀粉、纯蛋白、果胶物质、灰分等营养物质较少，而纤维素、半纤维素较多。在对苹果和柑桔幼年和成年叶片组织的核酸含量测定中，发现幼年期的 RNA/DNA 的比值小，说明基因不活泼，而成年树则变得活泼有效。这一生理状态的变化说明，欲想缩短幼年阶段，必须创造条件来提高 RNA/DNA 的比值。例如：增施氮、磷、钾肥，或为降低核酸酶（RNAse）的活性，必须使新梢内保持适宜的锌浓度。因为锌不足，会导致核酸酶（RNAse）活性的增加和 RNA/DNA 比值的降低，从而阻碍花芽的形成。

3. 达到性成熟的条件

实生幼树达到性成熟需要什么条件，有两种看法：是经过一定次数的季节生长周期（生长——休眠——生长）呢，还是达到一定大小和形态学上的复杂性（或复杂程度）呢？经有些学者实验：一组约在 1～2 年内使其生长和休眠交替几个循环未能成花；而另一组在连续光照下生长 1～2 年，当达到一定大小后，再用短日照诱导休眠，当苗木再转向长日照条件下生长时（或用冷处理打破休眠），即可能成花。由此证明，植株长到一定大小是木本植物成花所必需的条件。有人认为，阶段变化发生的决定因素是在受精和分生组织分化之后，经过一定最低次数的有丝分裂世代，再经诱导即可成花。

（二）实生树成年阶段与营养繁殖树老化过程的研究动态

1. 实生树成年阶段的老化过程

树木在完成生命过程中除植株大小因素外，同时也发生其他变化。如幼苗头几年的年生长量较大，但随树木达到一定大小和复杂性增加以后，相对生长速率下降，年生长量也开始下降，在完全成熟的树上，年生长量经常是很小的。这种生命力的减小，是和顶端优势的明显降低相联系的。在成年树上的领导枝和侧枝区别不明显了，枝条的背地性也不强了，且方向不定，甚至下垂了。

根据对实生树在生命过程中的变化研究，有些学者认为：木本植物从幼苗到成年状态的发育过程中，表现出各种各样的变化。有些变化，如幼年和成年阶段间所产生的叶型和叶序的差异，随幼年期的消失，从不开花到开花等变化，这些变化是比较稳定的，一般在其生命活动过程中不易逆转。若将具有成熟性状的枝嫁接到幼龄砧木上，这些特征仍能保持不变。以上这些现象应称为"成熟"。而另一些变化，如枝干的增大和复杂化，每年延长生长量的逐渐降低，顶端优势的逐渐丧失，枝条变得下垂等变化，应称为"老化"。老化的特征是可以因修剪或经过营养繁殖而逆转。例如：对已经老化的树上的一根枝条，或促其生根，或将它嫁接到幼龄砧木上以后，其生长势就逐渐增强，年生长量就增加，顶端优势又明显起来。有人认为前者是基因型，后者是表现型。研究树木的老化问题，对树木栽培上为花果的高产稳产、延长经济寿命、古树名木的保护和更新复壮等都有其重要的意义。

开花结实多的树木，存在着新梢生长、新芽的形成与分化、开花与果实发育、根系生长这四者间的对立统一关系。从营养竞争和整体营养水平方面来看，优先开放和发育着的花、果实和种子，消耗了大量的贮藏营养，从而使其他花、果、种子、新梢和根系的生长受阻，同时植物也会以落花落果来自动调节。根系弱了会影响吸收，无机营养少了，新梢生长势就会减退，进而会使整个植物处于光合产物不足，常引起部分小枝和侧根等的衰老与死亡。这是树体老化的主要原因之一。因为根系和枝叶是全部营养物质的合成基地，是生长、结果和长寿的基本保证条件。某些激素，如生长素、赤霉素的含量水平，有利于更新复壮。除上述内因外，促使树木衰老的外因更多，诸如不适宜的环境条件（如高温、干旱、土壤通气不良等）和错误的栽培技术以及污染物、病虫害的危害等。外因催老的特点是破坏树体组织和促进细胞蛋白质水解。不论对单个器官还是整个树体，衰老的含义包括代谢强度的衰退和蛋白质合成率的降低，与酶也有关系。

2. 营养繁殖树的发育特征

具体要看繁殖穗取自实生大树的什么部位。取自大树外围枝条的，开花早；若取自实生树下部主枝基部和根颈处的萌条，则开花迟。生产上一般取自成年树外围枝来繁殖，成活的小苗就具有开花的潜能，其发育阶段是接穗所在实生母树成熟阶段的继承和发展。除繁殖营养体本身产生芽变者外，其遗传基础与母树相同，其发育性状（花、果形、果色等）、对环境的要求和抗逆性基本相同。除接穗（或插穗）带花芽者成活后即可开花外，其他虽然也要经过一定年数的生长，才能开花，从现象上看与实生树进入开花相似，但比实生苗要早。

既然取自成年树上的枝，经营养繁殖后为什么还要经一定年数的生长才能开花？其原因是头几年缺少成花诱导条件或由于枝叶与根系接近，在无机营养供应充分和根系某些生长素的影响下，出现复壮，造成碳水化合物积累不够，有利于成花的激素减少等。但只要具有适当的诱导条件便可早成花，如对梨的 $1\sim2$ 年生嫁接苗进行环剥；对矮化砧苹果嫁接苗喷矮壮素，便能早开花。营养繁殖树经过多年开花结实后植株开始衰老直至死亡。所以，营养繁殖树只有老化过程而无需再经过性成熟过程。老化过程在一定程度上和一定条件下是可逆的。如深翻土壤、修剪根系和施含氮素多的有机肥，并对树冠回缩修剪即可更新复壮。另外通过营养繁殖，初期一段时期也可得到复壮。但从总体上看，营养繁殖个体，除嫁接苗受乔化砧木影响而生活力增强外，一般根系不如实生根系强。有人曾提出，如果连续营养繁殖许多代，所得植株生活力是否会衰退得很弱呢？实践证明，许多园艺品种经过几个世纪繁殖至今，尚未见到生活力弱到不能利用的程度。从理论上讲，老化在某种程度上是可逆的。经营养繁殖，植株再生，或接上相应的新器官，使地上部分枝叶和根系接近而得到复壮。这可从营养繁殖幼树的枝条生长期变长、叶片增多、节间变长得到证明。通过近年组织培养试验，如能不断更新培养剂，可使组织和器官的寿命比自然的更长些。

第三节　树木的年生长周期

生物只有适应外界环境条件才能生存，这是一切生物的特性。植物在其生命过程中，大都是在一年春夏秋冬四个季节和昼夜周期变化的环境条件下进行的。这两种呈周期变化的外界条件，必然影响植物营养和生命活动的性质，使其形成了与季节变化相适应的外部形态和内部生理机能的有规律的变化。如萌芽、抽枝展叶或开花、新芽形成或分化、果实成熟、落叶并转入休眠等。树木这种每年随环境周期变化而出现形态和生理机能的规律性变化，称为"树木的年生长周期"，或称为"树木的年周期"。树木的年生长周期是栽培树木的区域规划以及制定树木科学栽培措施的重要依据。另外，随季节的变化树木的形态所呈现的季相变化，对园林种植设计具有重要的艺术意义。

一、落叶树的年周期

由于温带地区的气候，在一年中有明显的四季，所以温带落叶树木的季相变化尤为明显。落叶树木的年周期可明显地分为生长期和休眠期。即从春季开始萌芽生长，至秋季落叶前为生长期，其中成年树的生长期表现为营养生长和生殖生长两个方面。树木在落叶后，至翌年萌芽前，为适应冬季低温等不利的环境条件，而处于休眠状态，为休眠期。在这两个时期中，某些树木的抗寒、抗旱性和变动较大的外界条件之间，常出现不相适应而发生危害的情况。这在大陆性气候地区，表现尤为明显。在生长期和休眠期之间，又各有一个过渡期。因此，落叶树木的年周期可以划分为四个时期。

（一）休眠转入生长期

这一时期处于树木将要萌芽前，即当日平均气温稳定在3℃以上起，到芽膨大待萌发时止。通常是以芽的萌动，芽鳞片的开绽作为树木解除休眠的形态标志，实质上应该是从树液开始流动这一生理活动的现象开始才是真正解除休眠的开始。树木从休眠转入生长，要求一定的温度、水分和营养物质。当有适宜的温度和水分，经一定时间，树液开始流动，有些树种（如核桃、葡萄、枫杨等）会出现明显的"伤流"现象。这时，贮藏的养分由贮藏组织向生长部位输送。不同的树种，对温度的反映和要求不一样。北方树种芽膨大所需的温度较低，当日平均气温稳定在3℃以上时，经一定时期，达到一定的积累温度（简称"积温"）即可。原产温暖地区的树木，其芽膨大所需的积温较高；花芽膨大所需的积温比叶芽低。树体内养分贮藏水平对芽的萌发有较大的影响。贮藏养分充足时，芽膨大较早，且整齐，进入生长期也快。土壤持水量较低时，易发生枯梢现象。当浇水过多时，也影响地温的上升而推迟发芽。

解除休眠后，树木的抗冻能力显著降低，在气温多变的春季，晚霜等骤然下降的低温易使树木受害，尤其是花芽。北方的杏、樱桃等常因晚霜而使花芽受冻害，影响产量，所以要注意防止。早春气候干旱时应及早浇灌，发芽前浇水配合施以氮肥可弥补树体贮藏养分的不足而促进萌芽和生长。

（二）生长期

从树木萌芽生长到秋后落叶止为树木的生长期，包括整个生长季。是树木年周期中时间最长的一个时期。在此期间，树木随季节变化气温升高，会发生一系列极为明显的生命活动现象。如萌芽、抽枝展叶或开花、结实等，并形成许多新器官，如叶芽、花芽等。

萌芽常作为树木生长开始的标志，其实根的生长比萌芽要早。不同树木在不同条件下每年萌芽次数不同，其中以越冬后的萌芽最为整齐，这与去年积累的营养物质贮藏和转化，为萌芽作了充分的准备有关。

每种树木在生长期中，都按其固定的物候顺序通过一系列的生命活动。不同树种通过各个物候的顺序不同。有些先萌花芽，而后展叶；也有的先萌叶芽，抽枝展叶，而后形成花芽并开花。树木各物候期的开始、结束和持续时间的长短，也因树种和品种、环境条件和栽培技术而异。

生长期是各种树木营养生长和生殖生长的主要时期。这个时期不仅体现树木当年的生长发育，开花结实的情况，也对树体内养分的贮存和下一年的生长等各种生命活动有重要的影响，同时也是发挥其绿化功能作用的重要时期。因此，在栽培上，生长期是养护管理工作的重点。应该创造良好的环境条件，满足肥水的需求，以促进树体的良好生长，开花结果。

（三）生长转入休眠期

秋季叶片自然脱落是落叶树木进入休眠的重要标志。在正常落叶前，新梢必须经过组织成熟过程，才能顺利越冬。早在新梢开始自下而上加粗生长时，就逐渐开始木质化，并在组织内贮藏营养物质。新梢停止生长后这种积累过程继续加强，同时有利于花芽的分化和枝干的加粗等。结有果实的树木，在采、落成熟果实后，养分积累更为突出，一直持续到落叶前。

秋季日照变短是导致树木落叶，进入休眠的主要因素，气温的降低加速了这一过程的进展。树木开始进入此期后，由于枝条形成了顶芽，结束了高生长，依靠生长期形成的大量叶片，在秋高气爽、温湿条件适宜、光照充足等环境中，进行旺盛的光合作用，合成光合养料，供给器官分化、成熟的需要，使枝条木质化并将养分向贮藏器官或根部输送，进行养分的积累和贮藏。此时树体内细胞液浓度提高，树体内水分逐渐减少，提高了树木的越冬能力，为休眠和来年生长创造条件。过早落叶和延迟落叶，对树木越冬和翌年生长都会造成不良影响。过早落叶，不利养分积累和组织成熟。干旱、水涝、病虫害等都会造成早期落叶，甚至引起再次生长，危害很大；该落不落，说明树木未做好越冬准备，易发生冻害和枯梢。在栽培中应防止这类现象发生。

树体的不同器官和组织，进入休眠的早晚不同。温带树种多数在晚夏至秋初就开始停止生长，逐渐进入休眠。某些芽的休眠在落叶前较早就已发生。一般小枝、细弱短枝、早期形成的芽，进入休眠早，长枝下部的芽进入休眠早，顶端的芽仍可能继续生长。上部侧芽形成后，不萌发，不一定是由于休眠，可能是因顶端产生的激素抑制所致。在生长季，可用短截新梢先端除去抑制作用，看剪口芽的反映来判断是否休眠。剪口芽不萌发，说明已处在休眠中；如果剪口芽萌发，但生长弱并很快停止生长，则说明休眠程度尚浅；如果剪口芽极易萌发并继续延长生长，说明未进入休眠。皮层和木质部进入休眠早，形成层进入休眠最迟，故初冬遇寒流形成层易受冻害。地上部分主枝、主干进入休眠较晚，而以根颈最晚，故最易受冻害。生产上常用根颈培土的办法来防止冻害。不同年龄的树木进入休眠早晚不同，幼龄树比成年树进入休眠迟。

刚进入休眠的树木，处在浅休眠状态，耐寒力还不强，遇初冬间断回暖会使休眠逆转，使越冬芽萌动（如月季），又遇突然降温常遭受冻害，所以这类树木不宜过早修剪，在进入休眠期前也要控制浇水。

（四）相对休眠期

秋末冬初落叶树木正常落叶后到翌年开春树液开始流动前为止，是落叶树木的相对休眠期。局部的枝芽休眠出现则更早。在树木休眠期内，虽然没有明显的生长现象，但树体内仍然进行着各种生命活动，如呼吸、蒸腾、芽的分化、根的吸收、养分合成和转化等。这些活动只是进行得较微弱和缓慢，所以确切地说，休眠只是个相对概念。

落叶休眠是温带树种在进化过程中对冬季低温环境所形成的一种适应性。它能使树木安全渡过低温、干旱等不良条件，以保证下一年能进行各种正常的生命活动并使生命得到延续。如果没有这种特性，正在生长着的幼嫩组织，就会受早霜的危害，并难以越冬而死亡。

根据休眠的状态，休眠可分为自然休眠和被迫休眠。

1. 自然休眠

又称深休眠或熟休眠，是由于树木生理过程中所引起的或由树木遗传性所决定的。落叶树进入自然休眠后，要在一定的低温条件下经过一段时间才能结束。在未通过时，即使给予适合树体生长的外界条件，也不能萌芽生长。大体上，原产寒温带的落叶树木，通过自然休眠期要求 0～10℃ 的一定积温；原产暖温带的落叶树种，通过自然休眠所需的温度稍高，约在 5～15℃ 条件下一定的积温。具体还因树种和品种而异。冬季低温不足，会引起萌芽或开花参差不齐。北树南移，常因冬季低温不足，表现为花芽少，易脱落，或新梢节间短，叶呈莲座状等现象。

在生产实践中，为达到某种特殊的需要，可以通过人为降低温度，而后加温以缩短处理时间，提前解除休眠而使树木提早发芽开花。如北京有将榆叶梅提前至春节开花的实例，在 11 月时将榆叶梅挖出进行露地假植，12 月中、下旬移至温室催芽，春节即可见花。

2. 被迫休眠

落叶树在通过自然休眠期后，如果外界缺少生长所需的条件时，仍不能生长，而处于休眠状态，这种休眠称为"被迫休眠"。一旦条件合适，就会开始生长。

二、常绿树的年周期

常绿树种的年生长周期不如落叶树种那样在外观上有明显的生长和休眠现象，因为常绿树终年有绿叶存在。但常绿树种并非常年不落叶，而是叶的寿命较长，多在一年以上至多年；每年仅仅脱落部分老叶，同时又能增生新叶，因此从整体上看全树终年连续有绿叶。常绿针叶树类：松属针叶可存活 2～5 年；冷杉叶可存活 3～10 年；紫杉叶可存活高达 6～10 年。它们的老叶多在冬春间脱落，刮风天尤甚。常绿阔叶树的老叶，多在萌芽展叶前后逐渐脱落。常绿树的落叶，主要是失去正常生理机能的老化叶片，而发生的新老交替现象。

生长在北方的常绿针叶树，每年发枝一次或以上。松属有些先长枝，后长针叶；其球果的发育有些是跨年的。

热带、亚热带的常绿阔叶树木，其各器官的物候动态表现极为复杂。各种树木的物候差别很大，难以归纳。有些树木在一年中能多次抽梢，柑桔可有春梢、夏梢、秋梢以及冬梢；有些树木一年内能多次开花结实，甚至抽一次梢结一次果，如金桔；有些树木同一植株上，同时可见有抽梢、开花、结实等几个物候重叠交错的情况；有些树木的果实发育期很长，常跨年才能成熟。

在赤道附近的树木，全年无四季之分且终年有雨，全年皆可生长而无休眠期，但也有生长节奏表现。在离赤道稍远的季雨林地区，因有明显的干、湿季，多数树种在雨季生长和开花，在干季落叶，因高温干旱而被迫休眠。在热带高海拔地区的常绿阔叶树，也受低温影响而被迫休眠。

第四节　树木各器官的生长发育

一、根系的生长

（一）根系的吸收作用

根系是树木的主要吸收器官，也是主要的同化中心之一，对整个树木的生长发育关系重大。"根深叶茂"不仅说明了根系对枝叶生长的重要作用，也总结了树木生长的规律和栽培经验。树木根系的吸收作用，主要表现在两个方面：根系对水分的吸收和对营养物质的吸收。

1. 根系对水分的吸收

根系是树木吸水的主要器官。根系在土壤中的总面积远远大于地上部分枝叶的总面积，根具有很强的分枝能力，广泛而深入地分布在土壤中。根系吸收水分可以是主动吸水，也可以是被动吸水。

主动吸水是由于根本身的生理活动引起的水分吸收，与地上部分的活动无关。它的动力是根压，即由于根系生理活动使液流从根部沿导管上升的压力。一般认为，根压的产生是由于根对土壤溶液的溶质的不断吸收与运输，在根组织内保持了水分运转所需的水势梯度，使土壤水分能通过根毛、皮层及内皮层进入中柱导管，并沿导管向上运输。很多试验证明，土壤溶液的水势对根系吸收水分有很大影响。如木质部汁液的水势等于土壤溶液水势即不能吸水，如低于土壤溶液水势则可从土壤中吸水。

被动吸水的动力来自叶子的蒸腾作用。由于蒸腾，靠近气孔下腔的叶肉细胞含水量减少，水势降低，向相邻细胞吸取水分，当这些细胞水势降低时，转而向相邻细胞吸水，这样依次传递，直至导管吸水。这种由于蒸腾作用产生的一系列水势梯度使导管中水分上升的力量称为"蒸腾拉力"。由于蒸腾拉力而使根产生了从土壤中吸水的能力。

树木的主动吸水和被动吸水在根系吸水过程中的比重因蒸腾速率的不同而不同。正在蒸腾的植株其被动吸水占较大比重。强烈蒸腾的植株，其吸水速度几乎与蒸腾速率一致，而且此时不表现出根压。另一方面，由根压所引起的伤流量远较蒸腾失水量小，只有蒸腾速率很低的植株，例如春季树木叶片尚未展开时，主动吸水才占较重要地位。当然，树木地上部分和地下部分的生理活动是紧密相关的，所以我们不能把主动吸水和被动吸水完全分开。

2. 根系对营养物质的吸收

树木要维持正常的生理活动，除需水分外，还需要各种矿质元素和氮素。土壤是树木主要的矿质和氮素营养的来源。这些矿质元素和氮素是构成树木结构组织的重要成分，也是代谢中不可缺少的反应物和调节物质。树木只有在养分充足，各种元素比例适当的情况下才会发育良好。根系主要是从土壤溶液中吸收矿质养分，但矿质的吸收与水分吸收相比有以下特点：

（1）根系吸收的矿质养分绝大多数是土壤溶液中的，但是树木吸收养分的量与吸收水分的量并无一致关系，养分并非因根系吸水而被动地带入树木体内，这已被实验所证明。

（2）单盐的毒害作用和离子间的拮抗作用。将植物培养在单盐溶液中时，即使是植物必需的营养元素，植物仍然要受到毒害以致死亡，这就是单盐的毒害作用。当我们用只含钙离子的溶液培养植物时，会产生毒害作用，而溶液中同时存在钙离子和钾离子时，则可消除毒害作用。这种离子间相互消除毒害的现象称为离子拮抗作用（对抗作用）。由此可知，土壤溶液中某种离子过多时，必然会影响其他必需离子的吸收，产生毒害作用。例如：磷过多时会导致缺铁失绿症状。所以只有在各种离子的比例适当时，植物才能生长发育良好。在溶液培养植株幼苗过程中，要特别注意培养液的各种养分的平衡。

（3）生理酸性盐和生理碱性盐。植物根系从溶液中对一种盐的阳离子和阴离子的吸收情况不同。例如：硫酸铵，植物吸收铵离子比硫酸根离子多而快，使溶液变酸，故称这种盐为"生理酸性盐"。大多数铵盐为生理酸性盐。又如硝酸钠，植物吸收硝酸根离子比钠离子快而多，结果使溶液变碱，因而称这种盐为"生理碱性盐"。大部分硝酸盐为生理碱性盐。而硝酸铵这种盐的阳离子和阴离子植物几乎同等量吸收，故称这种盐为"生理中性盐"。了解根对离子的选择吸收，在生产实践中应注意，无论生理酸性盐还是生理碱性盐，都不宜长期单独使用，否则会使土壤过酸过碱，从而破坏土壤的理化性质。

（二）影响根系生长的因素

树木根系的生长没有自然休眠期，只要条件适宜，就可全年生长或随时可由停顿状态迅速过渡到生长状态。其生长势的强弱和生长量的大小，随土壤的温度、水分、通气与树体内营养状况以及其他器官的生长状况而异。

1. 土壤温度

树种不同，开始发根所需要的土温很不一致。一般原产温带寒地的落叶树木需要温度低；而热带亚热带树种所需温度较高。根的生长都有最适温度和上、下限温度。温度过高过低对根系生长都不利，甚至造成伤害。由于土壤不同深度的土温，随季节而变化，分布在不同土层中的根系活动也不同。以我国中部地区为例，早春土壤化冻后，离地表30cm以内的土温上升较快，温度也适宜，表层根系活动较强烈；夏季表层土温过高，30cm以下土层温度较适合，中层根系较活跃。90cm以下土层，周年温度变化小，根系往往常年都能生长，所以冬季根的活动以下层为主。上述土壤层次范围又因地区土类而异。

2. 土壤湿度

土壤湿度与根系的生长也有密切关系。土壤含水量达最大持水量的60%～80%时，最适宜根系生长。过干易促使木栓化和发生自疏；过湿则缺氧而抑制根的呼吸作用，影响根的生长，甚至造成烂根死亡。可见选栽树木要根据其喜干、喜湿的特性，并正确进行灌水和排水。

3. 土壤通气

土壤通气对根系生长影响很大。通气良好处的根系密度大、分枝多、须根也多。通气不良处发根很少，生长慢或停止，易引起树木生长不良和早衰。城市由于铺装路面多、市政工程施工夯实以及人流踩踏频繁，造成土壤紧实，影响根系的穿透和发展；内外气体不易交换，引起有害气体（二氧化碳等）的累积中毒，影响根系的生长并对根系造成伤害。土壤水分过多也影响土壤通气，从而也影响根系的正常生长。

4. 土壤营养

在一般土壤条件下，其养分状况不至于使根系处于完全不能生长的程度，所以土壤营养一般不成为限制因素，但可影响根系的质量，如发达程度、细根密度、生长时间的长短等。根有趋肥性。有机肥有利于树木发生吸收根，适当施无机肥对根的生长有好处。如施氮肥通过叶的光合作用能增加有机营养和生长激素，以促进发根；磷和微量元素（硼、锰等）对根的生长都有良好的影响。但如果在土壤通气不良的条件下，有些元素会转变成有害的离子（如铁、锰会被还原为二价的铁离子和锰离子，提高了土壤溶液的浓度），使根受害。

5. 土壤有机养分

根的生长与发挥其功能是依赖于地上部分所供应的碳水化合物。土壤条件好时，根的总量取决于树体有机养分的多少。叶受害或结实过多，根的生长就受阻碍，即使施肥，一时作用也不大，需要保叶或通过疏果来改善。

此外，土壤类型、土壤厚度、母岩分化状况及地下水位高低，对根系的生长都有密切关系。

（三）根系的年生长动态

根系的伸长生长在一年中是有周期性的。根的生长周期与地上部分不同。其生长又与地上部分密切相关且往往交错进行，情况比较复杂。一般根系生长要求温度比萌芽低，因此春季根开始生长比地上部分要早。亚热带树种（如柑桔）根系活动要求温度较高，如果将其栽植在冬春较寒冷的地区，由于春季气温上升快，也会出现先萌芽后发根的情况。一般春季根开始生长后，即出现第一个生长高峰。这次生长程度、发根数量与树体贮藏营养水平有关。然后是地上部分开始迅速生长，而根系生长趋于缓慢。当地上部分生长趋于停止时，根系生长出现一个大高峰，其强度大，发根多。落叶前根系生长还可能出现一个小高峰。在一年中，根系生长出现高峰的次数和强度，与树种、年龄等有关。根在年周期中的生长动态，取决于树木种类、砧穗组合、当年地上部分生长结实状况，同时还与土壤的温度、水分、通气及无机营养状况等密切相关。因此，树木根系生长高峰、低峰的出现，是上述因素综合作用的结果。但在一定时期内，有一个因素起主导作用。树体的有机养分与内源激素的累积状况是根系生长的内因，而夏季高温干旱和冬季低温是促使根系生长低谷的外因。在整个冬季虽然树木枝芽进入休眠，但根并非完全停止活动。这种情况因树种而异。松柏类一般秋冬停止生长；阔叶树冬季常在粗度上有缓慢增长。在生长季节，根系在一昼夜内的生长也有动态变化，夜间的生长和发根数量多于白天。

（四）根系的生命周期

不同类别的树木以一定的发根方式（侧生式或二叉式）进行生长。树木幼年期根系生长很快，一般都超过地上部分的生长速度。这期间根系领先生长的年限因树种而异。随着树龄的增加，根系生长速度趋于缓慢，并逐年与地上部分的生长保持着一定的比例关系。在整个生命过程中，根系始终发生局部的自疏与更新。吸收根的死亡现象，从根系开始生长一段时间后就发生，逐渐木栓化，外表变为褐色，逐渐失去吸收功能；有的轴根演变成起输导作用的输导根，有的则死亡。至于须根，自身也有一个小周期，从形成到壮大直至衰亡有一定规律，一般只有数年的寿命。须根的死亡，初期发生在低级次的骨干根上，其后发生在高级次的骨干根上，以致较粗骨干根的后部出现光秃现象。

根系的生长发育，很大程度受土壤环境的影响，各种树种、品种根系生长的深度和广度是有限的，受地上部分生长状况和土壤环境条件的影响。当根系生长达到最大幅度后，也发生向心更新现象。由于受土壤环境影响，更新不那么规则，常出现大根季节性间隙死亡现象。更新所发生之新根，仍按上述规律生长和更新，但随着树体的衰老而逐渐缩小。有些树种，进入老年后常发生水平根基部的隆起，显示出露根之美。

当树木衰老，地上部分濒于死亡时，根系仍能保持一段时期的寿命。

二、枝芽的生长与树体骨架的形成

树体枝干系统及所形成的树形，取决于树木的枝芽特性，芽抽枝，枝生芽，两者极为密切。了解树木的枝芽特性，对树木的整形修剪有重要意义。

（一）树木的枝芽特性

芽是多年生植物为适应不良环境条件和延续生命活动而形成的一种重要器官。它是带有生长锥和原始小叶片而呈潜伏状态的短缩枝或是未伸展的紧缩的花或花序，前者称为叶芽，后者称为花芽。芽与种子有部分相似的特点，是树木生长、开花结实、更新复壮、保持母株性状、营养繁殖和整形修剪的基础。了解芽的特性，对研究园林树形和整形修剪都有重要的意义。

园林树木的芽具有以下特性：

1. 芽序

定芽在枝上按一定规律排列的顺序称为"芽序"。因为定芽着生的位置是在叶腋间，所以芽序与叶序相同。不同树种其芽序也不同。多数树种的芽序是互生，如葡萄、榆树、板栗等；芽序为对生（每节芽相对而生）的树种，如腊梅、丁香、白蜡等；芽序为轮生（芽在枝上呈轮状着生排列）的树种，如松类、灯台树、夹竹桃等。有些树木的芽序，也因枝条类型、树龄和生长势而有所变化。

树木的芽序对枝条的着生位置和方向有密切关系，所以了解树木的芽序，对整形修剪、安排主侧枝的方位等有重要的作用。

2. 萌芽力与成枝力

各种树木与品种其叶芽萌发的能力不同。有些强，如松属的许多种、紫薇、桃、小叶女贞、女贞等；有些较弱，如梧桐、核桃、苹果和梨的某些品种等。树木叶芽萌芽能力的强弱，称为"萌芽力"，常用萌芽数占该枝芽总数的百分率来表示，所以又称"萌芽率"。凡是枝条上叶芽在一半以上都能萌发的则为萌芽力强或为萌芽率高，如悬铃木、榆树、桃等；凡枝条上的芽多数不萌发，而呈现休眠状态的，则为萌芽力弱或萌芽率低，如梧桐、广玉兰等。萌芽力高的树种，一般来说耐修剪，树木易成形。因此，萌芽力也是修剪的依据之一。枝条上的叶芽萌发后，并不是全部都能抽成长枝。枝条上的叶芽萌发后能够抽成长枝的能力称为"成枝力"。不同树种的成枝力不同。如悬铃木、葡萄、桃等萌芽力高，成枝力强，树冠密集，幼树成形快，效果也好。这类树木若是花果树，则进入开花结果期也早，但也会使树冠过早郁闭而影响树冠内的通风透光，若整形不当，易使内部短枝早衰；而如银杏、西府海棠等，成枝力较弱，所以树冠内枝条稀疏，幼树成形慢，遮荫效果也差，但树冠通风透光较好。

3. 芽的早熟性与晚熟性

枝条上的芽形成后到萌发所需的时间的长短因树种而异。有些树种在生长季的早期形成的芽，当年就能萌发，有些树种一年内能连续萌生 3~5 次新梢并能多次开花（如月季、米兰、茉莉等），即具有这种当年形成，当年萌发成枝的芽，称为"早熟性芽"。这类树木当年即可形成小树的样子。也有些树种，芽虽具早熟性，但不受刺激一般不萌发，当因病虫害等自然伤害和人为修剪、摘叶时才会萌发。当年形成的芽，到第二年才能萌发成枝的芽称为"晚熟性芽"。如银杏、广玉兰、毛白杨等。也有一些树种二者特性兼具，如葡萄，其副芽是早熟性芽，而主芽是晚熟性芽。

芽的早熟性与晚熟性是树木比较固有的习性，但在不同的年龄时期，不同的环境条件下，也会有所变化。如生长在环境条件较差的老龄桃树，一年也只萌发一次枝条；具晚熟性芽的悬铃木等树种的幼苗，在肥水条件较好的情况下，当年常会萌生二次枝；叶片过早的衰落也会使一些具晚熟性芽的树种，如梨、垂丝海棠等二次萌生或二次开花，这种现象对第二年的生长会带来不良的影响，所以应尽量防止这种情况的发生。

4．芽的异质性

同一枝条上不同部位的芽存在着大小、饱满程度等差异的现象，称为"芽的异质性"。这是由于在芽形成时，树体内部的营养状况、外界环境条件和着生的位置不同而造成的。枝条基部的芽，是在春初展雏叶时形成的。这一时期，新叶面积小、气温低、光合效能差，故这时叶腋处形成的芽瘦小，且往往为隐芽。其后，展现的新叶面积增大，气温逐渐升高，光合效率也高，芽的发育状况得到改善，叶腋处形成的芽发育良好，充实饱满。有些树木（如苹果、梨等）的长枝有春梢、秋梢，即春季一次枝生长后，夏季停长，于秋季温、湿度适宜时，顶芽又萌发成秋梢。秋梢常组织不充实，在冬寒地易受冻害。如果长枝生长延迟至秋后，由于气温降低，枝梢顶端往往不能形成顶芽。所以，一般长枝条的基部和顶端部分或者秋梢上的芽质量较差，中部的最好；而中、短枝上中、上部的芽较为充实饱满；树冠内部或下部的枝条，因光照不足，其上的芽质量欠佳。了解芽的异质性及其产生的原因，在选择插条和接穗时，知道应在树冠的什么部位采取为好，整形修剪时也可知道剪口芽应怎样选留。

5．芽的潜伏力

树木枝条基部的芽或上部的某些副芽，在一般情况下不萌发而呈潜伏状态。当枝条受到某种刺激（上部或近旁受损，失去部分枝叶时）或树冠外围枝处于衰弱时，能由潜伏芽萌发抽生新梢的能力，称为"芽的潜伏力"，也称"潜伏芽的寿命"。潜伏芽也称"隐芽"。潜伏芽寿命长的树种容易更新复壮，复壮得好的几乎能恢复至原有的冠幅或产量，甚至能多次更新，所以这种树木的寿命也长，否则反之。桃树的潜伏芽寿命较短，所以桃树不易更新复壮，它的寿命也短。

潜伏芽的寿命长短与树种的遗传性有关，但是环境条件和养护管理等也有重要的影响。如桃树一般的经济寿命只有十年左右，但在良好的养护管理条件下，30年树龄的老树仍有相当的产量。

（二）茎枝习性

芽萌生成茎枝。多年生树木，尤其是乔木，茎枝的生长构成了树木的骨架——主干、中心干、主枝、侧枝等。枝条的生长，使树冠逐年扩大。每年萌生的新枝上，着生叶片和花果，并形成新芽，使之合理分布于空间，充分接受阳光，进行光合作用，形成产物并发挥绿化功能作用。

1．茎枝的生长形式

树木地上部分茎枝的生长与地下部分根系的生长相反，表现出背地性的极性，多数是垂直向上生长，也有少数呈水平或下垂生长的。茎枝一般有顶端的加长生长和形成层活动的加粗生长，而禾本科的竹类不具有形成层，只有加长生长而无加粗生长，且加长生长迅速。在千姿百态，种类繁多的园林树木中，大致可归纳为以下三种形式：

（1）直立生长。茎干以明显的背地性垂直地面，枝直立或斜生于空间，多数树木都是如此。在直立茎的树木中，也有些变异类型，以枝的伸展方向可分为：①紧抱型；②开张型；③下垂型；④龙游（扭旋或曲折）型等。

（2）攀缘生长。茎长得细长柔软，自身不能直立，但能缠绕或具有适应攀附它物的器官（卷须、吸盘、吸附气根、钩刺等），借它物为支柱，向上生长。在园林上，把具有缠绕茎和攀援茎的木本植物，统称为"木质藤本"，简称"藤木"。

24

（3）匍匐生长。茎蔓细长，自身不能直立，又无攀附器官的藤木或无直立主干之灌木，常匍匐于地面生长。在热带雨林中，有些藤木如绳索状，爬伏或呈不规则的小球状铺伏于地面。匍匐灌木，如偃柏、铺地柏等。攀缘藤木，在无物可攀时，也只能匍匐于地面生长。这种生长类型的树木，在园林中常用作地被植物。

2．分枝方式

树木除少数种不分枝（如棕榈科的许多种）外，有三种分枝方式：

（1）单轴分枝（总状分枝）。枝的顶芽具有生长优势，能形成通直的主干或主蔓，同时依次发生侧枝，侧枝又以同样方式形成次级侧枝，这种有明显主轴的分枝方式称为"单轴分枝"（或总状分枝）。如松柏类、雪松、冷杉、云杉、水杉、银杏、毛白杨、银桦等。这种分枝方式以裸子植物为最多。

（2）合轴分枝。枝的顶芽经一段时期生长后，先端分化花芽或自枯，而由邻近的侧芽代替延长生长，以后又按上述方式分枝生长。这样就形成了曲折的主轴，这种分枝方式称为"合轴分枝"。如成年的桃、杏、李、榆、柳、核桃、苹果、梨等。合轴分枝以被子植物为最多。

（3）假二叉分枝。具有对生芽的树木，顶芽自枯或分化为花芽，由其下对生芽同时萌枝生长所接替，形成叉状延长枝，以后照此继续分枝。其外形上似二叉分枝，因此称为"假二叉分枝"。这种分枝形式实际上是合轴分枝的另一种形式。如丁香、梓树、泡桐等。

树木的分枝方式不是一成不变的。许多树木年幼时呈单轴分枝，生长到一定树龄后，就逐渐变为合轴或假二叉分枝。因而在幼青年树木上，可见到两种不同的分枝方式。如玉兰等（可见到单轴分枝与合轴分枝及其转变痕迹）。

了解树木的分枝习性，对研究观赏树形、整形修剪、提高光能利用或促使早成花，选择用材树种，培育良材等都有重要的意义。

3．顶端优势

树木顶端的芽或枝条比其他部位的生长占有优势的地位称为"顶端优势"。因为它是枝条背地性生长的极性表现，所以表现为极性强。一个近于直立的枝条，其顶端的芽能抽生最强的新梢，而侧芽所抽生的枝，其生长势（常以长度表示）多呈自上而下递减的趋势，最下部的一些芽则不萌发。如果去掉顶芽或上部芽，即可促使下部腋芽和潜伏芽的萌发。顶端优势也表现在分枝角度上，枝自上而下开张；如去除先端对角度的控制效应，则所发侧枝又呈垂直生长。另外也表现在树木中心干生长势要比同龄主枝强，树冠上部枝比下部的强。一般乔木都有较强的顶端优势，越是乔化的树种，其顶端优势也越强，反之则弱。

4．干性与层性

树木中心干的强弱和维持时间的长短，称为"树木的干性"，简称"干性"。顶端优势明显的树种，中心干强而持久。凡是中心干明显而坚挺、并能长期保持优势的，则称为干性强。这是乔木的共性，即枝干的中轴部分比侧生部分具有明显的相对优势。当然，乔木树种的干性也有强有弱，如雪松、水杉、广玉兰等树种干性强，而桃、梅以及灌木树种则干性弱。树木干性的强弱对树木高度和树冠的形态、大小等有重要的影响。

由于顶端优势和芽的异质性的缘故，使强壮的一年生枝的着生部位比较集中。这种现象在树木幼年期比较明显，使主枝在中心干上的分布或二级枝在主枝上的分布，形成明显的层次，这种现象称为"树木的层性"，简称"层性"。如黑松、马尾松、广玉兰、枇杷等树种，具有明显的层性，几乎是一年一层。这一习性可以作为测定这类树木树龄的依据之一。层性是顶端优势和芽的异质性综合作用的结果，一般顶端优势强而成枝力弱的树种层性明显。此类乔木在中心干上的顶芽萌发成一强壮的延长枝和几个较壮的主枝及少量细弱侧生枝；基部的芽多不萌发，而成为隐芽。同样在主枝上，以与中心干上相似的方式，先端萌生较壮的主枝延长枝和几个自先端至基部长势递减的侧生枝。其中有些能变成次级骨干枝，有些枝较弱，生长停止早，节间短，单位长度叶面积多，生长消耗少，累积营养物质多，因而容易形成花芽，成为树冠中的开花、结实的部分。多数树种的枝基，或多或少都有些未萌发的隐芽。

有些树种的层性，一开始就很明显，如油松等；而有些树种则随树龄增大，弱枝衰亡，层性逐渐明显起来，如苹果、梨等。具有层性的树冠，有利于通风透光。但层性又随中心干的生长优势和保持年代而变化。树木进入壮年之后，中心干的优势减弱或失去优势，层性也就消失。不同树种的干性与层性的强弱不同。雪松、龙柏、水杉等树种干性强而层性不明显；南洋杉、黑松、广玉兰等树种干性强，层性也明显；悬铃木、银杏、梨等干性比较强，主枝也能分层排列在中心干上；香樟、苦楝、构树等树种，幼年期能保持较强的干性，进入成年期后，干性与层性都明显衰退；桃、梅、柑桔等树种自始至终都无明显的干性和层性。树木的干性与层性在不同的栽植环境中会发生一定的变化，如群植能增强干性，孤植会减弱干性，人为的修剪技术也能左右树木的干性与层性。干性强弱是构成树冠骨架的重要生物学依据。了解树木的干性与层性，对树木的整形修剪，增减树木的生长空间，提高花果的产量和质量都有重要的意义。

（三）枝的生长

树木每年以新梢生长来不断扩大树冠，新梢生长包括加长生长和加粗生长两个方面。一年内枝条生长达到的长度与粗度，称为"年生长量"；在一定时间内，枝条加长生长和加粗生长的快慢，称为"生长势"。生长量和生长势是衡量树木生长强弱和某些生命活动状况的常用指标，也是栽培措施是否得当的判断依据之一。

1. 枝的加长生长

指新梢的延长生长，也称为"高生长"。在生长期中，由于顶端分生组织细胞的分裂伸长使枝条延长，从而也扩大了树冠、增加了叶片数量。树木枝条的加长生长的持续时间和生长次数，因树种而异。

根据树木枝条加长生长持续时间的长短，一般可分为前期生长和全期生长两种类型。

（1）前期生长型。此类树木枝条加长生长只有1～3个月时间，在前半个生长期内（5～6月份）就停止了加长生长，所以也可称为半期生长型。如黑松、白皮松、马尾松、冷杉属、云杉属、银杏、白腊、栎类等树种。根据这类树种生长期短的特点，其肥水管理的措施应集中在结束加长生长前（5～6月份），否则生长效果不明显或产生不利的作用。

（2）全期生长型。此种类型树木枝条加长生长持续时间较长，从春到秋整个生长季节中几乎都在生长。但随地区不同生长时间长短也不一样，北方3～6个月，南方可长达7～8个月（热带地区树种则更长），如杨、柳、榆、槐、悬铃木、桃、柑桔、香樟、杉、柏等树种。

不同树种，或同一树种在不同的栽植条件下，枝条的加长生长持续时间长短是不一样的。在同一株树上，因为枝条的性质和着生部位不同，它们的持续时间长短也不一样。着生在树冠外围中上部的营养枝，加长生长能体现在整个生长期中，而内部、下部的短枝或花果枝，加长生长的持续时间明显缩短，很快形成顶芽而结束生长。

全期生长型树木除了根据其生长持续时间长应做好相应的肥水管理等养护措施外，在盛夏高温期间需注意做好遮荫降温工作，尽量保持均衡的生长势，减少不良环境的影响。

无论是前期生长型还是全期生长型的枝条，它们由一个叶芽萌发发展成为生长枝的整个过程中，其生长势并不是匀速的，而是按慢-快-慢这一规律生长的。新梢的生长可划分为以下三个时期：

（1）开始生长期。幼叶从叶芽伸出芽外，随之节间伸长，幼叶分离。此期生长主要依靠树体内贮藏的营养。新梢开始生长慢，节间较短，所展之叶，为前期形成的芽内幼叶原始体发育而成的，故此期又称为"叶簇期"。此期叶面积小，叶形与以后长成的差别较大，叶脉较稀疏，寿命短，易枯黄，其叶腋内形成的芽也多是发育较差的潜伏芽。

（2）旺盛生长期（速生期）。通常从开始生长期后随着叶片的增加很快进入旺盛生长期。所形成的节间逐渐变长，所形成的叶片，具有该树种或品种的代表性；叶片较大，寿命长，含叶绿素多，有很高的同化能力。随气温的增高，光合效率也大大提高。此期叶腋所形成的芽较饱满，有些树种在这一段枝上还能形成腋花芽。此期的生长由利用贮藏营养转为利用当年的同化营养为主，故春梢生长势强弱与贮藏营养水平和此期肥、水条件有关。此期对水分要求严格，如水分不足，则会出现提早停止生长的"旱象"，通常果树栽培上称这一时期为"新梢需水临界期"。

（3）缓慢与停止生长期。进入该期新梢生长速度变慢，生长量变小，节间缩短，有些树种叶变小，寿命较短。新梢自基部而向先端逐渐木栓化，最后形成顶芽或自枯而停长。枝条停止生长的早晚，因树种、品种、部位及环境条件而异，与进入休眠早晚相同。具早熟性芽的树种在生长季节长的地区，一年有2~4次的生长。北方树种停长早于南方树种。同一树种同一品种停长早晚，因年龄、健康状况、枝芽所处部位而不同。幼年树结束生长晚，成年树早；花、果木的短果枝或花束状果枝，结束生长早；一般外围枝比内膛枝晚，但徒长枝结束最晚。土壤养分缺乏、透气不良、干旱均能使枝条提早1~2个月结束生长；氮肥多，灌水足或夏季降水过多均能延迟生长，所以根系较浅的幼树表现最为明显。在栽培中应根据栽培目的（作庭荫树还是作矮化桩景材料），合理调节光照、温度、肥水等，来控制新梢的生长时期和生长量。人们常根据枝条上芽的异质性进行修剪，以达到促进控制的目的。

2. 枝的加粗生长

树干及各级枝的加粗生长都是形成层细胞分裂、分化、增大的结果。在新梢伸长生长的同时，也进行加粗生长，但粗生长高峰稍晚于加长生长，停止也较晚。新梢由下而上增粗。形成层活动的时期、强度，依枝条的生长周期、树龄、树体生理状况、部位以及外界温度、水分等条件而异。落叶树形成层的活动稍晚于萌芽。春季萌芽开始时，在最接近萌芽处的母枝形成层活动最早，并由上而下，开始微弱增粗。此后随着新梢的不断生长，形成层的活动也持续进行。新梢生长越旺盛，则形成层活动也越强烈，且时间长。秋季由于叶片积累大量光合产物，因而枝干明显加粗。级次越低的骨干枝，加粗的高峰越晚，加粗量越大。每发一次枝，树木的枝干就增粗一次。因此，有些一年多次发枝的树木，一圈年轮，并不是一年粗生长的真正年轮。树木春季形成层活动所需的养分，主要靠去年的贮藏营养。一年生实生苗的粗生长高峰在中后期。幼树形成层活动停止较晚，而老树较早。同一树体上新梢形成层活动开始和结束均较老枝早。大枝和主干的形成层活动，自上而下逐渐停止，而以根颈停止最晚。健康树的形成层活动时期比病虫害危害的树要长。

（四）影响新梢生长的因素

新梢的生长除决定于树种和品种特性外，还受砧木、有机养分、内源激素、环境与栽培技术条件等的影响。

1. 砧木

嫁接植株新梢的生长受砧木根系的影响，同一树种和品种嫁接在不同砧木上，其生长势有明显差异，并使整体上呈乔化和矮化的趋势。

2. 贮藏养分

树木贮藏养分的多少对新梢生长有明显的影响。贮藏养分少，发枝纤细。春季先花后叶类树木，开花结实过多，消耗大量贮藏养分，新梢生长就差。

3. 内源激素

叶片除合成有机养分外，还产生激素。新梢加长生长受到成熟叶和幼嫩叶所产生的不同激素的综合影响。幼嫩叶内产生类似赤霉素的物质，能促进节间伸长；成熟叶产生的有机营养（碳水化合物和蛋白质）与生长素类配合引起叶和节的分化；成熟叶内产生休眠素可抑制赤霉素。摘去成熟叶可促进新梢加长生长，但不增加节数和叶数。摘除幼嫩叶，仍能增加节数和叶数，但节间变短而减少新梢长度。

4. 母株所处部位与状况

树冠外围新梢较直立，光照好，生长旺盛；树冠下部和内膛枝因芽质差、有机养分少、光照差，所发新梢较细弱，但潜伏芽所发的新梢常为徒长枝。以上新梢的枝向不同，其生长势也不同，与新梢顶端生长素含量高低有关。

母枝的强弱和生长状况对新梢生长影响很大。新梢随母枝直立至斜生，顶端优势减弱。随母枝弯曲下垂而发生优势转位，于弯曲处或最高部位发生旺长枝，这种现象称为"背上优势"。

5. 环境与栽培条件

温度高低与变化幅度、生长季长短、光照强度与光周期、养分水分供应等环境因素对新梢生长都有影响。气温高、生长季长的地区，新梢年生长量大；低温、生长季热量不足，新梢年生长量则短。光照不足时，新梢细长而不充实。

施氮肥和浇水过多或修剪过重，都会引起过旺生长。一切能影响根系生长的措施，都会间接影响到新梢的生长。应用人工合成的各类激素物质，也能促进或抑制新梢的生长。

（五）树冠的形成

以地上芽分枝生长和更新的乔木，自一年生苗或前一季节所形成的芽，抽枝离心生长。由于枝茎中上部芽较饱满并具有顶端优势，且由根系供应的养分比较优越，抽生的枝旺盛，多垂直向上生长成为主干的延长枝。几个侧芽斜生为主枝。翌年春季又由中干上的芽抽生延长枝和第二层主枝；第一层主枝先端的芽，抽生主枝延长枝和若干长势不等的侧生枝。在一定年龄时期内逐年都以一定的分枝方式抽枝。主枝上较粗壮的侧生枝，随枝龄增长，发展次一级骨干枝。而枝条中部芽所抽生的依次比较短弱枝条，停止生长早，易成花或衰老枯落。从整个树体来看，是由几个生长势强与其母枝夹角小的斜生枝和几个长势弱较开张的枝条以及一些隐芽，一组组地交互排列，使骨干枝的分布形成明显或不明显的成层现象。层间距的大小、层内分枝的多少、秃裸程度决定于树种和品种特性、植株年龄、层次在树冠上的位置、生长条件以及栽培技术。

随树龄的增加，中心干和主枝延长枝的优势逐渐转弱（顶芽成花、自枯或枝条弯曲），树冠上部变得圆钝，而后宽广。此时树木表现出壮龄期的冠形，直到该树在该地条件下达到最大高度和冠幅。此后即转入衰老更新阶段。

以地下芽更新为主的竹类和丛木类，为多干丛生。从株体看，它们是由许多粗细相似的丛状枝茎所组成。对许多丛木的每一枝干上形成的芽质，有些类似乔木；有些则相反，在枝的中下部芽较饱满，抽枝较旺盛。说明丛木单枝离心生长达到其最大体积快，衰老也快。

攀缘藤木多数类似乔木，主蔓生长势很强，幼时分枝少，壮老年以后分枝才多。由于依附他物而生长，多无自身的冠形，随构筑物体形而变化。藤木中也有少数开始生长时类似灌木，如紫藤、猕猴桃等，而后才出现具有缠绕性的长枝。

（六）树木生长在园林中的应用

树木一生中按慢-快-慢这种"S"型曲线规律的生长，称为"生长大周期"。从杉木生长看，10年左右为高峰，而以材积生长来看10～15年为生长高峰。因此，为生产木材以在材积生长高峰5年内采伐为宜。

不同树木在一生中生长高峰出现的早晚及延续期限不同。一般阳性树，如油松、马尾松、落叶松、杉木、加杨、毛白杨、旱柳、垂柳等，其生长最快的时期多在15年左右出现，以后则逐渐减慢；而耐荫树种，如红松、华山松、云杉、紫杉等，其生长高峰出现较晚，多在50年以后，且延续期较长。

在园林绿化中，常根据早期高生长速度的差异，把园林树木划分为快长树（速生树）、中速树、慢长树（缓长树）等三类。新建城市的绿地，自然应选快长树为主，但也应搭配些慢长珍贵树，以便更替。

三、叶和叶幕的形成

叶是植物制造有机物质的主要器官。叶片是进行光合作用的主要器官。光合作用制造的有机物不仅供植物本身的需要，而且是地球上有机物质的基本源泉。大规模绿色植物的分布对整个生物世界具有极其重大的意义。关系到植物体生理活动的蒸腾作用和呼吸作用主要是通过叶片进行的，因此了解叶片的形成对树木的栽培有重要的作用。

（一）叶片的形成

叶片是由叶芽中前一年形成的叶原基发展起来的。其大小与前一年或前一生长时期形成叶原基时的树体营养和当年叶片生长期的长短有关。单个叶片自展叶到叶面积停止增加，不同树种、品种和不同枝梢是不一样的。梨和苹果外围的长梢上，春梢段基部叶和秋梢叶生长期都较短，叶均小。而旺盛生长期形成的叶片生长时间较长，叶也大。短梢叶片除基部叶发育时间短外，其上叶片大体比较接近。因此，不同部位和不同叶龄的叶片，其光合能力也是不一样的。初展之幼嫩叶，由于叶组织量少，叶绿素浓度低，光合产物随叶龄增加，叶面积增大，生理上处于活跃状态，光合效能大大提高，直到达到一定的成熟度为止，然后随叶片的衰老而降低。展叶后在一定时期内光合能力很强，常绿树也以当年的新叶光合能力为最强。

由于叶片出现的时期有先后，同一树体上就有各种不同叶龄的叶片，并处于不同发育时期。总的说来，在春季，叶芽萌动生长，此时枝梢处于开始生长阶段，基部先展之叶的生理较活跃。随着枝的伸长，活跃中心不断向上转移，而基部叶渐趋衰老。

（二）叶幕的形成

叶幕是指叶在树冠内集中分布区而言，它是树冠叶面积总量的反映。园林树木的叶幕，随树龄、整形、栽培目的与方式不同，其叶幕形成和体积也不相同。幼年树，由于分枝尚少，内膛小枝内外见光，叶片充满树冠；其树冠的形状和体积也就是叶幕的形状和体积。自然生长无中干的成年树，叶幕与树冠体积并不一致，其枝叶一般集中在树冠表面，叶幕往往仅限树冠表面较薄的一层，多呈弯月形叶幕（图1-4）。

具中干的成年树，多呈圆头形；老年多呈钟形叶幕，具体依树种而异。成片栽植的树林的叶幕，顶部成平面

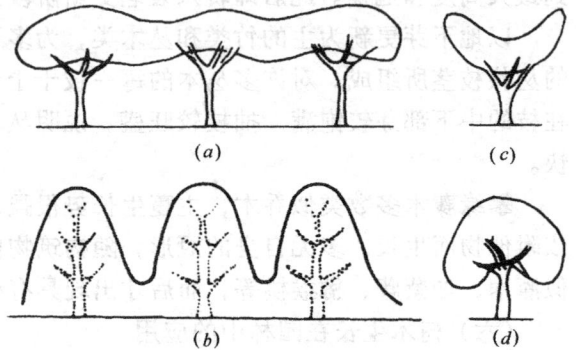

图1-4　树冠叶幕示意图
（a）平面图；（b）立体波浪形；（c）杯状形；（d）半圆形

形或立体波浪形。为结合花果生产的，多经人工整形修剪使其充分利用光能，或为避开架空线的行道树，常见有杯状整形的杯状叶幕，如桃树和架空线下的悬铃木、槐树等；用层状整形的，则形成分层形叶幕；按圆头形整形的呈圆头形、半头形叶幕。

藤木的叶幕随攀附的构筑物体形而异。落叶树木的叶幕在年周期中有明显的季节变化。其叶幕的形成也是按慢-快-慢的规律进行的。叶幕形成的速度与强度，因树种和品种、环境条件和栽培技术的不同而不同。一般幼龄树长势强，或以抽生长枝为主的树种或品种，其叶幕形成时期较长，出现高峰较晚；树势弱、年龄大或短枝型品种，其叶幕形成与其高峰到来早。如桃树以抽生长枝为主，叶幕高峰形成较晚，其树冠叶面积增长最快是在长枝旺长之后；而梨和苹果的成年树以短枝为主，其树冠叶面积增长最快是在短枝停长期，故其叶幕形成早，高峰出现也早。

落叶树木的叶幕，从春天发叶到秋天落叶，大致能保持5～10个月的生长期；而常绿树木，由于叶片的生存期长，多半可达一年以上，而且老叶多在新叶形成之后逐渐脱落，故其叶幕比较稳定。对为花果生产的落叶树来说，较理想的叶面积生长动态，以前期增长快，后期适合的叶面积保持期长，并要防止过早下降。

四、花芽的分化

植物的发育是从种子萌发开始，经历幼苗、植株、开花、结实，最后形成种子。在整个发育过程中，经历着一系列质变现象，其中最明显的质变是由营养生长转为生殖生长，花芽分化及开花是生殖发育的标志。因此了解园林树木的花芽分化和开花，在园林绿化工作中具有重要的意义。

（一）花芽分化概念

植物的生长点可以分化为叶芽，也可以分化为花芽。这种植物的生长点由叶芽状态开

始向花芽状态转变的过程，称为"花芽分化"。当这种分化逐渐形成萼片、花瓣、雄蕊、雌蕊，以及整个花蕾或花序原始体的全过程，称为"花芽形成"。由叶芽生长点的细胞组织形态转化为花芽生长点的组织形态过程，称为"形态分化"。在出现形态分化之前，生长点内部由叶芽的生理状态转向形成花芽的生理状态（这种变化用解剖的方法观察不到）的过程，称为"生理分化"。因此树木的花芽分化概念有狭义和广义之说。花芽分化狭义指的是其形态分化，广义指的是包括生理分化、形态分化、花器的形成与完善直至性细胞的形成。

（二）花芽分化的类型与特点

1. 树木花芽分化类型

花芽分化开始时期和延续时间的长短，以及对环境条件的要求，因树种与品种、地区、年龄等的不同而不同。根据不同树种花芽分化的特点，花芽分化的类型可以分为以下四种：

（1）夏秋分化型。绝大多数早春和春夏间开花的观花树木，它们都是于前一年夏秋（6~8月）间开始分化花芽，并延迟至9~10月间，完成花器分化的主要部分，如海棠、榆叶梅、樱花、迎春、连翘、玉兰、紫藤、泡桐、丁香、牡丹等，属夏秋分化型。还有常绿树中的枇杷、杨梅、杜鹃等。但也有些树种，如板栗、柿子分化较晚，在秋天还只能形成花原始体，需要延续更长的时间才能完成花器分化。

（2）冬春分化型。原产暖地的某些树木，一般秋梢停长后，至第二年春季萌芽前，即于11月~4月间，花芽逐渐分化与形成，如龙眼、荔枝等，属冬春分化型。而柑桔类的桔、柑、柚等常从12月至次春期间分化花芽，其分化时间较短，并连续进行，此类型中，有些延迟到年初才开始分化，而在冬季较寒冷的地区，如浙江、四川等地，有提前分化的趋势。

（3）当年分化型。许多夏秋开花的树木，都是在当年新梢上形成花芽并开花，不需要经过低温。如木槿、槐、紫薇、珍珠梅、荆条等，属当年分化型。

（4）多次分化型。在一年中能多次抽梢，每抽一次，就分化一次花芽并开花的树木，如月季、葡萄、无花果、茉莉花、金柑、柠檬，以及其他树木中某些多次开花的变异类型，如四季桂、四季桔、西洋梨中的三季梨等。此类树木中，春季第一次开花的花芽有些可能是去年形成的，各次分化交错发生，没有明显停止期。

此外还有不定期发挥型，原产热带的乔性草本植物，如香蕉、番木瓜等。香蕉花芽需展叶要达到一定数量的叶片才能进行。

2. 树木花芽分化的特点

树木的花芽分化虽因树种类别有很大差别，然而各种树木在分化时期方面有以下共同特点：

（1）分化临界期。各种树木从生长点转为花芽形态分化之前，必然都有一个生理分化阶段。在此阶段，生长点细胞原生质对内外因素有高度的敏感性，处于易改变的不稳定时期，因此生理分化期也称为花芽分化临界期，是花芽分化的关键时期。花芽分化临界期，因树种、品种而异。如苹果于花后2~6周；柑桔于果熟采收前后不久。

（2）分化的长期性。大多数树木的花芽分化，以全树而论是分期分批陆续进行的，这与各生长点在树体各部位枝上所处的内外条件不同、营养生长停止早晚有密切关系。不同的品种间差别也很大。有的从 5 月中下旬开始生理分化到 8 月下旬为分化盛期，到 12 月初仍有 10% ~ 20% 的芽处在分化初期状态，甚至到翌年 2 ~ 3 月间还有 5% 左右的芽仍处在分化初期状态。这种现象说明，树木在落叶后，在暖温带条件下可以利用贮藏养分进行花芽分化，因而分化是长期的。

（3）相对集中稳定性。各种树木花芽分化的开始至盛期，在各地及不同年份有差别，但不悬殊。以果树为例，苹果在 6 ~ 9 月；桃在 7 ~ 8 月；柑桔在 12 月 ~ 2 月。这与季节气候相对稳定有关。多数树木是在新梢（春、夏、秋梢）停长后，为花芽分化高峰。

（4）所需时间因树种和品种而异。从生理分化到雌蕊形成所需时间，因树种、品种而不同。苹果需 1.5 ~ 4 个月，甜橙需 4 个月，芦柑需半个月。梅花从形态分化到 7 月上中旬 ~ 8 月下旬花瓣形成；牡丹 6 月下旬 ~ 8 月中旬为分化期。

（5）分化早晚因条件而异。树木花芽分化期不是固定不变的。一般幼树比成年树晚；旺树比弱树晚；同一树上短枝早，中长枝及长枝上腋花芽形成依次要晚。一般停长早的枝分化早，但花芽分化多少与枝长短无关。"大年"时新梢停长早，但因结实多，使花芽分化推迟。

（三）花芽分化的条件

1. 树木生长时期

俗话说"桃三、杏四、李五年，栽上小枣当年还"，指的是这些树种幼年期的长短，就是说至少需要经过这么一段生长时期才能开始分化花芽，首次成花而开花结果。树种不同，进入花芽分化的时期是不一样的，如隔年核桃在播种后第二年就能分化花芽，而银杏则要二三十年才能开花结果，有的树种甚至需要更长时间。不同树种首次成花所需的时间多少不同，这是树木的遗传性所决定的。少则需要 1 ~ 3 年，多则需要半个世纪。

2. 树木枝条的营养生长

从现象上看，营养生长旺盛的成花迟，而营养生长弱的成花早，但上述现象只是其一。例如：杏与桃长得旺的，花芽形成得多，表现其节数与花芽成正相关。苹果的健旺幼树，在长的新梢上 50 ~ 100cm 处易形成腋花芽。这些事实说明，营养生长与花芽分化的关系，是在不同情况下，既相辅相成又相互对立的辩证关系。所谓生长旺盛应是"健壮而旺盛"，虚长肯定是不行的。只有健旺生长，叶面积多，制造有机营养物质才多。这是形成花芽的物质基础。可见花芽分化要以营养生长为基础，否则比叶芽复杂得多的花芽就不可能形成。国内外的研究成果一致认为，绝大多数树木的花芽分化，都是在新梢生长趋于缓和或停长后开始的。因为新梢停长前后的代谢方式有一个明显的转变，即由消耗占优势转为累积占优势。如果此时营养生长过旺，当然不利于花芽分化。由于生长本身首先要消耗营养物质，此时能累积的营养物质绝对量和相对量都少，影响成花。可见生长的消耗与累积是一对矛盾。所以还要看旺长发生在什么时候，是否符合正常节律。生长初期，旺长问题不大，健旺是好的，但在即将分化花芽时再发生旺长，就不利于花芽分化了。即使对那些花芽腋生的类型，多数也是如此。

3. 叶、花、果的影响

叶是同化器官，碳素的产物主要来自这个"加工厂"。有人用摘叶法试验：把苹果叶摘光则不能成花。而按每个果有 70 片叶来保护，几乎可以全部成花；每果只有 10 片叶者，成花大大减少。据我国的大株疏植苹果生产情况，提出经验数据，其叶果比为（30 ~

40）:1，即结一个果要有 30～40 片叶来保证，才能使花芽分化顺利，或用叶芽与花芽比为（3～4）:1。叶多则形成花芽多的原因除营养物质多以外，还有：①成熟之老叶多，形成有利于花芽分化的脱落酸（休眠素），以抑制来自嫩叶和种子的能促进生长、阻碍花芽分化的赤霉素；②叶多，蒸腾作用强，能使根系合成的激素（细胞分裂素或称激动素等）上升，有利于花芽分化。

先花后叶类的树木开花，尤其是繁茂之花，能消耗大量贮藏养分，从而造成根系生长低峰并限制新梢生长量。因而开花量的多少，也就间接影响果实发育与花芽分化。树上结实多，一般易理解为果多，消耗多，积累少，影响花芽分化，但这只是一个方面。另一方面是果多，种子多，种胚多，其生长阶段产生大量的赤霉素和 IAA，使幼果具有很大竞争养分的能力和改变了激素平衡（即改变了与促花激素间的比例）。据此，"大年"就应当适当疏果，疏果时期应在种胚形成之前，这样可使多分化些花芽，使其连续稳产。

4. 矿质、根系生长的影响

吸收根的生长与花芽分化有明显的正相关，这与吸收根合成蛋白质和细胞激动素等的能力有关。据研究对苹果花芽生理分化期，施铵态氮肥（如硫酸铵），以利促进生根和花芽分化。施铵态氮肥，改变了树体内有机氮化物的平衡。由于细胞激动素本身是氮化物，因此氮的形态同根内细胞激动素的产生可能也有些值得进一步研究的关系。氮对成花的作用关键在于施氮肥的时间是否正确。

磷对成花的作用因树而异。苹果施磷增加成花，但对樱桃、梨、板栗等则无反应。缺铜使苹果、梨减少成花。苹果枝条的灰分中钙的含量和成花量成正相关；缺钙、镁可减少柳杉的成花。总之，大多数元素相当缺乏时，都会影响成花。可以肯定，营养元素相互作用的效果，对成花也是重要的。

5. 光照

光照对树木花芽形成的影响是很明显的。如有机物的形成、累积与内源激素的平衡等，都与光有关，可以说无光不结果。但经试验，许多树木对光周期并不敏感，其表现是迟钝的。光对树木花芽分化的影响主要是光量和光质等方面。光量对花芽分化作用有广泛的根据，这可从树冠的内外，不同方位进行遮光试验得到证实。对苹果、桃、杏、几种松树遮光都减少了花芽分化。葡萄属在强光下有比较大量的花芽分化，有人试验对其中一片叶遮光，并不减少该叶腋芽的分化，而单独对芽进行遮光则减少花序原始体的数目及大小。

6. 水分

水分过多不利于花芽分化，夏季适度干旱有利于树木花芽形成。如在新梢生长季对梅花适当减少灌水量（俗称"扣水"），能使枝变短，成花多而密集，枝下部芽也能成花。对于适度干旱能成花的原因有不同解释，有人认为，在花芽分化临界期进行短期适度控水（土壤田间持水量的 60%），可抑制新梢生长，使其停长或不使徒长，有利于光合产物的累积，导致碳氮比增加；有人认为，缺水能使生长点细胞液浓度提高，有利于成花。控水确能促进成花，早成花。如干旱山地树木成花年限比充足灌水处要早。

7. 温度

温度影响树木的一系列生理过程，如光合作用、根系的吸收率以及蒸腾等，并且也影响激素水平。

苹果的花芽分化温度，一般品种要在 20℃左右；大体上分化开始期的平均温度在 20℃左右，分化盛期（6～9 月）平均温度稳定在 20℃以上，最适温度在 22～30℃之间。当秋季气温降低到 20～10℃时，分化减慢，平均气温在 10℃以下时，分化停滞。苹果在热带的爪哇每年开花结果两次的事实说明，苹果有些品种的花芽分化需要较高温，而并不需要低温。

温度对葡萄花芽分化的影响，其芽内分化的花数与主芽转位生殖状态前 3 周的温度紧密相关。13℃时少量分化；30～35℃时分化增到最大量。

杏在人工控制环境下，在 24℃时比 16℃时的分化要高 40%；柑桔属夏季高温则是阻止其花芽分化的。

山茶花要求在 15（夜间）～20℃（昼间）以上；杜鹃花要求在 19～23℃间分化花芽；栀子花在 15～18℃的夜温条件下才能形成花芽，高于 21℃就不行；叶子花需在 15℃条件下形成；八仙花在 10～15℃并有充足光照时分化，18℃以上则不能。

8. 栽培技术与花芽分化的关系

我国劳动人民的经验是首先采取综合措施（如挖大坑、用大苗、施大量有机肥，以促进根系的发展，扩大树冠，加速养分积累）。然后采取转化措施（开张角度或拉平，进行环剥或倒贴皮等），促其早成花。搞好周年管理，加强肥水，防治病虫害，合理修剪、疏花、果以调节养分分配，减少消耗，使每年形成足够的花芽。另外利用矮化砧、应用生长延缓剂等来促进成花。

综上所述，根据苹果生产实践已有的经验和森林树种及花木的试验结果表明，形成花芽需要以下三个方面的条件：

（1）生长点处于分裂而又不过旺状态。进入休眠、停止细胞分裂的芽不能分化；处于过旺的营养生长时期也不能分化。

（2）取决于有效同化产物，在一定部位和一定时间里的相互作用，以及内源激素的平衡。

（3）适宜的环境条件，包括日照、温度、水分状况等。

上述三个方面，关键是第二个条件，内外因要通过内因才起作用，生长点的分裂也受同化产物和内源激素平衡的影响。

（四）促进与控制花芽分化的途径

在了解植物花芽分化规律和条件的基础上，因树、因地、因时的运用栽培技术措施，调节植物体各器官间生长发育关系与外界环境条件的影响，来促进控制植物的花芽分化。

决定花芽分化的首要因素是营养物质的积累水平，这是花芽分化的物质基础。所以应采取一系列的技术措施，如通过适地适树（土层厚薄与干湿等）、选砧（乔化砧、矮化砧）、嫁接（高接、桥接、二重接等）、促进控制根系（穴大小、紧实度、土壤肥力、土壤含水量等）、整形修剪（适当开张主枝角度、环剥或勒、主干倒贴皮、摘心、扭梢、摘心并摘幼叶促发二次梢、轻重短截和疏剪）、疏花、疏（幼）果、施肥（肥料类别、叶面喷肥、秋施基肥、追肥等），以及生长调节剂的施用等等。在以上的基础上，再使用生长抑制剂，如 B_9（阿拉）、CCC（矮壮素）、乙烯利等，可抑制枝条生长和节间长度，促进成花。

必须强调的是，对植物采取促进花芽分化的措施时，需要建立在健壮生长的基础上，抓住花芽分化的关键时期，施行上述措施（单一的或几种同时进行），才能取得满意的效果，否则就难尽人意。

五、开花与授粉

一个正常的花芽，当花粉粒和胚囊发育成熟后，花萼与花冠展开的现象称为"开花"。在园林生产实践中，"开花"的概念，有着更广泛的含义，例如裸子植物的孢子球（球花）和某些观赏植物的有色苞片或叶片的展显，都称为"开花"。

开花是植物生命周期幼年阶段结束的标志，在年生长周期中是一个重要的物候期。花又是园林植物美化环境的主要器官和产品（切花），也与果实和种子的生产和观赏密切有关。因此，了解园林植物的开花习性，掌握开花规律，有助于提高观赏效果，增加经济效益。

（一）开花的时期

1. 不同树种的开花时期

供观花的园林树木种类很多，它们由于受遗传性的影响和要求比较严格的环境条件，因此在一个地区内，一般都有比较稳定的开花时间。除在特殊小气候环境外，同一地区，各种树木每年开花期相互之间有一定的顺序性。如北京地区的树木，一般每年按下列顺序开放：银芽柳、毛白杨、榆、山桃、侧柏、桧柏、玉兰、加杨、小叶杨、杏、桃、绦柳、紫丁香、紫荆、核桃、牡丹、白腊、苹果、桑、紫藤、构树、栓皮栎、刺槐、苦楝、枣、板栗、合欢、梧桐、木槿、槐等。

2. 不同品种开花早晚也不同

在同一地区，同种不同品种间开花也有一定的顺序性。例如：碧桃在北京地区，"早花白碧桃"于3月下旬开，"亮碧桃"于4月中下旬开。凡品种较多的花木，按花期都可分为早花、中花、晚花这样三类品种。

3. 雌雄同株雌雄异株树木的花期

雌、雄花既有同时开的，也有雌花先开，或雄花先开的。凡长期实生繁殖的树木，如核桃，常有这几种类型的混杂现象。

4. 不同部位枝条花序的开放

同一树体上不同部位枝条开花早晚不同，一般短花枝先开放，长花枝和腋花芽后开。向阳面比背阴面的外围枝先开。同一花序开花早晚也不同。具伞形总状花序的苹果，其顶花先开；而具伞房花序的梨，则基部边花先开。菜薹花序于基部先开。

（二）开花类别

1. 先花后叶类

此类树木在春季萌动前已完成花器分化。花芽萌动不久即开花，先开花后长叶。如银芽柳、迎春、连翘、山桃、梅、杏、李、紫荆等。

2. 花、叶同放类

此类树木花器也是在萌动前完成分化。开花和展叶几乎同时，而先花后叶类中的榆叶梅、桃与紫藤中的某些开花较晚的品种与类型。此外多数能在短枝上形成混合芽的树种也属此类，如苹果、海棠、核桃等。混合芽虽先抽枝展叶而后开花，但多数短枝抽生时间短，很快见花，此类开花较前类稍晚。

3. 先叶后花类

此类树木中如葡萄、柿子、枣等，是由上一年形成的混合芽抽生相当长的新梢，于新梢上开花。加上萌芽要求的气温高，故萌芽晚，开花比第二类也晚。此类多数树木花器是在当年生长的新梢上形成并完成分化，一般于夏秋开花，在树木中属开花最迟的一类。如木槿、紫薇、凌霄、槐、桂花、珍珠梅、荆条等。有些能延迟到初冬，如枇杷、油茶、茶树等。

（三）花期延续时间

花期延续时间的长短受树种和品种、外界环境以及树体营养状况的影响而有差异。

1. 同一树种因树体营养状况、环境而异，青、壮年树比衰老树的开花期长而整齐。树体营养状况好，开花延续时间就长。在不同小气候条件下，开花期长短不同。树荫下、大树北面、楼北花期长。开花期因天气状况而异，花期遇冷凉潮湿天气可以延长，而遇到干旱高温天气则缩短。开花期也因环境而异。高山地区随地势增高花期延长。这与随海拔增高，气温下降、湿度增大有关。如在高山地带，苹果花期可达一个月。

2. 不同树种与类别导致花期延续时间不同。由于园林树木种类繁多，几乎包括各种花器分化类型的树木，加上同种花木品种多样，在同一地区，树木花期延续时间差别很大。杭州地区开花短的6～7d（白丁香6d，金桂、银桂7d）。长的可达100～240d（茉莉112d，六月雪117d，月季最长可达240d左右）。在北京地区开花短的只有7～8d（山桃、玉兰、榆叶梅等），开花长的可达60～131d。不同开花类别树木的开花还有季节特点。春季和初夏开花的树木多在前一年的夏季就开始进行花芽分化，于秋冬季或早春完成，到春天一旦温度适合就陆续开花，一般花期相对短而整齐；而夏、秋开花者，多在多年生枝上分化花芽，分化有早有晚，开花也就不一致，加上个体间差异大，因而花期较长。

（四）每年开花次数

因树种、品种、树体营养状况、环境条件而不同。

1. 因树种与品种而异

多数每年只开一次花，但也有些树种或栽培品种一年内有多次开花的习性。如茉莉花、月季、柽柳、四季桂、佛手、柠檬、葡萄等。紫玉兰中也有多次开花的变异类型。

2. 再度开花

原产温带和亚热带地区的绝大多数树种，一年只开一次花，但有时能发生再次开花现象，常见的有桃、杏、连翘等，偶见玉兰、紫藤等。树木再次开花有两种情况：一种是花芽发育不完全或因树体营养不足，部分花芽延迟到春末夏初才开，这种现象时常发生在梨或苹果某些品种的老树上。另一种是秋季发生再次开花现象，这是典型的再度开花。为与一年两次开花习性相区别，选用"再度开花"这个术语是比较确切的。这种一年再度开花现象，既可以由"不良条件"引起，也可以由于"条件的改善"而引起，还可以由这两种条件的交替变化引起。例如：秋季病虫危害失掉叶子，或过旱后又突遇大雨引起落叶，促使花芽萌发，再度开花。如春季物候来得早的1975年，在10～11月间很多地方的树木再度开花。西安见有桃树再度开花；北京见有桃树、连翘再度开花。1976年北京秋季特别暖和，见有连翘从8月初到12月初再度开花。同年冬季在烟台南山公园的连翘于11月中旬再度开花。后来得知，原来是日本发生火山爆发，暖流侵入，造成这年冬季有一段时期无霜且多浓雾的反常气候现象。

树木再度开花的繁茂程度不如春季，原因是由于树木花芽分化的不一致性，有些尚未分化或分化不完善，故不能开花。出现再度开花一般对园林树木影响不大，有时还可加以研究利用。可人为促成春季开花的树种，于国庆节再度开花。丁香在北京可于8月下旬到9月初摘去全部叶子，并追施肥水，至国庆节前就可开花。对于为生产花、果的，再度开花一则提前萌发了明年开花的花芽，二则消耗大量养分，又往往结不成果并不利于越冬，因而大大影响第二年的开花与结果，对生产是不利的。

（五）授粉和受精

植物开花，花药开裂，成熟的花粉通过媒介达到雌蕊柱头上的过程称为"授粉"。授到柱头上的花粉形成花粉管，伸入到胚囊，使精子与卵子结合的过程称为"受精"。作为生殖器官的花，对植物自身而言，其主要机能是为授粉受精，最终是产生果实与种子，以达到繁衍后代的目的。

1. 授粉方式

主要有自花授粉和异花授粉两种。自花授粉不局限在同一朵花内，包括同株、同品种内的花，均为自花授粉。其结的果实，称为"自花结实"，如桃、樱桃、枣，部分品种的李和葡萄等都能自花结实。自花授粉获得的种子，培育的后一代一般都能保持母本的习性，但很易衰退。不同品种间的授粉称为"异花授粉"。异花授粉获得的种子从杂交优势中，使后代具有较强的生命力，培育的后代一般很难继承父、母本的优良品性而形成良种，所以生产上不用这类种子直接繁育苗木，尤其是花灌木、果树等，仅用于做嫁接苗的砧木。需要异花授粉的植物在自花授粉的情况下，不易获得果实，如苹果、梨等。异花授粉对果实的品质影响不大，"自花结实"的植物经异花授粉后，可提高坐果率，增加产量。绝大多数树木，开花后经过授粉和受精才能结实。但也有少数树木不经授粉受精，果实和种子都能正常发育，这种现象称为"孤雌生殖"。如湖北海棠、变叶海棠、锡金海棠中的某些类型。还有一些树木，也不需要授粉受精，子房即可发育成果实，但无种子，这种现象称为"单性结实"。如无核葡萄、无核柿子等。

2. 影响授粉受精的因素

授粉、受精过程能否完成，受许多因素的影响。有些树木"自交不孕"（又叫"自花不实"），其最主要的原因是自交不亲和。某些树种其花粉不能使同品种的卵子受精，如欧洲李、甜樱桃、八旦杏等，栽培时应配植花粉多、花期一致、亲和力强的其他品种作为授粉树。有些长期实生繁殖的树木，如核桃等，雌雄异花虽同株，但常能分化出雌、雄开花期不一致的类型。除部分雌雄同熟者外，有的雄花先熟，有的雌花先熟。因此，应注意不同类型的混栽，才能增加授粉受精的成功率。除少数能在花蕾中闭花受精的树种（豆科、葡萄）外，许多树木有异花授粉的习性，即除雌雄蕊异熟外，还有雌雄异株（如银杏等）、雌雄蕊虽同花而不等长（如李、杏的某些品种），以及柱头分泌液对不同花粉刺激萌发有选择性等。

能形成正常花粉和胚囊是授粉和受精成功的前提条件。但有些因素常会引起花粉或胚囊发育的中途停止，这种现象称为"败育"。引起败育的原因，一是遗传方面（如三倍体与五倍体），造成不能形成大量正常的花粉。二是营养条件，花粉粒所含的物质（蛋白质、碳水化合物以及生长素和矿质等）供萌芽和花粉管伸长用，胚囊发育也需要蛋白质，当这些营养物质不足时，二者就会发育不良。表现在花粉萌发率差，花粉管伸长慢，在胚囊失去功能前未达珠心或胚囊寿命短致使柱头接受花粉的时间变短。而上述营养物质的多少又决定于亲本树体的营养状况，如衰老树或衰老枝上的花，花粉少，萌发力弱；干旱、土壤贫瘠或前一年结果过多，也会使胚囊发育不良。三是环境条件，例如：有些地区早春严寒，引起花粉或胚囊发育不良或中途死亡；有些地区冬季树木休眠所需的低温不足，也会引起这种现象。此外，温度、风、雨等也有影响。

温度是影响授粉受精的重要因素。温度不足，花粉管伸长慢，甚至不能完成受精；过低时花粉、胚囊活性差，甚至冻坏。低温也限制昆虫的传粉活动。此外，开花期遇干旱、大风、阴雨、大气污染等都影响授粉和受精。

3.改善授粉受精条件的方法措施

对异花授粉的树木，应配置花期一致的授粉树，并要注意数量上要配比恰当。园林绿地中不能配置授粉树的则可用异品种高枝嫁接或花期人工授粉，做好肥水管理，改善树体营养条件，对生长势弱或衰老树，花期根外喷洒尿素、硼砂等对促进授粉受精有积极的作用。花期遇到气温高、空气干燥时，对花喷水也很有效。雌雄异熟的可采集花粉后进行人工授粉，南京、青岛等地就是用人工授粉的方法使雪松结籽。

搞好环境保护、控制大气污染的工作，对易受大气污染的植物的授粉受精是很重要的，还有在花期禁止喷洒农药，保护有益于传粉昆虫的活动，促进虫媒花的授粉受精。

在园林生产上，为了保持某些植物品种的纯正，需要防止品种间自然杂交，以免后代发生衰退或变异，所以不应从花坛或树坛内混栽的植株上采种，应建立能保持品系纯正的育种基地。如不具备这方面的条件，可采取单位间协作或叉开播种期的办法，防止自然杂交授粉。

六、坐果与果实的生长发育

研究了解果实的生长发育，在园林树木栽培实践中，既可提高观果树木的观赏价值，又可提高果品和种子的产量、质量。

（一）坐果与落花落果

花朵经授粉受精后，子房膨大发育成果实，在生产上称为"坐果"。事实上，坐果数比开放的花朵数要少得多，能真正成熟的果实则更少。其原因是开花后，一部分未能授粉受精的花脱落了，另一部分虽已授粉、受精，但因营养不良或其他原因也造成脱落。这种从花蕾出现到果实成熟全过程中，发生花果陆续脱落的现象称为"落花落果"。各种植物的坐果率是不一样的，如苹果、梨的坐果率为2%～20%，枣的坐果率仅占花朵的0.5%～2%，芒果坐果率则更少仅为万分之几。这实际上是植物对适应自然环境、保持生存能力的一种自身调节。植物自控结果的数量对植物自身是有好处的，可防止养分过量的消耗，以保持健壮的生长势，维护良好的合成功能，达到营养生长与生殖生长的平衡。但是在栽培实践中，常发生一些非正常性的落花落果，严重时影响观赏价值或减产，这是应该力图避免的。

1.落花落果次数

根据对仁果类和核果类的观察，落花落果现象，一年可出现四次。

（1）落花。第一次于开花后，因花未受精，未见子房膨大，连同凋谢的花瓣一起脱落。这次对果实的丰歉影响不大。

（2）落幼果。这一次出现约在花后2周，子房已膨大，是受精后初步发育了的幼果。这次落果对丰歉有一定的影响。

（3）六月落果。在第二次落果后 2~4 周出现，大体在 6 月间。此时落果已有指头大小，因此损失较大。

（4）采前落果。有些树种或品种在果实成熟前也有落果现象，即采前落果。

以上这几种不是由机械和外力所造成的落花落果现象，统称为"生理落果"。也有些由于果实大，结得多，而果柄短，因互相挤压造成采前落果。夏秋暴风雨也常引起落果。

2. 落花落果的原因

造成生理落果的原因很多，最初落花、落幼果是由于花器发育不全或授粉、受精不良而引起的。其他不良的环境条件，如水分过多造成土壤缺氧而削弱根系的呼吸，使其吸收能力降低，导致营养不良；而水分不足又容易引起花、果柄形成离层，导致落花落果。缺锌也易引起落花落果。

"六月落果"主要是营养不良引起的。幼果的生长发育需要大量的养分，尤其胚和胚乳的增长，需要大量的氮才能形成构成所需的蛋白质，而此时有些树种新梢生长也很快，同样需要大量的氮。如果此时氮供应不足，两者之间就发生对氮的争夺矛盾，常使胚的发育终止而引起落果，因此应在花前施氮肥。磷是种子发育重要的元素之一，种子多，生长素就多，可提高坐果率。花后施磷肥对减少六月落果有显著成效，可提高早期和总的座果率。

水不仅是一切生理活动所必须的，而且果实发育和新梢旺长都大量需水。由于叶片的渗透压比果实高，此时缺水，果实的水易被叶片争夺而干缩脱落。过分干旱，树木整体造成生理干旱，导致严重落果。另一原因是幼胚发育初期生长素供应不足，只有那些受精充分的幼果，种胚量多且发育好，能产生大量生长素，对养分水分竞争力强而不脱落。

"采前落果"的原因是将近成熟时，种胚产生生长素的能力逐渐降低，与树种、品种特性有关，也与高温干旱或雨水过多有关。日照不足或久旱突降大雨，会加重采前落果。不良的栽培技术，而过多施氮肥和灌水，栽植过密或修剪不当，通风透光不好，也都会加重采前落果。

3. 提高坐果率

为了减少落花落果除采用各种保花保果的措施外，保证花和果实的生长发育良好，克服大小年，调节与平衡营养生长与生殖生长的关系，保护营养面积和结果的适当比例，也是使叶片数与果实数成一定比例，常要进行疏花疏果。疏花比疏果更能节省养分，但也要把握住疏花疏果的量，疏多疏少都不利。要根据具体树种、具体的条件，并要有一定的实践经验才能获得满意的效果。在幼果生长期在保证新梢健壮生长的基础上，要防止新梢过旺生长，一般可采用摘心或环剥等，削弱新梢的生长，以提高坐果率。在盛花期或幼果生长初期喷涂生长刺激素，如2.4-D、赤霉素等，以提高幼果中生长素浓度，能防止果柄产生离层而落果，也可促进养料输向果实，有利于幼果生长发育。但在树体营养条件较差的情况下使用生长激素后即使不发生落果，其幼果因为营养不良或结果过多，也不能达到应有的栽培目的。

（二）果实的生长发育

从花谢后至果实达到生理成熟时止，需要经过细胞分裂、组织分化、种胚发育、细胞膨大和细胞内营养物质的积累转化等过程。这个过程称为"果实的生长发育"。

1. 果实成熟所需的时间

树木各类果实成熟时在外表上表现出成熟颜色的特征为"形态成熟期"。果熟期与种熟期有的一致，有的不一致；有些种子要经过后熟，个别也有较果熟期为早者。其长短因树种和品种不同。榆树、柳树等最短，桑、杏次之，而樱桃的种子则需要后熟。松属树种因第一年春传粉时球花还很小，第二年春才能受精。种子发育成熟需要整两个生长季，故果熟需跨年。一般早熟品种发育期短，晚熟品种发育期长。果实外表受外伤或被虫蛀蚀后成熟得早些。另外还受自然条件的影响，高温干旱，果熟期缩短，反之则长。山地条件、排水好的地方果熟得早些。

2．果实生长发育的规律

果实生长发育与其他器官组织一样，也遵循"慢－快－慢"的"S"形生长曲线规律，但在众多的观果树种中，其生长情况有两种类型：一种是单"S"生长曲线型，如苹果、梨、柑桔等，此类果实生长全过程是由小到大，逐渐增长，中间几乎没有停顿现象，但也不是等速上升，在不同时期的生长速率是有变化的。另一种是双"S"生长曲线型，如桃、梅、樱桃等，这类果实有较明显的三个阶段，即幼果生长快速期，持续约三周；生长缓慢期（即"硬核期"）在外形上无明显增大的迹象，主要是内部种胚的生长和果核的硬化；最后是增大期，生长速率再次加快，直至成熟。

3．果实的增长

果实内没有形成层，果实的增大是靠果实细胞的分裂与增大而进行的。果实先是伸长生长（纵向生长）为主，后期以横向生长为主。果实重量的增长，大体上与其体积的增大呈正相关。果实体积的增大，决定于细胞的数目、细胞体积和细胞间隙。花器和幼果生长的初期是果实细胞主要分裂期，此时树体内营养状况决定于果实细胞分裂数，对许多春天开花、坐果的多年生果树，花果生长所需的养分主要是依靠去年贮藏的养分供应。贮藏养分的多少对幼果细胞分裂数有决定性影响，所以采用秋施基肥，合理修剪，疏除过多的花芽，对促进幼果细胞的分裂有重要的作用。果实发育中、后期，主要是果肉细胞的增大期，此期果实除含水量增加外，碳水化合物的含量也直线上升。合适的叶果比、良好的光照和保持适宜的土壤水分条件，满足其水肥的要求，是果实产量和质量的保证。此时若浇水过多，施用氮肥过多，虽能增加一定产量，但果实含糖量下降，品质降低。

激素对果实的生长发育有密切关系。试验证明，果实发育过程中，生长素、赤霉素、细胞分裂素、脱落酸及乙烯等多种激素都存在。但在果实发育的不同阶段，是在一种或几种激素相互作用下，以调节和控制果实的发育。如桃在幼果生长快速期的赤霉素含量高于生长缓慢期，最后进入果实增大期后，乙烯含量显著增加。对大部分果实来说，前期促进生长的细胞分裂素、赤霉素等激素的含量高，后期则抑制生长的脱落酸、乙烯等激素的含量高。了解激素对果实生长发育的作用，可通过人工合成激素来促控果实生长发育，以达到栽培目的。

4．成熟的果色

果实的着色是成熟的标志之一。有些果实着色的程度决定其观赏价值。果实着色是由于叶绿素分解，细胞内已有的类胡萝卜素、黄酮等使果实显出黄、橙等色。果实中的红、紫色是由叶片中的色素原输入果实后，在光照、温度及氧等条件下，经氧化酶而产生的花青素苷转化形成的。所以在果实成熟期，保证良好的光照条件，对碳水化合物含量的合成和果实的着色是很重要的。

5.满足果实发育的栽培技术

首先从根本上提高包括上一年在内的树体贮藏营养的水平，这是果实能充分长大的基础。要创造良好的根系营养条件，保持树体代谢的相对平衡和对无机养料最强的吸收能力。为此首先要增施有机肥料、注意栽植密度，使树木地上与地下部分有良好生长空间；第二是运用整形修剪的技术措施，使树体形成良好的形态结构，调节好营养生长与生殖生长的关系，扩大有效的光合面积，提高光合效率和树体营养水平；第三是保证肥水供应。在落叶前后施足基肥的基础上，在花芽分化、开花和果实生长等不同阶段，进行土壤和根外追肥，同时根据具体情况，适时采用摘心、环剥和应用生长激素等措施，还要注意维持适宜的田间持水量、加强病虫害防治，使枝叶等器官不受病虫的危害。

第五节　树木的整体性及生理特点

植物体各部分之间存在着相互联系、相互促进或相互抑制的关系，即某一部位或器官的生长发育，常能影响另一部位或器官的形成和生长发育。这种现象为相互促进或抑制的关系，植物生理学上称为"相关性"，这主要是由于树体内营养物质的供求关系和激素等调节物质的作用。这种相互依赖又相互制约的关系，是植物有机体整体性的表现，也是对立统一的辩证关系。树木则是比草本植物更为复杂的对立统一的有机体。树木各部分的相关性，是制定栽培措施的重要依据之一。

一、树木各部分的相关性

（一）地下部分与地上部分的相关性

人们常用"树大根深"、"根深叶茂"和"根靠叶养，叶靠根长"等俗语，简洁概括了树体地上部分与地下部分之间密切相关的哲理。

健壮的植株必须是建立在有着生长茂盛的茎叶并能维持高效的光合功能的基础上，而这一基础的获得，在很大程度上取决于该植株根系的大小和质量，而根系的生长和保持良好的功能作用也是离不开地上部分营养物质的供应。如生长期在主干上进行环剥，当环剥伤口愈合前，根系和新梢的生长都处于停滞状态，愈合后才能恢复各自的生长，如果至休眠前环剥伤口仍不能愈合，则植株就会死亡。这是由于环剥切断了韧皮部输导组织，根系得不到茎叶供应的光合养料和激素，根系的生长和合成功能受阻，茎叶也因此不能获得根系提供的养料和激素，也停止了生长，如果不能愈合伤口，根系先饥饿而死，随后整株死亡。这充分说明了地上部分与地下部分之间在营养物质和调节物质上有着不可分割的相关性。

1.地上部分与根系间的动态平衡

树体的冠幅与根系的分布范围有密切关系。在青壮龄期，一般根的水平分布都超过冠幅，而根的深度小于树高。树冠和根系在生长量上常持一定的比例，称为"根冠比"（一般多在落叶后调查，以根系和树冠鲜重，计算其比值）。根冠比大的，说明根的机能活性强。但根冠比常随土壤等环境条件而变化。

当地上部分遭到自然灾害或经较重修剪后，表现出新器官的再生和局部生长转旺，以建立新的平衡。在移栽树木时，挖掘使根系受到损伤，若对地上部分不作适当平衡修剪、剪除部分枝叶，则会造成地上与地下部分水分代谢不平衡而影响栽植成活率或栽后的生长。在一般条件下，为保证成活或能正常生长，多对树冠进行较重的修剪，以求在较低水平上保持平衡。地上或地下部分任何一方过多受损，都会削弱另一方，从而影响整体。植物地上与地下部分之间相互依赖和制约，使植物成为协调统一的整体。

2. 枝、根对应

地上部分主干上的大骨干枝与地下部分大骨干根有局部的对应关系。主干矮的树种，这种对应关系更加明显。即在树冠的同一方向，如果地上部分枝叶量多，则相对应的根也多。俗话说"那边枝叶旺，那边根就壮"就是这个道理。这是因为同一方向根系与枝叶间的营养交换，有对应关系的缘故。

3. 地上部分与根系生长节奏交替

地上部分与根系间存在着对养分相互供应和竞争关系，但树体能通过各生长高峰错开，来自动调节这种矛盾。根常在较低温度下比枝叶先行生长。当新梢旺盛生长时，根生长缓慢；当新梢渐趋停长时，根的生长则趋达高峰；当果实生长加快，根生长变缓慢；秋后秋梢停长和采果后，根生长又常出现一个小的生长高峰。

(二) 营养生长与生殖生长的相关性

没有健壮的营养生长，也难有植物的生殖生长。在生长衰弱、枝细叶小的植株上是难以分化花芽、开花结果的，即使成花，其质量也可想而知，也因营养不良而发生落花落果。健壮的营养生长还要有量的保证，也就是要有足够的叶面积，没有足够的叶面积难以分化花芽。许多扦插苗、嫁接苗，即使阶段发育成熟，已经开花结果，但繁殖成幼苗后，必须经过一段时间的营养生长后才能开花结果。

植物营养器官的生长，也要消耗大量的养料。植物营养生长过旺，消耗养料过多，必然会影响生殖生长，徒长枝上不能形成花芽，生长过旺的幼树不开花或延迟开花，都是因为枝叶生长夺取了过多养料的缘故；植物在开花结果期间，枝叶生长过旺后，发生落花落果的现象也是这个原因。所以在防护管理上应防止枝叶的过旺生长。生殖器官的生长发育需要的养料，主要是靠营养器官供应。欲使花果生长发育良好，达到栽培上的要求，必须根据植株营养生长的情况，控制一定数量的花果数，使花果的数量与叶片面积形成相互适宜的比例。如果开花结果过多，超过了营养器官的负担能力，必然会抑制营养生长，减少枝叶的生长量，致使根系得不到足够的光合养料，影响根系的生长，降低了根系的吸收功能，进一步恶化了树体营养条件，花果也因此生长发育不良，降低了观赏价值和产量，甚至发生落花落果或出现大小年的现象。所以在养护管理中应防止片面追求花多、果多的不良倾向，应根据营养器官的负荷能力，做好疏花疏果工作，协调好营养生长和生殖生长的关系。

在调节营养生长和生殖生长的关系时，除了注意数量上的适宜以外，还应注意时间上的协调，务必使营养生长与生殖生长相互适应。对观花观果植物，在花芽分化前，一方面要满足植物阶段发育通过的必要条件，另一方面要使植株有健壮的营养生长，保证有良好的营养基础。到了开花坐果期，要适当控制营养生长，避免枝叶过旺生长，使养料集中供应花果，以提高坐果率。在果实成熟期，应防止植株叶片早衰脱落或贪青徒长，以保证果实充分成熟。以观叶为主的植物，则应延迟其发育，尽量阻止其开花结果，保证旺盛的营养生长，以提高其观赏价值。对一些以根、茎为贮藏器官的观花植物，也应防止生长后期叶片的早衰脱落。

（三）各器官的相关性

1. 顶芽与侧芽

幼、青年树木的顶芽通常生长较旺，侧芽相对较弱和缓长，表现出明显的顶端优势。除去顶芽，则优势位置下移，并促进较多的侧芽萌发。修剪时用短截来削弱顶端优势，以促进分枝。

2. 根端与侧根

根的顶端生长对侧根的形成有抑制作用。切断主根先端，有利于促进侧根，切断侧根，可多发些侧生须根。对实生苗多次移植，有利于出圃栽植成活，就是这个道理；对壮老龄树，深翻改土，切断一些一定粗度的根（因树而异），有利于促发须根、吸收根，以增强树势，更新复壮。

3. 果与枝

正在发育的果实，争夺养分较多，对营养枝的生长、花芽分化有抑制作用。其作用范围虽有一定的局限性，但如果结实过多，就会对全树的长势和花芽分化起抑制作用，并出现开花结实的"大小年"现象。其中种子所产生的激素抑制附近枝条的花芽分化更为明显。

4. 营养器官与生殖器官

营养器官和生殖器官的形成都需要光合产物，而生殖器官所需的营养物质系由营养器官所供给。扩大营养器官的健壮生长，是达到多开花、结实的前提，但营养器官的扩大本身也要消耗大量养分，因此常与生殖器官的生长发育出现养分的竞争。这二者在养分供求上，表现出十分复杂的关系。

总之，植物各部分的相互关系很复杂，归纳起来主要有以下几种类型：

1. 促进

即两部分的生长成正相关，相互促进。如前面所述的地上部分与地下部分的关系，根系生长良好时枝叶也茂盛，枝叶生长健壮时根系一般也较发达。

2. 抑制

即两部分的生长成负相关，相互制约。如营养生长过旺时，往往影响生殖器官的发展，顶芽生长旺盛常能抑制侧芽的萌发。

3. 补偿

即当一部分因故失去或停止生长时，往往由另一部分代之。如当摘去顶梢时，附近侧芽迅速萌发生长，深翻土壤切断老根后，常促进新根的发生。

利用植物体各部分的相关现象可以调节植物的生长发育，这在栽培实践中有重大意义。但必须注意，植物各部分的相关现象是随条件而变化的，即在一定条件下是起促进作用，而超出一定范围后，就会变成抑制，如茎叶徒长时，就会抑制根系的生长。所以在利用相关性来调节植物的生长发育时，必须根据具体情况，善加掌握。

二、树木的生理特点

树木生理学总产量（即包括树体的各个部分）中，有机物占干物质重的90%～95%，无机物只占5%～10%，但有机营养物是由无机营养物转化而来的，所以无机营养物的数量虽少，但对树体的营养水平影响很大。

树体的有机物的形成，首先要靠来自土壤中的水分和空气中的二氧化碳，还要靠来自土壤中的各种无机营养元素，通过叶片的光合作用制造有机物。树体在酶系统的作用下，将光合作用初级产物转化为蔗糖、淀粉、纤维素等复杂的碳水化合物，经氧化形成有机酸，合成蛋白质，再经还原形成脂肪，在代谢过程中还能形成维生素、激素和各种中间产物。由此可见，在同样光照和叶面积条件下，树木吸取无机营养的多少，直接影响着有机营养的生产能力。

（一）年周期中树体营养变化规律

1．营养代谢类型的变化

通过叶绿素进行光合作用，合成碳水化合物，这一过程称为"碳素同化作用"。通过根系吸收的氮素在细胞中合成含氮物质，进而合成蛋白质，这一过程称为"氮素同化作用"。树木同化的有机营养，贮藏在各级枝干和根系中，落叶树于秋冬尤为明显。树木在年周期中的营养代谢，有氮素代谢和碳素代谢这两种基本类型，并随季节进行消长变化。树木在营养生长前期，对氮素的吸收和同化作用都强，以细胞分裂为主的枝叶建造，其营养器官扩大很快。而光合生产还处于逐渐增加之中，故这一时期称为"氮素代谢（营养）时期"。此期内消耗有机营养多，积累少，对肥（特别是氮素）、水的要求较高。

随着新梢由快趋缓，光合生产不断增强，树体内营养积累增加，枝条转入组织分化（新芽鳞片和雏叶分化、花芽分化等）。在此期，氮素代谢和碳素代谢均较旺盛。当大部分枝叶制造完成，转为主要进行碳水化合物的生产。有果实的，其细胞停止分裂而变大，有些花芽分化进入高峰。此期氮素代谢渐衰，而进入积累营养为主的时期，这一时期称为"碳素代谢（营养）时期"。后期表现为贮藏型的代谢，秋冬经转化贮藏于枝干、根中，为翌年（或下一季节）的生长发育作准备。

这两种代谢的关系极为密切。在春季进行的氮素代谢，以上一年的碳素代谢为基础，而氮素代谢扩大了营养器官，又为碳素代谢和进一步积累养分创造了条件。两类代谢的消长变化支配着营养水平的变化。当两类代谢失调时，常见有以下两种表现：一种是枝条旺长，枝叶建造期长，消耗多，积累少，不利于花芽分化；另一种是枝叶生产衰弱，整体营养水平低下，同化产物的总量少，也不利于分化。

2．营养物质的运转和分配

（1）运输的途径。根系吸收的水分和无机营养，主要是通过木质部中的导管向上运输的；而碳水化合物等有机物是通过树皮内韧皮部的筛管运输的。有机物的运输，既可由上往下，又可由下往上。在早春，贮于根、枝干中的营养，经水解由下往上运输。有些树种，如葡萄、核桃等在萌芽前会有明显的"伤流"出现。根据早春有机物的运输特点，欲使枝干某处发枝，可于芽（或潜伏芽）的上方（约 0.5cm）处横切一刀，以截留来自根部的有机营养，刺激萌发枝条。在生长季，枝叶制造的有机物，主要由上往下运输，欲使其成花或提高坐果率，可于枝基进行环剥，其宽度要有利于日后愈合，视枝粗细而定；对树干则宜用"倒贴皮"，即将剥下之皮倒过来再贴上，捆绑好，使其愈合，即可安全地起较长期的类似效果。

（2）养分运转分配的特性。树体营养物质运转分配的总趋势是由制造营养的器官向需要营养的器官运送。在运送过程中仍进行复杂的生理生化变化。

根系吸收、合成的营养和叶片同化（或吸收）的营养为植物两大营养来源。树体营养运送到各个部分的量是不均衡的。一般向处在优势位置、代谢活动强的部分（竞争能力强）运送得多，使生命更旺盛，而向劣势位置、代谢活动弱的部分运送得少，使其生长往往受抑制。营养物质的运转，有按不同物候时期集中为主分配的特性。这种集中运送和分配营养物质的现象与这一时期的旺盛中心相一致，故又称为"营养分配中心"。营养分配中心随物候变化而转移。如先花后叶类的果木，春季萌芽开花为第一个营养分配中心。此后向新梢生长——营养分配的第二中心转移。然后从新梢逐渐到花芽分化、果实发育、贮藏组织（或器官）转移。

3. 营养物质的消耗与积累

树木各部分的生长发育、组织分化和呼吸作用都要消耗大量的营养物质。当枝叶生长过旺时，不但要消耗大量的营养物质，不利于花芽分化和果实发育，而且枝叶过多，使光照条件恶化，尤其使内膛枝叶呼吸作用增大，有些成为无效叶或寄生叶，甚至枯亡。从器官的生长量和生长速度这两个方面来看，当新梢和叶片以及花、果的生长量尚未达到应有大小时，促进生长是有利的。但已经达到应有大小后仍继续生长，不但消耗养分，而且打破了各器官生长发育节奏的协调，引起相互之间的竞争。如发生落花落果，则影响花芽分化和当年养分的积累与贮藏，并影响来年的生长发育。

树体营养物质的积累，主要决定于已经停止生长的健全叶片同化功能的强弱和各器官消耗养分的多少。生长前期，形成大型叶片较多，同化能力强，则有利于物质的积累和其他器官的形成。秋季气温降低，其他器官的生长发育近于停止，呼吸消耗也少，而叶片的光合效能仍保持较高的水平，因而营养物质积累较多。此期如能利用光照好、土温尚高的特点来保护好叶片，进行深翻多施基肥（并灌水），促发新根，增加吸收，同时结合防治病虫害，进行叶面喷肥（即根外追肥），"以无机促有机"，是提高树体贮藏养分水平的重要措施。

（二）树木生命周期的营养特点

贮藏养分是多年生植物不同于一二年生植物的重要特性，树木尤其突出，表现出"……去年——今年——明年……"这种连续影响作用。

树木的贮藏营养，既有季节性贮藏，又常备贮藏。后者系多年积累，属经常性的营养水平，多贮藏于树体木质部和髓中。在不同年龄时期，前述两类代谢的消长变化所支配的营养水平，有不同的特点。

幼龄树木，尤其是实生树，要经过一定年龄，年复一年的生长，逐渐积累贮藏营养，才能为开花结实提供物质基础。幼树期常见两种表现：一种是植株生长过旺，根系、新梢和叶片形成期长，光合作用强的大型叶片比例小，消耗大，积累水平低，影响分化，不易开花结实，常备贮藏水平较低，适应越冬能力差。另一种是由于环境条件不良，尤其是土壤坚实，造成生长很差；根系和叶面积小，吸收和光合能力差，整体营养水平低下，不仅抑制了生长，也影响分化，甚至成为未老先衰的"小老树"。

成年树营养期短，光合功能强的大型叶片多，积累多，适应性和开花结实能力均强。成年树的营养生长和生殖生长是同时进行的，呈现为多重性，不像一年生植物这两种生长区分那么明显。因此，成年树的贮藏营养，不仅为生长发育提供物质基础，而且可以调节和缓冲供需关系间的矛盾，不至于因两种生长的多重性而引起各种生命活动的混乱和失调。如果此期贮藏营养水平低，就会造成开花、结实"大小年"的恶性循环的后果。

壮老年树，经过多年选择吸收，土壤在无外来补充的情况下，肥力降低。由于树体输导组织障碍，根系吸收的无机营养运往叶片加工的距离很大。这些都限制了根的吸收和叶的同化功能，降低了营养水平。在开花结实尚多的情况下，消耗过多，在不良条件（如病虫害的侵袭）作用下，还会引起植株提早死亡。

（三）树木的生理特点与栽培

树木的季节贮藏养分是调节不同季节性供应的营养水平，影响到器官建造功能的稳定性；常备贮藏养分影响分化水平、适应能力及健康状况。保证季节性贮藏养分及时消长，并使常备贮藏养分水平年年有增长是管好树木的前提。应根据树木所处的不同年龄时期和物候期，"以无机促有机，以有机夺无机"，使前期氮素代谢增强，形成大量有高效能的叶面积；中期扩大和稳定贮藏代谢，使其水平显著提高；后期使贮藏代谢进一步提高。以此来提高并维持不同的物候和年龄时期营养水平的相对稳定性，建立协调的树势，为其多种功能的发挥打下良好的基础。

第六节 园林树木的栽培环境与改造

一、园林树木的生态因子间的关系

植物所生活的空间叫作"环境"，任何物质都不能脱离环境而单独存在。植物的环境主要包括气候因子（温度、水分、光照、空气）、土壤因子、地形地势因子、生物因子及人类的活动等方面。通常将植物具体所生存于其间的小环境，简称为"生境"。环境中所包含的各种因子中，有少数因子对植物没有影响或者在一定阶段中没有影响，而大多数的因子均对植物有影响，这些对植物有直接或间接影响的因子称为"生态因子"。生态因子中，对植物的生活必需的，即没有它们植物就不能生存的因子叫做"生存条件"。例如：对绿色植物来说，氧、二氧化碳、光、热、水及无机盐类这六个因子都是绿色植物的生存条件。

在生态因子中，有的并不直接影响于植物而是以间接的关系起作用的，例如：地形地势因子是通过其变化影响了热量、水分、光照、土壤等，产生变化从而再影响到植物的，对这些因子可称为"间接因子"。所谓间接因子是指对植物生活的影响关系是属于间接关系而言，但并非意味着其重要性降低。事实上在园林绿化建设中，许多具体措施都必须充分考虑这些所谓的间接因子。

在研究植物与环境的关系中，必须具有以下几个基本观念：

1. 综合作用

环境中的各生态因子间是互相影响紧密联系的，它们组合成综合的总体，对植物的生长生存起着综合的生态、生理作用。

2. 主导因子

在生态因子对植物的生态生理综合影响中，有的生态因子处于主导地位或在某个阶段中起着主导作用，同时，对植物的一生来讲主导因子不是固定不变的。

3. 生存条件的不可替代性

生态因子间虽互有影响、紧密联系，但生存条件间是不可代替的，即缺乏一种生存条件不能以另一种生存条件来代替。

4. 生存条件的可调有限性

生存条件虽然具有不可代替性，但如果只表现为某种生存条件在量的方面不足，则可由其他生存条件在量上的增加而得到调剂，并收到相近的生态效应，但是这种调剂是有限度的。

5. 生态幅

各种植物对生存条件及生态因子变化强度的适应范围是有一定限度的，超出这个限度就会引起死亡，这种适应的范围，叫作"生态幅"。不同的植物以及同一植物不同的生长发育阶段的生态幅，常有很大差异。

二、城市环境

在同一地理位置上的城市或居民区的环境条件与其周围的自然环境条件相比有很大变化，因此在进行园林绿化建设时必须根据城市环境的特殊情况加以考虑。

（一）城市气候

1. 下垫面

城市的下垫面与具有较疏松湿润的土壤，且多有植物覆盖的农村下垫面相比，有很大的不同，多数是水泥或沥青铺装的街道广场和由疏密相间、高低错落的建筑群形成的屋顶和墙面。建筑密度大的地方，仅有少部分直射光能照到地面。由于城市下垫面的这种特性，会引起气团的变化，进而影响城市气候。从光能利用来说，发展屋顶花园和构筑物、墙面的绿化有广阔的天地。从地面来讲，反射、散射光较丰富。

2. 微尘与细菌

（1）微尘。所谓微尘是指空气中一切飘浮的和污染空气的微粒，通常分为习称的离子与核。城市空气中所习称的离子，不是一般物理学上的离子，而是指比半径 10^{-8} cm 较大的微粒。按其代谢，可分为轻离子、中离子、重离子及超重离子。核按大小可分为小核、大核及巨型核（尘埃，半径约为 10^{-3} cm），以及由于能源燃烧而产生的原核。地表物质的破坏也产生核，其中的尘粒会因车辆开过而产生的风带起飞扬空中，进而可能由小核、原核与同样大小或较大的核相结合而成凝结核。居住区上空多凝结核和原核。半径愈小的尘埃沉降愈慢，久停于空中，飘距也远，城市对大气候的影响也就愈广。

不同类型地区的凝结核的含量不同。大城市空气中凝结核最多，而海洋和 2000m 高山最少。煤烟含量与天气有关，刮风时，城市空气煤烟含量减少，但下风方向含量增加。明朗的夏天，因对流大，含核量有很大变化。夏天从 18 时开始，因风力减弱，市内交通增多以及回流影响，凝结核浓度增加。微尘在近地面的空气层含尘量达最大值。冬季，城市上空的烟雾降至很低，但厚度可达 2000m，因此烟雾可漂移到离城市很远的地方去。

（2）细菌。因细菌是凝结的核心，因此不仅属公共卫生范围，与气象学也有关。城市空气中细菌含量，据巴黎的一次测定 $1m^3$ 空气中细菌含量，见表 1-1。

$1m^3$ 空气中细菌含量（巴黎） 表 1-1

数　值地　区	冬天平均数	夏天平均数	年平均数
农　　村	190	550	345
城　　市	3250	6550	4790

从上表可知，细菌最小量在冬天，最大量在夏天。从整体上看，城市细菌量均远高于

农村地区。这是城市空气的另一个特点。据法国里昂市空气中细菌日变化测定，从 7 时至 19 时细菌是由少到多。

3. 空气中的气体成分

城市空气中除含一般干洁空气的组成（一定比例的氮、氧、氢、二氧化氮和臭氧、氦、氖、氩等）外，还有些其他污染物，它们可能呈气态、雾态，或液态、固态。其中有害气体主要来源于工业、汽车发动机的尾气或居民的供热系统。主要含有二氧化硫（SO_2）、氟化氢（HF）、氯气（Cl_2）、氯化氢（HCl）以及臭氧（O_3）、二氧化氮（NO_2）、一氧化碳、二氧化碳等。超过一定浓度的有害气体和悬浮微粒（包括细菌），而改变了城市空气的性质，不仅影响城市气候的形成，且对人体和树木有害。

4. 雾障

由于城市空气中有微尘、煤烟微粒及各种有害气体。它们的数量决定烟雾的厚度、高度和浑浊度。从远处看城市，其上空被灰黑色雾障所笼罩，这种雾障只有在大风时有可能吹散和在大雨后暂时变得稀薄些。冬天城市上空烟雾降得很低，使大气能见度降得更低。以煤为主作生产生活能源的城市，冬季城市上空呈灰黑色且不利于毒气扩散，易造成严重危害。由于上述原因，城市云量增加，阴天日数多，降大雨多，降雪少或多（因城市而异）。同时使城市太阳辐射发生改变（特别是紫外线）。城市里太阳辐射强度减弱，阳光经雾障后，减为原有能量的 3/5，大城市减弱还要多些，城市日照持续时间减少。

5. 特点

高度密集的人口，在一个有限地区进行生产和生活的结果，使集中的能量放出大量的热。城市雾障虽减弱太阳的辐射，但并未减少城市的热量。城市下垫面热容量大，蓄热较多。雾障反而使城市下垫面吸收累积和反射的热量以及生产、生活能源释放的热量不易得到扩散，这是城市产生"热岛效应"和减少昼夜温差的主要原因。此外，城市有建筑物的交叉辐射，阻碍风的吹入，两个表面（屋面与路面）的存在，虽减少了深处的太阳辐射传播，但能较多的吸收热量，在日落后仍继续增温。尤其夏日傍晚，天气由晴转阴时和夜间更显得闷热。城市所降的雨，大部分从下水道排走；蒸发量又大，湿度小，使城市非雨季节的夏日显得燥热。冬、春季较温暖，树木物候较早。

由于城市下垫面的固定因素和能源集中，因雾障而使热量不易扩散，造成城市气候有以下特点：（1）气温较高；（2）湿度低并多雾；（3）云多、降雨多；（4）形成城市风；（5）太阳辐射强度减弱；（6）日照持续时间减少。

（二）城市的水和土壤

1. 城市水系和水体污染

（1）城市水系。在城市规划和修建中，多利用自然江、河、湖、海等自然水体，许多城市沿江、河、湖、海建设。城市的有些部分（市中心、休疗养院、工业区）常趋向建在水体附近，主要街道也常沿水体建设。缺少自然水体的城市，多建水库，挖人工运河或挖湖蓄水（如北京西郊颐和园等）。有的利用河道作排水用，但在汛期也可能发生倒灌（如南宁市）。工业废水的排放，引起水体污染。城市水系对城市湿度、温度及土壤均有相当影响。

（2）水体污染。污染物进入水中，其含量超过水的自净能力时，引起水质变坏，用途受到影响，称为"水体污染"。水体污染，有的可以从水色、气味、清澈度、某些生物的

48

减少或死亡，另一些生物的出现或骤增可直观地察觉到，有的则需借助于仪器观测分析才能察觉。

水体污染源大致有工矿废水、农药和生活污水等三大方面。这些废污水中污染物质很多，包括：①有毒物质，如镉、铜、铅、铬、汞、砷等重金属离子、氰化物、有机磷、有机氯、游离氯、酚等；②油类物质；③发酵性的有机物分解出甲烷等腐臭气体和亚硫酸盐、硫化物等；④酸、碱、盐类有机物；⑤造纸、皮革、肉类加工、炼油等工业废水、生活污水、化肥等，使藻类大量繁殖，耗溶氧，从而影响鱼类生存；⑥热污染、工厂冷却水；⑦含色、臭味的废水；⑧病原微生物污水；⑨放射性物质等。当以上物质超过一定的浓度即会引起水体污染。水污染物随水流运送到远处，有些也能随蒸发被风带入大气。

污染水会直接毒害动、植物和人，或积累在动、植物体中，经食物链危害人体健康。也可流入土壤，改变土壤结构，影响植物生长，转而影响到人、畜。

2. 城市土壤与污染

（1）城市的土壤变化。城市建设和人的生活、生产活动，改变了原有的土类。因市政工程施工需挖方、填方，造成土壤养分差别且造成土壤通气性恶化；地下管道（热力、煤气）供热和漏气影响土温和土壤空气成分。由于现代化生产和生活需大量用水和城市下垫面特点，使雨水渗入不多，而使城市地下水呈漏斗形下降；有的造成地面沉降；也有的城市，排水系统不佳，暴雨之后，部分地区造成水淹（如50年代的南京市）。由于建筑施工管理不合理，造成建筑垃圾就坑填平，给以后绿化造成困难。此外，战争、大地震等造成砖头、瓦块等侵入体，对老城区土壤也有很大影响。新建的城区，仅土壤表层受影响较大，中下层一般为原农田土，对树木生长有利。国外建筑施工后，地表土铲去30cm一层，运好土填上。

（2）土壤污染。城市的现代工业发展和能源种类造成的污染沉降物和有毒气体，随雨水进入土壤，当土壤中的有害物含量超过土壤的自净能力时就发生土壤污染。大气污染的沉降物（或随降水）、污染水、残留量高且残留期长的化学农药、重金属元素以及放射性物质等都会造成土壤污染。

土壤中有些有毒物质（如镉、砷、过量的铜和锌）能直接影响植物生长和发育，或在植物体内积累。有些污染物能引起土壤pH值的变化，如SO_2随降雨形成"酸雨"导致土壤酸化，使氮不能转化为供植物吸收的硝酸盐或铵盐；使磷酸盐变成难溶性的沉淀；使铁转化为不溶性的铁盐，从而影响植物生长。碱性粉尘（如水泥粉尘）能使土壤碱化，使水和养分的吸收变得困难或引起缺绿症。

土壤污染后，破坏土壤中微生物系统的自然生态平衡，还会引起病菌大量繁衍和传播，造成疾病蔓延。土壤被长期污染，其结构破坏，土质变坏，土壤微生物活动受抑制或破坏，肥力渐降或盐碱化，甚至成为不能生长植物的不毛之地。

土壤污染的显著特点是具有持续性，而且往往难以采取大规模的消除措施，如某些有机氯农药在土壤中自然分解需几十年。日本神岗矿山，在二次世界大战时开采铅锌矿，排放含镉废水，50年代采取废水治理措施后，含镉已很少，但事隔几十年，该地区骨疼病人反而增多。原因是被土壤吸持积累，转移到稻米中，经长期食用在人体内蓄积而造成的。

（3）土壤透气性与紧实度

①土壤透气性。城市街道及游览区的游人集中地，土壤因踩踏或铺装，造成地表坚实，不利于或隔绝土壤中气体与大气间的交换，造成缺氧，影响根系生长，并使土壤营养变劣。表面无铺装的土壤通气比有铺装的稍好，雨水仍可渗入。铺装又因材料和结合方式不同，影响程度不同。以我国传统的青砖（尤以倒梯形砖）为最好，具有有利于透气、能吸水、保持地表温度稳定等优点，唯一缺点是不耐磨损。水泥预制块粘合铺装，不透气、不渗水、地表温差大，常引起树木早衰。

②土壤坚实度。由于人流践踏，尤其是市政施工的碾压等造成土壤的紧实度很高，栽种树木几年后，影响树木根系向穴外穿透与生长，造成树木早衰，变成"小老树"，甚至死亡。一条行道树，在苗圃多年培育过程中，经多次分级，定植时大小差别不大，坑穴规格相同，管理相同。但十多年后就会出现分化，表现为不整齐，这是由于穴外土壤紧实度大所造成的。如在分车带中种植根系需氧性较高的油松和白皮松，依树池的宽窄决定维持正常生长的年限，如不及时采取措施，就可能提早衰亡。有的还会造成雨季穴内积水，经日晒增温引起烂根而死亡。

③土壤含盐碱量。海滨城市和盐碱土地区的城市较为突出，与地下水位高低有关。另外因融雪喷洒盐水和厕所渗透引起含盐量过高，造成树木生长不良与死亡。

④挖方与填方。由于市政建设需将某些土岗等推平，造成挖方推平处为未熟化之土壤，影响树木生长。这样的地段在新植树时，也应单独划出，选用耐瘠薄树种和配合相应的改土措施和养护措施。填方，要看具体填的是什么土。填入表土，对树木生长有利；如填的是其他土（如挖人防、地下铁道、城市建筑或生活垃圾等）对树木生长就有不利的影响。

（三）建筑方位和组合

城市中由于建筑大量的存在，形成特有的小气候，对以光为主导的诸因子起重新分配的作用，其作用大小以建筑物大小、高低而异。建筑物能影响空气流通，但具体有迎风、挡风、穿堂风之分。其生态条件因建筑方位和组合而不同，现以单体建筑各方位分析如下。

单体建筑由于建筑物的存在，形成东、西、南、北四个垂直方位和屋顶。在北回归线以北地区绝大多数坐北朝南的方形建筑，四个垂直方位改变了以光照为主的生态条件。这四个方位与山地不同坡向既相似又有不同，主要是下垫面为呈垂直角的两个砖砌或水泥面，反射光显著，局部地段光随季节和日变化较大。

（1）东面：一天有数小时光照，约下午3时后即成为庇荫地，光照强度不大，不会有过量的情况，比较柔和，适合一般树木生长。

（2）南面：白天全天几乎都有直射光，反射光也多，墙面辐射热也大，加上背风，空气不甚流通，温度高，生长季延长，春季物候早，冬季楼前土壤冻结晚，早春化冻早，形成特殊小气候，适于喜光和暖地的边缘树种。

（3）西面：与东面相反，上午以前为庇荫地，下午形成西晒，尤以夏日为甚。光照时间虽短，但强度大，变化剧烈。西晒墙面吸收累积热量大，空气湿度小，适合选择耐燥热、不怕日灼的树种。

（4）北面：背阴，其范围随纬度、太阳高度角而变化，以漫射光为主。夏日午后傍晚有少量直射光，温度较低，相对湿度较大，风大，冬冷，北方易积雪和土壤冻结期长。适合选择耐寒、耐荫树种。

近年来，高层建筑大量出现，一般建筑愈高，对周围的影响愈大。

城市建筑群的组合形式多样，有行列式、四合院式等。由于组合方式、高矮不同，对不同方位的生态条件有一定影响。如四合院式，可使向阳处更温暖；大型住宅楼，多按同向并呈并列式设置，如果与当地主风向一致或近于平行，楼间的风势多有加强。尤其是南北走向的街道，由于两侧列式建筑形成长长的通道，使"穿堂风"更大。东西走向的街道，建筑愈高，楼北阴影区就愈大；在寒冷的北方地区，带状阴影区更阴冷或会长期积有冰雪，甚至影响到两边行道树，应选用不同的树种。

三、园林树木的适地适树原则与城市小环境改造

（一）园林树木的适地适树

1.适地适树的含义

适地适树，通俗地说，就是把树木栽植在适合的生境条件下，是因地制宜的原则在选用树种的具体化。也就是使树种生态习性和园林栽植地生境条件相适应，达到树和地的统一，使其生长健壮，充分发挥园林功能。因此，适地适树是园林植树的基本原则。

地和树是矛盾统一体的两个对立面。两者之间，不一定也不可能永远绝对的融洽和保持持久的平衡，只要求基本部分相适应，达到一定的园林功能效果。例如：颐和园万寿山上部和山脊的侧柏多呈灌木状，从林业角度不一定符合木材生产要求，但已达到以常绿色衬托金碧辉煌的宫廷建筑的园林目的。也并不排除在基本适应的前提下，某些部分和阶段不适应的矛盾，这些可以通过人为栽培措施加以改造和调剂来解决。因此适地适树又是能动的。但人为措施的能动作用又应受技术和经济条件所制约，既不能不看到可能扩大栽培的条件，也不能盲目乱来。

2.适地适树的标准

园林树木适地适树虽然是相对的，但也有个客观标准。这个标准与造林有所不同，它是根据园林绿化的主要功能目的来确定的。从卫生防护、保护环境出发，在污染区起码要能成活，整体有相当的绿化效果，对偶尔阵发性高浓度污染有一定抗御能力。以观赏为目的的，要求生长健壮、清洁、无病虫害危害，供观赏的花、果正常。即使以某种特定艺术要求为目的，如为表现苍劲古雅或成桩景式的树木，其营养代谢应是平衡而稳定的并能维持较长寿，就算达到园林适地适树的标准。

3.园林树木种植设计的科学性

由于园林有多方面的功能，尤其有景观上的要求，但在园林树木种植设计的艺术性必须建立在生态等科学性的基础上才能实现。设计时，既可以先从景观出发，按树选择适合地点和加以局部改造。例如：在湖岸、堤边要想达到柳暗花明的艺术效果，除考虑桃红柳绿在物候上相配合，选择具体类种外，还应考虑耐水能力和柳树对桃树的遮光问题。对水位及其季节变化必须首先考虑，桃树是很不耐水浸的。在湖南岸，桃树栽在高处，柳树可近水于低处，错行栽植，即可解决二者对水和光的要求。在北岸，桃树、柳树都不能往下近水栽，为不使柳树遮桃树的光应同栽在高处。间植时，柳树应适当稀植为宜。颐和园西堤仿杭州苏堤，由于堤窄季节水位偏高，桃树不能成活，长期柳树也早衰，故未成功。造园有时为特殊景观需要，在岸边栽不耐水湿的树种，往往需采取防水隔水的工程措施，但这只是少量进行，从适地适树考虑方能保证预想效果的实现，也是最经济的。也可以在了

解园林环境的基础上，根据树种特性，提供一批可供选择的树种，再从功能要求出发进行比较选用。

4. 适地适树的途径与方法

适地适树，基本有四条途径：

（1）选择树种。包括以地选树，或者按树选地。以北方为例，在背风向阳处，可选的树种很多。但对许多南树北移的树种，则必须栽种在背风向阳，小气候较好的地方。

（2）改地适树。某地很多方面不适合某种树种栽植时，可通过人为措施（如进行深翻、换土及日后养护管理等）来改造栽植地环境，创造条件满足其基本生态习性的要求，使其在原来不甚适应的地方进行生长。这是栽培上常用的方法。

（3）适地接树。即嫁接在适合该地生长的树种砧木上，如选用耐寒、抗旱、耐盐碱的砧木，以扩大种植范围。

（4）适地改树。即通过引种驯化、育种等方法，改变树种某些特性，如抗性育种等。

通过选择途径，达到适地适树的要求，必须首先充分了解"地"和"树"的特性。对"地"进行调查分析，并把树木的生态习性与实地生长状况调查结合起来，是个有效的方法，并进行数字分析，最好还要进行解剖和生理学研究。

园林树木的适地适树，首先应选用乡土树种。如调查当地老树大树，分析其生长良好、长寿的具体生态原因，选用时对照分析预栽地的条件是否适合。这样不仅能充分发挥该树的园林功能，又能反映地方特色。对于边缘树种要注意分析它与边缘分布区环境因子的主要矛盾，通过选择园林小气候条件的办法进行种植，并配以相应的养护措施。

对接砧选地，既要研究砧木与栽培树种品种的亲和力和砧穗相互影响，又要研究砧木对该地的适应能力。

引种野生的或外来树种，应对比原产地和引种地区的条件，经植物园引种驯化试验，逐步推广试种。要进行地区的、历史的分析和考察，以积极而慎重的态度来对待。

（二）城市小环境改造

根据园林绿化树种的生物学特性和生态学特性与城市绿化栽植地的实际情况，改造城市小环境，使其至少基本适宜园林树木的生长发育。在栽植前，下大力气改造栽植地的不良现状，再加上以后的长期精心的养护管理措施，只有这样才能长期发挥园林树木、园林绿地的各种功能，为人类造福。

综合本章所述，从树木的共性来看，具有以下特点：

（1）木本植物多年生长于一地，有选择地吸收土壤中的营养元素，因此，栽植时和以后养护中，土壤中应不断补充营养元素，这对树木的生长发育尤为重要。

（2）树木开始以离心生长的方式不断扩大树冠，在该地该树达到最大体积后，即发生向心更新，如此反复多次，直至死亡。

（3）多数树木的树体比较庞大，各级根、枝的结构较复杂。随树体的离心生长，根所吸收的水分和矿质，运送到叶片进行光合加工，要经较长距离。树体养分的吸收、运转、分配、生产和消耗以及地上、地下两大部分器官的物质交换等生理变化，比较复杂。

（4）树木长期生于一地已受外界极端因子的影响，其保护组织比较发达，地上芽器官发达。

（5）树体各器官生长发育存在着异质性，不同部位芽质不同。树木对光周期不敏感，营养生长和生殖发育并存，能多次开花结实，实生成年树上存在着幼年区。

（6）树木既有与一、二年生草本植物相似又有其特点的年周期变化，并由许多年周期所组成的生命周期的变化。

（7）树木营养贮藏方式明显，有"……去年——今年——明年……"这种连续影响的作用。

根据树木的以上特点，首先要做到适地适树，充分利用自然资源条件，然后通过人工栽培措施来改善环境条件，满足树木的习性要求。特别要使其贮藏营养水平不断提高，才有利于解决各器官间营养输送分配的矛盾和协调生长。而树体的营养，无非是通过根和叶这两大器官来获得，根与叶相互依赖和制约。一般以促为主的树木栽培，根深才能叶茂。可见加强改善根系环境的土、肥、水管理尤为重要，"以无机促有机，以有机夺无机"，如此循环，互相促进，以不断提高树体贮藏营养水平。在此基础上，利用群体关系（不同层次、疏密；同种与异种；不同树龄的搭配），整形修剪等来进行调节，提高光合效率，并使有机产物适时向人们需要的某些器官相对集中转移，获得优质高产的产品。

以发挥园林功能为目的的树木栽培，还应根据其具体目的（如：遮荫、观赏姿形、叶、花、果等），在了解其生长发育规律的基础上，通过栽培措施加以控制和调节，其原理是基本相同的。掌握原理，结合实际，加以灵活运用。

复习思考题

1. 简述乔木的树体组成。
2. 园林树木具有哪两个特性？
3. 简述园林树木的生长发育的基本规律？
4. 实生树的生命周期主要由哪些阶段组成？
5. 落叶树木的年周期可以划分几个时期？
6. 影响树木根系生长的因素有哪些？
7. 园林树木的茎枝有何习性？
8. 花芽分化有何类型？
9. 举例说明园林树木的开花类别。
10. 怎样提高坐果率？
11. 为什么说树体地上部分与地下部分之间密切相关？
12. 城市气候有何特点？
13. 为什么说适地适树是园林植树的基本原则？

第二章　园林苗圃的建立

第一节　园林苗圃用地的选择

园林苗圃用地应设置在城市郊区，一般距城市中心不超过 20km。大城市、特大城市要分设几个苗圃，中、小城市设 1~2 个苗圃。苗圃应比较均匀地分布在市区近郊，以便就近出圃，缩短运输距离，降低成本，提高苗木的成活率。

园林苗圃的总面积应根据城市的大小，用苗量的多少来合理安排。在 1982 年"全国城市绿化工作会议"上明确规定，城市中园林苗圃的总面积应占建成区面积的 2%~3%，以满足城市绿化用苗的要求。

园林苗圃按面积大小可分为大、中、小三型。大型苗圃面积在 20ha 以上，中型苗圃面积 3~20ha，小型苗圃面积在 3ha 以下。在城市绿化规划中对园林苗圃的布局做了安排之后，就应进行圃地的选择工作。

园林苗圃用地的选择，是一项十分重要的工作，如果选择不当，将会给建圃后的育苗生产带来困难并造成不可弥补的损失。因此，在选择苗圃用地时要全面考虑当地的经营条件和自然条件等因素，综合各方面的情况后，慎重抉择。

一、自然条件

（一）地形、地势及坡向

园林苗圃地宜选择地形平坦而微有缓坡（坡度以 1°~3°为宜）、地势较高、灌排水良好、背风向阳的开阔地带。坡度太大，容易造成水土流失，降低土壤肥力，也不便于机械化作业和灌溉。南方多雨地区或较粘重的土壤为便于排水，坡度可适当的大些。在沙性土壤上坡度宜小，以防冲刷。积水洼地、重盐碱地、多冰雹地、寒流汇集地如峡谷、风口、林中空地等日温差变化较大的地方，苗木易受冻害、风害，都不宜选作苗圃用地。

在地形起伏大的地区，坡向的不同直接影响光照、温度、水分和土层的厚薄等因素，对苗木生长影响很大。一般南坡光照强，受光时间长，温度高，湿度小，昼夜温差变化很大，对苗木生长发育不利；北坡的条件与南坡相反，东坡和西坡介于二者之间；而东坡比较接近北坡的条件，西坡比较接近南坡的条件，但东坡在日出前至上午较短的时间内温差变化比较大，对苗木不利；西坡则因我国冬季多西北寒风，易受冻寒，幼苗易受灼伤。可见不同坡向各有利弊，必须根据当地的具体自然条件与栽培条件，因地制宜地选择最合适的坡向。如华北、西北地区，干旱寒冷和西北风为害是主要矛盾，故选用东南坡为最好；而南方温暖多雨，则以东南、东北坡为佳，因为南坡和西南坡阳光直射，幼苗易受灼伤。如果在一个苗圃内必须包括有不同坡向的土地时，则应根据树种的不同习性进行合理的安排，如北坡培育耐寒、喜荫的种类，南坡培育耐旱喜光的种类等，以减轻不利因素对苗木的危害。

（二）水源及地下水位

苗木在培育过程中必须有充足的水分，因此，水源和地下水位是苗圃用地选择的重要条件之一。苗圃地应选设在河流、湖泊、水塘、水库等天然水源附近，以便于引水灌溉，同时也有利于使用喷灌、滴灌等现代化灌溉技术，如能自流灌溉，则可降低育苗成本。这些自然水源的水质好，有利于苗木的生长。若无天然水源或水源不足，则应选择地下水源充足，可以打井提水灌溉的地方作为苗圃。苗圃灌溉用淡水，水中盐的含量不超过0.1%，最高不超过0.15%，容易被水淹和被水冲刷的地方不宜选作为苗圃用地。

地下水位过高，土壤通气性不足，根系生长不良，地上部分易发生徒长现象，而秋季停止生长迟，也容易受冻害。当蒸发量大于降水量时，会将土壤中盐分带至地面，造成土壤盐渍化。在多雨时又易造成涝灾。地下水位过低，土壤易干旱，必须增加灌溉次数及灌水量，提高了育苗成本。最适合的地下水位一般情况为：沙土 1~1.5m，沙壤土 2.5m 左右，粘性土壤 4m 左右。

（三）土壤

土壤是苗木根系生长发育的环境条件，在选择圃地时，必须重视土层的厚度、结构和肥力等状况。苗圃土层深度应在 50cm 以上，pH 值 6.0~7.5 为宜，有机质含量不低于2.5%，氮、磷、钾的含量与比例应适宜。选择具有一定肥力的沙质壤土至轻粘质壤土作为苗圃用地为宜，因为这些土壤结构疏松、透水、通气性良好，降雨时地表径流少，灌水渗水均匀，有利于种子发芽出土和苗木根系发育，而且也便于作业。不宜选择沙土、重粘土和盐碱地作苗圃地。过分粘重的土壤通气性和排水都不良，有碍根系的生长，雨后泥泞，土壤易板结，过于干旱易龟裂，不仅耕作困难，而且冬季苗木冻拔现象严重。过于沙质的土壤疏松，肥力低，保水力差，夏季地表高温易灼伤幼苗，移植时土球易松散。同时还应注意土层的厚度、结构和肥力等状况。有团粒结构的土壤通气性好，有利于土壤微生物的活动和有机质分解，土壤肥力高，有利于苗木生长。土壤结构可以通过农业技术措施加以改进，所以不做苗圃选地的基本条件，但在作苗圃技术规范时应注意这个问题。重盐碱地及过分酸性土壤不适宜苗木生长，也不能选作苗圃。土壤的酸碱性通常以中性、微酸性或微碱性为好。一般针叶树种要求 pH 值 5.0~6.5；阔叶树种要求 pH 值 6.0~8.0。在选择苗圃地时，不可能所有自然条件都是最佳的，若土壤质地不理想，而其他条件都还可以，可通过改良土壤的办法来解决，粘中掺沙或沙中掺粘。目前许多苗圃都是在有可能改良土壤条件的情况下确定下来的。

（四）病虫草害

在选择苗圃地时，一般都应做专门的病虫草害调查，了解病虫草害情况和感染程度，病虫草害过分严重的土地和附近大树病虫害感染严重的地方，不宜作苗圃。尤其要查清蛴螬、地老虎、蝼蛄等主要地下害虫和立枯病等的感染程度。如发现地下害虫很多或感染病菌严重，则不宜做苗圃。如必须选用，应在建圃前做好消毒灭菌和杀虫工作，以防止病虫蔓延。在未采取有效措施加以根除前，则不应选作圃地。

二、经营条件

从现实的机械化水平看，苗圃不宜过大或过小。过大管理不方便，过小不便于基本建设和使用机械，管理费用也会增大。特大城市和大城市的苗圃一般以 50~100ha 为宜；中、小城市可根据具体情况酌定；山区和丘陵区的园林苗圃，往往没有大块而较平坦的土地，只有因地制宜，但也不应分布过碎。

园林苗圃所处位置的经营条件直接关系到经营管理水平的高低及经济效益，在正常情况下，苗圃尽可能选在交通方便、靠近铁路、公路、水路、机场的地方，以便于苗木的出圃和材料物资的运入，也便于解决劳动力、电力、文化生活等问题。尤其在春、秋季苗圃工作繁忙时，便于补充临时性的劳动力。苗圃还应远离污染源，减少由污染造成的损失。选择适当的苗圃位置，创造良好的经营管理条件，有利于提高苗圃的经营管理水平。

第二节　园林苗圃土地区划

苗圃地确定之后，为了合理布局，充分利用土地和便于生产管理，必须对苗圃地进行合理的区划。

区划之前，首先对圃地进行地形和地物测量，绘制 1/500～1/2000 的平面图，作为区划工作的依据，并注明地势、水文、土壤等情况。然后根据育苗任务、各类苗木的育苗特点和树种特性及苗圃的自然条件等进行区划。

一、生产用地的区划

（一）生产用地的区划原则

（1）生产用地也称为作业区或耕作区，生产用地不得少于苗圃总面积的80%。

（2）耕作区的长度依机械化程度高低而异，完全机械化的以 200～300m 为宜，畜耕者以 50～100m 为好。耕作区的宽度应从排灌系统的设置、机械喷雾器的射程和机械作业等方面综合考虑，一般宽为 40～100m。

（3）耕作区的方向，应根据圃地的地形、地势、坡向、主风方向和圃地形状等因素综合考虑。坡度较大时，耕作区长边应与等高线平行，一般情况下，耕作区长边最好采用南北向，这样可使苗木受光均匀，有利于苗木生长。

（二）生产用地的区划

生产用地主要包括有播种区、营养繁殖区、移植区、大苗区、母树区、引种驯化区和温室大棚区等。

1. 播种区

是培育播种苗的地方，是苗木繁殖任务的关键部分，应选择全圃自然条件和经营条件最有利的地段作为播种区。要求地势较高而平坦，坡度不超过 2°；接近水源，排灌方便；土质优良、深厚肥沃；背风向阳且靠近管理区。如果是坡地，则应选择最好的坡向。

2. 营养繁殖区

即采用扦插、嫁接、压条、分株等方法进行繁殖育苗的地区。营养繁殖区的条件与播种繁殖区的条件基本相同，但不像播种区那样严格。嫁接苗区，往往主要为砧木苗的播种区，条件同播种区一样，土质易好，便于接后覆土；扦插区要着重考虑灌溉和遮荫条件；压条、分株法采用较少，育苗量少，可利用零星地块育苗。同时也应根据苗木特性合理区划育苗地，如耐湿苗木扦插区，可设在地势较低，地下水位较高而排灌良好的地方；一般苗木扦插区宜设在土壤疏松、透气良好、灌溉方便的地方。一些珍贵树种或成活困难的苗木，其扦插区则应设在靠近管理区，在便于设置温床、荫棚等特殊设备的地区进行，或在温室中育苗。

3. 移植区

培育各种移植苗的地区。由播种区、营养繁殖区中繁殖出来的苗木，需要进一步培育成较大苗木，则移入移植区内进行培育。依照规格要求和生长速度的不同，往往每隔 2~3 年进行一次移植，逐步扩大其株行距，增加其营养面积，所以移植区占地面积较大，一般设在土壤条件中等，地块较大而整齐的地方。同时也要按照苗木的不同习性进行合理安排，如杨柳类可设在低湿地区，松柏类等常绿树种则应设在地势较高、干燥而且土层深厚的地方。

4. 大苗区

是培育体型大、苗龄长并经过整形的各类大苗或大树的生产用地。苗木在大苗区培育年限较长，并且出圃前不再进行移植。大苗区的特点是株行距大，占地面积大，培育的苗木大，规格高，根系发达，可直接用于园林绿化建设。大苗区一般选在土层深厚，地下水位较低而且地块整齐的地区。在树种配置上，要考虑各种树种的不同习性要求。为了出圃时运输方便，最好能设在靠近苗圃的主要干道或苗圃的外围等运输方便处。

5. 母树区

在永久性苗圃中，为了获得优良的种子、插条、接穗等繁殖材料，需要设立采种、采条的母树区。本区占地面积小，可利用一些零散地块，但要土壤深厚、肥沃且地下水位较低。一些乡土树种，还可利用防护林带和沟边、渠旁、路边进行栽植。

6. 引种驯化区

用于引入新的树种和品种，可设置在苗圃的一角，对地形、土壤条件要求不严，只需水源、交通条件方便即可。

7. 温室和大棚区

温室和大棚区需要较高的投资，但也具有较高的生产率和较高的经济效益，在北方可一年四季进行育苗。该区要选在距管理区较近，土壤条件较好的地区。

二、辅助用地的区划

苗圃的辅助用地主要指道路系统、排灌系统、防护林带、管理区的房屋、场地等。在区划时既要满足生产的需要，又要尽量少占用土地。

(一) 道路系统的设置

苗圃道路是保障正常生产不可缺少的基本设施。苗圃道路的设置及宽窄，应以保证车辆、机具和人员的正常通行为原则。道路系统包括一级路、二级路、三级路和环路。

1. 一级路

也叫主干道，是苗圃内部和对外运输的主要道路，多设在苗圃中心线上，连结管理处和出入口，一般设置一条或互相垂直的两条路为主干道，通常宽 6~8m，其标高应高于耕作区 20cm。

2. 二级路

也叫副路，通常与主干道相垂直，与各作业区相连接，一般宽 4m，其标高应高于耕作区 10cm。

3. 三级路

也叫作业路，是沟通各耕作区的作业路，一般宽 2m。

4. 环路

在大型苗圃中，为了车辆、机具等机械回转方便，可依据需要设置环路，大型苗圃的环路宽 4 ~ 6m，小型苗圃的环路宽 1 ~ 2m。

设计苗圃道路时，在保证管理和运输方便的前提下尽量少占用土地。中、小型苗圃可以不设二级路，但主路不可过窄。苗圃中道路占地面积不应超过苗圃总面积的 7% ~ 10%。

（二）灌溉系统的设置

苗圃必须有完善的灌溉系统，以保证供给苗木充足的水分。灌溉系统包括水源、提水设备和引水设施三部分。

1. 水源

有地面水和地下水两类。地面水指河流、湖泊、池塘、水库等，以无污染又能自流灌溉的最为理想。一般地面水温度较高，与耕作区土温相近，水质较好而且有部分养分，对苗木生长有利。地下水指泉水、井水，其水温较低，最好设蓄水池存水，使其自然提高水温。在条件许可的情况下，水井最好设在地势较高的地方，以便于地下水提到地面后进行自流灌溉。水井要均匀地分布在苗圃各区，以便于缩短引水和送水的距离。

2. 提水设备

现在多使用抽水机（水泵）。抽水机的规格，应根据土地面积和用水量大小而酌定。

3. 引水设施

有地面渠道引水和暗管引水两种形式。

（1）明渠（地面渠道）：土筑渠道，流速较慢、蒸发量和渗透量均较大，占地多而且需要经常维修，但修筑简便投资少，目前采用的比较多。现在多采用水泥槽作水渠，提高了流速，减少渗漏又经久耐用。

引水渠道一般分为三级，中、小苗圃可分为两级。一级渠道（主渠）是永久性的大渠道，由水源直接把水引出，一般主渠顶宽 1.5 ~ 2.5m。二级渠道（支渠）通常也为永久性，把水由主渠引向各耕作区，一般渠顶宽 1 ~ 1.5m。三级渠道（毛渠）是临时性的小水渠，毛渠直接向圃地灌溉。一、二级渠道水槽底部应高出地面，毛渠水槽底部应平于地面或略低于地面，以免把泥沙冲入畦中埋没幼苗。

各级渠道的设置常与各级道路相配合，渠道方向与耕作区方向一致，各级渠道相互垂直，渠道还应有一定的坡降，以保证水流速度。但渠道的坡度不宜过大，以免冲刷严重，一般保持 1/1000 ~ 4/1000 的坡度，水渠边坡采用 45° 为宜。

（2）管道灌溉：主干管和支干管均埋入地下，其深度以不影响机械化耕作为宜，用高压水泵直接将水送入管道或先将水压入水池或水塔再流入灌水管道，出水口可直接灌溉，也可安装喷头喷灌或用滴灌管进行滴灌。

喷灌和滴灌是近年来发展较快的一种灌溉方法。喷灌是利用机械把水喷射到空中形成细小雾状进行灌溉；滴灌是使水通过细小的滴头逐渐地渗入土壤中进行灌溉。这两种方法的优点是：少占耕地，提高土壤的利用率；基本上不产生深层渗漏和地表径流，一般可节水 20% ~ 40%；不仅保持水土，而且土壤不板结；同时，可结合施肥或防治病虫害进行灌溉；可调节小气候，增加空气湿度，有利于苗木的生长发育。管道灌溉是今后园林苗圃灌溉的发展方向。

（三）排水系统的设置

排水系统对地势低、地下水位高及降雨量多而集中的地区尤为重要。排水系统由大小不同的排水沟组成。大排水沟应设在苗圃的最低处，直接通入河、湖或市区排水系统。中、小排水沟通常设在路旁，耕作区的小排水沟应与小区步道相结合。

在地形、坡向一致时，排水沟和灌溉渠一般各居道路一侧，形成沟、路、渠并列。排水沟与路、渠相交处应设涵洞或桥梁。一般大排水沟宽 1m 以上，深 0.5～1m；耕作区内小排水沟宽 0.3～1m，深 0.3～0.6m。排水系统占地一般为苗圃总面积的 1%～5%。在苗圃四周最好设置较深而宽的截水沟，既可以防止外水入侵，又可排除内水，还可以防止动物和害虫入侵。

（四）防护林带的设置

为了避免苗木遭受风沙危害，应设置防护林带，以降低风速，减少地面水分蒸发及苗木水分蒸腾。防护林带的规格，依苗圃大小和风害程度而异。一般小型苗圃与主风方向垂直设一条防护林带；中型苗圃在四周设置防护林带；大型苗圃除在四周设防护林带外，还应在圃内结合道路等设置与主风方向垂直的辅助林带，如有偏角，不应超过 30°。防护林的有效防护距离是树高的 15～17 倍。

林带的结构以乔灌木混交的半透风式为宜，因为这样结构的林带，既可以减低风速，又不因过分紧密而形成回流，其防护效果最好。一般主林带宽 8.0～10m，株距 1.0～1.5m，行距 1.5～2.0m；辅助林带为 1～4 行乔木。

林带的树种，应选择适应性强、生长迅速、树冠高大的乡土树种，同时也要注意到速生与慢长、常绿与落叶、乔木和灌木、寿命长和寿命短的树种相结合。也可选择那些适合作采种、采穗母树的树种及有一定经济价值的树种作防护林带树种，这样可以增加收益，有利于生产。注意不要选用苗木病虫害中间寄主的树种和病虫害严重的树种。为了防止人们穿行和畜类窜入，可在四周林带的外围种植带刺或萌芽力强的灌木，以减少对苗木的危害。

苗圃中林带的占地面积一般为苗圃总面积的 5%～10%。

（五）建筑管理区的设置

本区包括房屋建筑和圃内场院等部分。前者主要指办公室、宿舍、食堂、仓库、种子贮藏室、工具房、车库等；后者指运动场、晒场、堆肥场等。苗圃建筑管理区应设在交通方便、地势高燥、接近水源、电源的地方或不宜育苗的地方。大型苗圃的建筑管理区最好设在苗圃中央，以便于苗圃的经营管理。畜舍、积肥场等要放在比较隐蔽和便于运输的地方。本区占地面积为苗圃总面积的 1%～2%。

第三节　园林苗圃的建立

园林苗圃的建立，主要指兴建苗圃的一些基本建设工作，其主要项目是各类房屋的建筑和路、沟、渠的修建，水电、通讯的引入，土地平整和防护林带及防护设施的修建等。房屋的建设和水电通讯的引入应在其他各项建设之前进行。

一、房屋建设和水电、通讯引入

为了节约土地，办公用房、仓库、车库、机械库、种子库等尽量建成楼房式，少占平地多占空间。至于建筑规划的内容，应考虑建立观赏植物的待售仓库，分级包装车间，繁殖室或温室，各种贮藏室、车库、职工休息室、食堂、行政办公室、洽谈交易的门市部等。

水电、通讯是搞好基建的先行条件，应最先安排引入。

二、圃路的施工

施工前先在设计图上选择两个明显的地物或两个已知点，定出主干道的实际位置，再以主干道的中心线为基线，进行圃路系统的定点放线工作，然后方可进行修建。圃路的种类很多，有土路、石子路、柏油路、水泥路等。一般苗圃的道路主要为土路，施工时由路两侧取土填于路中，形成中间高两侧低的抛物线形路面，路面应夯实，两侧取土处修成整齐的排水沟。大型苗圃中的高级主路可以请建筑部门或市政单位负责建造。

三、灌水系统修筑

灌水系统修筑应先打机井安装水泵，或泵引河水。引水渠道的修建最重要的是渠道的落差符合设计要求，为此需用水准仪精确测定，并打桩标清。修筑明渠按设计的渠宽度、高度及渠底宽度和边坡的要求进行填土，分层夯实，筑成土堤。当达到设计高度时，再在堤顶开渠，夯实即成。采用水泥渠作灌水渠，可先用修土渠的方法，按设计要求修成土渠，然后再在土渠沟中向四下挖一定厚度的土出来，挖的土厚与水泥渠厚相同，在沟中放上钢筋网，浇注水泥，抹成水泥渠，之后用木板压支即成。在渗水力强的沙质土地区，水渠的底部和两侧要求用粘土或三合土加固。修筑暗渠应按一定的坡度、坡向和深度的要求埋设。

四、排水沟的挖掘

排水沟的挖掘一般是先挖向外排水的总排水沟，中排沟与道路边沟相结合，在修路时已挖掘修成。小区内的小排水沟可结合整地挖掘，也可用略低于地面的步道来代替。要注意排水沟的坡降和边坡都要符合设计要求。

五、防护林的营建

在营建防护林时，用大苗交错成行栽植，行株距要按要求进行。栽后要注意及时灌水，并注意经常的养护以保证成活。

六、土地平整

按整个苗圃土地总坡度进行削高填低，整成具有一定坡度的圃地。坡度不大者可在路、沟、渠修成后结合翻耕进行平整，或待开圃后结合耕作播种和苗木出圃等时节，逐年进行平整。

七、土壤改良

在圃地中如有盐碱土、沙土、重粘土或城市堆垫土等，应在苗圃建立时进行土壤改良工作，对盐碱地可采取开沟排水，引淡水冲盐碱；轻度盐碱可采用多施有机肥料，及时中耕除草等措施；对重粘土则采用掺沙的办法逐年进行改良，对城市堆垫土应全部清除并换好土。

复习思考题

1. 简述园林苗圃用地自然条件的选择要求。
2. 园林苗圃生产用地区划的原则是什么？
3. 建立苗圃主要有哪些基本建设工作？

第三章　苗木的有性繁殖

苗木有性繁殖是育苗生产中最基本的生产环节，要求细致。繁殖工作的优劣，直接影响苗木数量与质量，因此在育苗工作中需要认真对待。

第一节　有性繁殖的特点

一、有性繁殖的概念

有性繁殖是通过雄蕊、雌蕊、子房等器官（花），进行授粉、受精、结实、传播种子等过程，达到繁殖的目的，故又称为种子繁殖。利用种子繁殖所形成的苗木称为实生苗或播种苗。

二、有性繁殖的特点

（一）繁殖数量大

种子的体积小，重量轻，采集、运输、贮藏都较方便，因此，一次可以获得大量苗木。

（二）抗性强，树龄长

实生苗木具有较完整的根系，所以对外界适应性较强，抗逆性较大，如抗风、抗寒、抗干旱等能力。实生苗是从种子开始，阶段发育很完整，从幼苗到衰老所经历的时间长，开花结果也较晚。

（三）可塑性强，容易驯化

种子繁殖的苗木，阶段发育完整，特别是幼苗及幼年阶段，容易接受外界条件的影响，具有较大的可塑性，便于引种驯化。杂交幼苗，由于遗传性的分离，可以自然选育出一些新类型的品种，这对于杂交育种及引种驯化具有很大意义。

（四）保守性弱，容易退化

播种苗的遗传变异性大，不容易保持树种原有的特性，所以对一些观赏价值较高的树种或需要保持原有特性的珍贵树种，不能采用种子繁殖，如龙爪槐、蝴蝶槐播种繁殖后大部退化为中国槐。龙柏经过播种后所形成的苗木，往往分离出大量桧柏幼苗，使一些树种失去原有的观赏价值。

第二节　种子的采集

种子是播种育苗的物质基础，种子品质好坏直接影响着苗木的质量。认真选择品质优良的种子，是播种工作的前提。

采种是一项季节性很强的工作，要获得品质优良和数量充足的种子，必须预先选好母树，正确掌握树种的种实成熟和脱落规律，以便制定采种计划，做到适时采种。

一、母树选择

采种母树选择应该注意以下几点：

（一）母树生长地区

树木的生长具有一定的区域适应性，离开适应区域距离太远，环境条件往往相差很大，造成树种不适应或发生变异。我国地域广阔，南北环境条件差异较大，东西差异较小。采种母树应尽可能就地选择，或在环境条件相似的地区选择，避免苗木不适应造成损失。

（二）采种母树年龄

应选择生长旺盛的成年母树。幼年树发育不健全，而老年树生长衰退。因此，幼年和老年树都不适宜做母树。

（三）母树个体质量

选择生长良好，发育健壮，没有病虫害的植株为采种母树。有条件的时候可以建立采种基地，设立母树区，以满足良种供应。

二、良种基地的建立

建立良种基地有两种途径，第一种途径是从育苗开始，经过长时间培育而成。这种方法需要先选择适宜地段做为良种基地，经过育苗，长期培育，在基地内进行人工授粉，实行集约经营管理，成为采种母树基地。这种途径所用的时间较长，但基础好；另一种途径是在现有林中选择生长发育较好的林分，作为采种母树林，（如国有林、风景林、公园林带等地），经过适当疏伐及肥水等管理而成为采种基地。此法收效快，费用低，应用较广泛。

三、种子成熟概念

种子成熟过程就是胚和胚乳发育的过程。经过受精卵的细胞逐渐发育成具有胚根、胚轴、胚芽和子叶的完全种胚。在种胚各器官形成的同时，由极核和精子结合而成的胚乳，也逐渐积累养分贮藏起来，以供种胚生活及种子萌发时所需的糖类、蛋白质、脂肪等物质。

种子成熟包括生理成熟和形态成熟两个过程。

（一）生理成熟

当种子内部的营养物质贮藏到一定程度，种胚形成，种子具有发芽能力时，称为种子生理成熟。生理成熟的种子其特点是：种子本身含水量高，内部营养物质处于易溶状态，种皮不致密，尚未完全具备保护种仁的特性，种子水分容易散失，此时采集的种实，其种仁容易收缩，降低发芽率，不利于贮藏。种子播种出苗后，生长势弱，抗性差，也容易被微生物侵害。因此大多数树木种子不应在此时采集。但对一些深休眠（即休眠期很长且不宜打破休眠）的树种，如椴树、山楂、水曲柳等，可采用生理成熟的种子，采后立即播种，这样可以缩短休眠期，提高发芽率。

（二）形态成熟

当种子完成了种胚发育过程后，在外部形态上也呈现出固有的成熟特征，此时称为形态成熟。种子形态成熟时的特点是：含水量降低，本身重量不再增加或增加很少，种子内部的营养物质由易溶状态转为难溶解的脂肪、蛋白质和淀粉。此时种仁饱满，种皮坚硬致密，抗害力强，种皮具有一定光泽和色泽，果实一般由绿色转为黄褐色或暗褐色。形态成熟种子，呼吸作用微弱，开始进入休眠状态，容易贮藏，种子播种后出苗整齐，生长势旺盛。大多数园林树木种子宜在此时采集。

多数树种生理成熟在先，再经过一定时间才达到形态成熟，如松、柏、槐等。也有些树种，种子的生理成熟和形态成熟的时间几乎是一致的，如杨、柳、榆、泡桐、木荷、台湾相思、银合欢等，当种子达到生理成熟后就自行脱落，因此要注意及时采收。还有少数树种的生理成熟在形态成熟之后，如银杏、白腊、红松等，当种子外部表现出形态成熟特征时，种胚发育仍不完全，需要在采种之后再经过一个后熟阶段，种胚再继续发育成正常大小时，才具有发芽能力，这类种子称为生理后熟。有生理后熟的种子，采收后不能立即播种，必须经过适当条件的贮藏处理，才能正常发芽。

四、影响种子成熟的因素

种子成熟期是因树种、地理位置、立地条件、植株部位不同而异。多数树种种实在秋季成熟，也有的树种种实在春夏季成熟，如柚木、铁刀木、桧柏等在早春成熟，杨、柳、榆等在春末成熟，桑、梅、杏、桃等在夏季成熟。

同一树种由于生长地区和地理位置不同，结实成熟期也不同。我国南方与北方气候差异较大，同一树种种子成熟期也不同，如杨树在浙江 4 月成熟，在北京 5 月成熟，在哈尔滨 6 月成熟。一般南方比北方成熟早些。但侧柏在华北 9 月成熟，而在华东、华南则在 10 月至 11 月成熟，这是因为树种在南方生长期延长而延迟了种子成熟期。

同一树种虽然生长在同一地区，由于立地条件和环境条件不同，种子成熟期也不同，如生长在沙土和沙质壤土上的树木种子，比生长在粘重和潮湿土壤上的树木种子成熟早。林缘树及孤立树比密林内的树木种子成熟早。坡向也影响种子成熟早与晚，阳坡比阴坡的种子成熟早。同一株树木，树冠上下及阴阳面不同，也会造成种子成熟时间不同。

五、种实采集时期及采种原则

采种时期，由种实成熟期决定，同时要考虑种子的脱落及病虫危害等因素。正确的确定采种时期，做到适时采种，是确保种子产量和质量的重要环节。如采集过早，种子尚未成熟，不仅处理困难，不耐贮藏，而且种粒轻小，影响种子发芽及育苗时苗木质量。采集过晚，种子脱落飞散，或遭受鸟、兽、虫等危害，减少了种子的数量或降低了种子的质量。不同树种采种期参阅表 3-1。

部分树种采种期参考表 表 3-1

树 种	采种母树年龄（年）	种子成熟期	果实或种子成熟特征	采 种 期
桧 柏	20～50	11 月	球果紫黑色	11～2 月
侧 柏	15～60	9～10 月	果实黄褐色	10～11 月
油 松	20～40	9～10 月	球果黄褐色微裂	10 月
华山松	20～40	10 月	球果黄褐色微裂	10～11 月
落叶松	20 以上	9～10 月	球果浅黄褐色	9～10 月
马尾松	15～40	10～11 月	球果黄褐色微裂	11 月
杨 树	10～20	4～5 月	蒴果变黄、部分裂口出现白絮	4～5 月
柳 树	10～20	4～5 月	蒴果变黄部分裂口出白絮	4～5 月
白 榆	20～40	4～5 月	果实呈浅黄色	4～5 月
栓皮栎	30 左右	9～10 月	壳斗呈黄褐色	10 月
国 槐	30～40	11 月	果实暗绿色皮紧缩发皱	11～12 月
臭 椿	20～30	9～10 月	翅果黄色	10～11 月

树　种	采种母树年龄（年）	种子成熟期	果实或种子成熟特征	采　种　期
香　椿	20～50	10月	蒴果褐色	10月
苦　楝	20～30	10～11月	核果灰黄色	11～12月
刺　槐	15～20	9～10月	荚果褐色	9～10月
梓　树	20～30	10月	蒴果暗绿色	10月
楸　树	20～30	8～9月	蒴果黄褐色	9月
白　腊	20～60	10月	果翅黄褐色	10～11月
枫　杨	20～40	9月	翅果褐色	9月
悬铃木	20～30	11月	聚合果黄褐色	11～12月
泡　桐	10～15	9～10月	蒴果黑褐色	9～10月
紫穗槐	2～4	9～10月	荚果红褐色	9～10月
沙　枣	10～40	9～10月	果实橙黄色	9～10月
板　栗	20～30	9～10月	壳斗黄褐色	9～10月
五角枫	15～30	10月	翅果黄褐色	10～11月
文冠果	30～60	7～8月	果皮微裂	7～8月
乌　桕	15～30	10～11月	果实黑褐色	11月
漆　树	20～30	10～11月	果实油黄色或灰黄色	11月
杜　仲	20～40	10～11月	果壳褐色	10～11月
花　椒	10～15	8月	果皮红色种子黑	8月
黄连木	20～30	9～10月	果实青蓝色	9～10月
棕　榈	10～20	9～10月	果皮青黄色	9～10月
桑　树	10～20	6～7月	桑椹呈紫黑色	6～7月
山丁子	10～30	9月	果实呈紫红色	9月
杜　梨	10～40	9月	果实呈暗黄色	9月
女　贞	10～30	11月	果皮呈紫黑色	11月
批杷	15～25	翌年5月下旬	果皮杏黄色	5月下旬
广玉兰	15～50	10月	果实黄褐色	10月
海　桐	10～15	10～11月	果实黄褐色	10～11月
紫　薇	5～20	10～11月	果实黄褐色	11月
石　楠	10～25	11月中旬	果实红褐色	11月中～12月

根据不同树种种子的特性及种实脱落的特点，在采种过程中应该掌握以下一些原则：

（1）种实成熟期和脱落期一致、种粒轻小、有翅或有毛，成熟后易随风飞散的树种，如杨柳、榆、桦等，应在种实接近成熟的时候注意，观察，严格掌握成熟期，一旦成熟，应立即采集。

（2）种子成熟之后，虽然不立即脱落，但容易被鸟类啄食及虫害，或种子一经脱落，不易从地面收集的树种，如侧柏、油松、落叶松、水杉、合欢等，应该在成熟后种子脱落前尽早采集。

（3）对种粒较大的树种，如核桃、板栗、银杏、栎类等，一般可以在果实脱落后从地面上收集，或于成熟后脱落前，用竹竿击落后收集。

（4）有些种子成熟之后较长时间不脱落，如国槐、皂荚、苦楝、悬铃木等，一般应在成熟后采集，也可以延迟采集，利用秋后冬闲季节采收。

目前，我国采种机具很少，多使用一些简单工具，如镰刀、高枝剪、采种钩等。一些欧洲国家及美国等国家，主要采用振动式采种机采集球果，通过振动装置对松树，云杉等球果类进行采收。有些欧美国家利用吸摘器、采种升降机等采种。

第三节　种实的调制

在采种时，常常带有果皮和一些杂质，种实调制的目的，就是为了获得纯净而便于贮藏的种子。种实采集后，如果不立即进行调制处理，容易造成发热、发霉，降低种子的品质，严重时会使种子丧失生命力，造成不应有的损失。

种实调制的内容包括：脱粒、净种、干燥、去翅、分级等。

一、脱粒

脱粒是从果实中取出种子。果实的类型不同，脱粒方法也不同。根据调制方法及工作的需要，将果实分为不同类别，其含义与植物学并不完全一致。

（一）球果类脱粒

球果类多数为松柏一类树种。球果成熟之后，果鳞逐渐干燥开裂，种子脱出。这类种子要在球果成熟尚未开裂时采收。球果采集后利用自然干燥法，经过阳光曝晒后，球果开裂，种子脱出。在果实较多时，可将球果摊放在向阳、干燥的场地上曝晒，经常翻动和击打，可加速种子脱出，如油松、落叶松、樟子松、云杉、侧柏、杉木等。少数树种不适宜日晒脱粒，如冷杉、金钱松等球果受高温后，果鳞易分泌出大量油脂，影响球果开裂，这类球果可以摊开阴干，注意翻动，几天后种子即可脱出。另有少数树种的球果，用一般方法摊晒，果鳞难以开裂，例如马尾松，这类球果可用堆沤法，将球果堆成堆，浇上清水或石灰水，沤 10d 左右，再摊开曝晒。

自然干燥法处理球果，有些地区因受天气影响，脱粒时间较长。在种子集中产区，可以用人工干燥方法，把球果放入专门的干燥室或其他可以加温的容器内，温度在 40～50℃下受热干燥。

（二）干果类脱粒

干果类果实有的开裂，有的不开裂，但均需要脱粒调制，根据种子含水量高低，分别采用"阴干法"或"阳干法"。

1. 蒴果类脱粒

多数蒴果类的种子含水量较低，可以采用日晒脱粒，如丁香、紫薇、木槿、香椿、泡桐、金丝桃、连翘等。对含水量较多的蒴果，如杨、柳等，采集后不能日晒，只能放入室内，摊放在架好的帘子上，厚度 3～5cm，散开阴干，当蒴果开裂后，人工促进脱粒。对含有一定浆汁的蒴果，如卫矛，采集后可以放入桶内或其他容器中，经过捣碎果皮，用水冲洗，清除果肉，取得种子，然后阴干。

2. 荚果类脱粒

荚果类种子的含水量一般都较低，种皮保护力强，一般可以曝晒脱粒，如刺槐、合欢、锦鸡儿、紫荆、紫藤等。对少数荚果种子，也可以不进行脱粒，如紫穗槐、胡枝子等。

3. 翅果类脱粒

大多数翅果含水量较低，采集后晒干去杂质，去翅或者不去翅贮藏，如白蜡、臭椿、枫杨、槭树、水曲柳等。有些翅果只能阴干，不能曝晒，以免丧失发芽力，如榆树、杜仲等。

4. 坚果类脱粒

这类果实含水量较高，如板栗、栎类等坚果，在果实成熟后未脱落前连同总苞一起采集，阴干开裂敲打脱粒。

5. 蓇葖果脱粒

牡丹、玉兰等少数蓇葖果只能阴干，一般树种如珍珠梅、绣线菊、风箱果等均可日晒脱粒。

（三）肉质果类脱粒

肉质果类包括核果、仁果、浆果、聚合果等，因肉质果含有较多的果胶及糖类，容易腐烂，采集后必须及时处理，否则会降低种子的品质。

水浸法：对果肉松软的树种，如樱桃、欧李、枸杞、桑树等肉质果实，可放在容器内，用木棒将果肉捣碎，加水浸泡数日，待果肉软化后，搅拌揉搓，使种子沉入容器底部，捞出浮于水面的果肉渣滓，再以水冲洗取得净种。对种粒较小而果肉厚的树种，如海棠、杜梨、山楂等，可将果实平摊在坚硬的地面上碾压，不宜过薄，以防破伤种子，随压随翻。果肉破碎后，放入水池或缸内，加水浸泡搅拌，使果肉与种子分开，捞出果肉及杂质，将沉入池底的种子取出阴干。

堆积法：对果肉较厚、较硬的大粒核果，如核桃、山桃、杏、贴梗海棠等，可将果实堆积起来，喷水后盖上草帘等湿物，待果肉烂后与种子分开，去肉得净种。

碱水浸泡法：一些果实外部附有油脂或蜡质的树种，如南方的漆树核果，可先用碱水浸泡后脱粒。

一般能供食品加工的肉质果类，如苹果、梨、桃、樱桃、杏、李、梅、柑桔等，可以从果品加工厂中取得种子，但加工温度必须在低于 45℃ 的条件下，所得到的种子才能供育苗使用。

肉质果取得的种子，一般应在通风良好的条件下阴干。

二、净种

净种即除去种子中的各种杂质，如枝、叶果皮、果柄、鳞片、种翅、空粒、石块、土粒等，以提高种子的纯度。混杂于种子中的各种夹杂物及破碎的种子，吸湿性较强，容易使种子发霉腐烂，不利于种子贮藏。

常采用的净种方法有风选、筛选、水选、粒选等。根据种子的具体情况，也可以几种方法结合使用。

1. 风选

利用风或簸扬机清除比种子轻的夹杂物及空粒。少量种子用簸箕扬去杂物也是风选方法。风选是利用种子与杂质的重量不同，使杂质与种子分开。这种方法适用于中小粒种子。

2. 筛选

用不同大小孔径的筛子，将大于或小于种子的夹杂物清除。当种子与杂物大小相同时，再用风选或水选方法除去杂质。

3. 水选

利用种子与杂物的比重不同，将杂物清除。优良种子饱满，比重大，容易沉入水底，杂质及空粒、秕粒、虫蛀粒均上浮，捞出浮物可得较纯净的种子。如混有石块等重物，可用筛选分开。

水选时浸泡时间不能过长，以免增加种子的含水量。水选的种子要阴干，不可曝晒。

4. 粒选

核桃、板栗等大粒种子，可以用粒选方法除去种子中的杂质及不合要求的种粒。

三、种子干燥

（一）种子干燥的意义

种子经过净种后，还应及时进行适当干燥，才能安全贮运。一些种子采集后，含水量较高，呼吸作用旺盛，在这种情况下，种子除了消耗本身贮藏的物质之外，同时还放出大量热能，这样的种子进行贮藏，很容易发生霉烂、变质，或者发芽，造成很大损失。因此在种子贮藏前，应进行干燥处理，使种子含水量达到合理程度，以防霉烂变质。

（二）种子含水量标准

种子含水量标准是指种子干燥之后便于贮藏的含水量，通常是要求种子达到标准含水量为适宜。

种子的标准含水量是指种子能够维持生命活动所必须的最低含水量（又称安全含水量或临界含水量）。高于标准含水量的种子，由于新陈代谢作用旺盛，不利于长期保存；低于标准含水量时，无法维持种子的生命活动，容易丧失生命力。

种子的标准含水量因树种不同而异。大多数树种种子的标准含水量与气干状态下的含水量大致相同。有些个别树种的种子如板栗、栎类等，其标准含水量比气干时的含水量要高得多（见表3-2）。

主要园林树木种子标准含水量（%）　　　　　　　　　　表 3-2

树　种	标准含水量	树　种	标准含水量	树　种	标准含水量
油　松	7～9	杉　木	10～12	白　榆	7～8
马尾松	7～10	椴　树	10～12	刺　槐	7～8
云南松	9～10	杜　仲	13～14	皂　荚	5～6
华北落叶松	11	白　腊	9～13	刺　槐	7～8
侧　柏	8～11	复叶槭	10	杨　树	5～6
柏　木	11～12	元宝枫	9～11	油　茶	24～26
樟　树	16～18	桦　木	8～9	麻　栎	30～40

（三）种子干燥方法

种子干燥可分为自然干燥法（晒干）和阴干法。凡是标准含水量较低、种皮坚硬，经过日晒不会降低发芽力的种子，可以用自然干燥法晒干。有些树种的种子只能在通风良好的室内或棚内进行干燥（阴干）。需要阴干的种子有下列几种类型：

（1）种粒小、种皮薄、成熟后新陈代谢作用旺盛的种子，如杨、柳、榆、桑、桦、杜仲等。

（2）种子标准含水量高于气干含水量，如用日晒方法容易丧失生命力的种子，有栎类、板栗等。

（3）含有挥发性油质的种子，如花椒等。

（4）凡经过水选及由肉质果中取出的种子，均不能日晒，只能阴干。

（四）种子分级及登记

把同一批种子按种粒大小进行分类，称为分级。分级一般采用不同孔径的筛子筛选。分级后的种子分别播种，出苗整齐，便于管理。

种子经过调制处理后，为了便于管理，防止混乱，使种子来源清楚，应该进行种子登记工作。登记表应写清树种名称、采种时间、地点等，如表 3-3 所示。登记表是种子运输、贮藏、交换等工作的依据。

种 子 登 记 表

表3-3

树　　种			科　　属		
采种时间			采种地点		
母树情况					
种子调制时间、方法				种子数量	
种子贮藏方法		贮藏条件			
采种单位				填表日期	

第四节　种子贮藏及运输

一、种子贮藏的原因

在园林育苗生产上及实际工作中，有许多因素必须对种子进行贮藏。例如，一般树种是在秋季种子成熟，而我国北方广大地区多在春季播种，由于这种种子成熟期与播种期不相吻合，就需要对种子进行贮藏。有的树种是为了延长当年苗木生长期而需要贮藏，如杨、柳等树种是在初夏种子成熟，一般可采用随采随播，但是为了延长幼苗当年生长期，可以先贮藏种子至翌年春，这样可提前一个月播种。树种在生长过程中，由于受气候等自然条件的影响，常常出现结实大小年之分，而在园林苗木生产上不能间断，为了以丰补欠，也要在丰收之年多贮藏一些种子。另外，种子集中产区，种子数量较多需要外运，在未来得及运输之前，也应进行贮藏。

通过贮藏，必须创造适宜的环境，使种子新陈代谢处于微弱程度，以延长种子寿命。

二、影响种子生命力的因素

种子生命力是指种子维持生命长短的能力，种子生命力的年限就是种子的寿命。

(一) 影响种子生命力的内在因素

1. 树种不同，种子寿命不同

从解剖学上分析，凡是种皮坚硬、致密，透气性差的种子，寿命较长，据资料记载，法国巴黎博物馆中，存放 155 年的银合欢仍具有发芽力，中国有上千年的古莲子也具有发芽能力。相反，凡是皮薄、容易透水、透气的小粒种子寿命较短，如杨、柳、榆等。另外，种子内含物不同，寿命也不同。一般含脂肪、蛋白质多的种子比含淀粉多的种子寿命长，其原因是脂肪、蛋白质分子结构复杂，在呼吸过程中分解所需要的时间比淀粉长，同时放出的能量比淀粉多，少量脂肪、蛋白质放出的能量就能满足种子微弱呼吸的需要，因而消耗的物质比淀粉少，维持生活力的时间相对要长些。如刺槐、皂荚等含脂肪、蛋白质较多，其种皮致密，不易透水、透气，有利生活能力的保持，在一般情况下贮藏几十年还能具有发芽力。

2. 种子成熟度及产地对寿命的影响

未成熟的种子，由于内部含水量高，含糖量也高，容易发热，难于贮藏，影响寿命，所以采种时忌掠青。同一树种，由于产地不同，寿命也有差异，主要是由于树木生长发育的气候、土壤条件不同，使形成的种子在生理、解剖构造等方面也产生了差异，一般产自北方的种子比南方的寿命要长一些。

3. 种子含水量与寿命有关

种子的含水量保持标准含水量时，最有利保持生命力，在此状态下，水分呈结合状态，水和蛋白质、淀粉牢固结合在一起，呼吸作用极其微弱，同时酶呈吸附状态，热量，水分散失极少，自热、潮湿、腐烂、发霉等不易产生，有利贮藏保存。种子含水量高时，细胞内有自由水，使酶呈可溶状态，使贮藏物质水解能力增加，增强了呼吸强度。如：杨树种子含水量在10%以上时，会很快丧失生活力。当然种子的含水量也不是越低越好，过分干燥或脱水过急也会降低某些种子的生活力。

4. 机械损伤对种子寿命的影响

受伤和破碎的种子，氧气容易进入种子内部，使呼吸作用加强，因而缩短种子寿命。此外，微生物也容易侵入，也会影响种子的寿命。

(二) 影响种子生命力的环境因素

温度、湿度、通气条件及生物因素，是影响种子生命力的环境因素。

1. 温度

温度与种子的生命活动有密切关系。温度过高或过低都会缩短种子的寿命，所以在种子贮藏工作中，保持适宜的温度很重要。对于一般种子，贮藏的适宜温度是 0~5℃。温度过高，如果湿度又大，酶的活性随之增强，会加速种子内部物质分解和转化，不利种子贮藏。当温度升高至某个极限时（一般 50~60℃），呼吸强度会急剧下降，造成原生质结构紊乱，蛋白质解体，种子生命力丧失。温度过低时，种子会遭受冻害，失去生活能力。

2. 湿度

种子有较强的吸湿能力，相对湿度的高低和变化，可以改变种子的含水量和生命活动状况，对种子的寿命产生很大影响。相对湿度控制在 50%~60% 时，有利于多数园林树木种子的贮藏。在一般情况下，湿度越大，越不利于种子贮藏。据研究，相对湿度越低，有利贮藏时间延长，如贮藏一个季节时的种子，仓库相对湿度不应超过65%，需要贮存2～3年的种子，相对湿度不应超过45%，长期贮藏的种子，相对湿度不应超过25%。

3. 通气条件

通气条件对种子生活力的影响程度，因树种而异。含水量低的种子，呼吸作用微弱，需要氧气极少，在不通气的情况下，能够长久地保持生活能力。对标准含水量较低的种子，如杨、柳等，采用低温、密封、干燥的条件，可以比较长时间贮藏种子，而在普通条件下，数日即可能丧失生命力。对含水量高的树木种子，则应适当通气。因管理不周而受潮的种子，更应通风及时干燥，以排除种子堆中的二氧化碳和热量，避免无氧呼吸对种子的伤害。

4. 生物因子

种子贮藏期间，常遭受微生物、昆虫及鼠类的危害。这些危害有时十分严重。降低种子含水量和控制环境的温度、湿度，可以有效地防止微生物和昆虫的活动及繁殖。

影响种子生命力的因素是多方面的，各种条件之间相互影响、相互制约。在种子贮藏中应对种子本身的性质及各种环境条件进行综合研究分析,抓住种子含水量这个主导因素,采取相适宜的贮藏方法,才能更好地保存种子的生命力。

三、种子贮藏方法

依据种子的性质,可将种子贮藏方法分为干藏法和湿藏法,此外,还有低温贮藏及真空贮藏法。

(一)干藏

将适当干燥过的种子贮藏于干燥的环境中称为干藏。大多数种子都适用于这种方法贮藏。

1. 普通干藏

将充分干燥的种子装入麻袋、箱、桶等容器中,再放在干燥通风的室内,相对湿度保持在50%以下,如果温度能保持0~5℃更好。

2. 密封干藏

用普通干藏法易失去发芽率的种子,如杨、柳、榆、桑、桉等需要长期贮藏的珍贵种子,都可用此法。密封时,种子应经过精选,并干燥至标准含水量,容器应经过消毒,并放入木炭、草木灰、氯化钙或变色硅胶等吸湿剂。

(二)湿藏

将种子贮藏在一定湿度的条件下,保持低温而适当的通气环境,这种方法称湿藏。此法适用于标准含水量较高的种子或干藏效果不好的种子,如板栗、栎类、核桃、榛子、银杏、南天竹、四照花、忍冬、黄杨、紫杉、椴树、女贞、柿、梨、海棠、木瓜、山楂、玉兰等种子。湿藏又分为露天埋藏(坑藏)、室内堆藏、流水贮藏等。

1. 露天埋藏

此法在我国北方采用较广泛。南方因多雨和地温高,很少采用。露天埋藏又称坑藏或沙藏。如将种子与湿沙分层交替埋藏,称为层积沙藏。若将温度控制在0~5℃的低温环境下,则兼有催芽作用,可称为层积催芽处理。

露天埋藏具体做法:

(1)地点应选择室外高燥之处,而且在贮藏坑四周挖排水沟,防止雨后积水。

(2)坑的规格:宽度应在1~1.5m范围,这样便于操作和取得好的效果,深度1~1.5m,但具体深度还应视地下水位而定,原则是将种子放于冻土层以下,地下水位以上,沟的长度根据种子多少而定。

(3)种子放置:坑挖好后,先在坑底放一层5~10cm湿沙,坑的中央每隔1~2m插一束通气苇把或秫秸,然后将种子与湿沙按1:3的体积比例分层交替或混合放于坑内,每层种子约5cm左右,种子放至冻土层为止。

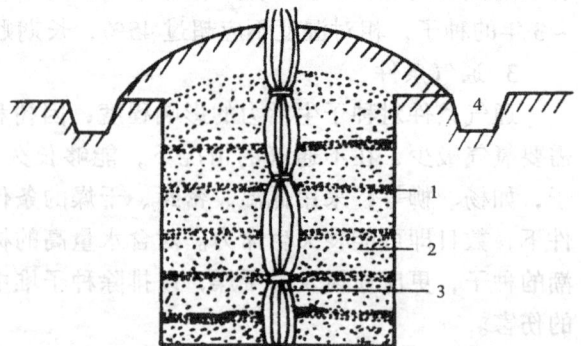

图3-1 种子露天埋藏坑
1—种子;2—湿沙;3—苇把;4—排水沟

其上盖上20~30cm湿沙,再盖上土成屋脊形,北方寒冷地区注意加厚盖土的厚度(图3-1)。

2．室内堆藏

室内堆藏适用于我国南方多雨高温地区。选干燥通风、阳光直射不到的室内，底部铺一层湿沙，然后将种子与湿沙按 1：3 混合堆放，也可分层放置，种沙堆放高度约 50～60cm，上面盖湿沙。若种子较多，每隔 1m 左右放一束秫秸或竹笼通气。注意定期检查，湿度不够时要适当喷水，使沙子湿度在 60% 为适宜。

3．流水贮藏及雪藏

将种子装在麻袋或竹篓中，然后放入流动的净水中贮藏。流水贮藏适用于栎类种子。雪藏是露天沙藏的一种变化法，此法在北方多雪地区应用较好，特别是在许多树种层积催芽方面具有良好效果。

（三）低温贮藏

目前，由于冷藏技术的发展，各国都在低温冷藏方面广泛应用，这种贮藏方法，需要有特设的冷藏室，温度一般保持 −2～4℃，含水量控制在 4% 左右，种子用塑料或铝制罐盛装，分层放置于架上，定期检查种子发芽率。

（四）真空贮藏

真空贮藏是将种子放入容器或塑料袋中，然后将容器内空气抽出，以控制种子的呼吸强度，保持种子的生命力。我国一些树种的贮藏方法及前述的种子脱粒处理见表 3‑4。

我国主要树种种子脱粒处理及贮藏方法　　　　　　　　　　表 3‑4

树　　种	种子脱粒处理及贮藏方法
油　松	曝晒球果、翻动、脱出种子。干藏
华山松	曝晒球果、翻动、脱出种子。干藏
落叶松	曝晒球果、翻动，脱出种子。干藏
桧　柏	除去果肉，洗净阴干。沙藏
侧　柏	曝晒球果，敲打、脱出种子。干藏
马尾松	堆沤球果，松脂软化后，摊晒脱粒，风选。干藏
杨　树	薄摊、阴干、揉搓、过筛、脱出种子。随采随播或密封干藏
柳　树	薄摊、阴干、揉搓、过筛、脱出种子。随采随播或密封干藏
白　榆	阴干、筛选。随采随播或密封干藏
栓皮栎	薄摊稍阴干，水选。沙藏或流水贮藏
麻　栎	薄摊稍阴干，水选。沙藏或流水贮藏
国　槐	用水泡去果皮晒干或带皮晒干。干藏
臭　椿	晒干、筛选。干藏
刺　槐	晒干，打碎荚皮，风选。干藏
香　椿	揉搓去壳取出种子，阴干。干藏
苦　楝	水泡去皮或带皮晒干。干藏或沙藏
梓　树	阴干果实，开裂后脱出种子，筛选。干藏
楸　树	阴干果实，开裂后脱出种子，筛选。干藏
白　腊	晒干，筛选。干藏
枫　树	稍晒、筛选。沙藏
悬铃木	晒干，揉出种子。干藏
泡　桐	阴干，脱粒。密封干藏
君迁子	捣碎果肉，洗出种子，阴干。干藏
紫穗槐	晒干，风选或筛选。干藏
柠　条	晒干，风选或筛选。干藏
沙　枣	水泡搓去果皮，稍阴干。随采随播或沙藏

树　　种	种子脱粒处理及贮藏方法
花　棒	晒干。干藏
板　栗	阴干去果苞。随采随播或沙藏
核　桃	堆沤去果皮，晒干。干藏或沙藏，或随采随播
毛　梾	阴干至果皮发皱，翻动有响声。干藏
五角枫	晾晒。干藏
文冠果	摊晒，取出种子。干藏或沙藏
乌　桕	曝晒去壳，碱水去蜡晾干。干藏
漆　树	灰水去蜡，阴干。干藏
杜　仲	阴干。干藏
花　椒	阴干果实，取出种子。沙藏
黄连木	阴干，敲打脱粒。沙藏
棕　榈	阴干脱粒。沙藏
桑　树	水选，阴干。密封贮藏
山定子	洒水，揉去种皮，洗出种子，阴干。沙藏
杜　梨	洗去果皮果肉，阴干。沙藏
女　贞	洗去果皮，阴干种子，筛选。干藏
枇　杷	除去果肉，洗净稍晾干。随即播种，不贮藏
广玉兰	除去外种皮。随即播种或层积沙藏
玉　兰	除去外种皮。随即播种或层积沙藏
海　桐	阴干后取出种子。沙藏
紫　薇	阴干搓碎取出种子。干藏
石　楠	搓去果皮。沙藏
雪　松	晒干后取出种子。干藏
桂　花	洗去果皮稍阴干，随即播种或沙藏
合　欢	晒干打碎荚皮，风选。干藏
腊　梅	搓去果皮，取出种子。干藏
紫　荆	晒干打碎荚皮，风选。干藏
海　棠	除去果肉，洗净、水选、晾干。干藏或沙藏
樱　桃	除去果肉洗净，晾干。干藏或沙藏

四、种子运输

种子运输工作，也可以说是一种短期贮藏。为了防止种子在运输途中丧失生命力，在调运过程中应视种子性质，采取相应的包装及保护措施。

对于一般含水量低，进行干藏的种子，可直接装布袋、麻袋运输，注意每袋不宜过重或过满，这样便于搬运和减少挤压损伤。对含水量较高的大粒种子和易失水影响生活力的种子，如栎类、板栗、七叶树、樟树、楠、柑桔、枇杷等，用塑料布或油纸包好，再放入木箱或箩筐中起运，容器中的种子应分层放置，以秸秆分开，避免发热发霉。杨、柳、桑等极易丧失生命力的小粒种子，需要密封包装运输，用瓶、桶或塑料袋装运。

种子在运输过程中，要注意覆盖，防止雨淋、曝晒和冻害。并应附以种子登记证，防止种实混杂。

第五节　种子品质检验

种子品质的检验又称品质鉴定。种子品质是指种子质量的好坏，它包括遗传品质和播种品质两个方面。由于遗传品质难于从外表判断，因此通常所说的种子品质检验，是指播种品质的检验。

种子品质的指标包括：纯度、千粒重、含水量、发芽率、发芽势、生产适用率、生活力、优良度等。

一、试料的选取

种子品质检验首先要抽取试料（样品），试料必须具有代表性，按照规定从一批种子中抽取样品，经充分混合后成为原始试料（样品），再用"十字区分法"或分样器提取检验试料及测定试料。

试料选取步骤：种子批 ⟶ 初次试料 ⟶ 原始试料 $\xrightarrow{10倍于}$ 检验试料 ⟶
　　　　　　　　　　　　　　　　　　（混合样品）　　　　　（送检样品）
测定试料
（单项测定样品）

不同树种的种子大小不同，所提取的供检试料重量也不相同，如表3-5所示。

主要树种送检样品最低量　　　　　　　　　表3-5

树　　　种	送检样品最低量（g）	树　　　种	送检样品最低量（g）
核桃、核桃楸	6000	杜仲、合欢、水曲柳、椴	500
板栗、栎类	5000	白蜡、复叶槭	400
银杏、油桐、油茶	4000	油　松	350
山桃、山杏	3500	臭　椿	300
皂荚、榛子	3000	侧　柏	250
红松、华山松	2000	刺槐、锦鸡儿	200
白皮松、国槐、樟树	1000	马尾松、云南松、杉木	150
黄 连 木	700	樟子松、榆、桉、紫穗槐	100
沙　枣	600	杨、柳	30

种子各种指标测定时，因树种种子大小不同，所提取的测定样品也不相同，如含水量测定时，各树种所提取的数量各不相同（见表3-6）。

含水量测定提取试料表　　　　　　　　　表3-6

种子千粒重（g）	测定试料（g）	代 表 树 种
小于2	2	杨、柳、桦、桑
2～20	5	杉木、马尾松、樟子松、杜梨
21～30	10	刺槐、侧柏
中粒种子	20	油松、白皮松、皂荚
大粒种子	100	山桃、山杏、栎类、银杏

二、种子各种指标测定（检验）

（一）种子纯度的测定

种子纯度（又称净度）是纯净种子的重量占供检种子重量的百分比，纯度是种子品质的重要指标之一，是计算播种量的必需条件。

种子纯度公式：

$$J(\%) = \frac{Z_1}{Z_0} \times 100\%$$

式中　J——种子纯度（%）；

　　　Z_0——供检种子重量；

　　　Z_1——纯净种子重量。

各树种在测定纯度时，选取测定试料量因树种而异，如红松为800g，油松为100g，刺槐为60g，合欢为150g，白蜡为100g，皂荚为1000g，杨、柳为3g。

（二）种子重量的测定

种子的重量常以千粒重来衡量。千粒重是指1000粒纯净种子在气干状态下的重量。千粒重是以"g"为单位表示，它反映种子的大小和饱满程度。同一树种，因母树所在地理位置、立地条件不同，种子千粒重也有差异。千粒重越大，说明种子越充实饱满，如油松平均千粒重是35g，品质好的可达49g，品质差的有的不足25g。所以千粒重也是反映种子品质的主要指标之一。

千粒重的测定方法有百粒法、千粒法和全量法。多数种子可采用百粒法。凡种粒大小、轻重极不均匀的种子，可以采用千粒法。如果纯净种子少于1000粒者，可将全部种子称重，然后换算成千粒重，称为全量法。

由于空气湿度的变化，使得同一批种子的千粒重很不稳定。为了确切地比较种子的品质，可以用绝对千粒重表示，绝对千粒重是测出种子含水量后求算出来的。

绝对千粒重公式：

$$A = \frac{a(100 - c)}{100}$$

式中　A——1000粒种子的绝对千粒重（g）；

　　　a——1000粒种子的气干千粒重（g）；

　　　c——气干种子含水量（%）。

特小粒种子可以不作重量测定。

（三）含水量的测定

种子含水量是指种子中所含水分的重量占种子重量的百分比。种子含水量多少是影响种子寿命的重要因素之一。测定种子含水量的目的，是为妥善贮藏和调运种子时控制种子含水量提供依据。

计算种子含水量的公式：

相对含水量（%）$= \frac{A}{B} \times 100$（湿基含水量）

绝对含水量（%）$= \frac{A}{B - A} \times 100$（干基含水量）

式中　A——水分重量；

　　　B——检验样品干燥前重量；

　　　$B - A$——检验样品干燥后重量。

当前国际上以湿基含水量为准。在测定种子含水量时，首先依据前面表中规定数量提取样品，经过精确称重后，放入烘干箱内，先升温至80℃，烘干3~4h，再升温至105℃，烘干至恒重，按公式计算含水量。

（四）种子发芽能力的测定

种子发芽能力，是反映种子播种质量最重要的指标。在生产上，对种子发芽能力的要求，一是发芽率高，二是发芽要迅速整齐。发芽能力主要是通过发芽实验来测定。发芽测定应尽可能提供种子发芽时所需要的外界条件，因而需要在室内控制的条件下进行。

种子发芽能力有下述几种表示方法：

1. 发芽率

在最适宜种子发芽的条件下，在规定的期限内，正常发芽的种子数占供检种子数的百分比。种子发芽率是在实验室的较好条件下进行的，因此，也称实验室发芽率。实验室的发芽率测定终止日期，根据不同树种而定，通常在 3~42d 之间，一般为 15d 左右。

计算种子发芽率公式：

$$F(\%) = \frac{L_1}{L_0} \times 100\%$$

式中　F——种子发芽率（%）；

　　　L_0——供检种子总粒数；

　　　L_1——供检种子发芽粒数。

在实际生产中，场圃的环境条件下所测得的发芽率称为场圃发芽率。场圃发芽率一般低于实验室发芽率。但因其环境条件与实际生产条件相同，在生产中更具有实际意义。

发芽试验是在纯度或千粒重测定之后，在纯净种子中随机抽取 4 个 100 粒种子作发芽测定，大粒种子可取 50 粒或 25 粒种子为一次重复，特小粒种子，采用重量发芽法。在送检样品中随机称取 4 组样品，每组重 0.1~0.25g。

用培养皿或其他容器作发芽床，铺放滤纸、纱布、脱脂棉或砂子、蛭石等材料，使用之前进行消毒。做好种子浸种和消毒。特大粒种子可取"胚方"进行发芽。种子置床后，给予适宜的发芽条件，视种子发芽快慢，进行隔日或逐日观察。观察时拣出正常发芽、异常发芽和腐烂的种子，并逐一记录，直至发芽结束。发芽结束后，逐一解剖未发芽的种子，统计其中的空粒，硬粒、腐烂粒和新鲜未发芽粒，然后计算发芽率。

发芽试验的持续时间，从置床之日开始，到该树种规定的发芽天数结束。也可以按连续 5 天发芽种子数不足供检种子数的 1% 作为结束日期。

2. 发芽势

发芽势也是衡量种子品质的重要指标，它反映种子发芽的整齐程度。

发芽势有两种解释方法：

（1）在发芽实验规定的期限内，最初 1/3 时间种子发芽数占供检种子数的百分比。

（2）从发芽试验开始，至日发芽数量达到最高的一天止，已经正常发芽的种子数占供检验种子数的百分比。

发芽势较接近场圃发芽率，在生产中参考价值更大些。在发芽率相等的种批中，发芽势可作为评价种子品质的指标。

计算种子发芽势公式：

$$F_s(\%) = \frac{L_s}{L_0} \times 100\%$$

式中　F_s——种子发芽势；

L_0——供检种子粒数；

L_s——种子发芽达到最高峰时止发芽的粒数（或按最初 1/3 天数内发芽数）。

3. 平均发芽时间

平均发芽时间是指供检种子发芽所需的平均天数。也是衡量种子发芽快慢的一个指标。一般以天表示，偶有用小时表示的。

平均发芽时间计算公式：

$$\overline{D} = \frac{\Sigma(D \cdot n)}{\Sigma n}$$

式中　$\overline{D}$——平均发芽时间（d）；

D——从种子置床开始的天数；

n——相应各天的正常发芽粒数。

4. 生产适用率

生产适用率反映种子的适用程度，体现种子的实际使用价值，是决定育苗实际播种量的重要依据。

生产适用率是种子纯度与发芽率的乘积，以百分数表示。

生产适用率计算公式：

$$S(\%) = \frac{J \times F}{100} \times 100\%$$

式中　S——生产适用率；

J——种子纯度；

F——种子发芽率。

（五）种子生活力的测定

生活力是指种子发芽的潜在能力。也是种子品质优劣的表现。生活力测定是一种快速判断种子发芽能力的方法。特别是对一些具有休眠期很长的种子，很难用发芽实验方法测定种子的发芽能力，这种情况下，利用快速方法较为合适。

目前常用的生活力测定方法有染色法、软 X 射线摄影、紫外线荧光法等。

1. 染色法

染色法是利用种子对化学试剂不同的生物化学反应，根据种子着色部位和着色程度，来判断种子有无生活力及生活力受损程度。染色法的特点是快速而有效，但有一定局限性，即一定化学试剂，只适用于某些树木种子。

常用试剂有靛蓝、碘——碘化钾、四唑等。

（1）靛蓝染色法：靛蓝胭脂红是一种苯胺染料。其染色原理是苯胺染料不能渗入活细胞的原生质，而容易渗入死细胞，使其染色。因此，可以根据种胚着色情况来判断种子有无生活力。此法适用于大多数针叶树和阔叶树种子，如油松、刺槐等（图 3-2）。

（2）碘——碘化钾染色法：此法适用于一些针叶树种子，如油松、落叶松、云杉等。染色原理是利用种子在发芽时，体内生成淀粉，淀粉在碘溶液的作用下，产生有色反应，使种胚呈暗褐色或黑色，显示种子具有生活力，反之，不被染色的则无生活力。

（3）四唑染色法：这是一种近年来国际上广泛采用的方法。其染色原理是，有生活力的种子，细胞中有脱氢酶存在，被种胚吸收的无色四氮唑盐类，在脱氢酶的作用下，还原

76

成不溶性的红色化合物，而无生活力的种子则不产生这种有色反应（图3-3）。

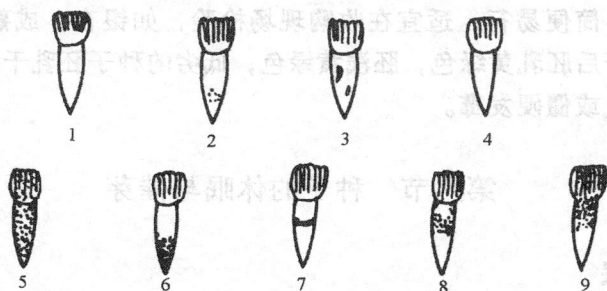

图 3-2　靛蓝法测定松属种子生活力
1、2、3、4 为有生活力种子；5、6、7、8、9 为无生活力种子

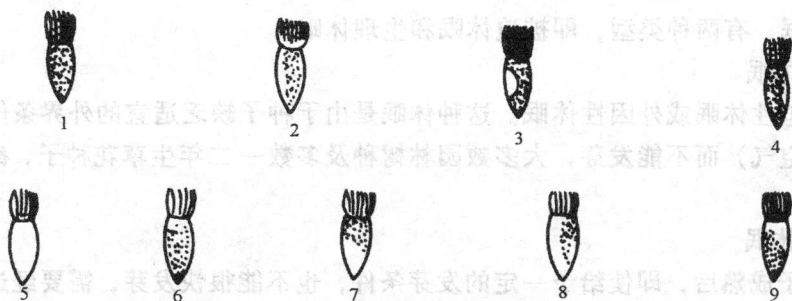

图 3-3　四唑法测定松属种子生活力
1、2、3、4 为有生活力的种子；5、6、7、8、9 为无生活力种子

此法采用 0.5%～1.0% 的氯化三苯基四氮唑溶液浸泡种胚，浸泡时间因树种而异，梨、桃、蔷薇、海棠、白腊等阔叶树种子浸泡 20～24h，杏只需 4～5h，松类需浸泡 48h。

2. 软 X 射线摄影

使用软 X 射线机检验种子，具有操作简便、准确等优点，可以清晰地区别饱满粒和空粒，可以看到种子内有无病虫危害，是否受到机械损伤等。还可对种胚的发育等进行跟踪观察，既快速又不损伤种子。软 X 射线检验种子的结果还有待进行标准化处理。

3. 紫外线荧光法

利用种子在紫外线激发下产生的不同荧光反应，测定种子生活力的方法，称为紫外线荧光法。其原理是根据种子在衰老过程中，会发生一系列生理变化，导致化学成分在质和量上发生变化，这些变化可以在紫外线激发之下，产生不同荧光反应。

此法也具有简便迅速的优点，但需要具有一定设备，此法对松类种子及某些果树种子效果较好。

（六）种子优良度的鉴定

优良度是指优良种子粒数占供检种子总数的百分比，该法常在种子采收、脱粒、收购现场使用。

优良度鉴定主要是根据人的感官来检验种子优劣的一种方法，所以又称感官鉴定。通过人的视觉、触觉、嗅觉和味觉，对种子大小、形状、重量、种皮、种胚、胚乳的光泽、颜色、气味、滋味等的观察和感觉，凭经验来判断种子的品质。优良度鉴定时，常借助

"切开法"、"挤压法"、"浮沉法"等检验种子的饱满程度及优劣情况，这种种子检验方法，优点是不使用仪器，简便易行，适宜在收购现场检验，如银杏，成熟时果实淡黄色有白霜，胚乳饱满，切开后胚乳黄绿色，胚浅黄绿色，低劣的种子胚乳干瘦，切开后呈石灰质状，胚干缩，深黄色或僵硬发霉。

第六节　种子的休眠与催芽

一、种子的休眠

有生命力的种子，由于外界条件或本身的原因，使种子一时不能发芽的自然现象，称为休眠。

（一）种子休眠类型

种子休眠，有两种类型，即被迫休眠和生理休眠。

1. 被迫休眠

又称强迫性休眠或外因性休眠。这种休眠是由于种子缺乏适宜的外界条件（主要是温度、湿度、空气）而不能发芽，大多数园林树种及多数一二年生草花种子，都属于这类休眠。

2. 生理休眠

有些种子成熟后，即使给予一定的发芽条件，也不能很快发芽，需要经过较长时间或经过特殊处理才能发芽，这类休眠称为生理休眠或长期休眠，如桧柏、红松、椴树、山楂、白腊等。

（二）种子休眠原因

乔木及灌木种子的休眠是长期适应外界环境条件的结果。种子休眠是由于环境因素及种子自身内部因素而导致，并影响了种子发芽。

温度、水分、氧气不适宜是导致种子休眠的环境因素。多数树种在上述三个因素的适宜条件下，种子就可以较快发芽。

造成种子休眠的内因，主要有以下几种原因。

1. 种皮引起的休眠

这种休眠常常是因为种皮坚硬、致密、具有蜡质，造成种子不透水、不透气，因而使种子不能发芽，如刺槐、皂荚的种子，致密坚硬的种皮阻碍了外界适宜的发芽条件向内传递，种子难以产生萌发所必须的一系列生理活动，因而种子难于发芽。桃杏等蔷薇科树木的种子，坚硬的种皮对胚根伸长及突破种皮造成困难。

2. 种胚发育不全引起的休眠

具有生理后熟的种子，当种子形态成熟且自然脱落后，种胚发育尚不健全，要在一定条件和时间内逐渐发育完全，如银杏、白腊、七叶树等。

3. 种子含有抑制物引起的休眠

这类种子的果皮、种皮、胚乳、胚等一部分或几部分含有发芽抑制物，如脱落酸、香豆素一类。不同的种子，抑制物的种类和含有部位不同，如山楂、女贞种子在果肉中；红松和水曲柳在种皮中；牡丹在上胚轴；山杏、苹果在胚和胚乳中分别含有抑制物。

对于某一树种来讲，种子不易发芽的原因，可能是一种或多种因素所造成，如红松种子不易发芽，是因种皮厚、坚硬、致密、具有蜡层而形成不易透水透气的特点，同时又由于种皮中含有单宁和其他抑制物质等综合因素造成的。因此，在播种育苗生产中，解除种子休眠需要采取相应措施。

二、种子催芽

种子催芽是针对种子休眠特性，通过人为措施，解除（或称打破）种子的休眠状态，使种子新陈代谢由微弱转向旺盛，促进种子提早发芽，达到播种后出苗整齐，出苗快，苗木生长健壮的目的。所以，园林育苗生产中，种子催芽具有重要意义。种子催芽有的成为育苗成败的关键之一，如刺槐种子，在播种之前不经过催芽处理，当年很难出苗，这实际上等于育苗失败。

种子催芽方法很多，为了便于比较和掌握，这里归纳为层积催芽，温水浸种催芽、药物浸种催芽、机械损伤及物理方法催芽。有些资料还介绍雪藏、变温处理等方法，实际上也属于上述几种方法的变化。

（一）层积催芽

层积催芽是把种子和湿润物（沙、泥炭、雪等）分层或混合放置，在一定的温度、通气条件下，促进种子发芽的方法。

1. 层积催芽的作用

（1）种子通过层积催芽，可以软化种皮，增加种子透水性和透气性，促进种子吸水膨胀，有利解除休眠作用。

（2）对一些含有发芽抑制物的种子，如红松、水曲柳、山楂、女贞等，通过层积催芽可以使这些抑制物消除，从而促进种子发芽。

（3）有些具有生理后熟的种子，如白蜡、银杏、椴树等，通过层积催芽，可以完成生理后熟，促进发芽。

（4）层积催芽可以促进水解酶和氧化酶的活动能力，使种子内部复杂化合物转化为简单的可溶性物质，如蛋白质、脂肪降低，氨基酸含量增加，这种变化符合种子发芽规律。

2. 层积催芽的条件

层积催芽的条件主要是低温和湿度。温度稍高于0℃，变化在0~10℃之间。低温催芽的好处在于，种子呼吸所需要的氧气，只有溶解于水才能进入种子，而氧气的溶解度是随温度降低而增加的。因此，低温有利于氧气的溶解，这样才有利种子呼吸，使种子内部物质转化更充分。同时低温催芽也符合北方大多数树种种子的自然规律。催芽的混合物（或称间层物）的湿度控制在60%的含水量为宜，如用湿沙，其湿度为用手握能成团，不滴水、手张开之后沙团不散开为度。间层物还可以用蛭石、泥炭、雪等为材料，其作用是为种子创造适宜的湿度及通气条件。

层积催芽需要的时间较长，一般需要1~4个月或更长的时间，如红松需5~6个月。在催芽期间，还应创造适宜的通气条件，种子数量较多时，应设通气孔。

3. 层积催芽的具体做法

将干燥的种子进行温水浸种、消毒，然后按种沙比1:3混合（或分层）放入挖好的催芽坑内。催芽坑的规格及地点选择参照前述种子露天埋藏。

4. 层积催芽的管理

种子催芽期间，应注意定期检查，通过覆盖或撤除覆盖物来调节种子催芽温度，并保证种子的湿度、透气情况，如果发现霉烂要采取措施，或换坑催芽。

播种之前，如有 1/3 的种子裂嘴时，可取出播种。在播种前若种子尚未裂嘴，可将种子取出，转入背风向阳处或室内温度较高处进行催芽，待种子萌动发芽后播种。

催芽日期视种子而异，一般在 30d 以上，如白腊需要 80d，杜仲需要 40d，白皮松需要 120d，红松需要 150～180d，桧柏需要 200d。实践证明，在时间允许的条件下，层积催芽适用于大多数树种，效果也最佳。

（二）温水浸种催芽

大多数树木种子都可以用温水浸种，促进种皮软化，吸水膨胀，有利种子发芽。

浸种的水温和时间，因树种而异，一般树种水温为 30～50℃，浸种时间 24h 左右，具体应视种子大小及种皮厚度致密与否而定，种粒小且种皮薄的种子水温应低，浸泡时间不可过长（表 3 - 7）。

常见树种浸种水温和时间　　　　　　表 3 - 7

树　　　　　种	水　温　（℃）	浸种时间（h）
杨、柳、榆、泡桐、梓	冷水	12
悬铃木、桑树、臭椿	30	24
油松、落叶松、樟、楠、檫	35	24
文冠果、柏木、侧柏、杉木、马尾松、柳杉	40～50	24～48
槐树、苦楝、软枣	60～70	24～72
刺槐、紫穗槐、合欢	80～90	24

水浸催芽具体做法是，在水温确定后，按容积 3 倍于种子的水浸种。种子放入温水之后，注意搅拌，使种子受热均匀，待自然冷却后，视需要换水。种子浸泡一定时间后捞出，放在温暖处催芽。催芽期间注意经常喷水保湿，但防止过湿，以免种子腐烂。种子催芽期间，呼吸作用旺盛，所以应保持良好的通气条件，种子堆放不易过高过厚，注意经常翻动，定期检查。在催芽时也可混沙。有的进行变温催芽，高温 20～25℃，低温 1～5℃，高低温交替，低温时间长些，可在较短时间内取得层积催芽效果。

温水浸种催芽，可以在较短时间内使种子发芽，因此又称快速催芽法。在春天临近播种时，来不及越冬低温层积催芽时，常常采用此法，但效果不及层积催芽。

（三）药物浸种催芽

用化学药剂或激素处理种子，可以促进种子内部生理变化，增强各种酶的活性，从而促进种子发芽。

常用的化学药剂有硫酸、碱、溴化钾、对苯二酚等，这些药剂对一些含有油脂、蜡质的种子或种皮厚而坚硬的种子，可以软化及腐蚀种皮后促进种子发芽，如红松种子用浓硫酸浸种 5min，浸后用清水浸泡 40min，播种后出苗率达 75%，对照出苗率仅为 25%。

利用植物激素，如赤霉素、萘乙酸、吲哚乙酸、2，4 - D 等处理种子，也具有良好效果。

（四）机械损伤及物理方法

对于一些种皮坚硬的种子，利用种子与粗砂、碎石等混合搅拌摩擦，使种皮擦伤，以增加透性，促进发芽，如山楂、油橄榄、桃、梅等种子可以用此法催芽。小粒种子还可以用碾压法压伤果皮或种皮促进发芽，如紫穗槐。

物理方法指的是用声、光、电处理种子，如采用激光照射，用超声波处理，低频电流、高频电磁波处理，用低剂量的放射性物质处理等，这些方法都可以起快速催芽的效果，但目前只是处于试验研究阶段。

第七节 播种前的准备工作

一、整地与做床

苗圃整地包括清理杂物，土地平整，翻耕、消毒、耙地、镇压等项目。

（一）整地的意义

通过圃地整理，特别是翻耕之后，可以达到以下目的和作用。

（1）经过耕作整理，疏松了土壤，使土壤透水性增加，从而提高了蓄水保墒能力，增强苗木抗旱性。

（2）整地可以增强土壤的透气性。有利苗木根系呼吸，促进根系吸收养分。同时空气进入土壤后，还可以氧化一些有害物质，如硫化氢。

（3）通气良好的土壤，使表层土壤温度提高，有利春季苗木的生长。

（4）整地后可以促进微生物的活动，使土壤中的有机物不断分解，为苗木生长提供养分。

（5）整地还可以翻埋杂草，消灭病虫害，使土壤中越冬虫蛹和病菌翻至地表冻死或被鸟兽啄食。

总之，整地可以有效地改善土壤的水、肥、气、热状况，调节土壤的理化性质，促进耕作层团粒结构的形成及恢复，提高土壤的肥力。

（二）整地步骤

1. 清理杂物及土地平整

耕作前要清除圃地上的树枝柴草等杂物，填平起苗后的坑穴，起高垫低，使耕作区达到基本平整，为翻耕打好基础。

2. 耕翻土壤

浅耕灭茬、深耕及苗木生长期间的中耕，都属于翻耕范围。

浅耕灭茬是以消灭农作物、绿肥、杂草茬口为主要目的表土耕作。浅耕深度一般在10cm左右，浅耕一般在秋季进行，越早越好，以防止土壤水分蒸发，消灭杂草和病虫害。浅耕可用浅耕犁或钉齿耙等。

耕地（深耕）是整地中最主要环节。耕地深度根据圃地条件和育苗要求而定。播种区一般在20～25cm，扦插区为30～35cm。适当深耕可以改良土壤。耕地可以在春、秋两季进行。春、秋风蚀严重的地方，可以进行春耕。

中耕是在苗木生长季节进行的松土作业，主要目的是除草，中耕松土还可以切断土壤毛细管，减少土壤水分蒸发。

3. 耙地和镇压

耙地是在耕地后进行的表土耕作措施，目的是耙碎土块，覆盖肥料，平整土地，清除杂草，保蓄土壤水分。耙地一般在耕地后立即进行，但有时为了改良土壤和增加冬季积雪，以利蓄水保墒，也可以在早春耙地。耙地可用圆盘耙、钉齿耙、柳条耙、拖板等机械和工具。

镇压是用石滚、木滚或机引镇压器在耙地之后或播种前播种后进行一项整地措施。镇压的作用是破碎土块，压实松土层，促进耕作层毛细管作用。土壤粘重或土壤含水量较大时，一般不镇压，防止土壤板结，影响出苗。

（三）做床做垄

目前，生产上的育苗方式可分为苗床育苗（床作）和大田育苗（垄作）两种。

1. 苗床育苗

用于生长缓慢，需要细心管理的小粒种子以及珍贵树种的播种，如杨、柳、紫薇、油松、马尾松、落叶松等。苗床育苗可分为高床、低床（图3-4）。床式育苗操作精细费工。

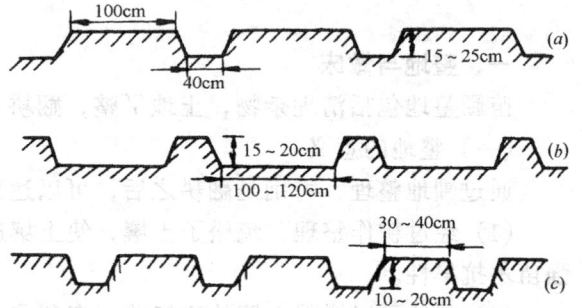

图 3 - 4　苗床剖面图
（a）高床；（b）低床；（c）大田高垄

（1）高床：床面高出步道 15 ~ 25cm，床宽 100cm，步道一般宽 40cm，高床有利侧方灌水及排水，适于我国南方多雨地区，粘重土壤或地势低洼排水条件差的地区及要求排水良好的树种，如油松、白皮松、木兰等。高床通气性好，灌水后不易板结，肥土层厚。

（2）低床：床面低于步道 15 ~ 20cm，床面宽 100 ~ 120cm，步道（即床埂）宽 40cm，长度一般不超过 20m。低床便于灌水，适用于干旱少雨地区及喜湿的中、小粒种子，如水杉、太平花、悬铃木等。我国华北、西北地区多采用低床育苗。

2. 大田育苗

作业方式类似农业生产，故又称农田式育苗。这种方式适用一般树种育苗，便于大面积连续操作和机械化生产，工作效率高，省工。由于光照通风条件好，苗木株行距大，因此，苗木生长健壮，质量好。但产量略低。

大田式育苗分为平作和垄作。平作不做垄，土地整平后即播种。垄作是在整地后，做高垄播种育苗（类似高床），垄底宽 50 ~ 80cm，垄面宽 30 ~ 40cm，垄高 10 ~ 20cm。

二、土壤消毒

土壤消毒是圃地一项重要工作，生产上常用高温处理和药剂处理。

（一）高温处理

在柴草充足的地方，在圃地上堆烧，可消毒土壤，又可增加土壤肥力，此法常结合开荒使用。

温室里的盆土，常用高温薰蒸和日光曝晒的方法消毒，然后过筛装盆使用。

国外有用火焰土壤消毒机对土壤进行喷焰加热处理，可以同时消灭病虫害和杂草种子。

（二）药物处理

利用药物进行土壤消毒，是苗圃生产中常用的方法。

1. 硫酸亚铁

在播种前 5~7d，用浓度 1%~3% 的溶液 4~5kg，浇洒于 1m² 的苗床上。也可以将硫酸亚铁粉剂拌以细土，均匀撒于床面或播种沟内。

2. 福尔马林

每 m² 用药量 50mL，加水 6~12kg，提前 15d 左右喷洒在苗床上，用薄膜覆盖，播种前一周打开薄膜，待药味挥发之后播种。

3. 五氯硝基苯（占总量 75%）加代森锌或苏化 911、敌克松（占 25%）等组成混合剂，每平方米用药 4~6g。药和细沙土混合均匀，撒于床上或播种沟内，再用土覆盖。

此外，还可以用多菌灵或敌克松，每公顷用药 7.5kg，拌细土成药土，用于垫床或覆盖种子。

预防地下害虫可用辛硫磷制成毒土，在整地时翻入土中。

三、种子消毒

1. 高锰酸钾浸种

溶液浓度为 0.5%，浸种 2h，捞出后用清水冲洗。胚根突破种皮的种子不能用高锰酸钾消毒。

2. 硫酸铜浸种

溶液浓度 0.5%，浸种 4~6h。

3. 福尔马林（甲醛）浸种

播种前 1~2d，用 0.4%~0.2% 的福尔马林溶液（1 份 40% 的药液加水 100~200 份）浸种 15~30min，种子取出后密封 2h，然后将种子摊薄阴干待用。

4. 敌克松拌种

用药量为种子重量的 0.2%~0.5%。先用药量的 10~15 倍细土配成药土，再进行拌种，对防止松柏类树种猝倒病效果较好。

5. 石灰水浸种

用 1%~2% 的石灰水浸种 24~36h，此法对落叶松种子效果较好。

6. 用 3% 的呋喃丹颗粒剂或 5% 的辛硫磷颗粒剂作土壤消毒，对防治地下害虫，效果较好。

第八节　播　种　时　期

播种期是指播种季节、播种时间而言。播种期选择是否适宜，直接影响苗木的质量。因此，播种期的选择是育苗工作的重要环节之一。

适时的播种期，应依据树种的生物学特性和各地的气候条件来确定。不同树种其种子发芽所需要的最低温度不同，如油松 0~5℃ 为发芽最低温度，而赤松则要求 9℃。我国地域辽阔，树种繁多，南北气候差异很大，各地播种季节也不一致。从全国来讲，一年四季均是播种季节，但大部分地区一般树种播种常选春、秋两季为多。南方温暖地区以秋季播种为主，北方冬季寒冷，多选择春播。但在同一地区，不同树种又有不同要求，播种时间早晚也有差异，因此，应做到适地、适树、适时播种，才能得到良好效果。

根据播种季节，可分为春播、秋播、夏播、冬播。

一、春播

我国大多数地区及多数树种都适于春季播种。春季是园林苗木生产中应用最广泛的播种季节。

（一）春播的优点

（1）春季土壤湿润，气温回升，有利种子发芽出土。

（2）从播种到种子发芽出土所需要的时间较短，可以减少圃地管理。

（3）由于种子在土壤中的时间短，可以减少鸟兽及病虫危害。

（4）春播适合很多树种的特性，符合林木生长的自然规律。同时幼苗出土后，温度逐渐增高，可以避免低温及霜冻危害。

（二）春播的缺点

（1）春播正是农业及园林苗圃的繁忙季节，各条战线都较繁忙，容易出现劳力紧张现象。

（2）春季适宜播种的时间较短，如因各方面原因安排不适当，很容易推迟播种期，造成苗木质量降低的后果。

（3）春季播种需要进行种子催芽处理，增加成本及劳力。

（三）春播技术要点

（1）适时早播　在春季幼苗出土后不致遭受低温危害的前提下，播种宜早不宜迟。尤其在北方干旱、灌水条件差的地区，抢墒早播，有利种子早发芽，早出土，苗木生长健壮，可增强苗木抗病力及抗日灼能力，而且苗木入秋后木质化好，有利越冬抗寒。但对个别晚霜危害较敏感的树种，如刺槐、臭椿等则不适宜早播。

各地春播时间，在气候较温暖的南方，春季2月上旬至3月播种；在华北、西北地区，3月下旬至4月中旬春播为宜；东北可在4月下旬播种；采取保护地措施可提前播种。

（2）春播必须做好种子贮藏、催芽工作。

二、秋播

秋季也是重要的播种季节。大粒种子以及种皮坚硬发芽较慢的种子或休眠期较长的种子适宜秋播，如山桃、山杏、核桃、文冠果、板栗、红松、白蜡、椴树等。

（一）秋播的优点

（1）秋播时间劳力充裕，便于工作安排，克服了劳力紧张现象。

（2）休眠期较长的种子，冬季在圃地完成催芽过程，可以省去种子催芽及贮藏工作。

（3）种皮厚的种子，经过冬季低温后，容易在翌春促使种皮开裂，春季出苗早而整齐，苗木健壮，抗性强，成苗率高。

（二）秋播的缺点

（1）秋播后种子在土壤中的时间长，容易遭受鸟兽及病虫危害。

（2）在严寒的北方，秋播后容易遭受冻害及风蚀，土压等自然灾害。因此在风沙危害严重地区不适宜秋播。

（3）秋播一般要加大播种量，用种量多。

（三）秋播技术要点

在一般情况下，秋播时间宜晚不宜早，以防播种后当年秋季发芽，幼苗遭受冻害。多数树种在深秋土壤冻结前播种较好，具体要根据树种特性和当地气候条件而定。对被迫休眠的种子应晚播，休眠期长的种子可以早些播种。根据已取得的成功经验，有些树种也可以秋季早播，秋季幼苗出土生长一定阶段后越冬。南方有些地方春播苗木，夏季常因天气炎热使苗木大量死亡，而秋播苗木，第二年较早进入速生期，提高了抗高温能力，免除了高温之害。北方也有 8 月下旬播种落叶松成功之例。

三、夏播

夏播（又称随采随播），大多是在夏季 5 月至 6 月中上旬成熟的种子，随采随播，如杨、柳、榆、桑、桉树等。

夏播时期，正是气温高、土壤表层容易干燥季节，不利育苗。夏季播种育苗的关键是保证土壤湿润，防止表土高温。播种前应灌足底水，或抓住雨后及时播种，同时要采取遮荫降温措施，以保证种子正常发芽出土和幼苗生长。夏播前，对发芽慢的种子，要做好种子催芽，尽早播种，防止入冬不能木质化。

四、冬播

冬播实际是秋播的延续和春播的提前。我国南方，冬季气候温暖，雨量充沛，土壤不冻结，适宜冬播。如两广地区常在冬季播种马尾松、杉木等。冬播比春播的种子发芽早，出苗整齐，苗木质量较好。

第九节 播 种 方 法

一、播种量

确定播种量，要根据单位面积计划产苗量、种子的播种品质和苗木损耗系数等因素考虑。

计算播种量可用下式：

$$X = C \times \frac{A \times W}{P \times G \times 1000^2}$$

式中　X——单位长度或面积实际所需播种量（kg）；

　　　A——单位长度或面积的产苗量；

　　　W——种子的千粒重（g）；

　　　P——种子纯度（小数）；

　　　G——种子发芽势（小数）；

　　　C——损耗系数；

1000^2——常数。

损耗系数 C 因树种、苗圃条件和育苗技术水平而异。C 值的变动范围大致如下：千粒重大于 700g 的大粒种子，$C \geqslant 1$；千粒重在 3～699g 的中小粒种子，C 为 1～5；极小粒种子，如杨、柳树，$C = 10～20$。

垄作单位面积产苗数计算公式：

$$X = \frac{S}{B} \times n \times Y$$

式中　X——单位面积产苗数；

S——面积（m^2）；

B——垄宽（m）；

n——每垄的行数；

Y——每米的产苗数（株）。

二、播种方法

播种方法取决于种子大小，常用的播种方法有撒播、条播、点播。

（一）撒播

撒播就是将种子均匀地播撒在苗床上。撒播主要用于小粒种子，如杨、柳、桑、桉、悬铃木和多数草花种子。

撒播产苗量高，土地利用充分。但用种量大，幼苗密度大，通风透光差，影响苗木质量。撒播苗木无明显的株行距，抚育管理不方便。也不便于机械化作业。

（二）条播

条播是按一定行距开沟，然后将种子均匀地播于沟内。多数中小粒种子适用于条播。

条播用种少，幼苗通风透光好，苗木生长健壮。由于株行距明显，管理方便，便于机械化作业，起苗方便。条播在生产上应用广泛。

（三）点播

点播是按一定株行距挖穴播种或按一定行距开沟，再按一定株距播种的方法。点播适用于大粒种子，如银杏、核桃、板栗、文冠果等。对个别珍贵种子及种源不足而种子少时也可采用点播。

点播的株行距通常是5cm×30cm，具体视种子发芽生长快慢而定。点播时应注意种子摆放方向，将种子横放入沟穴内，有缝线的种子，应使缝线垂直地面，以利种子发芽后出土（图3-5）。

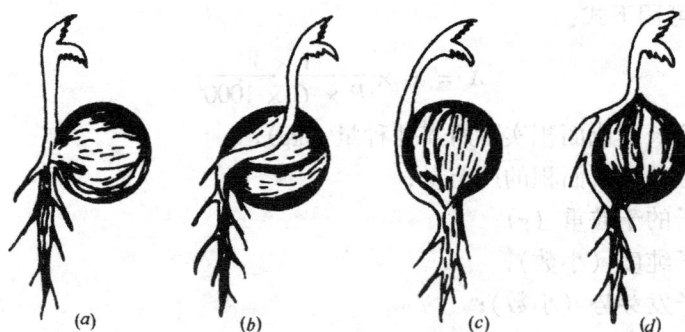

图3-5 核桃种子放置方式对出苗的影响

（a）缝线垂直；（b）缝线平行；（c）种尖向下；（d）种尖向上

三、播种工序及要求

播种工序包括划线、开沟、播种、覆土、镇压等环节。各环节好坏直接影响种子发芽出土情况。机械操作时，上述各工序可以连续进行，一次完成。

（一）划线

划线是为了开沟通直整齐，开沟前应先划线，照线开沟。

（二）开沟与播种

开沟与播种应密切结合，同时进行，以免开沟后沟内土壤干燥，不利种子发芽。

开沟深度视种子大小而定，一般在 1~5cm 之间，极小粒种子，如杨柳等一般不开沟。开沟时要注意深度一致，否则会使苗木出土不齐。播撒种子要均匀，按计算好的播种量播种。在干旱条件下，可以开镇压播种沟，再播种，促使毛细管水上升，有利种子发芽出土。极小的种子可以混沙播种。

（三）覆土

播种后要马上覆土，防止种子干燥。

覆土厚度很关键，要求厚度适宜、厚薄一致。一般情况下覆土厚度为种子直径的 2~3 倍，具体应视种子大小、气候条件、土壤等情况综合分析确定。

（1）树种生物学特性：大粒种子覆土应厚，小粒种子应薄；子叶出土的种子可薄些，不出土的可厚些。

（2）气候条件：干旱条件应厚些；湿润条件应薄些。

（3）土壤条件：砂质土略厚；粘重土略薄。

（4）覆土材料：疏松的应厚，否则应薄。

（5）播种季节：春、夏播应薄，北方秋季播种应厚。

（四）镇压

播种覆土之后应及时镇压，使种子和土壤紧密接触，以便恢复土壤毛细管作用，满足种子发芽所需要的水分。在疏松而干燥的土壤条件下，镇压尤为重要。湿润而粘重的土壤，可免去镇压，以防土壤板结。

第十节　播种后苗期的抚育管理

本节的内容是播种后至一年生苗木越冬防寒为止一年之中的管理，大苗的抚育管理另有章节讲述。

播种之后及当年生苗木的管理包括以下内容：覆盖、遮荫、间苗、补苗、截根、移栽、中耕除草、灌水与排水、追肥、病虫害防治、苗木防寒等。

一、覆盖与遮荫

覆盖是播种后至苗木出土之前，用稻草或塑料薄膜覆盖床面，目的是保持土壤水分，防止土壤板结，促使种子发芽。对小粒种子覆盖尤为重要。

遮荫是苗木出土之后，为了防止阳光直射，降低温度，避免幼苗受日灼危害的一项措施。有些树种在幼苗阶段喜欢庇荫环境，如红松、云杉、白皮松、椴树、含笑、天女花等，都需要在幼苗阶段遮荫。

遮荫一般在撤除覆盖物后，在苗床上搭盖 40~50cm 高度支架，用竹帘或苇帘遮荫，帘子透光度一般为 50%~60%，遮荫时间每日上午 9 时至下午 5 时左右，早、晚将帘子卷起，遮荫期限一般为 1~3 个月，随着苗木生长逐渐缩短时间。

二、间苗与补苗

在育苗生产时，由于自然条件和技术原因，常出现稀密不均或出苗不齐的现象，这就需要及时间苗、补苗。

1. 间苗的时间、次数

间苗次数视苗木生长快慢而定。速生树种可以进行一次间苗，时间在幼苗出齐之后，并长出两片真叶时进行，不宜过晚，否则既费力又不利留存苗成活。生长较慢的树种可间苗2次，第一次间苗宜早，苗木出齐后，苗高5cm左右进行，第二次在第一次间苗后10d左右。最后间苗称定苗。定苗数量应比计划产苗量增加5%～10%。间苗后应及时灌水，以淤塞间苗留下的苗根空隙。

2. 补苗

补苗可结合间苗进行。补苗应在阴雨天或傍晚时进行，必要时应适当遮荫，以提高补苗成活率。

三、截根与移栽

截根的目的是控制主根生长，促进苗木侧根和须根生长，提高苗木质量，同时也有利移栽后成活。截根适用于主根发达而侧根发育不良的树种，如核桃、橡栎类、梧桐、樟树等。一般在幼苗长出4～5片真叶，苗根尚未木质化时进行截根，截根深度5～15cm为宜，可用锐利的铁铲或弓形截根刀截根。

对床播或盆播的小粒种子，待小苗长至2～3片真叶时，需要移栽，移栽后应及时灌水和遮荫，以利移栽苗成活。结合间苗进行移栽，可以提高种苗利用率。

四、中耕除草

中耕即松土。可起调节土壤水分的作用，加速微生物活动和根系的生长发育。通过中耕，可以疏松表土层，减少下层水分蒸发，增加土壤保水蓄水能力。松土深度因苗木大小而异，幼苗期应浅，以后随苗木生长逐渐加深，最深可达10cm左右。在干旱地区或盐碱地，灌水后应及时中耕，以利保墒和防止土壤返盐。

中耕和除草应结合进行，以减少杂草与苗木争夺养分和水分。除草应掌握"除早、除小、除了"，做到及时干净消除杂草。中耕除草是一项工作量很大的项目，应发展机械操作和采用化学除草。

五、灌水与排水

灌水与排水也是苗木生长期间一项主要管理内容，除了雨季注意排水之外，大量工作是灌水。

灌溉应讲求合理。灌水量及次数应根据树种特性、幼苗生长期、土壤特点及气候条件等因素确定。不同树种，对水分需求量有较大差异，如落叶松、杉木等树种，苗期需水量大，灌水次数多，核桃、橡栎类树种等，幼苗扎根深，可适当少灌水。同一树种，幼苗期根系分布浅，灌水应少量多次，始终保持地表湿润，随着苗木生长逐渐延长灌水间隔期，增加每次灌水量，促使根系向下生长。速生期幼苗需水量最大，要灌透，保证主要根系层处于湿润状态。苗木生长后期，要控制灌水次数，及时停止灌水，防止苗木徒长，促进木质化。

灌水必须及时，一次灌水量以不低于田间含水量的60%为准，使根系层土壤处于湿润状态。灌水量还应考虑气候和土壤条件，晴天多风适当多灌，阴雨无风少灌，沙土多次少量，粘土则少次多量。

六、施肥

肥料是苗木生长的基础，是苗木质量的关键因素。施肥是培养壮苗的重要措施。

整地时，应以有机肥料做基肥施入土壤。苗木生长期间，要追施速效肥料。6～8月是多数苗木的速生期，此时吸收氮肥量最大，应追施以氮肥为主的肥料。另外，播种时还可以用过磷酸钙制成的颗粒肥作种肥施入土壤，以促进苗木根的生长。

施肥方法分土壤施肥和根外追肥，撒播育苗用撒施或浇灌施肥，即将肥料均匀撒在地面再覆土，或把肥料溶于水中浇于苗床。垄播育苗可采用沟施，即在苗行间开沟，施肥后覆土、浇水。根外追肥是用速效肥料溶于水后，直接喷洒在叶面上，供苗木吸收，常用于补充磷肥、钾肥或微量元素。根外追肥的浓度，应严格控制，一般在 0.1%～0.5% 之间，如硼酸 0.1%～0.15%，硫酸锌 0.1%～0.4%，硫酸铜 0.1%～0.5%。

七、病虫害防治

苗木病虫害防治应贯彻"防重于治"和"治早、治小、治了"的原则。

1. 栽培技术方面应做好以下几方面预防

（1）实行秋耕与轮作，消灭部分病虫害及减少病虫害中间寄主。适当早播，加强苗木各项抚育管理，清除苗间的枯叶、杂物，减少病虫感染源。

（2）合理施肥，施用有机肥要充分腐熟，防止病虫滋生，促进苗木健壮生长。

（3）播种前实行土壤消毒及种子消毒。

2. 利用生物防治

保护和利用捕食性天敌、寄生性昆虫、寄生菌等，如利用七星瓢虫防治介壳虫有很好效果。

3. 药物防治

苗木病虫害很多，常见的病害有猝倒病、立枯病、锈病、褐斑病、白粉病、腐烂病等。根部害虫、茎部害虫、叶部害虫均有，发现后应及时进行药物防治（具体防治由植保课介绍）。

八、苗木防寒

防寒是保护幼苗安全越冬的一项措施，特别在北方，由于气候寒冷和早晚霜害等不稳定因素，幼苗很容易受到冻害。

（一）苗木受冻害的原因

1. 生理干旱

我国北方冬春季节，干旱多风，苗木蒸腾作用加大，此时土壤冻结，根系无法吸水，造成水分上下失调，体内水分失去平衡，形成干梢或枯死。

2. 冻害

极端低温和早晚霜冻，使幼苗细胞内和细胞间隙水分冻结，造成细胞破裂，植株伤亡。

3. 机械损伤（地裂伤根或冻拔）

在冬季潮湿粘重的土壤上，由于土壤冻融交替形成裂缝，拉断幼苗根系，或因结冰后体积膨胀，将苗根拱出地面，经风吹日晒使苗木枯死。

（二）防寒措施

苗木防寒可以从两个方面入手，一是增强苗木自身抗寒能力，二是采取保护措施。

1. 增强苗木抗寒能力

（1）春季适时早播，延长生长期；在生长后期停止灌水，增施磷、钾肥，促进苗木木质化，提高抗寒力。

（2）注意夏秋季修剪，及时打秋梢，促使苗木组织充实，增强抗寒能力。

2．防冻保护措施

（1）埋土和培土：小苗可沿顺风方向压倒埋土，一般埋土厚度10cm左右，较大的苗木可在根颈部培土。

（2）覆盖防寒：用草帘、稻草或树叶等将苗木全部盖起来。此法用于埋土有困难或易腐烂树种。

（3）搭棚或设风障：搭设暖棚似斜顶荫棚，但不透风，防风防寒较好。苗木规格较大，可设风障防寒，用芦苇、秸秆等材料，设于保护地与主风垂直方向上。

（4）灌冻水：水的热容量大，灌冻水后，可以保持土壤温度和湿度，使苗木相对增加抗风能力和抗冻能力，灌冻水的时间不宜过早，掌握在封冻前灌水，水量应大。

（5）假植：入冬前将苗木掘出，按不同规格埋入假植沟内。此法安全可靠，苗圃中采用这种方法较多，生产中常结合移植运用。

（6）其他方法：熏烟、涂白、窖藏等生产中也有运用。

第十一节　播种苗年生长发育规律

播种苗年生长发育是指播种后从种子发芽起，到秋后幼苗形成顶芽，进入休眠为止的整个生长发育过程。了解苗木不同阶段的生长发育特点及对环境条件的要求，才能采取相应的有效抚育措施，使抚育管理符合苗木的生长发育规律，获得优质高产的苗木。

根据播种苗第一年生长特点，可以将苗木划分为四个阶段，即出苗期、幼苗期、速生期、硬化期四个阶段。

一、出苗期

出苗期是指从种子播种开始至种子发芽出土为止。出苗期所需时间因树种而异，出苗期的天数，一般需要10～40d。

出苗期的特点：这时种子虽然发芽出土，但地上尚未出现真叶，地下只有主根，而无侧根，这一时期地上部分生长缓慢，地下主根生长较快，不断向下伸展。幼苗还不能自行制造营养物质，主要靠种子本身贮藏的营养物质生长。

育苗技术要点：出苗期要求适宜的水分、温度及通气性良好的土壤条件，以促使种子早发芽、出苗整齐。为此应首先做好催芽工作，播种前要细致整地，并保持土壤湿度，做到适时早播、合理覆土。为了提高土壤温度、防止土壤板结，应控制灌水次数。

二、幼苗期

幼苗期又称苗木生长初期或初生长期。这一时期是从幼苗地上部分出现真叶，地下部分生长出侧根开始到幼苗高生长量开始加速为止。这一时期约持续20～45d。

幼苗期的特点：地上长出真叶，地下长出侧根，这时幼苗开始自行制造营养物质。但地上部分生长仍较缓慢，植株生长量不超过全年总生长量的10%左右，地下生长稍快，生长出较多侧根，但根系分布较浅，对不良环境抗性差。

育苗技术要点：幼苗期由于苗小幼嫩，对高温、低温抵抗力弱，对土壤中的水分及矿质营养（尤其是氮、磷）很敏感。这一时期的主要任务是保证苗木的成活率，注意蹲苗，促进根系生长，为下一阶段生长打好基础。满足苗木适宜的水、肥、光、热、气等条件，育苗措施上主要是加强松土除草，适当灌水和施肥，及时间苗，注意病虫害防治和必要遮荫。

三、速生期

速生期是从苗木高生长量大幅度上升开始到高生长量大幅度下降为止。大多数树种的速生期从 6 月中旬开始到 9 月初，一般持续 70 ~ 90d。

速生期的特点：这一时期苗木地上部分和地下部分生长量都很大，高生长量约占全年生长量的 80% 以上，苗木形成侧枝。

育苗技术要点：速生期苗木枝叶扩展、高度、茎粗、根系等生长非常旺盛，对肥、水、光照等需求量大，加强抚育管理，满足苗木速生条件，是提高苗木质量的保证。抚育管理中应加强灌水、施肥，注意松土除草，创造适宜的光照条件，并在速生期之前完成定苗工作，注重病虫害防治。在速生后期应适时停止追施氮肥及灌水，以促进苗木木质化，提高苗木越冬抗寒能力。

四、硬化期

苗木硬化期又称生长后期。这一时期是从苗木高生长大幅度下降开始到苗木根系停止生长进入休眠为止，硬化期持续时间大约 1 ~ 2 个月。

硬化期苗木的特点：苗木高生长急剧下降并很快结束，地上和地下部分充分木质化，冬芽形成，体内含水量降低，营养物质转入贮藏状态；落叶树种叶柄形成离层，叶逐渐脱落，进入休眠；此时苗木的抗性提高。

硬化期的前期，直径和根系都在继续生长，并且各出现一次高峰。一般说，苗木的直径和根系生长的停止期比高生长要晚。

育苗技术要点：这一时期的中心任务是防止苗木徒长，促进苗木木质化并形成顶芽。提高苗木越冬抗寒、抗干旱的能力。管理上要停止一切加速苗木生长的措施，如追肥、灌水等，采取截根措施控制苗木吸水，促进木质化。

一年生播种苗各个时期持续时间长短，因树种而异，即使同一树种，由于环境条件或土壤水分、温度等条件不同，都会使各个时期发生变化。

五、留床苗年生长规律

留床苗是头年育苗地留下的播种苗或其他苗木。它们的年生长可分为生长初期、速生期、苗木硬化期，各时期划分与一年生播种苗相似。根据苗木高生长时间长短不同，可将苗木分为前期生长型和全期生长型两类。

前期生长型：这类树种，苗木高生长期较短，在一年内高生长期一般在 1 ~ 3 个月左右。大多在 5 ~ 6 月份结束高生长，如油松、白皮松、红松、华山松、马尾松、云杉属、银杏、白腊、栓皮栎、臭椿、核桃、板栗、漆树等，这些树种，在初秋水、肥充足，气温较高时，会出现二次生长，但二次生长的秋梢不能木质化，往往难于越冬。

全期生长型：这类苗木高生长期长。北方树种全年高生长期可达 3 ~ 6 个月，南方树种可达 7 ~ 8 个月，如杨、柳、榆、刺槐、国槐、泡桐、桃、杏、落叶松、侧柏、桧柏、杉木、柳杉等。

留床苗的管理，也应根据苗木不同生长阶段的特点进行，具体做法可参照一年生播种苗的抚育管理。

复习思考题

1. 简述种子成熟的过程。
2. 哪些环境因素影响种子的生命力?
3. 贮藏种子有哪些方法?
4. 简述种子生活力的测定方法。
5. 如何计算播种量?
6. 叙述播种工序及要求。

第四章　苗木的无性繁殖

第一节　无性繁殖概述

一、无性繁殖的定义

利用植物的根、茎、叶等营养器官的一部分繁殖新植株的方法，称为无性繁殖。无性繁殖又称营养繁殖。利用无性繁殖方法所形成的苗木称为营养苗。

园林苗木生产中常用的无性繁殖方法有扦插、嫁接、压条、埋条、分株和分蘖等。用扦插、压条、埋条、分株和分蘖方法繁殖的苗木称为自根苗，用嫁接方法所形成的苗木称为他根苗。

二、无性繁殖的生理基础

无性繁殖是利用植物的再生能力、分生能力以及两种植物通过嫁接合为一体的亲和力进行繁殖的。

再生能力是指植物营养器官（根、茎、叶）的一部分，能够形成自己所没有的其他部分的能力。如用茎或枝插生长出叶和根；用根插生长出枝和叶；用叶插生长出枝和根。

分生能力是指某些植物可以长出一些特殊的变态器官，这些特殊变态器官能够形成新的植株，如鳞茎、球茎、根蘖性强的树种之根、匍匐枝等。这种现象在花卉上更常见，如朱顶红、仙客来等观赏花卉。园林树木之中，根蘖性树种也较多，如构树、刺槐、枣树、毛白杨等。

亲和力是指两种植物在嫁接过程中，砧木与接穗二者愈合和生长的能力。亲和力强弱是嫁接能否成活的决定性因素。

三、营养繁殖的特点

营养繁殖在园林苗木生产中广泛应用，它具有下述一些优点。

（1）营养繁殖的植株其遗传信息与亲本完全一致，故能保持原有母本的优良遗传特性和固有的表现型特征，避免种子繁殖所产生的性状分离，达到保存和繁殖良种的目的。

（2）营养繁殖的植株，是在母本原有发育阶段的基础上继续进行发育的，阶段发育较老，所以生产中成苗快，植株能提早开花结实。

（3）营养繁殖适用于某些不结种子或结实较少的树种。如毛白杨、毛竹、重瓣花类的碧桃和雌雄蕊异熟、雄蕊退化的马掛木、牡丹及不产生有效种子的无花果、葡萄等。

（4）有些树种种粒很小，播种技术要求很高，如杨、柳、泡桐等，用营养繁殖比较简便、经济。又如枸子属植物，因种子休眠，催芽处理麻烦，因此，用营养繁殖比较简便。

营养繁殖也存在一些不足，主要是苗木根系不如播种苗发达，抗不良环境能力差，而且寿命较短，多代重复繁殖后容易引起退化。此外材料采集运输及贮存不如种子方便，有时大面积育苗受到限制。

第二节 扦 插 繁 殖

一、扦插繁殖的意义

扦插繁殖是利用植物的再生能力，将植物营养器官（根、茎、叶）的一部分，插入土壤或其他基质中，形成一个完整植株，这种方法称为扦插繁殖。

扦插繁殖的种类有枝插（茎插）、根插、叶插等。在生产中以枝插应用最广，根插次之，叶插应用很少，常在花卉生产中应用。

扦插繁殖可以经济利用植物材料，该法同压条、埋条、分株相比节省枝条。扦插繁殖方法简单，成苗较快，苗木可以保持母本的优良性状，在育苗中可以大规模地进行生产，所以在园林育苗生产上，是最常用的一种方法。一些不结种实或结实稀少的园林树种，常采用扦插方法繁殖。但是扦插繁殖要求管理精细，特别是一些要求条件较高的树种，扦插之后还要采用必要的措施，如遮荫、喷雾、盖塑料棚等，因此在管理上比较费工。扦插苗的根系浅，不及实生苗根发达，抗风、抗旱、抗寒能力较弱，寿命也较短。

二、扦插生根的生理基础

（一）扦插生根类型及生根原理

1. 生根类型

扦插繁殖能否成活，关键决定于根的形成。利用枝条扦插时，枝条上的芽抽生新枝，枝条基部分化生根，形成完整植株。不同树种在生根过程中，不定根产生的部位不同，按生根部位可以划分为三种生根类型：第一种是皮部生根；第二种是从插穗切口愈合组织部位生根，称为愈合组织生根类型；第三种是中间类型（或称兼有类型）。按有关资料研究介绍，中间生根类型即插穗皮部及愈合组织处均有生根，且两处生根均不超过总根数量的70%。

生根类型举例（表4-1）。

不同树种生根部位 表4-1

树 种	皮部生根数（%）	愈合组织生根数（%）	生根类型
毛白杨	72.8	27.2	皮 部
加 杨	48.2	51.8	中 间
小叶杨	76.6	23.4	皮 部
旱 柳	48.0	52.0	中 间
紫穗槐	61.0	39.0	中 间

据山东农大研究观测，属于愈合组织生根类型的树种有：裸子植物大部分树种（柏科例外），悬铃木科、壳斗科、桑科、樟科、木兰科、石榴科、锦葵科、黄杨科、苦木科、楝科、紫薇科等；属于皮部生根型的树种有：柽柳科、山茱萸科、漆树科、五加科、茜草科等；属于中间类型的树种是：葡萄科、夹竹桃科等。有些科树种兼有几种生根类型，如杨柳科、虎耳草科的树种，既有中间生根型，也有皮部类型；蔷薇科、卫矛科有中间类，也有愈合组织类型。了解并掌握树种的生根类型，对于育苗生产中采取适宜的技术措施，

具有一定的意义。

2. 生根原理

（1）皮部生根

在正常情况下，枝条的形成层部位，能够形成许多特殊的薄壁细胞群，这些细胞群可以成为根的原始体（或称根原基），这些根的原始体是产生大量不定根的物质基础。根原始体多位于髓射线的最宽处与形成层的交接点上。钝圆锥形的根原始体侵入韧皮部，通向皮孔，形成根。在根原始体向外发育的过程中，与其相连的髓射线也逐渐增粗，穿过木质部通向髓部，从髓细胞中取得营养物质（图4-1）。

很多树种根原始体的形成时期是在生长末期形成的，因此，多数树种扦插采集枝条应在生长末期进行。皮部生根较迅速，所以凡是扦插成活容易、生根较快的树种，其大多是从皮部生根。

（2）愈合组织生根

植物在受伤后，有恢复生机、保护伤口，形成愈合组织的能力。当扦插繁殖时，插穗下切口受愈伤激素刺激时，会引起形成层及附近薄壁细胞进行分裂，形成半透明的瘤状突起物，称为初生愈合组织，这种初生愈合组织具有一定的吸水、吸收养分及保护伤口的作用。初生愈合组织继续分生，逐渐形成和插穗相应的组织——木质部、形成层、韧皮部等，并与插穗发生联系。愈合组织的形成层再进行分化，产生根原始体，由根原始体逐渐发展，形成不定根（图4-2）。这种生根方式需要先生长出愈合组织，然后再分化出不定根，需要的时间长，生根缓慢，所以凡是扦插成活较难、生根较慢的树种，生根部位多是愈合组织生根。

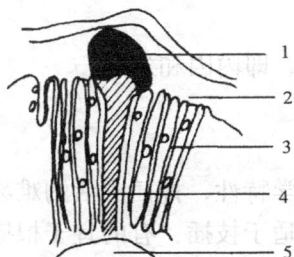

图4-1　根原始体的构造（珍珠梅茎的横切面）

1—根原始体；2—韧皮部；3—木质部；

4—髓射线；5—髓

图4-2　愈合组织生根纵断面（杨树）

1—吸水细胞节；2—根的输导系统；

3—愈合组织

（二）扦插生根的生理基础

扦插繁殖的方法，我国已有数千年历史，但是研究扦插生根的理论并不是很长久，近年来从不同角度提出了许多看法，并将理论应用于实践进行验证，有的取得了一定效果。在生根理论上，目前有以下几种观点。

1. 生长素观点

此观点认为，植物生根、愈合组织形成等，都受生长素控制和调节。依据这种学说，在园林苗木生产中，人们用人工合成的各种生长素，如萘乙酸（NAA）、吲哚乙酸（IAA）、吲哚丁酸（IBA）等处理扦插枝条，提高了生根率，取得了一定效果。经过生长素处理的插穗，生根时间大大缩短，形成的根系强大，苗期生长健壮。

2. 生长抑制剂观点

持这种观点的人，一方面认为植物的生长由生长素控制，同时又认为植物生长的停止（如封顶、休眠），则是由植物体内的生长抑制剂来控制的，尤其在冬季停止生长季节，植物体内含有较高的抑制剂，在自然界，植物有了这种抑制剂，才能在变化多样的气候中生存，才能应付夏天的酷热和冬天的严寒。依据这种理论，在扦插之前，将枝条用水冲洗或用水浸泡的办法，消除或减少抑制剂，以利于生根。在生产实践中，这种方法被证明是有效的。

3. 生根素观点

这是新近发展起来的一种观点。此观点认为，如同植物体内生长素控制生长、开花素控制开花、遗传物质控制遗传性一样，植物体内也有专门控制生根的物质，这种物质专门促进根原基发生。这种物质的有无和多少，是导致生根难易程度的关键。同时还发现这种物质在促进根原基发生和发育时，需要大量的氧分子，因此，选用透气性好的蛭石、沙壤等疏松基质，扦插容易生根。在生产实践中，大量的扦插生根实例证明，透气性好的土壤使生根率大大提高。

4. 解剖学观点

解剖学工作者发现，插条中不定根的发生和生长，在很大程度上取决于插穗皮层的解剖学构造。他们认为，如果皮层中有一层或多层由纤维细胞构成的一圈环状厚壁组织时，则生根变得困难；如果没有这一环状厚壁或厚壁不连续时，则生根变得容易。因此，实践中采用割破皮层的方法，破坏其环状厚壁组织，可以促进生根。

三、影响扦插成活的因素

影响扦插成活的因素是多方面的，归纳起来有两个，即内因和外因。

（一）影响插条生根的内在因素

1. 植物的遗传性

不同树种遗传特性不同，即表现出各自不同的生物学特性，扦插成活的难易程度差别很大。有些树种扦插极易成活，有些则相当困难，有些适于枝插，有的宜于根插。一般说来，灌木比乔木容易生根，某些阔叶树比针叶树容易生根，匍匐型枝比直立型枝容易生根。

根据枝插生根难易程度，可将树种分为三类。

（1）容易生根的树种：指在一般条件下能获得较高成活率的树种，如杨树（主要是青杨派、黑杨派）、柳树、悬铃木、杉木、水杉、池杉、落羽松、柳杉、白腊、黄杨、木槿、柽柳、紫穗槐、石榴、葡萄等。

（2）生根不太容易的树种：指需要较高的技术和集约管理，才能生根成活的树种，如雪松、龙柏、云杉、冷杉、山茶等。

（3）生根极困难的树种：这类树种很难用普通扦插方法来繁殖苗木，即使经特殊处理，生根率也非常低，如松树、栎树、板栗、核桃、榉树、槐树、楝树、苹果、桃树、柿树等。

上述划分是相对而言，随着科学技术的发展，在了解和掌握树种内部生理状态及所需要的条件后，一定会获得较高的扦插成活率。

有些树种枝插不易产生不定根，但根部容易产生不定芽，可以采用根插繁殖，如泡桐、楸树、薄壳山核桃、漆树、杜仲、香椿等。

2. 母树及枝条的年龄

利用幼龄母树的枝条作插穗，生根率及成活率均高，这在树木扦插繁殖中是常见的现象。原因是幼龄树木新陈代谢旺盛，随着母树年龄的增加，阶段发育变老，新陈代谢能力减弱。

绝大多数树种都是一年生的枝条再生能力最强，二年生次之，仅有少数树种如杨、柳等，能用多年生枝条进行扦插繁殖。因此，插条本身的年龄以一年生为好。多数树种是半木质化嫩枝再生能力强，也有些树种是完全木质化的枝条再生能力强。

3. 枝条的部位与粗度

从一根较长的枝条上剪取若干插穗扦插，则生根情况不一样，多数树种，枝条基部生根最多，因为多数树种的根原基细胞数是由枝条基部向上逐渐减少，营养物质的含量也由基部向上逐渐降低。加拿大杨、雪松等均以基部条为好；但也有些树种是顶部比基部好，如水杉、月季等；也有的则是中部条好；有的上下部区别不大，如佛手的枝条，没有多大区别（表4-2）。

同一母树，同一枝龄的插条，粗的比细的容易生根，而且生根快，因粗条贮存营养物质多。

枝 条 部 位 与 生 根 关 系 表4-2

树　　种	部　　位	生根率（%）	插穗平均发根数	平均根长（cm）
月　　季	梢　　部	66.7	3.4	4.8
	基　　部	57.5	3.3	3.1
雪　　松	梢　　部	18.9		
	基　　部	28.0		
佛　　手	梢　　部	100	略少	6.3
	中　　部	100	略少	6.0
	基　　部	100	20	5.7

4. 枝条着生的位置及生长情况

从生根情况看，向阳面枝条比北面枝条好；侧枝比顶生枝生根好，如白皮松、云杉、杜鹃等。同时，生长健壮、组织充实的枝条优于生长势差的枝条。这是由于枝条的生长位置和长势不同，造成了营养生长及生理上的差异引起的。实验证明，靠近树冠部位的一年生枝，由于发育阶段较老，生根率低，而侧枝及根茎部位萌生的枝条，阶段发育较年轻，生根率则高些。同样道理，采用一年生实生苗扦插，要比从扦插苗上采集插条扦插成活率高。

5. 插穗长度与留叶数

插穗长度及留叶片数，与生根数量及生根速度密切相关，插穗长贮藏的营养多，利于生根，但插穗过长，种条利用不经济。

插穗上带1～2片叶片，有助于进行光合作用，补充碳素营养，促进愈合生根，但叶片不宜过多，否则耗水量大，易造成失水干枯，不利生根。

（二）影响插条生根的环境因素

1. 温度

温度是生根快慢的决定因素。多数树种插穗生根的适宜温度在 15 ~ 25℃范围内。不同树种最适生根温度有些差异，原产于热带地区的树种和常绿树，比暖温带的树种要求的适温较高。

扦插繁殖时，若土壤温度高于气温 3 ~ 5℃时，更有利于插穗生根。为了提高地温，创造适宜扦插生根温度，北方春季，常用马粪或电热温床增加插壤温度，加速生根（表 4-3）。

温 度 对 扦 插 生 根 的 影 响

表 4-3

树　　种	土壤温度（℃）	生根天数	成活率（%）
常春藤	15	24	80
	21	18	90
海州常山	15	40	50
	21	25	100

2. 湿度

包括空气湿度和插壤湿度。

水分是插穗能否生根的限制因素，在插穗愈合生根期间，必须创造适宜的空气湿度和土壤湿度，才能取得较好的扦插生根效果。空气干燥，容易加速插穗水分蒸腾作用，不利成活，所以空气湿度应保持在 80% ~ 90%（相对湿度）。扦插土壤的湿度不宜过大，一般应保持在田间持水量的 60% 左右为宜，最高不应超过 80%，否则湿度过高，透气性差，易使插穗腐烂，不利于生根。

3. 空气

氧气对扦插生根也有很大影响。

疏松透气性好的土壤对插穗生根具有促进作用，透气性差的粘重土壤或浇水过多，容易造成插穗窒息腐烂，因此，应采用透气性好的沙质壤土做扦插基质，并在保证土壤一定湿度条件下，控制灌水量，防止水分过多，供氧不足。

4. 光照

光照可以有利提高土壤温度及促进光合作用，在同化过程中所形成的营养物质和植物激素，对插穗生根也是很有必要的。特别是带叶的嫩枝扦插或常绿树种扦插，光照是不可缺少的因素。但是光照强度应适宜，避免直射光过强而引起枝条干枯或灼伤。可以采取适度遮荫或采用全光自控喷雾，使温度、湿度及光调控在最适宜插穗生根发育的环境条件中。

5. 基质

扦插基质是用来固定插穗、为插穗提供氧气、水分和热量的。凡是具有保温、保湿、疏松透气的材料，都能作扦插基质。生产上常用沙壤土、泥炭土、沙、蛭石、珍珠岩、草木灰、炉渣等，这些材料的共同特点是透气性良好，且具有一定的保温和保湿性。

（1）沙壤土：质地疏松、透气、浇水多不会粘结。

（2）沙：建筑上用的沙通气性、排水性较好，吸热快，壤温高，材料易得。

（3）蛭石：建筑中常用的保温材料，是一种氧化镁（云母），在高温下制成、金黄褐色片状物，酸度不大，多孔隙，吸水量大，可达自身重量的 5~8 倍，故疏松透气性、保水性和排水性好。

（4）珍珠岩：建筑中常用的保温材料，由石灰质火山喷出岩制成的颗粒状物质，灰白色，颗粒间隙度大，质地轻，通气性好，保水及排水性强。

（5）泥炭土：含有大量腐烂植物体，呈酸性，质地轻松，有团粒结构，保水力强，但含水量太多。

扦插基质对插穗生根的影响，主要通过水分，温度和氧气三因子的共同作用。因此在选择扦插基质时，应根据树种的特性和基质的性质全面考虑。一般情况下，落叶树硬枝扦插和根插时，可以选用疏松肥沃的土壤，既保温保湿，又有良好的排水性、透气性，可提高生根率及根的质量。粗沙和细沙在木本植物扦插中也有应用，特别是对一些常绿针叶树，如桧柏、紫杉和柏类，效果较好。但对大多数植物来说，单独使用粗沙或细沙，效果不理想。

带叶的嫩枝扦插及一些难生根的树种，以蛭石、珍珠岩、泥炭土作基质较好。如果将珍珠岩与沙或蛭石与泥炭土按不同比例配合使用，效果会更好。

四、促进插条生根的方法

一些难生根或生根时间较长的树种，若插条（插穗）不经过处理直接扦插，生根率低或生根时间过长，为了提高生根率和快速生根，扦插前，可对插条进行各种处理。

（一）机械处理

在树木生长季节，将枝条刻伤、环状剥皮或缢伤，阻止枝条上部的碳水化合物和生长素向下输送，使营养物滞留在枝条中，在生长后期剪下枝条扦插，能有效地促进生根。

（二）物理处理

常用的物理处理方法有软化法、加温法、温水浸烫法等。

1. 软化法

软化法又称黄化处理或变白处理。在生长季节后期，用黑布或泥土等封裹枝条，进行遮光黑暗处理，促使枝条内营养物质发生变化，叶绿素消失，组织黄化，这样经三周后剪下枝条扦插有利生根。这种方法适于含有多量色素、油脂、樟脑、松脂等树种，这些物质常抑制细胞活动，阻碍愈合组织的形成和根的发生。

2. 加温法

我国北方广大地区，早春土壤温度偏低，不利生根，采用加温方法可促进生根。目前多用电热线、热水管道或火炕等加温，使插床保持在 20℃ 左右的地温，这样可加速生根并促进扦插成活。

3. 温水浸烫法

又称温汤法。有些裸子植物，如松、云杉等，因枝条中含有松脂，防碍切口愈合组织形成，而且抑制生根，为了消除松脂，可用温水处理插条 2h，将插条下端用温水浸泡之后再扦插，可以获得一定的效果。

（三）化学药剂处理

有些化学药剂及一些营养物质对生根也起一定促进作用，如高锰酸钾、醋酸、硫酸镁、磷酸、磷酸二氢钾、氧化锰、二氧化锰以及蔗糖、尿素等。在生产中用 0.1%～0.5% 的高锰酸钾溶液浸泡插条 2～10h，可以促进生根，同时又能起到消毒作用，用 0.1% 的醋酸水溶液浸泡插条，可以很好促进丁香、卫矛等的生根；用 4%～5% 蔗糖溶液浸泡雪松、龙柏等树种，也具一定效果；在生根期内，用 0.5% 的尿素溶液，采用叶面喷肥方法处理数次，可以提高老龄树插穗的生根率及新梢生长量。

（四）生根促进剂处理

生长激素能有效地促进插条早生根和多生根。常用的生长激素有萘乙酸、吲哚乙酸、吲哚丁酸、2，4 - D、B 族维生素和近年来广泛推广的 ABT 生根剂。

生根促进剂的使用方法分水剂和粉剂。

（1）水剂：各种激素一般不溶于水，使用之前可先用少量酒精溶解后再用水稀释。溶液浓度一般为 20～200ppm，对较难生根树种浓度可加大。将插条基部 3cm 左右浸在溶液中 2～24h，取出后稍干立即扦插。

（2）粉剂：将生长激素用酒精溶解后，与滑石粉混拌，浓度为 1000ppm，可略高于水剂，粉剂是由混拌的糊状物经烘干研碎后而成。使用时将插条下切口在海绵上按一下，再蘸粉剂后扦插。

生根促进剂的作用常因树种而异。一种生根促进剂对一些树种效果显著，对另一些树种效果可能不大。溶液浓度也是应当注意的方面，过大过小都可能达不到理想效果。生长素对插条生根的促进作用见表 4 - 4。

生长素对插条生根的影响 表 4 - 4

树　　种	生 长 素	浓度（ppm）	浸泡时间（h）	生根时间（d）	插条生根率（%）处理	对照
雪　松	萘乙酸	50	24	—	85.7	59.9
钻天杨	吲哚乙酸	100	24	19	56	20
枫　杨	吲哚乙酸	200	24	69	33	0
水青冈	吲哚乙酸	1000	24	37	50	0
玉　兰	吲哚乙酸	2000	24	41	80	0
茉　莉	萘乙酸	100	20	—	100	76
茉　莉	吲哚乙酸	100	20	—	85	76
茉　莉	吲哚乙酸	200	20	—	100	76
榕　树	吲哚乙酸	2000	24	14	90	0
桑　树	吲哚乙酸	1000	8	12	100	66
刺　桐	吲哚乙酸	2000	24	24	100	0
朝鲜槐	萘乙酸	1000～10000	24	71	65	0
朝鲜槐	萘乙酸	1000（粉剂）	—	71	28	0
油　桐	吲哚乙酸	500	24	—	45	30
茶　树	吲哚丁酸	2000	16	—	70	—

秋后采集的插条，放入湿沙中进行低温贮藏和催根，对翌春扦插生根具有促进作用。

五、扦插时间

在具有保温设施的条件下，一年四季都可以扦插。一般条件下，扦插时间由树木种类、枝条木质化程度及环境条件等而确定。

（一）春季扦插

落叶树硬枝扦插，一般在春季进行。插条应在秋季落叶后采集，在低温下贮藏至翌春扦插。因插条下切口经冬季贮藏软化，插条内抑制生根物质减少，愈合组织已初步形成，扦插后生根早而快。春季扦插宜早，北方地区多以春插为主。

（二）夏季扦插

从5月末开始至秋季之前，用尚未木质化的枝条做插条扦插。在生长期，幼嫩枝条内的薄壁细胞多，生理活动旺盛，细胞分裂快，此时插条内抑制剂少，生根激素含量较多，利于根的形成。另外，嫩枝扦插一般都带一部分叶片，通过光合作用，可以制造碳水化合物，补充插条营养。要求在较高温度下才能生根的常绿树种及生根困难的树种，在夏季扦插效果较好，如山茶、茉莉、大理花、菊花等。

（三）秋季扦插

南方冬季不寒冷地区，气候湿润，秋季扦插较理想，成活率地较高。落叶树种可在秋季落叶后，随采随插，可省去冬季贮藏插条工序，也可减轻春季工作量。但在北方冬季严寒、干旱少雪及多风地区，不适宜秋季扦插。如果进行秋季扦插，应适当深插，并及时覆土，以减少失水和冻害，待春季萌芽时再扒开覆土。

（四）冬季扦插

冬季扦插要在温室或塑料棚内进行。如果在扦插基质中铺上电热丝，不仅能保持扦插基质的一定温度，促进插条较快生根，而且可以延长翌年苗木生长期，从而提高苗木质量。北方地区用塑料大棚扦插时，必须加草帘保温。

六、扦插方法和技术

（一）依扦插基质分

1. 壤插

用土壤或其他固体材料作扦插基质进行扦插，适用于绝大多数树种。目前我国生产中，壤插是应用最广泛的一种方法。

2. 水插

用水作扦插基质，扦插时将插条下端 $1 \sim 2cm$ 浸入清洁的水中，放在无直射光处，经常换水或向水中补充氧气，生根后取出栽植。水插的不定根嫩、脆，不定根长出 $2 \sim 4cm$ 时应及时上盆，根过长易断。

水插法适用于生根容易和需插条量较少的种类采用。常用水插的植物有月季、六月雪、栀子花、夹竹桃、贴梗海棠、银柳等。

3. 气插

气插又称无基质扦插，是在塑料棚内把当年生木质化插条，直立地放有固定架的床面上，不插入土壤，或放于空中，在高温和高湿的环境中使插条生根。

气插法的优点是加速生根和提高生根率。原因是棚内气温比一般扦插基质高 $3 \sim 5℃$，空气相对湿度接近饱和，氧气充足，有利促使根原基的形成和生长。气插法能够缩短生根期，比壤插生根能提早 $2 \sim 17d$。对个别难用普通扦插方法育苗的树种，如核桃，用壤插时因氧气不足易腐烂死亡，改用气插可以提高生根成活率。另外，气插占地少，节省土地，可以多层次地进行立体扦插。气插操作与管理简单，便于检查生根情况，能适时移植，且移植简便，省去挖苗工作，根系不受损伤。

气插不足之处是，在高温高湿条件下易受真菌、霉菌的侵染，使插条发霉，叶片脱落。另外，气插只对皮部生根型树木效果好，而对愈合组织生根型树种效果不大，如松属、云杉属、梨、桃、苹果等。

（二）依植物材料分

1. 枝插

用植物的茎、枝作插条扦插。枝插是园林苗木生产中应用最广泛的一种方法。根据插条木质化程度，又可分为硬枝扦插和嫩枝扦插。

2. 叶插

用植物的叶片扦插，叶插适用于叶片肥厚的植物，叶片生根并长出茎叶之后进行移植。

3. 叶芽插

插条为一叶一芽，并带 1~2cm 的枝段，待生根成苗后移植。

4. 根插

用根作插条扦插，长出新根和发芽之后移植，适于根蘖性较强的树种。

（三）扦插技术

1. 枝插

（1）硬枝扦插：用已经木质化的枝条扦插。生产上应用最广泛。

①采条与贮藏：硬枝扦插的插条，应在树木落叶后或树木开始落叶时剪取。这时树木已停止生长，内含营养物质丰富，剪采之后营养损失也少，扦插后易生根成活。插条应从生长健壮、品种优良的幼龄母树上剪取，枝条选组织充实、充分木质化的 1~2 年枝。如不立即扦插，应贮藏越冬。贮藏沟选高燥、背风、排水良好之处，沟深 1m 左右，宽 1~1.5m，长视插条数量而定。使贮藏沟内温度保持在 0~4℃，温度过高，翌春芽萌动早，不利扦插成活。贮藏时先在坑底铺 3~5cm 湿沙，再把枝条或成捆的插穗放在坑中，上面铺 5cm 湿沙，这样一层枝条一层湿沙，交互层积，放至距地面约 30cm 时再盖一层湿沙，上面覆土高出地面。为了通气，应在沟内每隔一定距离插一束秸秆。贮藏期间应注意检查，防止插条干燥、霉烂或发芽。

冬季也可以在室内沙藏，温度以室温 4~5℃ 为宜。插条基部朝上埋在沙土中，这样使插条基部处于较温暖和通气的条件下，有利根原细胞的发育，同时抑制枝芽萌发。

常绿树插条，应在春季萌芽前采集，随采随插。

②插条的剪制：插条长度对成活影响较大，过长浪费种条，扦插也不方便；过短不利成活。具体应根据当地气候和树种生根快慢而定。一般插条的长度以 15~20cm 为宜，特殊情况下可用长 30cm 以上，也可用 1~2cm 长单芽插条。北方干旱地区及较难生根的树种宜长，南方及湿润环境，树种容易成活时可略短些。

插条应粗壮、充实、芽饱满。每根插条上应带 2~3 个芽，上剪口距芽 1cm，下剪口距最下面芽 1cm 或靠近节间处。芽节附近薄壁细胞较多，细胞活性强，分裂快，容易形成愈合组织及生根。

枝条剪切时，切口应平滑，不能撕裂，剪口的形状，可以是平口或斜口，对苗木成活后生长影响不大。

剪截插条时，应注意选取整根条的中间部位，去掉梢端组织不充实部分及基部无芽及芽质过差部分。

有些树种插条下切口带一片二年生老枝树皮，或带一段老枝，才利于成活，如松柏类、木瓜等。插条剪成踵状或槌状，如图4-3。

③扦插：按定好的株行距进行。可先按行距开沟，再将插条按株距整齐排列在沟中，然后覆土压实。如果床土较疏松，可直接按株行距扦插。为防止插条皮层与土壤摩擦受伤，可以先用与插条粗细一致的木棍按株行距插孔，再将插条插入，并将土按实，插完后灌水。

为了使插条保持一定湿度，有些地区在插条基部切口处用黄泥包裹，泥球似花生米大小，这种扦插在广东、浙江有些地区常用，称为泥球插。

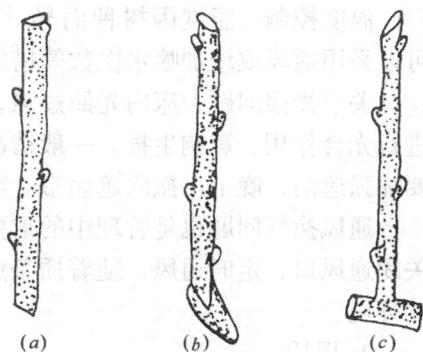

图4-3 几种形状的插条
(a) 一般插条；(b) 带踵插条；
(c) 槌状插条

插条入土深度与生根成活有关，一般插条插入土壤1/2～2/3，但具体应视环境条件而定。在北方干旱地区，扦插应深些，插条上切口与地面齐平。我国长江以南，插入土壤4～5cm即可。插条可以直插或斜插，可根据插条长度及当地气候而定，斜插有偏根现象。

(2) 嫩枝扦插：又称绿枝扦插或生长期扦插。用半木质化的嫩枝扦插，容易生根成活，生长快，故春季硬枝扦插较难成活的树种，采用嫩枝扦插能取得较好的效果。

①剪取插条：5月下旬至9月，从幼年母树上，选当年生半木质化枝条，枝条应健壮、无病虫害。剪条时间宜在第一期生长终了时进行，对一些夏季开花的树种，如月季可在开花后采，但不要采徒长枝及细弱枝，以免影响生根及成活，剪取带有饱满芽的枝条，应用湿布包好或放于盛水桶中，在荫凉背风处剪制成插条。插条长10～15cm左右，带2～3个芽及带2～3片叶。最好随采、随剪、随插。

②扦插方法：扦插基质以疏松的蛭石、珍珠岩或沙等为主。扦插深度不宜太深，一般2～3cm即可，以插条直立不倒为度。浅插因透气良好，氧气充足，地温高，故生根快。扦插密度以叶片相互之间不重叠为宜，使叶片顺利进行光合作用。

③插后管理　嫩枝扦插成败，关键在于扦插之后的管理工作。重点是温度、湿度、光照、通风的调控管理。扦插完毕之后，要在插床上搭设拱棚，上面覆盖薄膜，并将四周压实，拱棚上方再架苇帘遮荫（如图4-4）。

湿度控制，首先是需要保持插条不发生萎蔫和腐烂，刚扦插的插条，仅靠下切口从土壤中吸水，能力很弱，为了保持插条内部的水分平衡，减少水分蒸

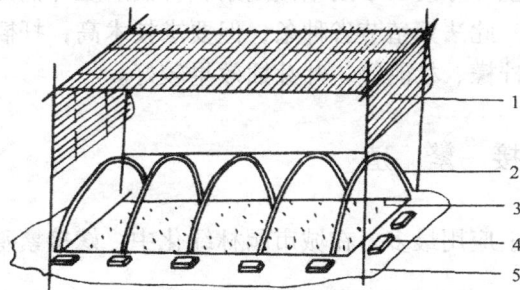

图4-4 嫩枝插床示意图
1—苇帘荫棚；2—拱棚支架；
3—扦插苗；4—砖；5—塑料薄膜

发，需要每周喷水1～2次，既增加空气湿度，又防止土壤过湿。扦插初期，空气湿度应

保持在95%以上，插条愈合后，可降至80%～90%。

温度控制，温度因树种而异，一般树种要求18～25℃较为适宜。若棚内气温过高，可以采用通风或增加喷水次数等措施，降低温度。

关于光照问题，床内光照过强，温度容易增高；光照太弱或完全不见光，则叶片不能进行光合作用，影响生根。一般情况下透光率在50%～60%左右为宜。气温高于30℃时要加强遮荫，晚上可撤除遮荫帘。随插条逐渐生根及生长，可加大日照率及光照时间。

通风换气问题也是管理中的重要措施。扦插初期，为了保持棚内的高湿度，需要经常关闭通风口，定时通风，随着插条愈合及生根，可以逐渐增加通风量及次数，直至接近自然环境。

2. 根插

一些树种枝插不易生根，而用根插方法容易产生不定芽，形成新的植株。根插一般是根蘖性较强的树种，如泡桐、漆树、香椿、毛白杨、枣树等。

根插繁殖，可在休眠期从母树周围刨取种根，也可结合秋季苗木出圃，将修剪下来的根和起苗时残留在圃地之根，选其粗度在0.8cm以上的根系，剪成长10～15cm的根段，按粗细成捆埋入假植沟内，备翌春扦插。为防止扦插时倒插，可将根段上、下切口分别剪成平口与斜口。

扦插时一般多用床插，在已整好的床内，开沟将种根斜插或水平放于沟内，然后覆土2～3cm。也可以作垄直插，插后立即灌水，并经常保持土壤适当湿度。

3. 叶插

凡叶片肥厚，叶脉或叶柄处容易产生不定根和不定芽的植物，均可进行叶插繁殖。花卉植物应用较多，如景天、秋海棠类、大岩桐、虎尾兰、百合、非洲紫罗兰、橡皮树等。供叶插的叶片必须完全成熟、肥厚，将整个叶片平放或直插在扦插基质上，平放时应略覆一层土，保持一定温度和湿度，使叶脉，叶柄处长出根和芽，形成新苗。繁殖时也可以将叶片切开，分成几小块，但每块上必须带有较粗的叶脉，并将叶脉用刀刻伤数处，以利于生根成活。

4. 叶芽插（1芽1叶插）

叶芽插又称单芽插，是用叶芽、叶柄和着生叶芽的一小段茎做插条，扦插后从叶柄处发根，从叶柄基部腋芽产生新梢，形成新植株。此法繁殖节省种条，但要求技术高，扦插基质以沙和珍珠岩混合较好。南方树种山茶、柠檬、杜鹃等，叶芽插效果较好。

第三节 嫁接繁殖

嫁接是营养繁殖的一种方法，在果树生产上应用最多。在城市园林绿化中，嫁接繁殖也有广泛的应用。

嫁接又称接木。嫁接繁殖是将优良植株的枝或芽接到遗传性不同的另一株植物上，使两者愈合，形成一株新苗的方法。嫁接时所使用的枝或芽称为接穗或接芽，承受接穗的带根植株称为砧木，嫁接繁殖形成的苗木称为嫁接苗。

一、嫁接繁殖的特点

嫁接繁殖除具备一般营养繁殖的优点外，还具有自身一些特点。

（1）嫁接繁殖能够保持品种的优良特性：其原因是在嫁接时所用的接穗，来自优良的母树上，通过嫁接，仍能保持母树原有的优良性状，遗传性稳定。

（2）增加抗性和适应性：嫁接后，利用砧木对接穗的生理影响，提高嫁接苗对环境的适应能力，如抗寒、抗旱、抗盐碱及抗病虫害的能力，如柿子接在君迁子上能适应寒冷气候；梨接在杜梨上，可以提高抗盐碱能力；苹果接在海棠上或苹果接在苹果实生苗上，都可抵抗棉蚜危害。

砧木如果为矮化砧，嫁接之后可以获得矮化植株，这对果树管理提供了方便，不同株型苗木可以满足园林绿化多种需求。

（3）提高观赏价值：如碧桃接于山桃上，使花期短、花单瓣、色浅的山桃花，改变为花期较长，花重瓣、色鲜艳的碧桃；国槐与龙爪槐嫁接之后，姿态变得更加优美；刺槐与江南槐嫁接后，可以变为繁花似锦的花灌木。

通过嫁接，可以促进苗木的生长发育，提早开花结果（见表4-5）。

嫁 接 苗 木 的 结 实 年 龄 表4-5

树　种	实生苗的结实年龄	嫁接苗的结实年龄
柑　桔	10～15	4～6
柿	6～10	3～4
苹　果	6～8	4～5
枇　杷	6～10	2～4
梨	6～7	4～5
葡　萄	5～6	3～4

（4）克服不易繁殖现象：在园林树木中，有一些优良树种或品种，不结种实或种实很少，如无核柑桔、无核柿子、无核葡萄，可以利用嫁接解决繁殖问题。有些扦插繁殖有困难的树种，也可以利用嫁接解决。

（5）繁殖系数高：嫁接所使用的砧木可采用种子繁殖，获得大量砧木，接穗仅用一小段枝条或一个芽，选用植物材料较经济，在短期内可繁殖较多苗木。

（6）能调节树型、恢复树势、补充缺枝、救治创伤、更换新品种：在园林中有很多古树，因树势衰老、病虫危害、人畜破坏等造成长势弱，可利用桥接或寄根接等方法，促进生长挽回树势，如果树冠空裸、缺枝，可在空缺处的枝上嫁接新的枝条，以充实树冠，使其丰满美观。如果树木品种不良，影响果树产量或园林绿化效果，可以采用高接换头的嫁接方法，提高果品产量或满足园林绿化效果。

此外，一些树种可由"芽变"中选育出新品种，利用嫁接方法来固定其优良特性。

嫁接繁殖同其他营养繁殖比较起来，不足之处是手续较繁杂，技术要求也比较高，要求操作熟练。同其他营养苗一样，嫁接苗寿命较实生苗短。

二、嫁接成活原理

植物嫁接后能否成活的前提，取决于砧木和接穗之间的亲和力。嫁接苗成活的生理基础，主要靠砧木、接穗的再生能力和分化能力。嫁接后，砧木和接穗接合部位在愈伤激素作用下，各自形成层的薄壁细胞大量进行分裂，形成愈合组织，充满接合部的空隙。当两者的愈合组织结合成一体后，进一步进行组织分化，愈合组织中间部分成为形成层，内侧分化为木质部，外侧分化为韧皮部，形成完整的输导组织，并与砧木、接穗的输导组织相通，保证了水分、养分上下输送交流，成为一个整体，形成新的植株。

三、影响嫁接成活的因素

嫁接繁殖时植物能否成活，可以从植物自身内部因素、环境因素及嫁接技术几方面分析。

（一）影响嫁接成活的内部因素

1. 亲和力

嫁接时，砧木与接穗的亲和力强弱对成活影响很大，可以说是嫁接成活的基本条件。亲和力越强，嫁接越容易成活；亲和力不强或二者之间不亲和，则嫁接难成活。砧木与接穗之间亲和力大小，主要由二者亲缘关系决定，二者在植物分类学上亲缘关系越近，亲和力越强。同品种间进行嫁接，称为共砧，亲和力最强，同一树种不同品种间嫁接，其亲和力也较强。同属异种之间嫁接，亲和力次之，同科属异种之间嫁接，在生产中应用最广泛。同科异属之间嫁接，亲和力一般较弱，但也有些树种嫁接能够成活，如女贞嫁接在白腊上，桂花（木樨属）嫁接在女贞（女贞属）上，贴梗海棠（木瓜属）嫁接在杜梨（梨属）上等，都能成活。不同科之间嫁接更难成活。

有些树种，砧木、接穗之间不能互相颠倒，如把苹果嫁接在梨树上能活，而把梨接在苹果上不易成活。

亲和力大小还与嫁接树种之间内部结构、细胞大小和生长速度有关。砧木与接穗的形成层薄壁细胞大小及结构越相近似，越容易亲和。反之，若二者内部结构，细胞大小有差异，生长速度不一致，常形成"大脚"或"小脚"现象（图4-5），砧木与接穗的结合部位呈弯曲生长或粗细不一致。这种现象在实际栽培中，生长状况仍属正常，在没有更理想的砧木时，果树及园林生产中仍可运用。

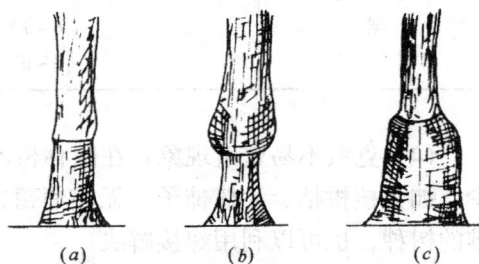

图4-5　嫁接后的愈合情况
（a）正常；（b）小脚；（c）大脚

2. 砧木与接穗物候期是否一致

物候期主要是指树液流动期和发芽期，物候期越相同一致，嫁接成活率越高。砧木的物候期应不迟于接穗。如果接穗的芽已萌动，砧木的树液流动尚未开始，接穗得不到水分、养分供应，容易干枯。

（二）影响嫁接成活的环境因素

嫁接后，愈合组织形成，才能为成活提供保证，而愈合组织的形成条件，主要与外界环境的温度、湿度、光线、空气等因素有关。

1. 温度

植物的愈合组织形成及生长速度与温度关系极大。在适温条件下愈合组织增长最快，温度过高或过低，愈合组织生长速度缓慢或停止生长。多数树种嫁接之后，最适宜愈合组织生长的温度为20~25℃，个别树种适宜温度为30℃左右（如枣树）。温度高于40℃或低于5℃，难于产生愈合组织（见表4-6）。

温度对愈合组织生长的影响

表4-6

生长量(mg) 树种 \ 温度(℃)	10	15	20	25	30	35	40
桃　树	0	2.5	14.2	11.5	1.4	微量	0
核　桃	0	0.15	10.1	18.9	15.9	1.3	0
枣　树	0	1.0	15.2	47.7	58.5	20.1	0

2. 湿度

湿度对嫁接成活也有很大影响。主要有两个方面:

(1) 愈合组织形成需要一定湿度。据研究,苹果嫁接时,愈合组织内的薄壁细胞柔嫩而薄,不耐干燥,空气干燥时很容易死亡。空气湿度高,有利愈合组织增长,如山茶在相对湿度达到95%以上时,有利愈合组织增殖,而在90%以下时,愈合组织形成困难。

(2) 空气湿度高,有利接穗生活力的保持。空气湿度小,接穗容易失水干枯。因此,接穗应注意保湿(如套塑料袋、埋土、蜡封)。

土壤湿度也影响嫁接成活。过于干燥的土壤,不利愈合组织产生及嫁接成活,但土壤过湿,接口处水分过多,会影响呼吸,造成接口处腐烂。最适宜的土壤湿度是土壤含水量保持在14%~18%左右(见表4-7)。

土壤湿度对树种愈合组织生长的影响

表4-7

愈合组织生长量(mg) 树种 \ 土壤含水量(%)	8.6	11.5	14.1	16.0	17.9	19.8	25
苹　果	0	微量	7.8	19.2	11.5	6.5	0
核　桃	0	0	2.5	21.3	10.2	0	0
枣　树	微量	3.5	20.4	20.5	16.4	4.6	0

3. 空气

空气是愈合组织生长的条件之一。砧木和接穗接口处,形成层的薄壁细胞大量分裂时,需要强烈的呼吸,氧气需要量大,空气不足影响愈合组织形成。因此接口处不能进水,以免空气少而窒息。

4. 光照

光线对愈合组织生长有明显的抑制作用。因此,生产中宜采用不透光材料包扎,或用土埋法遮光,以促进接口处愈合。

(三) 嫁接技术对成活的影响

嫁接技术的熟练程度直接影响成活率。嫁接时,要求削切接穗、砧木熟练、迅速,削面平滑,不出现波状或细小锯齿状,使接穗与砧木切面紧密接触。砧木与接穗二者形成层应对准,接后捆绑松紧适宜。这些都是嫁接的重要环节。

此外,在嫁接时,根据不同树种嫁接成活的难易,选择相适宜的嫁接方法,对成活也是至关重要的。如苹果和梨高接容易成活,桃和杏高接时需特别小心才容易成活。对成活困难的树种，可以采用靠接方法或插皮接。

嫁接中，砧木和接穗任何一方都必须保持旺盛的生活力，接穗的运输、贮藏应保持新鲜，否则将直接影响嫁接成活率。

四、砧木和接穗的选择及贮藏

砧木和接穗的选择有两层含义，一是砧木、接穗的个体要求，二是砧木与接穗的组合选择是否合理。嫁接组合选择，关系到嫁接苗木生长发育，尤其对砧木的选择，对嫁接后苗木生长情况及抗性表现很重要（见表4-8）。

主要树种适宜的砧木及嫁接后的表现　　　　　　表4-8

接穗树种	砧木种类	嫁 接 后 表 现
龙 柏	桧 柏	亲和力强，生长正常、抗寒
	侧 柏	亲和力强，幼苗生长旺盛
翠 柏	桧 柏	亲和力强，抗寒能力强
毛 白 杨	加 杨	亲和力强
龙 爪 槐	国 槐	亲和力强，生长旺盛
江 南 槐	刺 槐	砧、穗结合不太牢靠，遇大风易折裂
西府海棠	海 棠	亲和力较强，生长较好
	山 丁 子	亲和力尚强，生长不如海棠
碧 桃	山 桃	亲和力较强，生长较好
	毛 桃	亲和力尚强，生长不如山桃
重瓣榆叶梅	榆叶梅实生苗	亲和力强，砧木基部易萌蘖
	山 桃	亲和力较强，生长正常
紫 叶 李	山 桃	亲和力强，树叶暗紫色，暗淡无光
	山 杏	亲和力较强，树叶鲜紫色，有光泽
桂 花	白 腊	亲和力较强，用靠接法好，抗寒力强
丁 香	小叶女贞	亲和力较强，生长正常
白 玉 兰	紫 玉 兰	亲和力强，生长正常
月 季	十 姐 妹	亲和力强，生长旺盛
	白 玉 棠	亲和力强，生长旺盛，但寿命不长
	玫 瑰	亲和力较强，较抗寒
	黄 刺 梅	亲和力较强，抗寒力显著增强
苹 果	海 棠	亲和力强
	山 丁 子	亲和力强，抗寒
	水 枸 子	亲和力强，树体矮化，抗旱
	山 楂	亲和力较强
	杜 梨	亲和力稍差，能提早结果
	东茂林矮化砧	亲和力强，树体矮化

（一）砧木的选择

砧木是培育优良树种的重要环节，选择砧木时主要从砧木的个体年龄及抗性等方面考虑。

（1）砧木应选择同接穗具有较强亲和力的树种。

（2）砧木对栽培地区环境条件应有较好的适应力，抗性强。砧木本身健壮，对嫁接苗有良好的影响。

（3）砧木的年龄，一般以1~2年生实生苗为宜。而且所选择的砧木，还应考虑种源丰富，容易繁殖。

（4）砧木的粗度，以1~3cm为宜。具体应以树种生长快慢而定。如生长较快的核桃可粗些，而生长较慢的山茶、桂花可稍细些。如果是为了增强接穗树种的抗性，则应选择年龄较大的砧木，以蒙导接穗。多年生的砧木，可以采取高接换头。

（二）接穗的选择及贮藏

1. 选择优良的植株为母本

母树年龄以壮年期较好，此时树种的各个性状已充分表现，而且已进入盛花、盛果阶段，嫁接后很快就开花或结果。花木类以观花为主，应选花多、花大、色艳、香气浓郁的品种做母树。观叶类植物，要选枝叶青翠、挺拔、叶色奇特或叶形多变的品种。

母树个体应生长健壮，株形饱满，无病虫害。

2. 枝条选择

采集枝条时，应在母树外围向阳面挑选。所选的枝条，应发育充实、芽饱满、无病虫害的一年生枝。针叶常绿树接穗可带一小段2年生枝，以提高嫁接成活率。

3. 枝条的贮藏

枝接时，若嫁接数量较大，又不具备随采随接条件，可以秋季采条，挖沟贮藏，待来年早春嫁接。贮藏方法与扦插时贮藏插条相似，但最好不用沙埋藏，以防沙粒粘在接穗上，损伤刀刃。也可以用蜡封接穗，然后放于0~5℃的低温条件下贮藏。

芽接由于在生长季节进行，一般应选当年发育较好的枝条，随采随接。如需外地采集，也不宜过多。采条后应立即剪去嫩梢，摘除叶片，保留叶柄，以湿布包裹，防止失水。采回的枝条如果不能马上使用，可将枝条下部浸入水中，注意换水，并放于荫凉处，可存放4~5d，如需保存更长些时间，可放入冷窖或冰箱中。

五、嫁接时期

选择适宜的嫁接时期，可以获得较好的效果。嫁接时期与各树种的生物学特性、嫁接方法等有密切关系。

从广义上讲，在全国范围，一年四季均可以嫁接。但从有利成活，便于操作及管理方便上分析，枝接在北方多以早春3~4月为好，芽接多在夏末秋初7~9月为宜。各树种生物学特性不同，嫁接时期会有些差异。物候期早的植物，春季嫁接可在2~3月进行，如碧桃、梅花等。物候期迟的，可推迟到4~5月嫁接，如广玉兰。对含有单宁较多的树种，如柿树、核桃等，枝接时期也应稍晚些，在4月20日以后进行，又如龙柏、翠柏，在北方以6月枝接为好。

绝大多数树种以休眠芽嫁接成活好。枝接时，一定在接穗芽未萌动前的冬季或春季进行。芽接多在夏、秋季砧木树皮容易剥离时嫁接。

（一）春季嫁接

主要用于枝接。早春砧木树液开始流动之后即可进行。在全国范围内，2～5月份为春季枝接时期，此时气温低，接穗失水少，有利于水分平衡，嫁接容易成活，而且成活后当年生长期长，有利新枝木质化和安全越冬。绝大多数树种都可在春季嫁接。

（二）夏季嫁接

采用嫩枝枝接或芽接，一般在5～7月份进行。此时嫁接，由于接穗幼嫩，细胞活性强，气温适宜，愈合组织形成和增殖快，砧、穗接口愈合早，成活率高，如山茶、杜鹃、仙人掌类植物等，夏季嫁接可以取得良好的效果。

（三）秋季嫁接

8～10月份是各类植物芽接的适宜时期。秋季大多数树木新梢生长基本结束，养分贮存多，芽充实，此时形成层处于活跃状态，砧木树皮容易剥离，嫁接容易，嫁接后当年能够愈合，可以安全越冬。

（四）冬季嫁接

在具备保温设施的情况下，冬季也可以进行嫁接。很多树种在冬季12月至翌年1月进行嫁接，能取得满意的结果。冬季嫁接后，春季即可进入生长，苗木生长较快。江苏一带的五针松、红枫、月季等，多实行冬季嫁接。嫁接苗埋在塑料大棚的沙床或土壤中慢慢愈合，翌春抽发新枝，成活之后移出棚外养护。

冬季嫁接，一般是先将嫁接砧木从圃地中掘出，然后在室内进行嫁接，大大减轻了工作强度。

六、嫁接方法

嫁接方法很多，根据嫁接所用的接穗不同，可以分为两大类，一类是枝接，另一类是芽接。嫁接使用的砧木，大多数为带根系的实生苗，但也可以用营养繁殖苗木，还可以用枝条作砧木，如用加杨的1～2年生枝作砧木，嫁接毛白杨。有些树种的根也可以作砧木进行嫁接，称为根接。

（一）枝接

凡是以枝条作接穗的嫁接方法，统称为枝接。枝接方法很多，在生产中应用较广泛的枝接方法包括劈接、切接、腹接、皮下接、靠接等。

1. 劈接法

适用于砧木较粗大情况。

砧木处理：嫁接时，将砧木自地表约5cm处截断，并削平，用劈接刀从横断面中心垂直劈开砧木，深度3～4cm。嫁接时需用螺丝刀等插入切口，以利接穗插入。

接穗削取：接穗下端，两侧削成斜面长度为3～4cm的楔形，接穗外侧稍厚，内侧略薄，这样便于砧、穗形成层对齐和接触紧密。接穗斜面应平滑，削好之后插入砧木中，注意使外侧形成层对准。较粗的砧木，也可以嫁接两个接穗。砧木大，夹力紧时，接后可不绑扎；砧木小，夹力不够，可用塑料带或麻绳绑缚。嫁接后用接蜡封口或培土覆盖，防止切口失水（见图4-6）。

接蜡配方：松香2.5kg，黄蜡1.5kg，动物油1.5kg。首先将动物油放入锅中，加入适量温水，放入松香和黄蜡，加热搅拌至全部融化，冷却后即成。使用时用火融化，用毛刷涂抹切口。

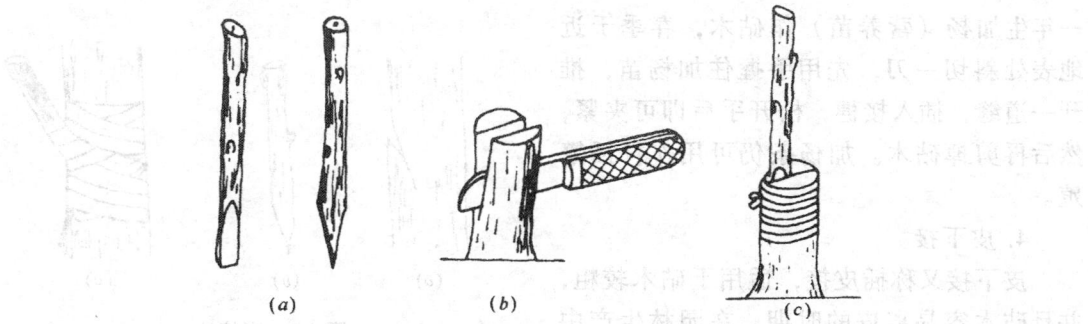

图 4-6 劈接法
(a) 削接穗；(b) 劈开砧木；(c) 嫁接与绑扎

2. 切接法

切接在嫁接中最常使用，适合砧木粗度 1～2cm，即砧木略粗于接穗。

砧木处理：将略粗于接穗的砧木，在距地面约 5cm 处剪断，选平滑一侧，用刀垂直下切（略带木质部下刀），下切深度 2～3cm。

接穗削取：选有 2～3 个芽，长约 10cm 的接穗，将其下端一侧削成长 2～3cm 的斜面，将另一侧下端削成长 1cm 的小斜面，即可嫁接。

将削好的接穗，长斜面向内，小面向外，插入砧木切口，插至接穗长斜面稍"露白"为止，注意砧、穗二者形成层对准。然后用塑料带由下向上绑扎紧。必要时可以覆土或套上塑料袋，以防失水（见图 4-7）。

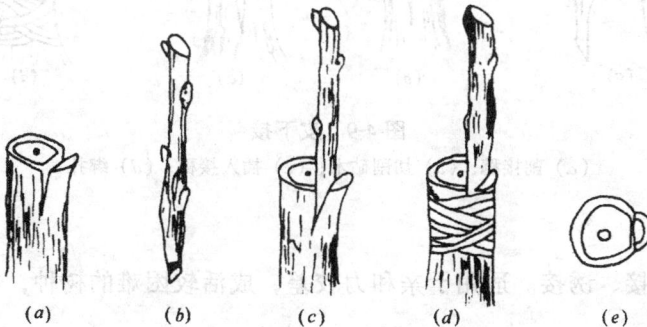

图 4-7 切接法
(a) 砧木切削；(b) 削接穗；(c) 嫁接；(d) 绑扎；(e) 嫁接横断面

3. 腹接法

腹接又称腰接。嫁接成活后剪砧，适用于龙柏、五针松等常绿树种，多在生长季节进行。

具体做法：选择砧木平滑一面，在距地面适当高度，用刀向树干斜切一刀，深达砧木直径 1/3 左右，切口长 2～3cm，下切角度 30° 左右。接穗削成长短不等的两个斜面，长斜面 2～3cm，短面长约 1.5cm，然后将大面朝内插入砧木，用塑料带绑紧。（见图 4-8）。

落叶树种也可以腹接，但一般高度较低。如天津市静海县利用加杨嫁接毛白杨，是将一年生加杨（营养苗）作砧木，春季于近地表处斜切一刀，先用手握住加杨苗，推开一道缝，插入接穗，松开手后即可夹紧，然后再剪掉砧木。加杨条仍可用作扦插繁殖。

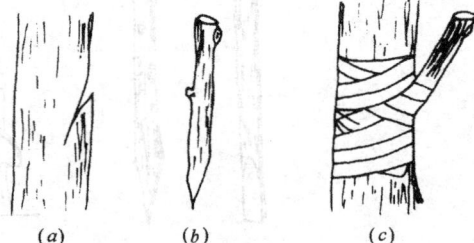

图 4-8　腹接法
（a）削砧木；（b）削接穗；（c）嫁接、绑扎

4. 皮下接

皮下接又称插皮接，适用于砧木较粗，并且砧木容易离皮的时期。在园林生产中高接（如龙爪槐）、低接（如江南槐）均有应用，方法简单，成活率较高。

皮下接所用接穗，落叶树要经冬季低温贮藏，该法的不足之处是嫁接成活后，一年生长期间易被风折断，几年后接口部才逐渐牢固。

具体做法：将砧木距地面 5cm 处截断，将断面肩部斜切一刀，使肩部光滑，有利愈合。将接穗削成大小不等的两个斜面，大面长 3～5cm，小面长约 1cm，然后将大面向内，小面向外插入皮层中。如果皮层过紧，可先将砧木皮部纵切一刀，然后插入接穗，注意"露白"，不仅有利愈合，而且有利成活，（见图 4-9）。

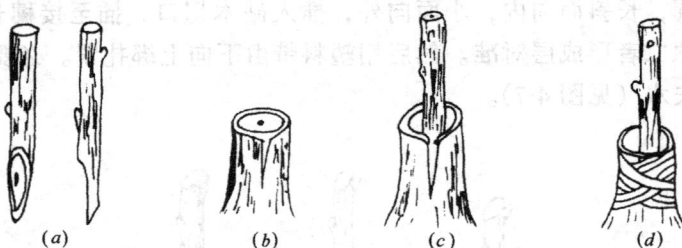

图 4-9　皮下接
（a）削接穗；（b）切削砧木；（c）插入接穗；（d）绑扎

5. 靠接法

靠接又称带根接、诱接。适用于亲和力较差，成活较困难的树种，如南方的山茶、桂花等。

具体做法：靠接需要砧木、接穗都有根系，嫁接时，砧、穗粗细相近，需预先将嫁接树种栽于砧木旁或栽于花盆中。操作时，在砧、穗等高部位相对各削取一刀，斜面长均为 3～4cm，深度及宽度一致，然后将两斜面对在一起，并使二者形成层对准，用塑料带绑扎。待嫁接成活后将砧木从接口上方 0.5cm 处剪断，接穗从接口下方剪去。为了确保成活，砧木可分 2～3 次剪去。靠接因为砧、穗均带根系，不存在失水问题，容易成活。此法适宜生长期嫁接（图 4-10）。

6. 舌接法

舌接适用于枝条细软而且砧木、接穗粗细相近的情况，此法嫁接时，砧、穗接触面大，接口牢固，不易折损，但技术要求熟练，且费工，一般应用较少。

具体做法：先将砧木与接穗各削成长 3cm 的斜面，然后在斜面靠顶端 1/3 处，竖直向下削一刀，深度约为斜面的1/2，呈一舌形，然后将砧、穗互相插入，结合后用塑料带捆好（图4-11）。

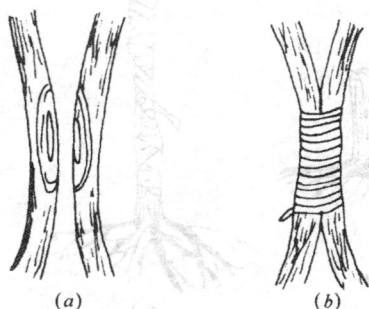

图4-10　靠接法
（a）砧木、接穗切削；（b）结合绑扎

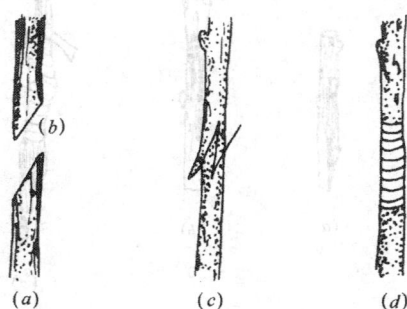

图4-11　舌接
（a）削砧木；（b）削接穗；（c）结合；（d）绑扎

7. 桥接

适用于修补树皮受伤的大树，因机械损伤或受病虫危害，有的树木皮部大面积遭受破坏，危及树木生长以至生存，采用桥接可以挽救树木。

具体做法：首先将被撕裂受伤坏死部分清理去掉，露出健康组织，然后用比受伤长度稍长的枝条作接穗，接穗两端均按皮下接削法削取，插入受伤的两端，接穗略呈弓形，因似桥，故称桥接。桥接应在春季树液刚开始流动时进行，树木应离皮（见图4-12）。

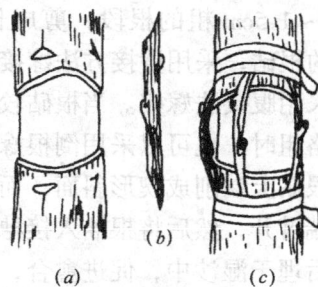

8. 二重接

又称双重接。在果树生产中，用于树体矮化，用矮化砧作中间砧木。为了克服砧木与接穗不亲和，也可以采用双重接。

图4-12　桥接
（a）受伤砧木切削；
（b）削接穗；（c）结合

具体做法：秋后将砧木苗掘出，并于秋冬季节嫁接。将一段中间砧，用工作台嫁接法（即室内嫁接）接于生根的砧木上。等到室内愈合后，于春季定植在苗圃内，秋季再用栽培品种的接穗接上。这种方法两年内可育成一棵苗。

二重接也可以采用芽接方法，2~3年成苗。如果采用砧木、中间砧、接穗一次嫁接，1~2年即可成苗，但技术要求较高（见图4-13）。

9. 芽砧嫁接法

适用于一些大粒种子。大粒种子发芽时，子叶有的留在土中，可以利用这类种子的嫩芽作砧木，进行嫁接，如板栗、山茶、油茶等。

具体做法：将经过沙藏的种子催芽，种子发芽后，于子叶柄的上方切去上胚轴，将断面从中间劈开，将接穗削成楔形插入，使砧、穗形成层对准并紧密结合，然后埋在沙床中，促进愈合、生根，待成活之后移栽（见图4-14）。

10. 根接

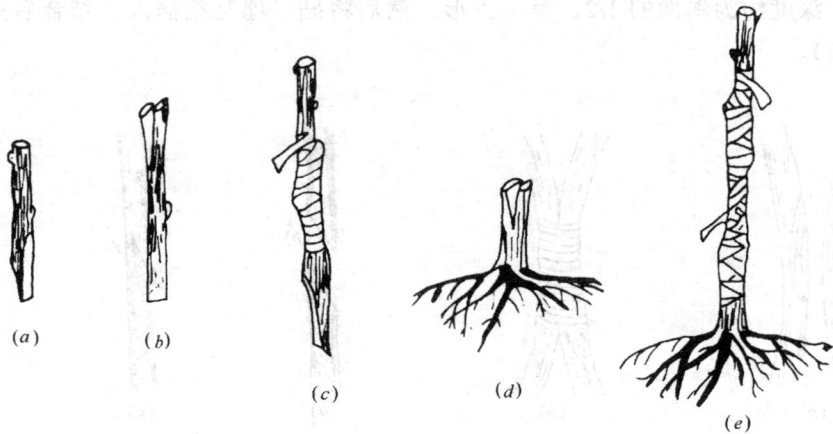

图 4 - 13　二重接

（a）品种接穗；（b）中间砧；（c）品种砧与中间砧结合；（d）基砧；（e）（c）与（d）结合

用根作砧木进行枝接。根接一般在冬季或早春于室内进行。

具体做法：结合苗圃起苗，收集 1~1.5cm 粗的根段，剪成长度 10cm 的根砧，采用劈接方法嫁接。也可以采用腹接法嫁接。当根砧较细而接穗略粗时，也可以采用倒根嫁接，即将根砧上端削成楔形斜面，而将接穗下端劈开，然后将根插入接穗。接好之后埋于湿沙中，促进愈合，待愈合成活后，春季分栽。

另外，根据园林观赏需要，可以通过枝接的变化，进行造型，如采用靠接法把两种树木交叉嫁接，形如眼睛，故称眼睛接。此外，在生长期的绿枝接、插穗接等均属枝接在不同环境中的应用。

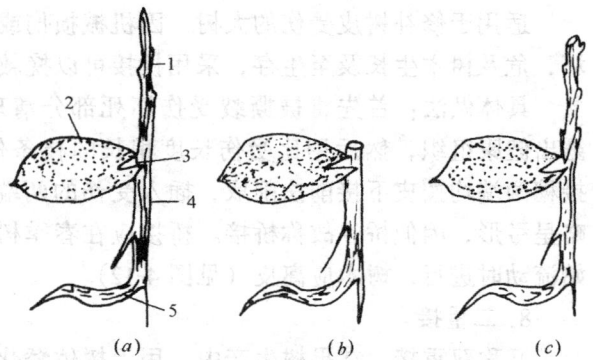

图 4 - 14　芽砧嫁接法

（a）嫁接用的实生苗；（b）从子叶柄上方切断上胚轴；

（c）插入接穗并扎紧

1—上胚轴；2—子叶；3—子叶柄；4—下胚轴；5—胚根

（二）芽接

凡是用芽为接穗的嫁接称芽接。芽接一般在秋季进行。一般芽接后，当年成活的接芽不萌发，翌春萌发抽枝。芽接较早的树种，当年萌发生长，入秋能够木质化为宜，否则难于越冬。

1. 丁字形芽接

又称"T"形芽接或盾形芽接，是芽接中应用最广泛的一种方法。这种方法需要在树木离皮时应用。

削芽片：将枝条正握手中，用芽接刀去掉叶片，留叶柄，于芽上方 0.5~1cm 处横切一刀，深达木质部，再于芽下方 1cm 处下刀，向上平削，直至与横切口交叉为止，用手指捏住两侧，略加左右摆动，即可取下芽片，芽片宽度 1cm，呈盾形，注意芽片保湿。

切砧木：在距地表5cm处，选光滑一侧，先横切一刀，刀口长度与芽片宽度相适宜，再直切一刀，长度与芽片长相适，呈"丁"字形。用刀骨柄挑开皮部，迅速将削好的芽片插入砧木，使盾形芽片上端与砧木切口上边对齐，然后用塑料条捆绑切口，注意留出芽和叶柄（见图4-15）。

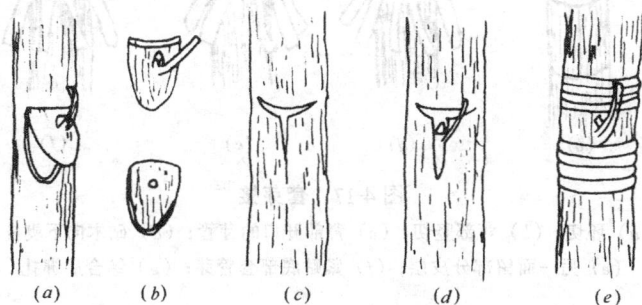

图4-15 丁字形芽接
（a）取芽片；（b）芽片；（c）切砧木；（d）插入芽片；（e）绑扎

2. 方块芽接及"I"形芽接

方块芽接又称嵌芽接。适用于一些皮厚或芽片不易成活的树种。如核桃、柿树有时应用。因操作不方便，实际中应用较少。

操作方法：将砧木及接穗均削取正方形或长方形，将去皮的砧木贴上同样大小的芽片，绑严即可。

"I"字形芽接：将砧木切成"I"字形后，不去皮，嫁接时将皮向两侧挑开，插入接片，包好即可。这种嫁接又称双开门芽接（见图4-16）。

3. 套芽接

套芽接又称环状芽接、管状芽接、带帽接、哨接。此法要在树皮容易剥离季节进行，榆叶梅、无花果、核桃等树种有应用。

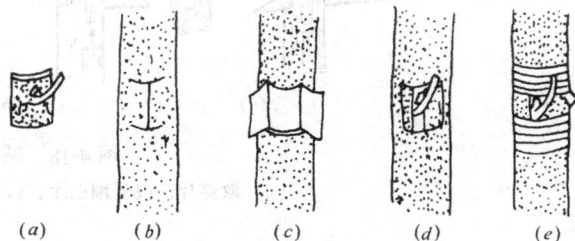

图4-16 "I"形芽接
（a）取芽片；（b）切砧木；（c）扒开皮部；
（d）插入芽片；（e）绑扎

操作方法：一种是先剪去砧木上部，然后沿四周纵切数刀，长约3cm，剥开皮层，选同样粗细的接穗，在芽上方1.5cm处剪断，再于芽下端1.5cm处用刀环切，深达木质部，用手轻轻扭动，拧下带芽套管，套于剥开的砧木上，切口对齐，将砧皮向上包好。第二种方法是砧、穗粗细不一致时采用。方法是在接穗芽的上下各1～1.5cm处环形切断皮层，再于芽背后竖切一刀，将套管芽剥下，剪断砧木，纵切数刀，并剥开皮层，若砧木粗时，可适当留一部分砧皮不剥，然后将开口的套管套在剥开的皮层处，再把砧皮向上包好捆紧，注意把接芽露出（见图4-17）。

4. 贴芽接

又称削芽接、带木质部芽接。这种方法能够在砧木和接穗皮层不易剥离时使用，因此应用较广泛，操作简便，成活较好。

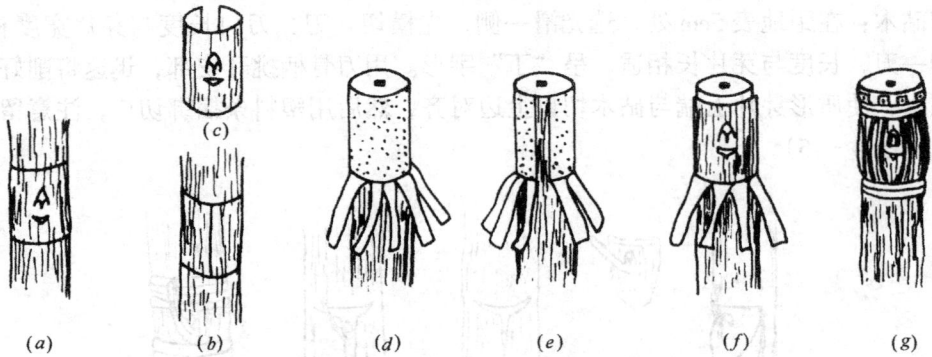

图 4-17 套芽接

(a) 环切；(b) 背部竖切；(c) 背部开口的芽管；(d) 砧木向下剥皮；
(e) 另一面留部分皮层；(f) 紧贴底部套管芽；(g) 结合后绑扎

操作方法：削取芽片时最好倒拿枝条，先从芽上方 0.5～1cm 处稍带木质部向斜下方切一刀，刀口长度 2cm 以上，再于芽下方 1cm 处向斜下方削切第二刀，角度较第一刀要大，两刀切口交叉后即可取下芽片。选择砧木适当部位的光滑面，按切削接芽片方法，削去同样砧片。然后将芽片插入切口，注意二者形成层对齐，用塑料带绑扎（见图 4-18）。

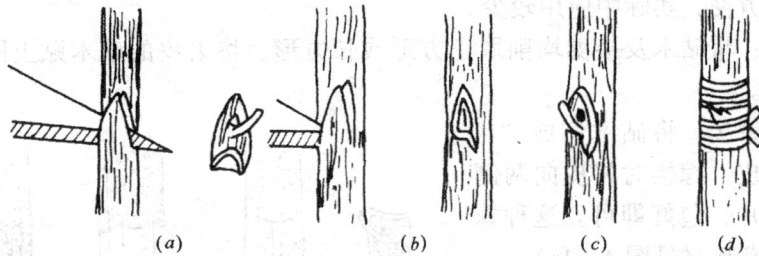

图 4-18 贴芽接

(a) 取芽片；(b) 削砧木；(c) 插入芽片；(d) 绑扎

（三）草本植物及仙人掌植物嫁接

草本植物嫁接，一般在生长季节进行，主要用劈接方法培养塔菊和大立菊等。很多草本植物的组织都能产生薄壁细胞，故嫁接容易成活。草本植物嫁接后，接口处要用塑料带或柳皮套等柔软物绑紧，如果需要保湿，可以进行套袋，待愈合后脱去。

仙人掌类植物，已经肉质化的茎，构造与一般植物不同。嫁接时砧木与接穗的维管束必须相接才能成活。5～6月份是嫁接的较好时间，此时植株已开始生长，成活较快。而且湿度不过大，接口不易腐烂。

仙人掌类植物常用的嫁接方法有平接法、劈接法和斜接法等。

1. 平接法

适于柱状和球形种类应用。嫁接时将砧木在适当高度处水平横切，为防止切后断面凹陷，可用刀将茎四周斜削，然后将接穗下部也进行水平横切，切好后放于砧木切面上，注意使砧、穗二者维管束相接。当维管束粗细不一致时，应稍偏一侧，避免放置成同心圆。

嫁接后用绳绑扎固定（见图 4-19）。

2. 劈接法

常用于嫁接蟹爪兰等扁平茎节的种类。首先将砧木留适当高度横切，在其顶部中心向下直切 1～2cm 的切口。将接穗下端两面削成楔形斜面，使维管束露出，将削好的接穗插入砧木髓部，使维管束相接对齐，并用竹针或仙人掌长刺插入相接处，使接穗固定（见图 4-20）。

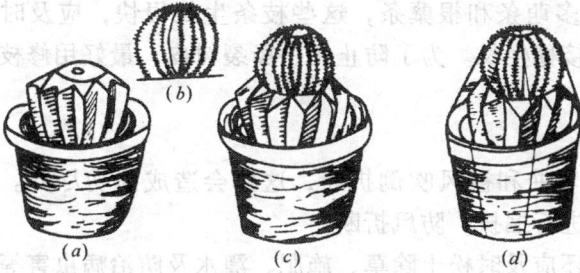

图 4-19　平接法
（a）削砧木；（b）削接穗；（c）结合；（d）绑扎

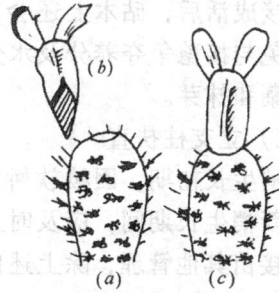

图 4-20　劈接法
（a）削砧木；（b）削接穗；（c）结合

3. 斜接法

一种快速成形方法，主要用于偏平接穗。可以在一个砧木上接几个接穗。嫁接时可以选刺座部位向髓心斜切几刀，每刀插入一个接穗，针刺固定。

嫁接后将盆放在温暖、无直射光处，约一周后即可成活。嫁接能否成活，与砧木、接穗是否紧密接触有关，因此嫁接时应绑紧，必要时可以用重物"加压"，待成活后松绑。

七、嫁接后的管理

（一）检查成活及解除捆绑物

1. 检查成活日期

枝接和根接苗木，嫁接之后 20～30d 进行成活检查，芽接在嫁接之后 7～15d 检查是否成活。

2. 成活的标准

芽接时如留有叶柄，检查很方便，凡是用手一触，叶柄即脱落者，表明已经成活，干枯不脱落者，说明嫁接未活。无叶柄者，则需松开捆绑物，凡芽保持新鲜，饱满、并已产生愈合组织，表明已成活；凡芽干缩或变黑腐烂，表示未活，未活植株，可于翌春枝接补接。已成活植株应及时解除绑扎物，秋季芽接苗，当年芽不萌发，可以在翌春松绑，避免接口被风吹及人为损伤。

枝接检查时，如果接穗上的芽新鲜饱满，甚至萌动生长，接口处产生愈合组织，表示已活。若接穗干枯或变黑腐烂，表示未活，未活植株，可以在砧木基部重新培养萌蘖枝，选择一根直立健壮枝条，于夏秋季节用芽接法补接。

接穗成活后，待砧、穗结合部位已愈合牢固，可及时松绑，避免出现缢伤。但也不宜过早，避免接口处因风吹或人为损伤而折断接穗。嫁接时埋土封堆的植株，当成活的新芽伸出土埋后，要及时分次扒开覆土，并注意保护新生的嫩芽。

（二）剪砧和去蘖

剪砧就是在嫁接成活之后，从接口以上将砧木剪掉，以利于接穗的生长。用腹接、靠接、芽接法的嫁接苗，嫁接成活后，都需要剪砧。一般树种采用一次剪砧，嫁接成活后，于春季开始生长前将砧木剪掉。对嫁接成活较困难的树种，如腹接五针松、龙柏等，可采取多次剪砧方法。靠接法嫁接山茶、桂花等，可采取二次剪砧法，第一次剪除一部分枝条，再经过 1～2 年后，将保留部分剪掉。

嫁接成活后，砧木上还会萌生出许多萌条和根蘖条，这些枝条生长很快，应及时除去，避免与接穗争夺养分及水分，影响接穗生长。为了防止用手撕裂树皮，最好用修枝剪进行除蘖和抹芽。

（三）立支柱扶直

新梢生长初期，因枝软娇嫩，容易弯曲和被风吹倒折断，这样会造成前功尽弃。因此，在新梢生长期间，应及时立支柱，进行捆扶，防风折断。

嫁接苗其他管理，除上述内容外，还应及时松土除草、施肥、灌水及防治病虫害等。

第四节　压条繁殖

压条繁殖是将未脱离母体的枝条压在土壤中，使被压部分生根后，再从母体上切断，成为独立的新植株。这种方法称为压条。

一、压条繁殖的特点

压条繁殖时，在生根期间，枝条不与母体分离，被压枝条所需要的养分、水分由母树供给，因此，生根快而可靠，成活率高。

多数压条方法较简单，不需要特殊的养护条件。压条多适用于丛生及枝条较长的匍匐性灌木及生根较困难的树种。但这种方法占地面积较多，生根时间长，受母本限制，繁殖数量较小，高空压条较费工。

二、压条时期及枝条选择

根据压条时期不同，可分为生长期压条和休眠期压条。生长期压条，华北地区一般是在 7～8 月进行，常绿树种南方多在霉雨季节进行。落叶树种休眠期压条，一般在早春 2～4 月刚开始生长时进行。休眠期压条应选择一年生枝，生长期压条选用当年生枝，枝条应成熟。

三、压条方法

根据树木种类及生长特性，埋压状态与部位等不同，可将压条分为地面压条、培土压条和空中压条。

（一）地面压条

将母株的枝条弯曲地埋入土中，使被埋部分生根后与母株分离，成为独立植株。根据埋土及弯曲形式不同，又可分为三种方法，即普通压条、水平压条和波状压条。

1. 普通压条法

又称单枝压条。是最常用的一种方法。适用于枝条离地面较近，而且容易弯曲的植物，如连翘、迎春、葡萄、夹竹桃、大叶黄杨等及大部分花灌木类。方法是在母株中选靠近地面的 1~2 年生枝条，弯曲地埋入土中，压埋深度 10~20cm。近母株一侧挖成斜面，使枝条与土壤密切结合，远离母株一侧挖成垂直面，引导新梢向上生长。顶梢应露出地面。地下被埋压部分，可以用刻伤或环剥办法处理枝条，以刺激生根。还可用钩形树叉固定被压部分，待生根后截断与母株联系，成为新植株（见图 4-21）。

2.水平压条法

又称连续压条法或沟压法。适于藤本或蔓性植物，如葡萄、紫藤、连翘等。方法是选生长健壮的 1~2 年生枝条，枝条靠近地表且具有一定长度，开沟将枝条平放埋入沟内，并用竹钩或木钩固定。待枝芽萌发出新枝，每个枝段生长新根后，将两新枝之间相连的地下枝条切断，形成若干新株。此法虽能获得较单枝压条数量多的苗木，但操作麻烦、费工，且新生苗木生长不一致，因此生产上应用较少（见图 4-22）。

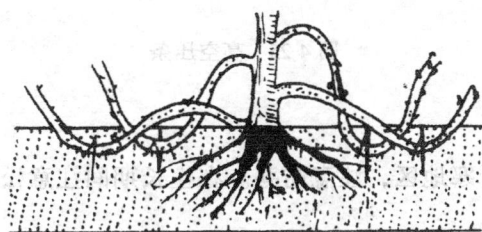

图 4-21　普通压条法　　　　　　　　　　图 4-22　水平压条法

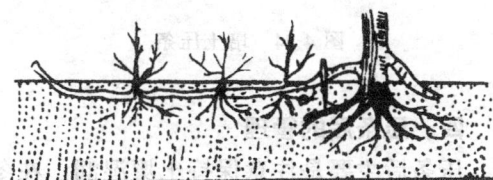

3.波状压条

适用于枝条较长而柔软的植物或蔓生植物，如葡萄、地锦、长春藤等。方法是将枝条呈波浪形压埋入土中，以后露出地面的枝条上发出新的枝条，埋入土中的部分生长出不定根，待成活之后逐一切断相连的波状枝，形成各自独立新植株（图 4-23）。

（二）培土压条

又称埋土压条、壅土压条、直立压条、萌蘖压条。此法适用于萌蘖性强及丛生性的树种，如贴梗海棠、八仙花、无花果、杜鹃等。方法是在春季萌芽前，将母株枝条从基部截去，促其萌发出多数枝条。当新枝长至30~40cm 时，将新枝基部刻伤，然后埋土，待枝条生根后，于翌春扒开土堆，切离栽植（见图 4-24）。

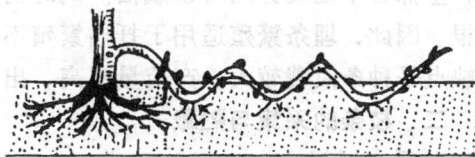

图 4-23　波状压条

（三）高空压条

又称空中压条法。适于基部不易发生萌蘖枝条或树体高大，枝条不易弯曲的树种，如夹竹桃、栀子花、橡皮树、桂花、米兰等。高空压条一般在春季萌芽前进行，也可在夏季生长期间进行。早春选 1~2 年生枝条，将被压部分先进行环剥或刻伤，然后用对开竹筒、花盆或塑料袋捆于枝上，内填湿润肥沃的腐殖土或苔藓湿物。注意经常保湿，防止过干影响生根或新根缺水死亡。必要时立好支架，以防折断。待秋季将生根的新枝分离母株，再移栽于花盆或圃地（见图4-25）。

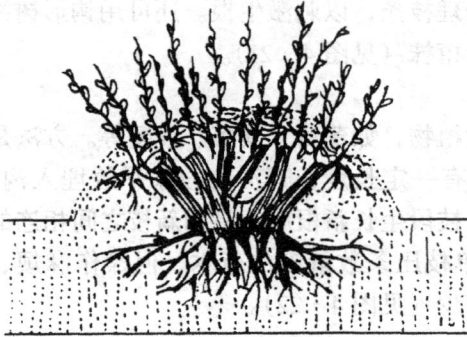

图 4-24　培土压条

图 4-25　高空压条

四、压条后的管理

压条后主要是注意保持土壤湿润。在冬季严寒地区，注意防寒。在生长期间注意松土除草，使土壤疏松，通气良好，以促进生根。

压条繁殖，切离母株的时期，应在形成良好的根系后才能分割，较大的枝条，可以分2~3次切割，避免分割过早影响成活。

第五节　埋条繁殖

埋条繁殖是用生长健壮的一年生枝条，水平埋入土壤中，促进生根发芽的成苗方法。

一、埋条适用范围及特点

埋条繁殖，因为整根枝条较长，营养丰富，可以多处生根及发芽，而且只要一处生根，全株若干处发芽均可以成活。同时由于枝条全部埋入土中，减少了水分的蒸发，有利生根。因此，埋条繁殖适用于扦插繁殖不易生根的树种，如毛白杨、新疆杨等。这种方法的缺点是种条浪费较大，产苗量不高，出苗不均，根系不集中，操作也较费工。

二、枝条的采集与贮藏

1. 采条时间

秋季落叶后采集。此时枝条内部营养丰富，水分充足，采条太晚易受风干失水。采条时选1年生健壮枝条，以芽多、饱满的一年生平茬条为佳。这种枝条阶段发育年轻、容易生根。

2. 贮藏

采回的枝条需要进行整理，除去弯曲、病虫害枝，剪去梢部，然后按粗细分级打捆，一般每捆50条，平放于假植沟内，用土埋好，待翌春备用，每沟最多两层，以防春季发热霉烂。

三、埋条方法

埋条的圃地要预先翻松整平，最好作畦，以便埋条后灌水方便。

埋条时期因树种及地区环境而异，一般在春季进行，京津地区在3月下旬至4月中旬为宜，以芽萌动之前埋条为好，具体方法分平埋法和点埋法。

（一）平埋法

在已经整好的苗床上，按行距顺床开沟，沟深3～4cm，宽6cm左右，沟底要平，把枝条放入沟内覆土。枝条摆放时，应注意首尾相接，并有少部分重合。也可以双条排列，平放于沟内，摆好后覆土1～2cm，并及时灌水（图4-26a）。

（二）点埋法

点埋法开沟深度及宽度均与平埋方法相似，只是埋土时按一定距离进行。枝条放入沟内后，除将首尾相接之处用土盖严之外，沟内每隔30cm左右，在枝条上堆一土堆。两土堆之间留1～2芽不埋土，因温度高，有利发芽。土堆高约10cm，土堆应压实，避免灌水时塌陷埋盖外露芽，点埋法出苗快而整齐，定苗方便，但操作麻烦，效率低，比平埋法费工（图4-26b）。

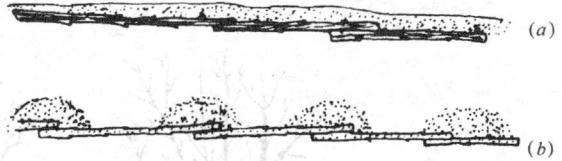

图4-26 埋条法
（a）平埋法；（b）点埋法

四、埋条后的管理

（一）浇水与扒淤

浇水保湿是埋条育苗成败的重要环节。在埋条生根之前，必须保证地表埋条部位的湿润，浇水间隔期不能过久，视土壤干湿情况而定，大约一个星期浇一次水。

浇水时应尽量做到流水缓慢，一旦出现埋条被水冲出而裸露时，要及时覆土，对因浇水淤积，土壤过厚之处，应及时进行扒淤，以保证枝芽萌发出土。

（二）间苗、培土和追肥

埋条发芽出土后，当苗高达到20～30cm时，要进行间苗和定苗。

由于枝条的极性现象，埋条繁殖时常出现整根枝条的上半部分容易发芽，而枝条基部容易生根，造成苗下无根，根上无苗的偏根现象，因此，在苗木生长期间，应注意在苗木基部培土，促进苗木地下部位生根。幼苗长到20cm高度时，结合松土、中耕，可以在幼苗基部培土，以促进苗木加速成苗。

当苗木生长到高40cm左右，幼苗基部已开始生根后，应在行间施肥，结合培垄，将肥施入土壤。

（三）抹芽与断枝

苗木生长期间，经常发生腋芽大量萌发，为了促进苗木直立生长，应及时将侧芽、侧枝抹除或剪掉。直到干高达到1.5m左右，才可以留侧枝。

秋季，苗木形成完整的根系之后，可以切断地下老枝，使每个地上枝干形成独立的植株。

第六节　分　株　与　分　蘖

分株、分蘖在一些专著资料中视为一个概念，有的将二者统称为分株苗或根蘖苗。分株与分蘖二者共同点，都是利用植物的分生能力进行繁殖的一种方法。在生产中仍有应用。严格地说，分株和分蘖是有些区别的。

一、分株繁殖（茎蘖分株）

分株繁殖是利用一些植物能够在茎基部根茎交界处萌生新的枝芽，人们将大丛植株分割成若干小丛，分别栽植，形成若干新植株，这种方法属于分株繁殖法。这种方法是依茎基部的分生能力较强的特点进行繁殖的，可称为茎蘖繁殖。园林生产中，一些丛生花灌木，如黄刺梅、玫瑰、珍珠梅、牡丹等都可以采用分株繁殖。

分株繁殖季节，分春季分株和秋季分株。具体应根据不同树种而定，春季开花的植物，可以在秋后分株，而夏季、秋季开花的植物，应在早春萌芽前进行分株（见图 4-27）。

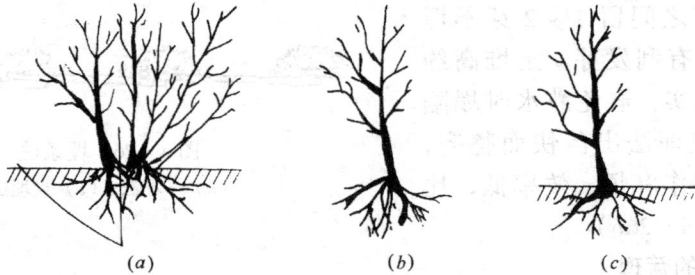

图 4-27　分株繁殖
(a) 切割；(b) 分离；(c) 栽植

二、分蘖繁殖（根蘖分株）

分蘖繁殖是利用一些树木周围的根系能萌生幼苗的特点，将幼苗从母本植株上分割下来，栽植成新植株的方法，这种方法属于根蘖法。园林树木中，具有根蘖力的树种很多，如毛白杨、香椿、桑树、构树、刺槐、臭椿等。

根蘖法繁殖可以在秋末或早春进行。将根蘖苗带根挖出之后，经适当修剪，然后栽植即可（见图 4-28）。

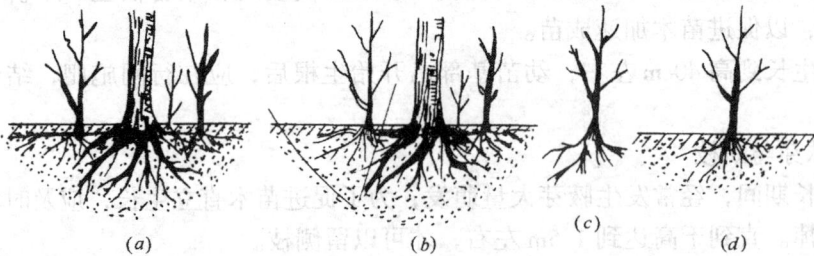

图 4-28　根蘖分株
(a) 长出的根蘖苗；(b) 切割；(c) 分离；(d) 栽植

122

复习思考题

1. 简述无性繁殖的概念。
2. 影响插条生根的环境因素有哪些?
3. 促进插条生根有哪些方法?
4. 影响嫁接成活的因素有哪些?
5. 枝接包括哪些方法?
6. 叙述切接的操作过程。
7. "T"字形芽接的技术要领。
8. 普通压条法的操作过程。
9. 埋条后如何管理?
10. 哪些园林树木适用分株繁殖?

第五章 苗木的移植

第一节 苗木移植的意义

移植、移栽是同义词，是指在一定时期把生长拥挤的较小苗木起出来，在移植区内按规定的株行距栽种下去。这一环节是促使苗木优质高产和提高定植成活率的重要措施之一。

园林苗木比一般造林苗木要求高，既要求树种多，规格大，又要求树姿美和定植成活率高等。为此，培育苗木必须进行必要的移植工作。尤其在北方，对需防寒的苗木掘下假植后，以及繁殖苗掘下后都需进行移植，因此移植工作在育苗工作中是一项工作量很大的工序。

苗木移植这一技术措施，在育苗生产中具有重要的意义。

一、增大苗间距离，扩大营养面积

城市园林绿化中，选用的树种、品种繁多，有常绿、落叶乔木、灌木、果树、藤本、竹类、草本植物及各种造型的树木等等。其生长习性不同，有的喜光，有的耐阴；有的生长快，有的生长慢。大多数树种，在幼年时较喜阴或耐阴，一般需要密植，而且幼苗的生长所需营养面积小，密植可提高单位面积产苗量。但当苗木长到一定时期，必须进行移植，增大苗间距离，扩大营养面积，改善苗木的通风、透光条件，保证苗木地上和地下部分正常生长。

二、培育高质量苗木

园林苗木要求有较好的树姿树型，一般自然树型的苗木质量标准要具备三个条件，即根系、树干和树冠三者都应分别达到预定要求。而要达到这些标准，必须采取的重要措施之一就是移植。

（一）促使形成良好的有效根系

苗木有强大的根系才能保证栽后成活率高，生长旺盛，很快恢复树势，长成理想树型，发挥绿化效应。而这种良好的有效根系是在苗圃中培养的。所谓有效根系，是指在地表附近形成主根、侧根和须根所构成的根系整体。主根直立向下起固定苗木和冬季吸水防止哨条的作用；侧根和须根水平延伸，扩大吸取养分的面积和增强雨季呼吸能力，使苗木旺盛生长。这样理想的根系只能在苗圃中经过几次移植才能形成。不经移植的所谓"懒床苗"，根的分布既少且深，或偏于一侧，无完整的有效根系，栽后不能保证成活。而移植苗主根被切断，促进了侧根和须根生长，根茎比值大，有利苗木生长，可提前达到苗木出圃规格，也有利于提高园林绿化种植施工时的成活率。

（二）苗木规格整齐

移植可以做到合理密植，不仅节省土地，还能养成直而光洁的树干。在苗圃有限的土地上，要育出大批量的苗木，只能通过调整行株距来解决。苗木生长到一定时期后，若不移植，在过密的情况下必会导致两极分化，大苗徒长，小苗则因光照、水肥受阻，日趋弱小，以至死亡。而在合理的密度下，苗木齐头并进，争光上长，加以及时修剪去蘖，树干即能养成光滑通直，使培育的苗木规格整齐，枝叶繁茂。

（三）促成优美树姿

冠丛是构成优美树姿的主体。而行株距的大小，对冠丛的影响极为密切。落叶乔木栽植过密，则主干太高，骨干枝受阻，冠形歪斜偏窄。常绿树过密，则下部枝叶脱落，使全冠形树姿变为露干树姿，同时使树冠失圆变为畸形。而进行恰当的移植或采用"抽稀"的办法加大行株距，生长密度合理，则会使成批苗木的高度和丛径一致，主枝分布匀称，冠丛圆满，树姿美观。

三、提高苗木的成品率

由于城市高层建筑日益增多，街道加速改造，如绿化用苗规格太小，不仅不能很快发挥绿化美化的效能，而且人为损坏太大。只有种植大规格苗，才能做到成活率高、树姿美观、迅速成荫和开花结果。只有在抚育过程中，依照各种树的个体与群类发育习性逐步调整其密度，通过一定次数的移植，才能培养出园林绿化所需要的成品苗和大规格苗木。

第二节　苗木移植的质量标准和移植密度

一、移植工作的质量标准

移植苗木的质量标准主要从两个方面衡量，即成活率与整齐度。

（一）成活率

提高移植苗的成活率是最大的节约，反之，成活率低则是最大的浪费。

苗木成活的重要环节，是苗木要有供发芽生长的有效根系。提高和保护好苗木的良好根系的重要措施之一，就是不使苗木根系暴露在日光下或受干风吹袭，特别是常绿小苗，第一次露根移植时，必须浸泡在水中，随栽随取。还可将掘下的露根苗置于密封车或密封箱中，并洒清水保湿。

根系栽植状况与生长的关系极为密切。栽植过深，缓苗慢，生长势弱，一些喜干树种到雨季积水高温的情况下，根系易腐烂。如柿子、太平花、黄杨、丁香、黄栌等都有这类情况。栽植过浅，根系暴露在外，也易失水干枯而死亡。此外，对过长之根，移栽前应行剪短，埋入土中时根系不能卷曲，否则，生长慢，抗逆性减弱，极易死亡。

（二）整齐度

要求移植的苗木，规格要整齐划一，栽植要横竖成行。这样不仅便于修剪整形、除虫打药等养护管理工作，也有利于机械中耕和掘苗。栽植行距不准，苗木规格不一，耕作管理不便，操作中易对苗干造成创伤，从而加大了废苗率，降低劳动生产率，给苗木生产带来经济损失。

二、移植的次数、时间和密度

（一）移植的次数

苗木移植后培育时间的长短，取决于经营的目的和要求，以及树种的生长速度等。一般为 2~3 年到 5~6 年，有的需要 8~9 年，甚至 10 年以上。而且随着年限的增加，有的还需要多次移植以不断地加大其营养面积。一般说来，园林里应用的阔叶树种，在播种或扦插苗龄满一年时即进行第一次移植。以后根据生长快慢和株行距大小，每隔2~3年移植一次，并相应地扩大株行距。常绿树的幼苗需要移植两次，这是因为常绿树的幼苗群生性强，过早就加大行株距，既不利于幼苗生长发育，也浪费土地。目前生产单位对普通的行道树、庭荫树和花灌木用苗只移植二次，在大苗区内生长2~3年，苗龄达到3~4年即行出圃。而对一些特殊要求的大规格苗木，常需培育5~8年甚至更长，这就需要两次以上的移植。对生长缓慢、根系不发达而且移植后较难成活的树种，如栎类、椴树、七叶树、银杏、白皮松等，可在播种后第三年开始移植，以后每隔3~5年移植一次。苗龄8~10年，甚至更大一些方可出圃。

（二）移植时间

应根据当地气候条件和树种特性而定。在北京地区的气候条件下，苗圃中移植幼苗以春季为主；秋季移植，只限于抹干苗和个别大抹头的抗性强、适应能力强的树种中的大苗。雨季移植幼苗，因温度高、蒸发量大，成活率不稳定，一般很少采用，只有个别树种如桧柏的一年生苗可在雨季移植。

1.春季移植

春季是适合各树种移植的大好时期，所以是主要的移植季节。一般春季移植宜早，在土壤解冻后立即开始，尤其是针叶苗，早春移植，土壤水分条件好。当地上部分开始发芽时，根系已得到初步的恢复，开始吸收水分供给苗木生长需要，使苗木体内能保持水分平衡，苗木容易成活。春季移植的具体时间，还应根据树种发芽的早晚来安排，一般讲，发芽早者先移，晚者后移。

北京地区春季移植常绿树幼苗，如实行小苗露根移植方法，以4月上旬"清明"前两三天为宜；移植带土球的常绿树，则可迟至4月中旬栽完。移植落叶乔、灌木的时间，应按苗木发芽先后确定，发芽较早的树种如杨柳、果树类，应于3月底以前栽完；发芽晚的乔、灌木如国槐、龙爪槐、白腊、柿树、花椒、悬铃木等，应于4月上旬栽完。

南方春季移植开始较早，大部分都在3月份，有些地区在3月以前即进行移植。金钱松、柳杉要早移，樟树、枫杨、喜树等移植不可过早，应在开始发芽前进行。

2.秋季移植

在秋季温暖、湿润地区，可秋季进行移植。在苗木地上部分停止生长后即可进行，因这时根系尚未停止活动，移植后根系可以得到恢复生长。但应尽早进行，在后期移植的效果不好。北京地区秋季移植的苗木，以抹干苗为主，如刺槐、臭椿等，一般应在11月上中旬栽完，栽后应立即灌水，待土壤稍见干时要及时向其根部培土防寒。

3.夏季移植

夏季雨水集中的时节是移植常绿树种的最适宜时期，北方移植针叶常绿树类常在雨季开始来临时移植；南方移植阔叶常绿树类以霉雨初期为好。

（三）移植的密度

移植苗的株行距取决于苗木生长速度、苗冠和根系的发育特性、苗木的喜光程度、苗木大小，培育年限、抚育机具和气候、土壤肥力等。在保证苗木有足够营养面积的前提下必须合理密植，以充分利用土地，提高单位面积产苗量。一般针叶树的行株距比阔叶树要小些；苗冠开展，侧根及须根发达或培育年限较长者，行株距应大些，反之应小些；以机械化进行苗期管理的行株距应大些，以人工进行苗期管理的行株距应小些。快长苗的适宜株行距是第一年稍稀，第二年合适，第三年经修剪整枝尚能维持，第四年即能达到出圃规格。慢长苗第一年稍稀，第二年合适，第三四年郁闭，第四五年再行第二次移植，移植2～3年后出圃。

各类苗木的移植行株距参考表5-1。

各类苗木的移植行株距简表

表5-1

项　　　　目	第一次移植（cm）	第二次移植（cm）	说　　　明
常绿树大苗	150×150		结合出圃抽稀
常绿树小苗	30×20（床心内）或40×30	70×40或80×50	绿篱用苗1~2次，油松、白皮松类2~3次
落叶快长树苗	110×90或120×80		如杨树
落叶慢长树苗	80×50	120×80	如国槐树
花灌木树苗	80×80或80×50		如丁香、连翘
仁果类树苗	120×50	120×80	如桃、苹果
核果类树苗	120×100（80）		如核桃
攀援类树苗	80×50或60×40		如紫藤、地锦

第三节　移植用地的准备

苗木移植前的用地准备，主要应围绕着如何改善土壤理化性质和利于苗木移植与日后管理等内容而展开，同时应实施种植土回填和轮作等措施。

一、回填种植土

苗圃地除常绿树带土球出圃耗损肥沃表土外，冬季风蚀和夏季雨水冲刷也会造成土壤流失，另外人为挖铲外运也很难免，这些都会造成圃地亏土，因此种植土的回填补偿是十分必要的。补偿之土应为农田耕作土壤或可供种植的熟土，深层的生土或房基土、灰沙、炉渣土均不能使用。对回填补偿的数量可按实际出方量算出，也可于苗区四周设固定水泥桩，标出地面高程，用水平仪逐年观测记载，并据此算出需回填的土量，在土地休闲时补偿。

土地休闲时期，一般多因春季出圃，腾地较晚已过育苗季节，或假植苗木用地已不能育苗，或有计划地保留部分休闲土地。春季休闲的土地，可种植绿肥作物，待夏季生长旺盛开花时节，将绿肥植物翻入土中，以增加土壤有机质。对休闲地的翻耕次数，一般休闲半年者可进行两次，全年休闲的土地可进行三次。休闲耕地可只耕不平整以晒垡晾墒，使其充分风化，但最后一次要精耕细整，以备栽植。

二、轮作

一般苗木均应换茬轮作，因连作同一树种其消耗肥料相同，容易使地力减退，同时病虫害增多，影响苗木生长发育。若系带土球挖苗出圃，表土耗损更大，肥分锐减，苗木栽后长期生长缓慢，因此，除加强施肥补充地力外，实施轮作也是重要措施之一。

育苗地的前茬对新栽苗木的生长影响很大。如栽植过丁香等须根多的灌木，土壤疏松细软，用来栽植常绿树小苗或作毛白杨等埋条繁殖用时，成活率较高，发芽生长旺盛。但如与毛白杨连作则生长势锐减。一般来说，乔木应与灌木轮作；常绿与落叶树种轮作；有根癌或有某种恶性病虫害的树种更应轮作。

三、移植地的粗整与施肥

（一）粗整地

是对使用过的土地进行初整。如出圃土球苗后，地面上遗留下许多坑洞，或因掘苗出圃造成地面不平，因此应先行粗整一次，将坑穴填平，或对灌水不利的凸凹地进行整平。

（二）施基肥

土地空出后至移植前，对土地应施基肥。因为移植苗栽后的第二年生长最旺，耗肥量最多，如仅进行追肥而不施基肥，就会造成地力减退，苗木瘦弱多病，易出现"小老苗"等现象。基肥以迟效肥为主，如在腐殖质有机肥中掺入骨粉、毛皮屑、锯末等，也可与过磷酸石灰、硫铵等化肥混合后翻入土中。在施肥过程中，可混合防病虫的药剂施入，以消灭地下害虫。

四、耕耙平整

将基肥撒施于地面后即进行翻耕，翻耕深度宜在30cm以上。大苗可深些，小苗可浅些；秋耕或休闲地的初耕可深些，春季或二次翻耕可浅些，耕后用耙将土块打碎，然后进行平整。

平整土地时可先打出边线，修整好四边，使其与附近苗区地边平直，水平度一致。如栽植小苗时应仔细平整，以利排灌。平整时可同时做好垄道、排水沟及步行道，并与全圃的排灌系统和道路系统连通。

第四节　移植技术措施和方法

一、移植前的准备

移植前要做好土地、劳力、苗木的准备工作。需要移植的苗木应做到：随起苗、随分级、随运送、随栽植，在移植过程中必须保持根系湿润，切勿晒根。

为了减少苗木分化，必须分级移栽，移栽前要对根系和枝叶进行适当修剪，保留一定的根系长度，小苗要求15~20cm，苗龄较大时根系适当加长。深根性苗木可将主根剪短，以促使多发须根和便于移植。过长的根和损伤的根也应适当修剪。常绿阔叶树苗为减少蒸腾可剪去部分枝、叶。萌芽性强的树种地上部分可适当修剪，也可截干移植。针叶树大苗露根移植不易成活，移栽时应带土坨。

二、移植方法

移植包括起苗和栽植两个步骤。

（一）起苗（挖苗）

1.裸根挖苗

一般落叶阔叶树种在休眠期移植时均采取裸根挖苗的办法。挖苗时，依苗木的大小，按一定的保留苗木根系规格（一般二三年生苗木保留根系直径为30~40cm），在此范围之外下锹，锹稍向内斜切根下，沿保留根系规格要求，切断周围一圈根系多余部分，提起树干，起出苗木。挖苗工具要锋利，切口齐整平滑，不要劈裂和撕裂主根。苗木起出后，抖去根部宿土，尽量保留完整的须根。杨树、柳树、国槐、悬铃木等都可用此法起苗。

2．带宿土挖苗

落叶针叶树及部分移植成活率不高的落叶阔叶树种需进行带宿土挖苗。挖苗方法同上，区别是苗木挖出后少抖掉些泥土，保留根部护心土及根毛集中区的土块，以提高移植成活率。

上述两种挖苗方法可用机械代替，常用的是起苗犁，挖苗速度快，效率高，但必须在大区域内进行，还需人工配合。起苗犁把苗木主根切断后，须由人工将苗木拔出。

3．带土球挖苗

常绿树种及规格较大的苗木或移植不易成活的树种，在移植时必须带好土球，才能保证移植成活。方法是在苗木根际周围先铲除一部分表土，以至少见须根为度（约5cm厚），然后按一定的土球规格顺次挖去规格以外的一部分土壤，并稍向内斜切根下，待四周挖好后，再将苗木主根（直根）切断，连同土球一起提出。土球规格以二三年生苗木为例，直径约30～35cm，厚度为30cm。如苗木要求质量高，或在长途运输、土质疏松等情况下，土球挖出后还要进行包扎。可用草绳自根部（根颈）开始向下通过土球底部绕扎6～8圈，或装入蒲包内，以免土球散开；也可用塑料布临时包扎，种植时解除。

（二）栽植

1．沟植法

按移植的行距开沟，将苗木按株距排列沟中，填土踩实。开沟深度应大于苗根深度，以免根部弯曲。此种方法一般用于移植小苗，适用于根系发达的苗木移植。

2．穴植法

人工挖穴栽植，成活率高，生长恢复快，但工作效率低，适用于大苗移植或较难成活苗木的移植。移植时按预定的行株距挖穴，植穴直径和深度应略大于苗木的根系。栽时一人扶直树苗，一人填土，并将填入之土踩实或用木棒夯实。露根苗木的根在植穴内要舒展；带土球苗栽时要将包扎物拆除或剪开，使根系接触土壤。覆土后踩实时，不可将土球踩碎，应踩在土球与树穴空隙处。覆土深度以比原有土印略深，以免灌水后土壤下沉而露出根系，影响成活。

3．缝植法

适用于小苗和主根长而侧根不发达的苗木，移植时用铁锹开缝，随即把苗木放在适当位置，使苗根舒展，然后压实土壤。用此法移植时，注意不要使苗根变形。

三、移植苗木的注意事项

（一）假植苗木早出土

在假植沟中埋土防寒过冬的杨、柳苗木，春季气温回升后，应提早扒除覆土，将苗木直立在假植沟中，以免扒土过迟使苗木在假植沟内发芽，降低移栽的成活率。

（二）扒运苗木要精心

扒运苗木时，应严格区分树种，品种和等级，不可混杂。装运苗木时要保护好树冠，切勿损伤幼芽、擦伤枝头和折断树根。

（三）保护苗根是关键

裸根移植成活的关键在于保护好根系。无论常绿树小苗或各种落叶树，从挖苗到栽植，务必使根部保持湿润，防止失水干燥。在移栽过程中，尽量缩短苗根的暴露时间，最好是随栽植随扒苗随运输。不能立即栽植的苗木，应在地头临时假植，将根埋上土或用席子覆盖好。移栽常绿树小苗应放入塑料袋、湿蒲包、塑料水桶或木箱等容器内，栽一株取一株。

（四）打线定点保规整

根据计划的行株距打线定点，按点挖穴。移植的苗木，应选用一二级苗（秆粗、株高的为一级苗，二级苗稍次），除珍贵苗木之外，一般不栽三级苗。三级苗，应继续培育达到较高规格时再移栽。

（五）挖掘树坑要规范

栽植苗木的坑穴，应略大于苗木的根系或土球，使苗木的根系在坑内能舒展。如根过长或有伤或劈根时，应进行修剪。坑的上下直径应大致相同。栽植带土球苗木，应先将苗木放入坑内再打开包装物，然后埋土。

（六）栽植苗木须精细

苗木栽植的深度一般应较苗木的原土痕印稍深 1～2cm。栽植时，填土应分两次进行，将土壤至穴深的 1/2～2/3 时，应将苗木向上稍提一下，使其根系舒展向下，然后再继续填土。填完土要用脚踩实。如系带土球苗木，应沿土环外环踩踏，以免踏碎土球。栽好的苗木，应横竖成行，高矮一致。

第五节 移植后的管理

苗木移植后的抚育管理工作主要包括病、虫、草的防治和灌水、施肥、中耕除草、整形修剪等内容。本节介绍其中部分内容，其他管理内容可参照第六章。

一、培垄灌水

浇水是保证移植苗成活的主要措施，特别是北方春季干旱少雨，蒸发量大，如果供水不足，将严重影响苗木成活率。苗木移植后应每隔 4～6 行在行间用土培起垄，以利灌水。一般要求栽后 24h 内灌第一次水，隔 2～3d 灌第二次水，再隔 4～7d 灌第三次水，灌完三水之后，可根据天气和苗木成活情况再决定是否灌水。水量不可过大或过小，水量过大，土壤变软，苗木容易倒伏；水量过小，影响成活。

二、扶苗

移植苗经灌水或较多的降雨后，苗木极易倒伏、倾斜或露根，如发生此类现象，应立即扶直、培土、踩实，否则由于苗木正在发芽生长，几天之内苗干就会变弯。扶苗时，可先将苗根附近的土挖开，将苗木扶正，找直行间和株间方向，然后还土踏实。

三、平整苗床

苗木移植后经连续三次灌溉，苗床土下陷且出现坑洼时，应及时进行平整、填土。也可结合中耕将地面耧平，以使苗木受水量一致，防止旱涝不均。同时也要将垄道、圃路、畦埂一并整好，使圃地整齐统一。

四、中耕除草

苗木移植不久，大部分土面暴露于空气当中，不仅土壤极易干燥，而且易生杂草，在此期间应及时进行中耕除草。中耕的深度依苗木根系的深浅而定。一般移植苗应浅耕，株行间可适当加深，通常 3~5cm。北京地区苗圃初夏危害的杂草约有 13 科，24 种，其中危害较大、常造成草荒的有灰菜、刺菜、菌陈蒿、萹草、泥糊菜等，其中以灰菜数量最大。除草应在上述杂草发生之初尽早进行，要坚持除小、除了。对多年生杂草必须将其地下部全部挖出，否则，将越来越难清除。

复习思考题

1. 苗木移植在育苗生产中有何意义？
2. 苗木移植前应做好哪些准备工作？
3. 苗木移植应掌握哪些技术要领？

第六章　苗木的抚育和管理

在苗木生长过程中，为保证苗木速生、优质、高产，必须加强管理。苗期管理主要内容有：灌溉和排水、中耕除草、追肥、整形和修剪、病虫害防治以及苗木越冬保护等。

第一节　灌溉与排水

一、灌溉与排水的意义

在苗木生育过程中，水分具有极为重要的意义。它的主要作用是：为细胞原生质的主要成分，使细胞保持膨胀，维持苗木正常状态；溶解土壤中的营养元素，使其被苗木吸收利用；苗木体内有机物质的合成、运输、转化等一系列的新陈代谢和生理生化作用都是在水的作用下才能正常进行。如果土壤干旱，水分不足，苗木生理机能受到阻碍，表现茎叶萎蔫、叶子发黄、生长缓慢、苗根细长，甚至全株枯萎死亡。但土壤水分过多，或排水不良，土壤通气条件不好，根系进行缺氧呼吸，将使水分和营养元素的吸收受到阻碍，导致苗木生理干旱和营养缺乏，同样造成苗木萎蔫、叶子发黄等现象；在氧气缺乏的土壤中，厌气性细菌非常活跃，由于厌气分解，在土壤中积累和还原一些酸类和有毒物质（如硫化氢），使根系中毒腐烂；水分过多，也容易引起土壤返碱。因此，只有在水分适宜的情况下，苗木才能正常生长。所以，做好灌溉、排水工作，是培育壮苗丰产的重要措施。

二、灌溉

（一）灌溉的依据

根据当地的气候条件、土壤状况和树种特性，适时、适量的灌溉。

1. 气候条件

我国北方地区，旱季和雨季比较分明。在干旱季节，要加强灌溉。晴朗多风的天气，灌溉次数要多，灌溉量应大。而雨季应少灌或不灌。我国南方虽然降水量较大，但分布不均，遇久旱不雨时，也应设法进行灌水。

2. 土壤性状

土壤性质不同，灌溉次数和一次灌溉量不一样。沙性土壤，渗水性强，保水性差，灌溉应少量多次；粘性土壤相反，宜次少量大；盐碱地应大水明灌，以利压碱；低洼地宜小水勤浇，以免沥涝。

3. 苗木特性

合理灌溉还应根据苗木特征和不同生育时期进行灌溉。

（1）苗木形态特征，直接反应需水状况。当叶色鲜绿，顶梢挺拔，根尖乳白，说明土壤水分适宜；当顶梢倾斜，嫩叶萎蔫，根尖稍白或棕黄，说明土壤缺水，应该灌溉；当根系棕褐，根尖灰暗、表皮腐烂，苗木下部的叶片发黄，说明土壤水分过多，应加强松土，进行排水。

（2）树种不同，需水量不一样。如杨、柳、桑、桦、落叶松、泡桐等，种粒小，幼苗嫩，根系浅，抗旱性差，应加强灌溉；刺槐、紫穗槐、白腊、沙枣等，根系发达，抗旱性强，应减少灌溉；油松、侧柏、白榆、元宝枫等，需水量中等。

（3）不同栽培方式，灌水量和灌水方法不同。播种后在种子发芽出土前不宜漫灌，如土壤过于干燥，可用喷壶或喷雾器喷水。幼苗稍大后可行细水缓灌，但水量要小。高垄播种苗，出苗前如土壤过干，可用小水阴沟侧灌，以防地面板结，影响幼苗出土。扦插、埋条苗的插穗和母条生根、发芽都需要较大水量，春末夏初，在北方正是气候干燥季节，必须经常灌水，保持土壤湿润，才能促使生根成活。但在灌水过程中，水流要细，水势要缓，以免被水冲出母条或冲坏垄背，影响成活与发芽。移植分根苗，由于原在土壤中的根部被截断，苗木失去了原来的地上部分与地下部分的平衡，为了促使苗木成活，必须加强根部供水。因此栽后应连续灌水三四次，中间相隔时间不能太长，且灌水量要大。这样一可大量供给苗木用水，又可起镇压土壤的作用。嫁接苗对水分的需求量不太大，尤其是接口部位不能积水，否则会使伤口腐烂。留床不动的保养苗，春季也应及时灌水，以满足苗木发芽生长对水分的要求。

（4）同一树种，不同生育时期，灌溉次数和一次灌溉量各不相同。幼苗时期，根系浅，抗性弱，对水分敏感，一般树种以保持表层土壤湿润为度，应少量多次的灌溉。对深根性耐旱树种，为了促进根系生长进行蹲苗，在保证苗木成活的前提下，应适当控制灌溉；苗木速生时期，生长迅速，需水量大，应大水灌溉，使之有湿有干，浇足灌透；但在生长后期，为防止苗木徒长，促进木质化，则应停止灌溉。

（二）灌溉方法

苗圃中的灌溉方法，主要有地面灌溉、喷灌和滴灌三种。

1. 地面灌溉

又可分为上方灌溉和侧方灌溉两种。上方灌溉又称畦灌或漫灌，多用于低床（畦）和大田平作育苗。此法优点是省水，但灌后土壤板结，通气不良，容易破坏土壤结构，灌后应及时松土；侧方灌溉适用于高床和高垄作业，由灌溉渠道把水引入步道或垄沟里，水从侧方浸润到苗床和高垄中。此法优点是灌后床面不易板结，地温高，通气好。缺点是耗水量大，尤其床面过宽、土壤质地疏松时，在床的中间部位不易浸透，灌水不均匀。

2. 喷灌

又称人工降雨。我国各地大、中型苗圃已经采用固定式和移动式喷灌设备，进行定时、定量喷灌。其优点是省工、省水、便于控制水量，可以根据苗木需要实行小定额给水，不破坏土壤结构，既可达到生理灌水目的，又可改变生态环境的效果；通过灌溉，可以压风，可以降温，可以防冻，可以洗碱；而且减少田间沟渠，提高土地利用率，田间地面不平也能灌溉均匀。在喷灌时，应根据苗木不同生育时期，选择适宜的喷头孔径，以免冲刷种子和幼苗。

3. 滴灌

是一种自动化的先进灌溉技术。它是让水沿着具有一定压力的管道系统流向滴头，水通过滴头以水滴状态浸润苗木根系范围内的土层，使土壤含水量达到苗木需要最佳状态。其优点是省水，比喷灌节约用水 30% ~ 35%，比漫灌节约用水 50% 以上，而且灌后土壤疏松，温差小，有利苗木生长。但投资高，设备复杂，只有较少的苗圃使用，且多用于塑料大棚和温室育苗。

（三）灌溉注意事项

1. 灌溉时间

每次灌水的时间，最好在早晨和傍晚，不要在气温最高的中午进行。

2. 水温与水质

水温过低对苗木根系生长不利，北方如果用井水灌溉，尽量要修建一个蓄水池，以提高水温，不宜用水质太硬或含盐类的水灌溉。

3. 灌溉的持续性

育苗地的灌溉工作一旦开始，要一直延续到苗木不需要灌溉为止，不宜中断，否则会造成旱害。灌溉的结束期，要因树种不同而异，对多数苗木而言，约在霜冻到来之前6~8周为宜（北方浇冻水除外）。

三、排水

在长江中下游地区，6月正逢梅雨期，雨量集中；华北、西北的部分地区和东北各省区，7~8月雨量过多都容易发生水涝，不利于苗木生长，需及时排水。

排水在育苗工作中与灌水有着同等重要的作用，不容忽视。排水主要指排除因大雨或暴雨造成苗区的积水。在地下水位偏高，盐碱严重地区，排水工作还有降低地下水位，减轻盐碱含量或抑制盐碱上升的作用。排水工作应注意以下问题：

1. 建立完整的排水系统

苗圃必须建立完整的排水系统，在安装排水渠系统的同时，应考虑安排排水沟渠系统。在地下水位高及盐碱地区，排水沟更为重要。

苗圃的每个作业区，每方地都应有排水沟，直通到总排水沟，将积水全部排出圃地。

2. 采用高床作业

对不耐湿的品种，如臭椿、合欢、刺槐等可采用高垄或高床作业，在排水不畅的地块应增加田间排水沟。

3. 重视雨季排水工作

雨季到来之前应整修、清理排水沟，使水流畅通，应有专人负责排水工作，及时疏通圃内积水，做到雨后田间不存水。

第二节 中 耕 除 草

一、中耕除草的意义

中耕除草是苗期管理的重要环节。在苗木生育期中，由于降雨和灌溉，土壤板结，通气不良，根系发育不好，而且杂草滋生，和苗木争光夺肥，严重地影响苗木生长。所以，苗圃育苗应该及时中耕除草。

中耕和除草是两个概念，但可以结合进行。通过中耕，切断了土壤毛细管，使土壤疏松，通气良好，保蓄水分，消灭杂草。苗木生长前期中耕，有利于促使苗木根系发育。雨季中耕，促进气体交换和气态水的蒸发，可以防止苗木沥涝。在盐碱地中耕，有利于抑制土壤返碱。

二、中耕除草的一般原则

苗圃除草，应掌握"除早、除小、除了"的原则，且应在雨季以前，将杂草全部除净，做到圃地无杂草。中耕除草最好在雨后或灌溉后进行，在土壤湿润时将草连根拔掉，松土效果也好。随着苗木的生长，中耕应逐次加深。在苗木生长前期，一般2～6cm；生长后期8～12cm。为了不伤根，不压苗，苗根附近松土宜浅，行间、带间宜深。

中耕除草通常是结合进行。但有时只除草不中耕；当土壤板结时，即使无草也要中耕。

三、中耕除草的方式

（一）人工中耕除草

是农业上最古老的一种除草方式。仅除草使用的手锄，据考证已有3000年以上的历史，但目前不论在农业、林业还是园林中，仍被广泛使用。人工除草灵活方便，适应性强，适合于各种作业区域，而且不会发生各类明显事故。但人工除草效率低，劳动强度大，除草质量差，对苗木伤害严重，极易造成苗木染病。

（二）机械中耕除草

目前广泛使用的是各种类型的手扶园艺拖拉机，也有少部地区使用高地隙中大型拖拉机进行中耕除草。它可以代替部分笨重体力劳动，且工作效率较高，尤其在春秋季节，疏松土壤有利于提高地温。但是机械除草，株间是中耕不到的，而株间的杂草由于距苗根较近，对苗木的生产影响也较大。而且在雨季气温高、湿度大的杂草生长旺季，由于土壤含水量过高，机械不能进田作业。

（三）化学除草

通过喷撒化学药剂达到杀死杂草或控制杂草生长的一种除草方式。具有简便、及时，有效期长，效果好，成本低，省劳力，便于机械化作业等优点。但化学除草是一项专业技术很强的工作，它要求有化学农药知识、杂草专业知识、育苗栽培知识，另外还要懂得土壤、肥料、农机等专业知识。尤其是园林苗圃，涉及树种、繁殖方法类型多，没有一定的技术力量，推广、使用化学除草是极易发生事故的。因此，推广、使用必须遵循从小规模开始，先易后难、由浅入深的原则，逐步推广，而且要将实际情况作详细记载，以便不断地总结经验，推动化学除草的进展（详见第八章）。

四、中耕除草的时间与次数

苗木生长前期，对不良环境条件的抵抗能力弱，及时中耕有利于帮助苗木战胜杂草。在速生期，苗木需要水分、养分多，中耕除草有利于改善土壤水分、养分和光照条件，促进苗木生长。同时贯彻"除早、除小、除了"的原则，可减轻工作量和杂草危害程度，并能防止杂草结籽，有利克服来年草荒。

北方地区一般春季干旱，秋季杂草已停止生长，这两个时期应以中耕为主，夏季则以除草为主。杂草速生期恰好是雨季前后，高温高湿的气候，给杂草迅速生长创造了有利条件。这一时期是加强除草，杜绝草荒的主要时期。

苗木生长期中耕除草的次数，应根据土壤、气候和杂草滋生情况以及除草方法而定。一般一年生播种苗为6～10次，二年生苗为3～6次。生长后期即应停止，以促进苗木木质化。大苗区，每月中耕1～2次即可。另外在灌水或降雨后，为防止土壤板结（特别是繁殖区和小苗区），也应进行中耕松土，以利苗木生长。

第三节 追 肥

一、追肥的意义

追肥又叫补肥，是在苗木生长发育期间施用速效肥料的措施。目的是及时补充苗木在生长发育旺盛时期对养分的大量需要，促进苗木的生长发育，提高苗木质量。

根据苗木一年中各物候期需肥特点及时追肥，可以调解苗木生长和发育的矛盾，及时补充或满足不同树种或同一树种在不同生长期或生长发育过程中的每一个阶段对多种元素的需求，从而保证苗木稳产高产。

二、追肥的原则

（一）确定施肥的种类和数量

不同的树种，不同的生长时期，所需肥料的种类和肥量差异很大，在使用追肥的种类和施用量上应适当改变。常绿针叶树种，在幼苗期需要磷比较多，而生长旺季需要氮比较多，到秋季停止生长时期则需较多的钾。落叶树种，除播种幼苗期需要较多的磷外，一般需氮量都较大。因此，在苗木的生长期中，氮素的吸收量比磷、钾等都多。一年生的实生苗（播种苗）在速生期吸收氮量最大，所以应在速生期（6~8月）追施大量氮肥；而二年生以上的播种移植苗则在生长期的上半期吸收氮量最大，应在生长上半期追施大量氮肥；在夏末秋初以后，为了防止苗木徒长有利木质化，应停止追施氮肥，以促使苗木充实，有利越冬。

（二）掌握苗木吸肥与外界环境的关系

树木吸肥不仅决定于植物的生物学特性，还受外界环境条件（光、热、气、水、土壤反应、土壤溶液的浓度）的影响。光照充足，温度适宜，光合作用强，根系吸肥量就多；如果光合作用减弱，则树木从土壤中吸收营养元素的速度也变慢。而当土壤通气不良时或温度不适宜时，同样也会发生类似的现象。

土壤水分含量与发挥肥效有密切关系。土壤水分亏缺，施肥有害无利；积水或多雨地区肥分易淋失，降低肥料利用率。因此，追肥应根据当地土壤水分变化规律或结合灌水施肥。

土壤酸碱度直接影响土壤养分的有效程度。碱性土壤，磷、铁易被固定，锰、锌的溶解度低，使用石膏和硫磺可改良土壤，促进土壤释放被固定的养分；或选用酸性肥料，增加养分的溶解度。酸性土壤，氮、磷易被固定，钾、钙、镁等元素易流失，常用石灰来调节土壤酸碱度或选用碱性肥料。无论碱性还是酸性土壤，都要多施有机肥以改良土壤。

（三）掌握肥料的性质

肥料的性质不同，施肥的时期也不同。易流失和易挥发的速效性或施后易被土壤固定的肥料，如碳酸氢铵、过磷酸钙等宜在树木需肥前施入；迟效性肥料如有机肥料，因需腐烂分解矿质化后才能被树木吸收利用，故应提前施用。此外，肥料也有酸性、碱性和中性之分，不能在同一土地上长期连续施用酸性或碱性肥料，以免土壤变酸或变碱；也不能在酸性或碱性土壤上，继续施用酸性或碱性肥料，使土壤性质更趋恶化。

（四）苗木形态表现可提供追肥的依据

苗木是否缺肥，可以从苗木形态来判断，从而确定应追施何种肥料。

（1）缺氮时，苗木矮小瘦弱，叶小而少，呈淡绿色或黄绿色。针叶苗的老叶枯黄或脱落。阔叶苗的侧芽死亡，枝梢生长停滞。

（2）缺磷时，根系不发达，小而粗。严重时侧芽退化，枝梢短。叶片小而薄，有暗绿、褐斑，较老叶为红色，下部叶易枯萎脱落。生长受到抑制。针叶先端灰、蓝绿、褐色，比正常叶小。

（3）缺钾时，苗茎柔弱，根系生长受到抑制。叶片小，部分收缩，边缘褐色；针叶先端黄，颜色逐步过渡。

以上只是苗木在缺乏某种营养元素时的一般表现，不同树种苗木表现的症状常有所不同；在环境条件不适合苗木生长时，也常会发生类似缺肥的症状，故有时容易混淆。因此，对植物进行营养诊断，需有一定经验，并要结合土壤性状进行具体分析才能作出准确判断。

（五）注意各种肥料的配合施用

苗木在生长发育的每一阶段，都需要多种营养元素，仅对各种元素需要量的多少不同。因此，各种肥料的配合施用非常重要。各种肥料的配合以有机肥和无机肥配合使用为主。前者为迟效性完全肥料，后者为速效性肥料，二者配合使用，可以取长补短，充分发挥肥效，提高土壤肥力，减少土质恶化。在配合施肥使用时，必须注意肥料的种类和性质，因有些肥料混合后会失去作用或降低肥效，如人粪尿和草木灰混合，就会使人粪尿中的铵分解挥发，造成氮的损失（表6-1）。

部分肥料混合使用关系表　　　　　　　　　　　　表6-1

肥料种类	堆肥厩肥	人粪尿	饼肥	骨粉	草木灰石灰	鱼粉	硫酸铵	硝酸铵	尿素	石灰氮	过磷酸钾
堆肥厩肥	+	△	△	+	×	△	+	+	+	×	+
人粪尿	△	+	△	+	×	△	△	△	△	×	+
饼肥	△	△	+	+	±	△	△	△	×	△	+
骨粉	+	+	+	+	×	+	+	+	+	×	△
草木灰石灰	×	×	±	×	+	×	×	×	×	+	×
鱼粉	△	△	△	+	×	+	△	△	△	×	+
硫酸铵	+	△	△	+	×	△	+	+	+	×	±
硝酸铵	+	△	△	+	×	△	+	+	+	×	×
尿素	+	△	×	+	×	△	+	+	+	×	+
石灰氮	×	×	△	×	+	×	×	×	×	+	×
过磷酸钾	+	+	+	△	×	+	±	×	+	×	+

注：+——可以混合；×——不能混合；±——混合后要立即使用；△——无混合必要。

三、追肥的种类、用量和施用时期

（一）追肥种类

苗圃中常用的追肥有腐熟的人粪尿、草木灰、火土灰等农家肥和硫酸铵、硝酸铵、氯化铵、尿素、过磷酸钙、氯化钾、硫酸钾等化学肥料。它们都是速效性肥料。

（二）追肥的施用量和施用时期

施用量应根据树种、苗木发育阶段、苗木生长状况、施用肥料的种类以及土壤养分情况来确定。尤其应随苗龄的增长由少到多、由稀到浓、适时适量。

1. 幼苗的追肥

幼苗指一年生苗或移植前苗。

（1）播种苗的追肥：在幼苗出土一个月以后开始，每隔 10d 追施一次，整个生长期内追肥 5~6 次。最后一次施氮肥不要迟过"立秋"，以防苗木徒长，冬季遭受冻害。施肥量：稀粪 13~20kg/ha，施时掺水，化肥 0.2~0.33kg/ha。

（2）扦插苗的追肥：应在生根或新梢萌生后进行，初期浓度要稀，以后逐渐增浓。

（3）移植苗的追肥：抓紧在前期施肥，使其尽快吸收养分，但要注意肥料浓度不能太大，以免灼伤新根。

2. 大苗的追肥

（1）生长初期：以叶片全部展开为标志，一般在 5 月中、下旬。这时要少量施肥，分次进行，以氮肥为主，如腐熟的稀粪水，施用量是 27~33kg/ha，施时掺水。

（2）生长旺期：约在 6~8 月，应加大施肥量和增加施肥次数，每月不少于一次。可施较浓的粪水或用氮素化肥，用量 0.67~0.8kg/ha，施时掺水。

（3）粗生长期：8~9 月，这时大部分苗木的高生长已基本停止，进入粗生长时期，但由于树种的不同，进入这一时期的前后差别较大，一般均不应再施氮肥。为增加干粗，老化组织，提高苗木抗寒能力，应以速效磷肥为主，可施用过磷酸钙 0.33~0.67kg/ha。

（4）生长后期：以磷肥为主，其他少量氮钾肥为辅，但常和施用迟效性基肥相结合，为翌春根群发育、芽的萌发及生长打下基础。各地可从 10 月中下旬到明春 2 月这一阶段内，酌情决定施肥时期和用量。

四、追肥方法

追肥的方法可分土壤追肥和根外追肥两种。

（一）土壤追肥

1. 施用人粪尿作追肥

幼苗施用人粪尿应经稀释后浇洒在苗床上，最好施后再灌一次适量的水。也可以结合灌水将肥料一起灌于苗床内。大苗则可用不经过稀释的人粪尿直接施于苗际周围，大型苗木可在其树际开穴后施入穴内，再盖上土壤，避免浪费肥料。

2. 施用化肥作追肥

分干施和湿施两种方法。

（1）干施：分为撒施和沟施。撒施是将化肥于苗间土上均匀撒放施入，施后浅锄 1~2 次加以覆土；沟施是在苗木行间开沟，把化肥施入沟内，然后覆土。沟施时要注意开沟深度应在根系的分布层，以利苗木对肥料的吸收。

（2）湿施：将肥料溶解在水中，全面浇洒在苗床上或行间。由于施肥时难免有一些肥料沾在叶片或幼茎上，最好在施后再灌水一次，避免灼害。

（二）根外追肥

在苗木生长期间，将速效性肥料溶液喷在叶片上，由叶片气孔或叶面角质层逐渐渗入叶片内部，以供苗木需要，这种施肥方法叫根外追肥。此种方法可避免肥料被土壤固定或淋失，追肥用量少，肥效快，一般 12~24h 便可发挥肥效。但是，由于喷洒叶面后肥料容易干燥，浓度稍高就容易灼伤苗木，同时叶面不能吸收迟效性肥料，因此根外追肥不能完全代替土壤追肥，只能作为补给营养的辅助措施。

1. 根外追肥的适用范围

气温升高而地温尚低，苗木地上部分已开始生长而根系尚未正常活动；苗木则栽植，根系受伤尚未恢复；苗木缺少某种微量无素，而该元素若施入土壤会失效；土壤干燥，又无灌溉条件，土壤施肥根系吸收困难。

2. 根外追肥的浓度和施用量

浓度和施用量因肥料种类、苗木大小而异。如播种小苗，一般尿素浓度为0.2%～0.5%，每亩每次施0.5～1kg；过磷酸钙浓度为0.5%～1.0%，每亩每次施1.5～2.5kg；氯化钾或硫酸钾浓度为0.3%～0.5%，每亩每次施0.75～1.5kg；微量元素浓度为0.25%～0.5%。利用植物激素作根外追肥，对加速苗木生长具有较好的效果，目前常用的激素有赤霉素、九二○、吲哚乙酸、吲哚丁酸等。

3. 根外追肥的注意事项

（1）根外追肥是把肥料稀释成溶液或悬浊液喷洒在叶片上，对一些不易在叶面均匀分布的肥料，可适当加入少量粘着剂，如中性洗衣粉、中性皂、面汤或米汤等，把肥料溶液调制成悬浊液再行喷洒。这样可使肥料溶液在叶表形成一个均匀的薄层水膜，有利于肥料进入叶内，不致在叶面上收缩成水珠，干燥后因局部浓度过高而灼伤叶片。

（2）叶片吸收强度和速度与叶龄、肥料成分、溶液浓度等有关。由于幼叶生理机能旺盛，气孔所占面积比老叶大，因此较老叶吸收快。叶背较叶面气孔多，且叶背表皮下具有较松散的海绵组织，细胞间隙大而多，有利于渗透和吸收。因此，一般幼叶较老叶，叶背较叶面吸水快，吸收率也高。所以在实际喷布时一定要把叶背喷匀、喷到，使之有利于树木吸收。

（3）根外追肥宜在阴天或早、晚空气湿润时进行。空气干燥或多风时，肥液蒸发快，会因增加浓度产生药害；雨天、雾天肥液易流失，也不宜喷洒。

（4）为节省劳动力，可以多种元素混喷，也可以与农药混喷。如花前喷洒尿素、硼酸可与杀菌剂波尔多液混喷；杀虫剂敌百虫、乐果等有机酸制剂可与尿素等混喷。喷前应先试验，以免产生药害。

第四节　苗木的整形和修剪

园林苗圃对苗木的整形和修剪，主要是根据各种树木生长发育的规律，在不同发育阶段，调节控制或促进生长的一种措施。所谓整形一般是对幼树而言，是指对幼树实行一定的措施，使之形成一定的树体结构和形态；而修剪一般是对大树（或大苗）而言，修剪意味着要去掉植物的地上部或地下部的一部分。整形是通过修剪来完成的，修剪又是在整形基础上根据某种目的而实行的。

根据树木的生长特性并结合人们的需要进行整形和修剪，是苗木抚育管理中的重要技术措施。

一、整形修剪的意义

（1）通过对枝条的保留、疏剪或短截，以调节养分和水分的运输，控制和促进局部或整体的生理活动，加强根部吸收水分和养分的能力。

（2）通过整形修剪可培养出理想的主干、丰满的侧枝，使树体圆满、匀称、紧凑、牢固，为培养优美的树形奠定基础，从而达到生长快、树干直、树型美观、成品率高的目的。

（3）通过调整枝条方位，稀疏密挤枝条，使通风透光，加强光合作用。减少病虫害，使苗木健壮质量高，并可提高苗木移植的成活率。

（4）可使植株矮化，调节树势，创造具有特色的树冠结构。

二、整形修剪的时期和方法

（一）整形修剪的时期

按苗木的生长与休眠时期分为生长期修剪和休眠期修剪，也可叫夏季修剪和冬季修剪。夏剪是4月至10月，冬剪是10月至4月。在四季不明显的南方都叫夏剪。不同的树种具有不同的生物学特性，特别是物候不同，因此某一树种具体的修剪时间还要根据它的物候、伤流、风寒、冻害等具体分析确定。一般落叶树种适宜冬剪，伤流严重的应早剪或伤流过后再剪，常绿树种既适宜冬剪也适宜夏剪。

（二）整形修剪的方法

在园林育苗中，苗木整形修剪主要有截、疏、放、伤等几种方法。一般休眠期修剪以截、疏为主，而生长期修剪各种方法均可。

1. 截

包括截干、短截、回缩、摘心等方法。

（1）截干：又叫平茬，是利用一些苗木有较强的萌芽、发枝能力，培养基础干形的措施之一。当一年生苗干细弱、弯曲或有其他情况不符合要求时，常在萌芽前将主干自茎部截去，使其重新萌发新枝后，再选留一端直而生长强壮的枝条培养为主干。截干多适用于萌发力较强的落叶阔叶树种。

（2）短截：剪去枝条的一部分，保留枝条的一定长度和一定数量的芽，称为短截。按剪留长度的不同，又分为轻短截、中短截、重短截和极重短截四种。剪去枝条全长的1/5～1/4为轻短截；剪去枝条全长的1/3～1/2为中短截；剪去枝条全长的2/3～3/4为重短截；剪去枝条的绝大部分，仅剩基部2～3个"瘪芽"为极重短截。短截应注意留下的芽，特别是剪口芽的质量、位置等因素，以正确调整树势的平衡。短截可促使剪口以下侧芽萌发，刺激枝条生长，有促进局部生长的作用，并能改变枝条的长度、着生方向和角度，调节每一级分枝之间的距离和组合，使冠形紧凑、圆满整齐。但短截的刺激作用仅限于截点附近，由于短截使枝条生长点的总量减少，叶的面积相应减少，因此减少了树体的总生长量。这种局部增加总体减少的作用，就是短截的双重作用。

在同一种树木上可能所有的短截方法都能用上，如核果类和仁果类花灌木，碧桃、榆叶梅、紫叶李、紫叶桃、樱桃等。主枝的枝头用中短截，侧枝用轻短截，开心形内膛用重短截或极重短截。垂枝类苗木，如龙爪槐、垂枝碧桃、垂枝榆等枝条下垂，一般只用重短截，剪掉枝条的百分之九十，促发向前生长的枝条萌发和生长，形成圆头形树冠。如用轻短截，枝条会越来越弱，树冠无法形成。

（3）回缩：对二年生以上枝条的短截叫回缩，即将较弱的主枝或侧枝，缩剪到一定的位置上。回缩对全株有削弱作用，可以重新调整树势，有利于更新复壮。

（4）摘心：在生长季节摘去枝梢的生长点。摘心能抑制新梢的加长生长，促进分枝，可发生二次梢，有利于扩大冠形，使其更加丰满。摘心还能促使枝梢发育充足，促进花芽分化和二次开花，并能增加着花部位。针叶树种形成的双头、多头等，可采用摘去枝条生长点的办法抑制生长，达到平衡枝势的目的。

2. 疏

包括疏枝、疏芽、疏花、疏果、疏叶和去蘖。

（1）疏枝：将枝条从基部或从分枝点整个剪去的方法称为疏枝或疏剪。疏去的可能是一年生枝，也可能是多年生枝组。疏枝能使留下来的枝因其营养面积相对扩大，有利于生长发育而生长势增强。但使整个树体生长势减弱，生长量减小。疏枝后枝条少了，改善了树冠通风，透光条件，枝条之间分布均匀、摆布合理，对于花、果类树种，有利于形成花芽，开花结果。针叶树种轮生枝过多过密过于拥挤，有的也常疏去一轮生枝或主干上的小枝，使树冠层次分明。一般行树冠疏剪时，主要应疏去枯死枝、病虫枝、衰弱的下垂枝、过密枝、交叉枝、平行枝、竞争枝等，以达到调整营养状况，改善通风透光条件，均衡树势的作用。

（2）疏芽：也叫剥芽。即将位置不当和多余的芽除去。疏芽可改善保留芽的养分供应状况，增强其生长势。

疏芽在播种苗、扦插苗定干整形时经常采用。嫁接苗干上或砧木上的萌芽也应及时除去。

（3）去蘖：除去苗木基部的根蘖或嫁接苗砧木上生出的萌蘖，使养分集中供给苗木生长发育。

3. 放

不剪枝称之为放，或叫长放、甩放。放有利于增加生长量，有利于物质积累，缓和树势，对树体发育有利。

4. 伤

凡把枝条用各种方法破伤其韧皮部或深及木质部，均属此类。包括折裂、刻伤、环剥、捻梢及折梢等方法（详见第十章）。

三、修剪整形的具体方法和要求

苗圃对幼苗的修剪造形，主要目的是培养树干和培养基本树形，给苗木出圃定植后确立树形的骨架基础，避免以后整形困难或行大锯大砍，影响树势。具体要求可分以下几个类型。

（一）落叶乔木的整形修剪

落叶乔木大苗培育的最后规格是：具高大通直的主干，干高 2.0 ~ 3.5m；胸径干粗 5 ~ 10cm；树冠完整、匀称；具有强大的根系。

1. 具有明显领导主枝的树种

指具顶芽或明显顶端优势的树种，如杨树类、白蜡、香椿等。在培养骨架枝时，要注意保持顶梢的生长势，将分枝点（高度以出圃要求而定）以下枝、芽除去。在分枝点以上，每隔 20 ~ 25cm 留一骨架枝；骨架枝也要保持其顶梢的生长优势，每隔 25 ~ 30cm 保留一个二级分枝。以此类推，使枝条分布均匀，疏密适度，具有良好的通风、透光条件。分枝角度保持在 45° ~ 60° 左右，促使形成端正丰满的树冠。

在培养骨架枝的同时可对徒长枝、下垂枝进行疏剪。如果主枝顶芽折损或发育不良时，可在疏剪时保留一个相近而健壮的侧芽或侧枝来代替，同时将其他侧芽或侧枝控制在代替者的优势之下。

2. 不具有明显领导主枝的树种

指一些无顶芽或顶芽发育不良而侧芽发达的树种，如柳、国槐等。在分枝点以上，每隔 20cm 左右选留一个分枝角度好，长势旺盛的枝条来培育。可选留 3~4 个，其余的进行疏剪。骨架枝选定后，再用同样的方法在骨架枝上选留外侧二级枝，如此逐渐形成丰满的树冠。

（二）常绿乔木树苗的整形修剪

1. 常绿阔叶树种

要保留好中心主枝，培养高生长的优势。如果主枝被损伤或折断，可选最上一层的一个枝条培养代替。作为行道树用，可参照落叶乔木处理骨架枝；作为绿地和庭园用，其分枝点高低，骨架枝多少要求并非一致，一般均匀分布即可。

2. 常绿针叶树种

多以观赏树形为主，以尖塔形、圆锥形较多。一般情况下不进行修剪，只是剪除自干茎萌生的徒长枝及竞争枝，避免形成双头双干现象。如果出现多头现象，影响树冠的高度发展，应及早找出主枝或替代主枝，培养高生长的优势，同时使侧枝分布均匀，如油松、白皮松等。多头开心型的常绿乔木树种，可多留侧枝，扩大树冠，如东北红豆杉。常绿针叶树从观赏效果考虑，要求分枝较低，在培养骨架枝时要注意下部只露出 30~40cm 树干，上面再让各主枝均匀分布，如圆柏、侧柏、杜松等。

（三）花灌木树苗的整形修剪

1. 单干圆头形

根蘖萌发力较弱或嫁接的灌木苗，一般自主干 30~50cm 处分枝，保留 3~5 个一级分枝。每年修剪时要抑强扶弱，使萌发健壮均匀的枝条，形成丰满的冠丛。榆叶梅、碧桃、黄栌等多用此形。

2. 灌丛状树形

根蘖萌发能力较强的灌木苗，一般不改变它的自然生长形状，只是要求培养成丰满匀称的灌木丛。在苗木移植时对苗木地上部分进行重剪，每一枝上留 3~4 个芽，促使萌发较多的枝条。以后每年只需剪去枯枝、过密枝和病虫枝，适当短截徒长枝。

3. 多干式灌木

如连翘、太平花、山梅花、玫瑰等都是多干式灌木。栽植时剪去苗干，使自地表萌生 3~5 个枝条，多余枝条疏除。至秋后，将枝条留 30cm 短截，第二年再分枝即形成多干式灌木。

（四）特殊树形的整形修剪

1. 绿篱及球形树苗

绿篱用苗要求枝叶丰满，特别是下部枝条不能光秃，为此，可在培育中进行剪梢摘心，以促使萌发侧枝，冠丛丰满。球形树苗可按照出圃要求控制高度，剪去上部树干，经多次剪梢、摘心使之形成茂密的球形树苗。

2. 攀援树苗

如紫藤、地锦、凌霄以及十姐妹、蔷薇等攀援植物，其主干多为匍匐生长，苗木出圃除作地被植物可任其自由生长外，一般需设支架，让其攀援生长。苗圃培育阶段，主要是养好根系，每株选留3~5个枝条（蔓），以作出圃后上棚架之用。

3. 造形树苗

为使园林树木丰富多采，除自然树形外，可以利用树木的发枝特点，通过不同的修剪方法，培育成各种不同的形态。如龙爪槐、垂枝榆低干嫁接，可培育成圆球形；偃柏高接，再通过人工修剪，可形成优美姿态；利用银杏枝条轮生平展的特性，经修剪而成分层烛台形。选用分枝紧密的桧柏变种，剪去上部树干，可改造成不同高度的截头圆柱形或方形。利用锦熟黄杨或损伤主干的龙柏苗，修成球形。还可以利用毛白杨、白蜡、国槐等乔木修剪成扇形，或进行密植，形成树墙。

第五节 苗 木 保 护

幼苗时期，苗木组织幼嫩，很易遭受霜冻、病虫等危害，严重影响苗木产量和质量，所以，必须做好苗期的保护工作。

苗期保护工作，要贯彻"预防为主、综合防治"的方针，而且必须采取正确的栽培技术，促使苗木生长健壮，增加抗性，创造不利于灾害性因子发生发展的环境条件。

一、苗木的病虫害防治

苗木生长过程中，常常遭受病虫危害，导致缺苗断垄，甚至使育苗工作全部失败。因此，防治苗木病虫害是苗圃多育苗、育好苗的一项重要工作。

（一）苗圃病虫害的防治原则

1. 预防为主，综合防治

由于园林苗圃属于集约栽培经营，栽植密度大，树木品种多，不但容易发生病虫害，而且极易传布蔓延，稍不注意，即会造成严重损失。因此，要进一步贯彻"预防为主，综合防治"的方针。

（1）从生态学的角度出发，控制病虫为害

苗圃中有危害植物的害虫，也有捕食或寄生于害虫的天敌。这些生物的生存发展又都与它们的周围环境（土壤、温度、湿度、植物种类）和人们养护管理的科学程度密切相关，其中牵动哪一项因素，都会影响到其他生物的生存和发展。如槐树上发生有槐尺蠖、红蜘蛛、介壳虫等害虫，而槐尺蠖的天敌就有蚂蜂，土蜂、赤眼蜂、麻雀等能捕食和寄生幼虫和卵，仅赤眼蜂寄生于槐尺蠖的卵，多时达到30%左右；红蜘蛛、介壳虫的天敌也有二点食螨瓢、草蛉、捕食螨、寄生蜂、小花蝽等。如果在用药剂防治时，不注意选用对天敌较安全的农药，而乱用广谱性毒性大的杀虫剂，就会大杀天敌，打乱了生态平衡，不但不能长期有效控制，反而会使一些原来不是主要的害虫上升为主要害虫，造成防治上的恶性循环。

（2）调节制造生态环境的某些因素，预防病虫害的发生

环境条件不但直接影响植物生长和抗病虫害能力，而且也直接影响病虫害的发生发展。例如：柏树双条杉天牛，主要为害衰弱的柏树，只要加强大苗移栽的养护，使其健壮生长，就能防止该虫寄生与为害；又如杨柳腐烂病，主要寄生衰弱的树木，只要注意防止

干旱，加强浇水等养护措施，就能有效地防止病害发生。在日常养护中只要注意勿使植物过密，注意通风透光，加强树木修剪，就能减少介壳虫、蚜虫、锈病等病虫发生为害。

（3）树立综合防治思想，走无农药污染的道路

化学农药防治见效快，但它具有破坏生态平衡、污染环境，对人有害等副作用。近几年试验和示范的无农药污染防治，已取得初步成果。我国生产的除虫脲、细菌性药、苏云金菌防治国槐尺蠖等食叶害虫；利用根部埋施铁灭克和给树木打针的方法防治红蜘蛛、蚜虫、介壳虫、毛白杨皱叶病等；利用抗生素杀螨剂防治红蜘蛛等螨害；人工培养释放天敌防治天牛等等，不但防治效果好，又比较经济，且不污染空气，不杀伤天敌，对人无毒或基本无毒，长期坚持有利于生态的良性发展，有利于加强自然控制力，应该大力推行。

（4）采用各种综合防治办法，消灭控制病虫害

充分利用城市苗圃科技力量强、机具设备优越以及领导重视，群众积极参与等有利条件，根据不同病虫害发生规律，开展各种有效的物理人工防治，诸如：灯光诱杀、性激素诱杀、潜所诱杀、饵木诱杀、植物提取诱杀；人工挖蛹、刮卵块，采摘虫包、摇树捕捉；树干围钉塑料环截止上树，树干喷涂药环等等，合理运用栽培、化学、生物、物理的方法及其他有效的生态学手段，把病虫害控制在最低为害限。

2．本着"治早、治小、治了"的原则，及时防治

各种病虫害的习性和为害时期各不相同，因而其防治的适期不完全一致。病虫害的发生开始总是量少而害轻，但由于管理不细，开始不注意，以致发展严重造成很大损失。以杨天社蛾为例，如开始不注意，往往到了第三代才发现，这时虫体已多，分布已广，食量很大，三天之内能将大片树叶吃光。故应在第一代时即行消灭。

（二）苗圃常见的几种病虫害

1．虫害

可分为食叶害虫，如天社蛾、槐尺蠖、油松毛虫、杨二尾舟蛾、刺蛾等；刺吸植物斗液害虫，如红蜘蛛、介壳虫、蚜虫等；蛀干害虫，如天牛、透翅蛾、松梢螟蛾等；地下害虫，如蝼蛄、蛴螬等。

2．病害

可分为苗期病害，如立枯病；树干病害，如杨树腐烂病；叶部病害，如锈病、赤星病、褐斑病等；根部病害，如紫纹羽病、根癌等。

（三）防治病虫害应注意的几个问题

（1）苗圃病虫害由于对育苗生长影响很大，因此必须有专业的植物保护组织进行防治工作。同时应加强病虫害的预报工作。

（2）新繁殖的播种苗或无性繁殖苗，不但苗体小，不耐病虫害，又因其组织嫩弱，极易招病虫为害，因此在苗圃内，对繁殖苗的病虫害防治是一重点，否则，很容易造成全部覆灭。

（3）有计划地开展对本地区及苗圃内各类苗木的病虫害普查、抽查或专题调查，了解当地病虫害发生的种类，分布范围，危害程度，以便及时制定适宜的防治措施。

（4）伴随着市场经济的发展，苗木作为商品流通于市场。对于调运的种子、苗木等要严格实行检疫，通过检疫法令，严格禁止带有检疫对象的种子，苗木等进入本地区。

二、防除霜冻危害

苗木尚未木质化时，组织幼嫩，含水较多，常因气温短时间降低到0℃以下时，细胞间隙的水分结冰，细胞脱水，苗木枯萎死亡。

霜冻发生时间多在早春或晚秋。早春霜冻又称晚霜危害，晚秋霜冻称为早霜危害。防除霜冻措施主要有以下几点。

（一）栽培技术措施

播种地不宜选在寒流容易汇集的林间、峡谷和低洼地段；适期播种，待晚霜过后使幼芽出土；苗木生长后期，停止施入氮肥，少灌水或不灌水，以便控制徒长，促进苗木木质化。

（二）熏烟

根据天气预报，在预知有霜冻的夜晚，利用半干不湿的柴草堆放在育苗地的上风处，每亩3～4堆，每堆15～20kg，待气温下降到接近0℃时，点燃草堆，烟雾弥漫地面，可以减少地温散失，烟粒还能吸收一部分水汽，凝成水滴放出潜热。通过熏烟措施，可将圃地温度提高1～2℃。

（三）喷灌

水的比热较大，冷却迟缓，结冻时能放出大量潜热。因此，在预知霜冻的夜晚，或苗木已发生霜冻，可在夜晚或日出以前进行灌溉或喷水，能提高圃地温度2℃左右，是防治晚霜危害的有效措施。

三、苗木越冬防寒

防寒作业是保护不耐寒苗木安全越冬的一项措施，特别是北方地区冬季严寒，空气干燥，对于一些不耐寒的树种，如不加保护措施，即可出现梢条，树干冻裂或冻死等现象。

（一）幼苗受冻害的原因

1. 生理干旱

多发生在干旱多风地区。由于早春干旱多风，气温骤然迅速回收，迫使幼苗大量蒸腾水分，但土壤冻结，地温很低，苗木根系不能从土壤中吸收水分，以致使幼苗水分供不应求，发生枯死或干梢现象。北方地区所谓的冻害，主要是此种原因造成的。

2. 低温

低温使苗木组织结冰，细胞的原生质脱水，损坏了植物体的生理机能而死亡或受伤。如有些苗木在冬季或早春，有烂根或枝干脱皮、溃烂等现象，均为冻害所致。

3. 伤根

在潮湿粘重的土壤上，常因结冻而裂缝，使苗根拉断或使露出土外（俗称冻拔），后经风吹日晒，使苗干枯而死。此种现象多发生在根系较浅的小苗区和特别寒冷的年份。

（二）常用的几种防寒方法

防寒的方法应根据培养树种的不同特性确定。主要有以下几种：

1. 埋土法

对规格较小而苗干又富于弹性的苗木，可行埋土防寒。此法既可保持恒温，又能保持土壤水分，既经济又易操作，对预防生理干旱很有效。埋土时间应在土地封冻前、气温稳定在0℃左右时进行。埋土时如土壤过于干燥，可在埋土前7～10d适量浇水以增加土壤湿度。埋土时先把幼苗顺行按倒，再用细碎的土将苗木埋严，埋土厚度10cm左右。落叶树种须待树叶落完后再埋土，以免发热霉烂。对一年生常绿树苗如锦熟黄杨、桧柏等，由于规格小，在埋土前可先用蒲包片覆盖，然后再往蒲包片上压土，四面再用土封严，这样便于翌春3月下旬除去覆土。除去覆土后应及时浇水。

2. 堆土法

有些树种，在小气候好的条件下或大苗阶段，在北方能安全越冬；但在幼苗阶段，或在小气候条件较差的地方，则需加以保护才能安全越冬，如女贞、石榴、苹果小苗等，除灌冻水和涂白外，还可在根际部培土，直接用土于苗木根部堆成20~30cm高的土堆；或在苗木根部的西北侧距根干10~15cm处，培成弯月形半环土堆，高25~30cm。这样苗根部封冻晚，解冻早，冻结期缩短，便于安全越冬。

3. 假植法

对当年繁殖的落叶树小苗，可结合翌春移植，入冬前将苗掘出，按不同规格分级入沟或入窖假植。

4. 设风障法

当苗木规格较大，苗干较粗硬，或较珍贵的大苗，如雪松、龙柏、玉兰等，不能用埋土防寒时，可架设风障防寒。风障材料多用秫秸、芦苇等物。根据冬季的风向，风障设在苗区的北侧或西北侧。防寒的有效距离一般为风障高度的10倍左右。风障不仅可降低风速，提高风障前的地温和气温，减轻或防止苗木冻害，而且增加积雪，有利于土壤保墒，有效预防春旱。

5. 涂白法

幼苗树干皮部涂白，可以抗风，减少干部水分蒸腾，且白色涂剂，可减低昼夜温度的激烈变化，防止日灼病并兼有防治病虫害的作用。对一些苗龄较大不能埋土的落叶乔木或苗干怕日灼的苗木，如香椿、柿树、合欢、悬铃木等，可用此方法。涂白剂可用生石灰5kg、硫磺粉1kg、盐1kg、面粉2kg、水50kg进行调制。先用少量水将生石灰调成糊状，然后放入面粉搅拌并加入盐和硫磺粉，将水加足后即可使用。涂白剂浓度不能太大，过于粘稠可加温水稀释。

6. 灌冻水法

留床保养苗，入冬前应浇足冻水增加土壤湿度。幼苗在入冬前吸足水分，可相对增加抗风能力，减少梢条。对一些较耐寒的树种，在一般情况下也需浇灌冻水。灌冻水的时间不宜太早，一般在封冻前为好。

7. 覆盖法

入冬前，可用稻草、落叶、马粪等在苗行或将苗木全部覆盖起来。此法适用幼苗越冬防寒。

8. 薄膜大棚防寒法

塑料薄膜大棚具有推迟土壤结冻期，提前解冻期，延长生长期的作用。同时因棚内无风，湿度大，幼苗不会出现生理干旱，故对珍贵小苗及南方引种的幼苗，应搭塑料棚防寒。大棚可用竹条或钢筋作支架，上面用塑料薄膜覆盖。为增加防寒及防风，在薄膜之上可增加草帘覆盖。

复习思考题

1. 苗木灌溉的依据是什么?
2. 试述中耕除草的意义。
3. 苗木追肥的原则是什么?
4. 进行苗木的根外追肥应掌握哪些要领?
5. 苗木为什么要进行整形修剪?
6. 试述苗木整形修剪的主要方法。
7. 各类苗木整形修剪的要求有哪些?
8. 试述苗木防寒的主要方法。

第七章 苗 木 出 圃

苗木出圃，就是将在苗圃中培育至一定规格的苗木，从生长地挖起，用于绿化栽植。苗木出圃的内容包括：起苗、分级、检疫、消毒、包装、运输或贮藏等。

苗木出圃，是苗圃的最终产品出场，是检验苗圃生产的重要一环。这一工作做得如何，不仅关系到苗木的质量和经济效益，而且直接影响绿化质量。因此，必须像重视生产一样重视苗木出圃工作。苗圃必须加强领导，严格把关。通过苗木调查，掌握各类苗木的质量和数量，制定出圃销售计划。同时，做好出圃前的准备工作，保证按规定的时间、规格、质量、数量供应，加强销售服务，提倡用户至上，争取最大的社会信誉。

第一节 苗木出圃前的调查

苗木调查，就是在秋季苗木停止生长以后对全圃所有苗木进行产量和质量的调查。

一、调查目的

通过苗木调查，了解全圃苗木的数量和质量，以便做出苗木的出圃计划和翌年的生产计划。并可通过调查，进一步掌握各种苗木的生长发育状况，科学地总结育苗经验，为今后的生产提供科学依据。

苗木调查并不限于出圃苗，应全面核对苗木的种类、品种和数量，同时确定各级苗木的数量。根据调查做好出圃计划，包括掘苗的技术要求、分级标准、临时假植和越冬假植的方法，以及包装要求和质量等。

二、调查时间

苗木调查，应在苗木的高、径生长停止以后进行。落叶树种要在落叶前进行。因此，调查的时间多在秋季树木停止生长以后，或在秋季工程结束后进行。雨季造林的苗木，要在雨季出圃前进行。

三、调查方法

苗木调查应按不同树种、育苗方式、苗木种类，以及苗木年龄分别进行。

（一）准确调查法

对于珍贵树种的大苗和针叶树木苗，为了数据准确，常按垄或畦逐株点数，并抽样测量苗高、地径或胸径、冠幅等，计算出其平均值，以掌握苗木的数量和质量。有些苗圃还对准备出圃的苗木，特别是根颈直径在 $5 \sim 10cm$ 以上的特大苗，进行逐株清点、测量，并在树上标出规格标志，为出圃工作带来方便。

（二）标准行调查法

适用于移植区、部分大苗区以及扦插苗区等。在要调查的苗木生产区中，每隔一定的行数（规定是几的倍数），选一行或一垄作为标准行，再在标准行上选出有代表性的一定长度的地段，在选定的地段上进行苗木质量指标和数量的调查，然后计算出调查地段苗行的总长度和单位长度的产苗量，并以此推算出单位面积（公顷）的产苗量和质量，进而推算出全生产区的产苗量和质量。

（三）标准地调查法

适用于苗床育苗、播种的小苗。在调查区内随机抽取 $1m^2$ 的标准地若干，在标准地上逐株测量苗高、地径、冠幅等质量指标，并计算出每平方米苗木的平均数量和质量，进而推算出全生产区苗木的产量和质量。

值得提出的是，选标准行或标准地，一定要从数量和质量上选有代表性的地段进行苗木调查，调查面积应不少于调查地段总面积的 2%～4%。调查时要按树种、育苗方法、苗木的种类和苗龄等项分别进行调查和记载，分别计算，并将合格苗和等外苗分别统计、汇总后填入苗木调查统计表（表7-1、表7-2）。

苗 木 调 查 统 计 表 表 7-1

年　月　日

生产区	类别	树种	苗龄	质　　　量			面积	株数	备注
				高度	地径	冠幅			

调查记录人＿＿＿＿＿

苗 木 调 查 统 计 表 表 7-2

树种	施业别	苗龄	育苗计划				预计完成生产情况				预计完成%		受灾情况		备注
			面积	生产苗木数			面积	生产苗木数			面积	株数	面积	原因	
				计	成苗	幼苗		计	成苗	幼苗					

单位负责人　　　　　填表人　　　　　填表日期　　　　年　　月　　日

第二节　出圃苗木的质量和规格要求

园林苗圃培育苗木的主要目的是用于园林绿化，苗木的质量高低与发挥绿化效果的快慢有密切关系。高质量的苗木，对不良的环境条件抵抗能力强，栽植后成活率高，生长迅速旺盛，能很快形成绿荫如盖、花团锦簇的优美景观。苗木质量低劣，栽植后成活困难，或即便成活而生长较差，这样不但浪费人力和物力，在经济上造成损失，更主要的是影响观赏效果，推迟工程或绿地发挥效益的时间。因此，为了使出圃苗木更好地发挥绿化效果，加快园林建设的速度，出圃苗木时必须符合园林绿化的用苗要求，对出圃苗木应制订一定的质量标准。

一、出圃苗木的质量要求

苗木的质量主要由根系和树冠完整程度及是否被病害侵染等因素决定。高质量的苗木应具备如下条件：

（一）苗木树体完美

出圃的园林苗木应是生长健壮、树形完整、骨架基础良好的优质苗木。苗木的幼年期具有良好的骨架基础，长成之后，才能树形优美，长势健壮。因此，在幼苗培育期应做好树体和骨架基础的培育工作，养好树干、树冠，使之有优美的树形和健壮的树势，在城市绿化中充分发挥观赏价值和绿化效果。

（二）苗木根系发育良好

苗木根系完整，栽植后能较快地恢复，及时为苗木提供营养和水分，从而提高栽植成活率，亦为以后苗木的健壮生长奠定有利的基础。因此，出圃苗木的根系必须发育良好，有较多的侧根和须根，主根短而直，根系不劈不裂。根系的大小应根据苗龄、规格而定。一般由苗木的高度和地际直径来决定，如一般出圃的裸根苗木的根系直径，以相当于苗木地际直径的 10~15 倍为宜。带土球出圃的常绿苗木，其土球规格主要由苗高来定，如苗高在 1m 以下时，土球直径×高 = 30cm×20cm；苗高在 1~2m 时，土球直径×高 = 40cm×30cm；苗高在 2m 以上时，土球直径×高 = 70cm×60cm。对生长慢或深根性树种，带根范围应适当加大。

（三）苗木的地上部分与根的比例要适当

苗木地上部分根系之比，是指苗木地上部分鲜重与根系鲜重之比，称为茎根比。茎根比大的苗木根系少，地上、地下部分比例失调，苗木质量差；茎根比小的苗木根系多，质量好。但茎根比过小，则表明地上部分生长小而弱，质量也不好。各树种的茎根比依树种而异，如一年生播种苗的茎根比，落叶松多在 1.4~3.0；柳杉多在 1.5~2.5；二年生油松以不超过 3 为宜。

此外，苗木的高度与根颈之比称为高径比，它反应苗木高度与苗粗之间的关系。高径比适宜的苗木，生长匀称，既不会过于细高也不会矮粗。如二年生油松苗以 34:1~40:1 为好。

（四）苗木无病虫害

出圃的苗木必须无病虫害，包括树体和根系的病虫害，尤其对带有危害性极大的病虫害苗木必须严禁出圃，以防止定植后，生长发育差，树势衰弱，冠形不整而影响绿化效果。同时还会起传染源的作用，使其他植物受到浸染。

二、出圃苗木的规格要求

出圃苗木在规格、质量上，应有统一要求，也应有根据特殊需要培育的异形苗。道路绿化用苗一般要求规格化、标准化，达到规格一致，高矮整齐，分枝点统一。要根据城市绿化的需要制定不同的规格要求，实行定向培育。随着城市建设的发展，路宽楼高，不但需要很快见到绿化效果，而且要求有相应的大规格苗。所谓大苗，就是指落叶乔木干径 10cm 以上，常绿乔木干径 20cm 以上，树高 4~5m 以上，树冠整齐的苗木，灌木的灌丛直径 2m 以上，高 2m 以上的苗木。看一个苗圃的供应能力，不但看它的出圃量、在圃量，还要看它的大苗储备量。有关苗木规格，各地都有一定的规定，现介绍北京市园林局对园林苗木出圃的规格标准，仅供参考。

（一）常绿乔木

要求苗木树型丰满、主尖苗壮、顶芽明显，苗木高度在 1.5m 以上或胸际直径在 5cm 以上为出圃规格。高度每提高 0.5m，即提高一个出圃规格级别。

（二）大中型落叶乔木

例如毛白杨、中国槐、元宝枫、合欢等树种，要求树型良好，树干直立，胸际直径在3cm以上（行道树苗在4cm以上），分枝点在2~2.2m以上为出圃苗木的最低标准。干径每增加0.5cm，即为提高一个规格级别。

（三）有主干的果树，单干式的灌木和小型落叶乔木

例如苹果、柿树、榆叶梅、碧桃、西府海棠、紫叶李等，要求主干上端树冠丰满，地际直径在2.5cm以上为最低出圃规格。地径每增加0.5cm，即应提高一个规格级别。

（四）多干式灌木

要求自地际分枝处有三个以上分布均匀的主枝。丁香、黄刺玫、珍珠梅等大型灌木类，出圃高度要求在80cm以上，高度每增加30cm即提高一个规格级别；紫薇、玫瑰、棣棠、木香等中型灌木类，出圃高度要求在50cm以上，苗木高度每增加20cm即提高一个规格级别；月季、郁李、小檗等小型灌木类，出圃高度要求在30cm以上，苗木高度每增加10cm，即提高一个规格级别。

（五）绿篱苗木

要求苗木树势旺盛，全株成丛，基部枝叶丰满，冠丛直径不小于20cm，高度在50cm以上，为出圃最低标准。在此基础上，苗木高度每增加20cm，即提高一个规格级别。

（六）攀缘类苗木

地锦、凌霄、葡萄等出圃苗木要求生长旺盛，枝蔓发育充实，腋芽饱满，根系发达。此类苗木多以苗龄确定出圃规格，每增加一年提高一级。

（七）人工造型苗

黄杨球、龙柏球、绿篱苗以及乔木矮化或灌木乔化等经人工造型的苗木，出圃规格不统一，应按不同要求和不同使用目的而定。

第三节　苗木出圃技术

一、出圃苗的修剪

出圃苗木的修剪主要是根据各树种生长发育的特性，和不同的栽培目的，进行抑强扶弱，平衡树势，使枝条主从分明，调节养分和水分的运输，达到树形美观、成活率高的目的。

落叶乔木是园林绿化的骨干树种，一般多栽植为路树或庭荫树，因此直立挺拔的树干就成为落叶乔木的主要标准。由于极性的作用，一部分落叶乔木上部易出现"竞争枝"（和主干并生的大枝）。这些"竞争枝"角度小而直立，和延长干竞争能力很强，如任其生长，常把领导干挤歪，或形成多头树。如果延长干生长健壮，小枝又多，可以把"竞争枝"从基部疏除；如果延长干较弱，小枝又少，"竞争枝"可留15~20cm短截，削弱它的长势。如果有二个"竞争枝"着生在一点也可以疏除一个，短截一个。对过多过密的侧枝，应适当疏除，并将保留的侧枝进行短剪，长度留20~40cm。侧枝如不够分枝高度（2m）时，可提高分枝点。同时，对干基部发生的萌蘖和主干上由不定芽发出的冗枝，也应剪除。大顶芽树种如大部分杨树、白蜡、银杏、七叶树等，顶芽芽质好，延长干的生长常居于优势，在出圃中不应剪干。柳树、刺槐、国槐、合欢等树种，顶芽多为瘪芽，这些

芽萌发后生长无力，在出圃时可把顶梢剪除。

花灌木常用的树形可分为单干圆头形和地表分枝形两类，榆叶梅、碧桃、紫叶李、西府海棠等适合单干圆头形；而地表分枝形则适合分蘖性强的灌木树种，如丁香、太平花、锦带花、连翘、金银木、玫瑰等，成苗外形多呈灌丛状。对灌木过密或过细枝条应进行疏剪。

常绿树出圃苗应根据不同树种进行适当修剪。松类，极性明显，干性强，多数按照自然分枝特点，养成自地表分枝的自然树形。其中油松、黑松等主枝轮生，每年生长一轮，有时一轮内枝条数量过多，领导干的长势减弱，特别是十年生以后，顶端优势明显减弱。为了增强上势，出圃时可适量疏除轮生枝。剪强留弱，每轮留 4～5 向四周放射的枝条。白皮松、华山松容易自干部萌发徒长大枝或出现双干树，因此在出圃时发现徒长枝后应予剪除。

核桃、葡萄、柳树、元宝枫等树种，冬季修剪易出现伤流。为了避免这种现象，必须在落叶前水分输导最微弱时期修剪，其中葡萄应在落叶后埋土防寒前修剪。核桃、元宝枫、柳树应在十月中下旬修剪。值得提出的是：对出圃苗的修剪程度要轻，留有余地，便于在运输、定植过程中有再修剪的余地。

二、出圃苗的掘取

掘苗又叫起苗。就是把已达到出圃规格或因行株距过小，已不适应苗木生长或必须假植防寒越冬的苗木，从苗圃地上挖起来。掘苗操作技术的好坏，直接影响苗木的质量和移植成活率、苗圃的经济效益以及城市绿化效果。因此，掘苗工作必须认真细致，方法得当，严格掌握技术要求，保证苗木质量。

（一）掘苗时间

掘苗的时间主要取决于苗木的生长特性。落叶树种原则上应在苗木秋季落叶后或春季萌芽前的休眠期进行。有些树种也可在雨季进行。常绿树种的起苗，北方大都在春季或雨季进行，南方则在秋季气温转凉后的 10 月份或春季 3～4 月及霉雨季节进行。

1. 秋季掘苗

早春发芽较早的树种，应在秋季掘苗。过于严寒的北方地区，苗木在苗圃内不能安全越冬，需将苗木掘出假植越冬的幼苗，也应在秋季掘苗。

秋季掘苗应在苗木地上部分停止生长，叶片基本脱落，土壤封冻前进行。此时根系仍在缓慢生长，掘苗后及时栽植，有利于根系伤口愈合，而且有利于劳力调配，减轻春季劳力紧张的矛盾。

2. 春季掘苗

主要用于不宜假植的树种和常绿树种。春季出圃大苗是一年中的高潮，一定要在树液开始流动前进行，否则，芽苞萌动甚至叶片开放，势必会影响苗木的成活率。

3. 雨季掘苗

我国南北方都有采用，多用于常绿树种，如侧柏、油松、桧柏、红皮云杉、樟子松等。雨季带土球掘苗，随起随栽，效果较好。

4. 冬季掘苗

宜于南方。北方部分城市常进行冬季大苗破冻土、带土球掘苗。这种方法一般是在特殊情况下采用，而且费工费力，但可利用冬闲。

（二）掘苗方法

掘出的苗木质量与原有苗木状况、操作技术、土壤干湿等因素有直接关系。因此，在起掘前应做好有关准备工作。对枝条分布较低的常绿针叶树或冠丛较大的灌木、带刺灌木等。应先用草绳将树冠适度捆拢，以便操作。为有利挖掘操作和少伤根系，苗地过湿的应提前开沟排水；过干燥的应提前数天灌水。对生长地情况不明的苗木，应选几株进行试掘，以便决定采取相应措施。此外，掘苗还应准备好锋利的掘苗工具和包装运输所需要的材料。

1. 裸根掘苗

大多数落叶树种和容易成活的针叶树小苗均可采用此法。

起小苗时，沿苗行方向距苗行 20cm 左右处挖一条沟，在沟壁下侧挖出斜槽，根据根系要求的深度切断苗根。大苗裸根起苗时应按规定的根系以外下锹，根系大小应按落乔地径的 8～12 倍为宜（灌木按株高的 1/3 为半径定根幅），垂直挖下至一定深度，切断侧根。然后于一侧向内深挖，适当轻摇树干，探找深层粗根的方位，并将其切断。如遇难以切断之粗根，应把四周土掏空后，用手锯锯断。切忌强按树干和硬劈粗根，造成根系劈裂。根系全部切断后，放倒苗木，轻轻拍打外围土块，对病伤劈裂及过长的主侧根应进行修剪。如不能及时运走，应在原穴用湿土将根覆盖好，行短期假植；如较长时间不能运走，应集中假植。

2. 带土球掘苗

一般常绿树，名贵树种和较大的花灌木常采用带土球掘苗。土球的大小，因苗木大小、根系分布情况、树种成活难易、土壤质地等条件而异。一般土球直径约为根际直径的 8～10 倍，土球高度约为其直径的 2/3，应包括大部分根系在内，灌木的土球大小以其冠幅的 1/4～1/2 为标准。具体操作见"大树移植"部分。

3. 冻土球掘苗

利用冬季低温、土壤冻结层深的特点，进行冻土球掘苗，是我国东北地区常采用的掘苗方法，适用于针叶树种。冻土球大小的确定以及挖掘方法基本同带土球掘苗。当苗根层土壤结冻后，一般温度降至 -12℃ 左右时，开始挖掘土球。挖开侧沟后，如果发现下部冻得不牢不深，可在坑内停放 2～3d。若因土壤干燥土球冻结不实，可在土球外泼水，待土球冻实后，把铁钎插入冰坨底部，用锤将铁钎打入，直至震掉冰坨为止。

4. 机械掘苗

目前掘苗作业已逐渐由人工向机械作业过渡。但机械掘苗尚只能完成切断苗根、翻松土壤，而不能完成全部掘苗工序。至于从松动中的土壤中拔出苗木并进行收集，仍需依靠手工。常用的掘苗机械，分畜力牵引、拖拉机牵引和拖拉机悬挂等几种，其中悬挂式掘苗机结构紧凑、重量轻、机动灵活，应用较广。如国产 XML-1-126 型悬挂式掘苗犁，适用于1～2 年生床作或垄作的针阔叶苗，功效每小时可达 6ha。DQ-40 型掘苗机，适用于掘 3～4年生苗木，工作幅度 40cm，可掘取 4m 高以上大苗，每班可掘苗 0.47～0.8ha，6～10 万株。DQJ-35 型掘苗机，掘苗深度 35cm，适用于平床或低床苗圃的大苗掘苗，并可同时进行苗圃整地。

机械掘苗要组织好拔苗的劳动力，随掘、随拔、随运、随假植，做到起净、拔净，不丢失苗木。对根系过长的要进行修根。机掘前还需把地头挖好，中间垄道铲平，以利机械行驶畅通。

三、苗木的分级和统计

（一）苗木的分级

苗木分级又叫选苗，即按苗木质量标准把苗木分成等级。

1. 分级的目的

苗木等级反映苗木质量，分级可使出圃的苗木合乎规格，提高苗木栽植的成活率，并使栽植后生长整齐，不致出现分化现象，从而更好地满足设计和施工的要求，同时也便于苗木包装运输和出售标准的统一。

2. 分级方法

当苗木掘出后，应立即在背风庇荫处进行分级，并应同时对过长或劈裂的苗根和过多的侧枝进行修剪。苗木分级应根据苗木级别规格进行。因为园林苗木种类繁多，规格要求不一，目前各地尚无统一标准，一般根据苗龄、苗高、根际直径或胸径、冠幅和主侧根的状况，分为以下 3 类。

（1）成苗：也叫合格苗，指可用来绿化或造林的苗木。根据其高度和粗度的要求又可分为几个等级，如行道树苗木，胸径要求在 4cm 以上，枝下高应在 2～3m，而且树干通直，树型良好，为合格苗的最低要求，在此基础上，胸径每增加 0.5cm，即提高一个规格级。

（2）幼苗：指需要继续在苗圃培育的不合格苗，也可称为小苗或弱苗。

（3）废苗：又称等外苗。指不能用于造林、绿化，也无培养前途的断顶针叶苗、病虫害苗和缺根、伤茎苗等。除有的可作营养繁殖的材料外，一般皆废弃不用。

（二）苗木统计

目的在于掌握各类苗木的准确数字，以便为下步工作计划提供依据。苗木的统计应结合分级进行，大苗以株为单位逐株清点，小苗可以分株清点也可用称重法，即称一定重量的苗木，然后计算该重量的实际株数，再推算苗木的总数。

四、苗木的假植和贮藏

（一）苗木的假植

苗木假植就是将苗木掘下后，于正式移植或定植前对苗木保护的一种措施。目的在于防止根系干枯或遭受其他损害，以保证苗木的质量。

1. 假植的类别和方法

根据假植时间的长短，分为临时假植和长期假植两种。

（1）临时假植：掘苗后不能及时栽植，为防止苗木失水暂时用湿土培埋根系即临时假植。苗圃掘苗后不能及时运出，或是运到施工地不能及时栽植均需采取临时假植方法。苗圃地可在掘苗区的一侧，在不影响作业的情况下，掘临时假植沟，一般沟深可为 20～30cm，宽 20～30cm。将分级打捆的苗木直立或倾斜放入沟中，码成 5 捆或 10 捆一排，不捆的苗木可 50 株或 100 株一排。然后用挖出的下一排沟的土，将第一排苗木的根部埋严，同时挖好第二排沟，然后按埋第一排苗的方法埋好第二排，其余依此类推。此种方法时间不能太长，一般最长 5～10d，以免造成根部失水，影响成活。如遇大风或日照强，空气干燥，应适当喷水。

（2）越冬假植：入冬前将苗木全部埋入假植沟内使之安全越冬的方法即越冬假植。秋季掘苗后，将已分级的苗木按不同树种、不同规格分别斜置于假植沟内。当气温降至5℃以下，苗木已进入休眠状态时，将苗木全部用土埋严越冬。此法由于苗梢全部埋入土中，避免了梢条失水，而根部处于冻土层的，温度低不会发热霉烂，因此，这一方法是幼苗安全越冬行之有效的方法。

长期假植贮存苗木，在入冬前选地势高燥、排水良好、交通方便且背风的地方把假植沟挖好。若土壤湿度过大，则应提前挖好，以减少沟内湿度，避免苗木入沟后根部腐烂；若土壤过于干旱，则可在挖沟后灌水，以增加土壤湿度。沟的方向应与当地主风方向相垂直，迎风面的沟壁挖成45°的斜坡，背风面的沟壁挖成垂直。沟的规格应根据苗木品种、规格、土壤情况及用途而定，一般小苗沟深为30~40cm，中苗沟深为50~60cm，大苗沟深为70~80cm，沟宽100~150cm。沟的长度依假植苗木的数量而定。将分好级的苗木，按品种、规格分别排列于斜壁上，用细碎湿土覆盖苗木的根部。覆土时摇动苗木根部，使土壤填满孔隙，覆土厚度为苗高的1/3~1/2左右。第一排埋好后码放第二排，依次类推。土地封冻前当气温降至0~5℃时，即可用土将苗木全部埋严，苗梢上部再覆土10cm左右。当气温降至0℃以下时，再第二次覆土20cm左右，即可越冬。

在寒冷地区，为使易受冻害的苗木安全越冬，可用深80cm的沟假植。封沟时，首先在苗梢上覆10cm厚的土，然后在土上加一层10cm左右厚的稻草或树叶，最后再覆5~20cm厚的土，这样即可得到较理想的保温效果。

在风沙危害大的地区，可在假植沟的迎风面设置风障，进行防风。在南方冬季温暖且无大风的地区，为了少占用地，可将苗木直立假植，两侧培土。大量假植时，为了便于春季掘苗和运苗，假植沟之间应留有道路。

2.假植注意事项

(1)每一树种最好用一条沟，若一沟内假植两种以上品种，应留有一段间隔。一沟内的每排苗木株数应相同，以便统计数量。

(2)苗木入沟时不能带有树叶，以免发热苗木霉烂。

(3)假植完毕，假植沟要编号，并插标牌，注明苗木品种、规格、数量等。

(4)每条假植沟两侧留若干检查孔，一般每5m长留一孔。

(5)假植沟要专人负责，在假植苗木的初期和末期温度较高时，应加强检查，发现问题应及时进行倒沟，并剪除霉烂部分。早春气温回升，沟内温度也随之升高，若苗木不能及时运走栽植，应采取遮荫降温措施，推迟苗木萌发期。

(二)苗木的贮藏

将苗木置于低温下保存，既能保护苗木质量不致下降，又能推迟苗木萌发期，延长栽植时间。

低温贮藏的条件：

1.温度

温度控制在0~3℃，最高不要超过4℃。在此温度下，苗木处于休眠状态。

2.湿度

空气相对湿度控制在85%~90%左右。

3.可利用冷藏库、冷藏室、冰窖、地窖等进行贮藏。

对用假植沟假植易发生烂根现象的苗木，如核桃、青桐、木香等，可采用地窖贮藏。

在排水良好的地方挖窖，上面加盖，在窖顶中央或两侧留通风口，在一端设出入口。当窖内温度约 3℃ 时将苗木入窖。可将苗木在窖内平放，根部向窖壁，一层苗木一层湿沙。也可按临时假植的方法，将苗木分排用沙土埋严苗根，苗干可不用埋，均可收到良好的贮藏效果。

目前，国外批发大量苗木的苗圃，为了全年保证供应，已采用地上大规模的冷藏库，将裸根苗分级后放在湿度大，温度低（5℃）的无自然光线的条件下，可以延迟发芽达半年以上，出售时用冷藏车运输。

第四节　苗木的检疫和消毒

一、苗木的检疫

国家指令在进出口岸设立专门机构，根据国家规定的检疫对象，对过境苗木及其繁殖材料和产品实行检验和监督处理的法规性综合措施。它是植物保护工作的根本性预防措施之一。其目的是防止苗木的危险性病、虫、杂草及其他有害生物的侵入与传播，以保证本国、本地区苗木生产和园林生态系统的安全。在我国已同 100 多个国家进行园林植物交流的今天，严格掌握检疫，尤其显得迫切和重要。

在自然条件下，由于地理屏障的阻碍和气候因素的限制，各种有害生物也有其特定的区域性。随着现代交通和贸易的发展，病虫害及其他有害生物不再受到天然屏障的阻隔。这些有害生物一旦传入适生新区，由于摆脱了原产地天敌的自然控制，得以大量繁殖，往往造成严重的甚至毁灭性的危害。例如榆树枯萎病，1918 年首先在荷兰、比利时等国发现，继而随着榆树苗木及木材产品迅速传入欧、美各国，30 年代曾给该地区榆树造成毁灭性灾害。70 年代，此病再次猖獗流行，使欧洲千百万株榆树死亡，损失达几十亿美元，并严重破坏了城市绿化。松树线虫枯萎病是发生于日本的一种毁灭性病害。我国于 1982 年在南京发现，经 6 年时间迅猛传播到附近的 12 个县（区），病死松树 60 多万株，成为中国有史以来森林和风景林特大的毁灭性病害。又如美国白蛾原产美国，后传入欧洲，又传入日本和朝鲜半岛，1979 年传入中国辽宁丹东，至 1982 年已扩展到旅顺、大连至山东半岛，后又在西北武功地区发现。此虫对我国林业生产和园林绿化造成了严重损害。上述事例，充分说明了苗木检疫的重要性。

苗木检疫分国际检疫和国内检疫两种。国际检疫目的是为防止危险性病虫害及杂草输入或输出国境，保护本国苗木生产，维护对外贸易信誉，履行国际义务。此项工作由国家在海关、港口、国际机场及有关省会设立检疫机构，对进出口和过境的苗木及其产品、运输工具等负责检疫。国内检疫的目的，是为了将某些区域性危险病虫害封锁在疫区内，防止人为传播，以利防治和消灭。

列为检疫对象的病虫害，必须是本国尚未发生或局部地区发生的、可通过人为传播，一旦进入新区有可能流行，并造成重大损失的病虫种类。1986 年，我国颁布列为国际检疫对象的园林树木病虫害有：榆树枯萎病、五针松疱锈病、栎枯萎病、栗疫病、松树线虫枯萎病、杨树细菌性溃疡病、梨火疫病、美国白蛾、松褐天牛等。在国内颁布的检疫对象名单中，有泡桐丛枝病、枣疯、毛竹枯梢病、杨树花叶病毒病、栗疫病、松疱锈病、美国白蛾、松突圆蚧等园林树木病虫害。根据国际和国内农林、园林苗木病虫害发展的情况和生产的需要，在一定时间内，植物检疫对象名单可增加或减少。当新的检疫法令颁布时，旧的检疫法令即同时废止。

二、苗木的消毒

为了避免病虫害的传播，除对检疫对象的病虫害加以控制外，有条件时，在苗木出圃前最好进行全面消毒，以控制其他病虫害的扩大和蔓延。

消毒的方法可用药剂浸渍、喷洒或熏蒸。一般浸渍用的杀菌剂有：石硫合剂（浓度为波美 4~5 度）、波尔多液（1%）、升汞（0.1%）等。消毒时，将苗根在药液内浸 10~20min 同时用药液喷洒苗木的地上部分，消毒后用清水冲洗干净。

用氰酸气熏蒸，能有效地杀死各种虫害。熏蒸时先将硫酸倒入水中，再倒入氰酸钾以后，人应立即离开熏蒸室，并密封所有门窗，严防漏气，以免中毒。熏蒸的时间依树种不同而异，一般 45~60min 即可。

第五节　苗木的包装和运输

为使出圃苗木的根系在运输过程中不致失水和折断，并保护幼苗的树体免受机械损伤，对出圃苗木要加以保护，必要时进行包装。由于园林苗木的种类较多，运输的远近不同以及栽植地点的差异，因此对出圃苗木的包装和运输也有不同的要求，但总的可分为以下两类。

一、运距较近的露根苗

对栽植容易成活或运输距离较近的苗木，在休眠期可行露根出圃。出圃时可先对苗木进行粗放修剪，然后将苗木运到靠近圃场干道或便于运输的地方。装车要严格按照出圃计划的树种、规格、数量发苗，装卸苗木时要轻拿轻放，防止碰伤树皮及枝叶，更不能损伤主轴、分枝树木的枝顶或顶芽，以免破坏树形。车装好后，绑扎时要注意不可用绳物磨损树皮，为了减少苗木的水分蒸发，装好的苗木应用苫布覆盖，特别是对根部要加以保护。

规格较小的苗木也可散放在篓筐中，在筐底放一层湿润物，再将苗木根对根地分层放在湿铺垫物上，并在根间稍填充些湿润物，将筐装满后，最后在苗木上再放一层湿润物即可。

二、运距较远或有特殊要求的苗木包装

（一）卷包包装

把规格较小的裸根苗木运送到较远的地方时，要求细致的包装，以防失水。生产上常用的包装材料有草包、草片、蒲包、塑料薄膜等。包装时可将出圃的小苗枝梢向外，苗根向内并互相略行重叠地摆好，再用湿润的苔藓或锯末填充苗木根部空隙。苗木放至一定数量（每件不超过 20~25kg），用包装物将苗木卷起捆好，外面挂上标签，标明树种、苗龄、数量、等级和苗圃名称等。

包装材料用聚乙烯塑料袋效果较好，不仅重量轻，便于运输，而且能保湿，防止苗根干燥，促使苗木生长，提高成活率。但不能在太阳光下曝晒，以免灼伤根系。

（二）装箱包装

运距较远，运输条件较差，苗木规格较小树体需要保护的裸根苗木，使用此法较为适宜。在已制好的木箱内，各面铺以塑料薄膜，然后在箱底铺一层湿润物，把苗木分层摆

好，不可过于压紧压实。在摆好的每一层苗木根部中间，都需放湿润物以保护苗木体内水分，在最后一层苗木放好后，再在上面覆一层湿润物即可封箱。

（三）带土球包装

带土球的大苗应单株包装。此法适于根系恢复困难而树冠蒸腾量较大的苗木或在生长期需行出圃的苗木以及珍贵树种。挖好的土球可用蒲包和草绳进行包装。装运之前，除要仔细检查有无散包外，还需用草绳将树干从基部往上逐圈绕干（高度1~2m），以避免在运输、吊装时损伤树皮。

苗木在运输途中，要注意检查苗木的温度和湿度。若发现温度过高，要把包装打开通风降温。若发现湿度不够，则要适当喷水。为了缩短运输时间，最好选用速度快的运输工具。苗木运到目的地后，要立即将包装物打开行苗木假植，但如运输时间长，苗根较干时，应先将根部用水浸一昼夜后再行假植。

复习思考题

1. 苗木出圃前怎样进行苗木调查？
2. 出圃苗木有何质量要求？
3. 苗木出圃前如何假植越冬？
4. 苗木检疫有何意义？
5. 苗木如何进行包装？

第八章 育 苗 新 技 术

随着科学技术的进步，苗木的繁殖手段逐步向高效率、高水平发展。在不断提高经济效益的同时，人们也逐渐从繁重落后的体力劳动中解放出来。

园林苗木繁殖技术，也在不断发展。从繁殖材料上看，常规的扦插育苗技术，已扩展到单芽扦插，乃至近年来迅速兴起的微体试管苗技术。从栽培环境条件方面看，由单纯的大田作业，发展到玻璃温室，并进一步转入高度自动化。一些国家或地区，机械化生产水平很高。苗木生产步入专业化、工厂化。植物生长发育的温度、湿度等由电脑调控。本章着重介绍组织培养、容器育苗、塑料温室育苗及无土栽培等育苗技术。

第一节 组 织 培 养

组织培养是利用植物的部分器官（根、茎、叶、花、果等）、组织（形成层、胚乳等）、细胞（大孢子、小孢子、体细胞等）以及原生质体，在无菌条件下，用特定的培养基，培养新植株的方法。

早在 19 世纪初，细胞学说的提出和发现，为植物无菌培养方法奠定了基础。通过长期的研究和实践，植物组织和细胞培养技术逐渐发展起来。特别是近些年来，我国在这方面的研究工作发展较快。从植物的器官、组织、细胞的培养直至近些年来迅速发展起来的原生质体培养，乃至细胞融合的研究，均已取得相当进展。一些细胞器（如叶绿体）的培养也在实验中。一些园林植物，如月季、海棠、百合、兰花、香石竹等，已进入商品生产，许多乔木树种，如杨树、红松、桉树、柳杉、油橄榄等组织培养也取得成功。

一、组织培养的种类

根据外植体材料不同，可以将组织培养分为几种不同类型。

（一）器官培养

利用很少的植物器官（茎、芽、叶等）为材料，经过消毒进行培养，可以得到新植株。这种方法是通过外植体的增殖，形成愈伤组织，再由愈伤组织进一步分化培养，形成新植株。所以又称愈伤组织培养，也就是狭义的组织培养。目前在生产中应用广泛。

（二）胚胎培养

用于育苗时，选用成熟的胚为材料，可提高成苗率。选用未成熟的胚进行培养，则用于远缘杂交，克服胚的败育现象，获得新植株。

（三）子房和胚珠的培养

常用于遗传育种，用其进行试管受精，便于远缘杂交。

（四）原生质体的培养和融合

即进行植物体细胞的杂交，通过培养裸露的植物细胞，使两个植物的原生质体融合，形成新的个体。

二、组织培养育苗的特点

（一）优点

（1）能保持母本的优良性状，如果实大、品味好或保持原有花色及植株抗性等。

（2）繁殖系数大，节省材料，在短时间内可以迅速扩大植株数量。如一个杨树的腋芽一年内可以繁殖苗木 100 万株。

（3）培育无菌苗。

（4）缩短育苗周期，一年可培育数期苗。不受季节限制，可以全年进行培养繁殖。

（5）对常规方法进行营养繁殖较困难的树种，通过组织培养可以获得解决。如目前用胚轴、子叶等繁殖花旗松。

（6）具有使品种阶段返青的作用，例如在柳杉中发现，由愈伤组织和茎尖产生的苗木，显示出年轻阶段的形态，成苗移栽后长势较旺盛 。

（7）组织培养可以做为保存植物材料的一种方式。如从外地区移来的珍贵稀少树种材料，若数量少时，采用组织培养最好。

（二）缺点

（1）组织培养需要一定设备，技术要求较高。

（2）试验阶段成本较高。

三、组织培养的基本设备

（一）实验室

1. 化学试验室

用于器具洗涤、干燥、存放；培养基配制和分装；高压灭菌；处理大型植物材料及生理、生化分析等各种操作，都在实验室进行。

2. 接种室（无菌室）

进行各种无菌操作的工作室。要求室内光滑平整，地面平坦无缝，避免灰尘积累，便于清扫。室内定期用甲醛或高锰酸钾熏蒸消毒灭菌，也可用紫外灯照射 20min 以上。无条件时也可用超净工作台代替无菌室，超净工作台也应放在卫生较好的室内。地面应铺塑料或水磨石地面。注意门窗封闭，避免灰尘影响。无菌室前室出入口应设二道门，并装风淋设备，室内也应装紫外灯，以便对工作服、拖鞋、帽子随时灭菌。

3. 培养室

要求有控温和照明设备。常用空调机。最好放置自动记录温度、湿度计。培养室需要保持一定温度，一般要求 25～26℃。室内光源用日光灯，垂直安装于培养物之上或安于侧面。

（二）仪器设备

1. 器械设备

解剖刀、接种针、钻孔器、镊子、剪刀等。

2. 仪器设备

天平类、酸度测定仪、显微镜、双筒解剖显微镜、烘箱、恒温箱、高压灭菌锅、冰箱、蒸馏水制造仪、去离子水制造仪器等。

3. 玻璃器皿

各种类型试管、三角瓶、培养皿、量筒、烧杯等。

四、组织培养步骤和操作程序

（一）步骤

组织培养可以分为四个步骤：

（1）诱导愈伤组织发生。

（2）诱导愈伤组织长出茎叶。

（3）诱导生根。

（4）小苗移栽。

（二）具体操作程序

1. 培养基的制备

（1）培养基的组成

组织培养所用的培养基，主要成分包括无机盐（大量元素和微量元素）、有机化合物主要有维生素类（如肌醇）及氨基酸（如甘氨酸），也常加入一些天然有机物，如椰子乳、酵母提取物等；碳水化合物主要有蔗糖、葡萄糖等；铁盐；植物激素；固体培养加琼脂使培养基固化。

植物激素分两类，一类是生长素类，如萘乙酸（NAA）、吲哚乙酸（IAA）、吲哚丁酸（IBA）等。另一类是细胞分裂素类，如激动素（KT）、玉米素（ZT）、6-苄基嘌呤（6-BA）等。植物激素是组织培养中不可缺少的物质，对愈伤组织诱导和器官分化具有直接影响。生长素和细胞分裂素二者浓度比例决定分化方向。当生长素相对含量高时，可以促进愈伤组织及不定根形成、发展。当细胞分裂素比例较高时，则有利促进不定芽的形成。

（2）培养基的配方及名称

植物组织培养能否获得成功，在一定程度上依赖于培养基的选择，其中应用最广泛的是 MS 培养基（表 8-1）。它对许多植物的培养有良好的效果。

不同树种，不同条件应用的培养基也不尽相同。这些培养基的营养成分和数量称为基本成分。在配制培养基时，还要根据培养植物的需要，附加一些其他成分。

常用培养基配方（单位：mg/L）　　　　　　　　　　　　表 8-1

成　分	名称（年）含量	MS 1962	LS 1965	H 1967	T 1967	B5 1968	Nitsch（尼许）1951	White（怀特）1963	Miller（米勒）1963
大量元素	NH_4NO_3	1650	1650	720	1650				1000
	$(NH_4)_2SO_4$					134			
	KNO_3	1900	1900	950	1900	2500	125	80	1000
	$Ca(NO_3)_2 \cdot 4H_2O$						500	300	347
	$CaCl_2 \cdot 2H_2O$	440	440	166	440	150			
	$MgSO_4 \cdot 7H_2O$	370	370	185	370	250	125	720	35
	KH_2PO_4	170	170	68	170		125		300
	Na_2SO_4							200	
	$NaH_2PO_4 \cdot H_2O$					150		16.5	
	KCl							65	65
	$FeSO_4 \cdot 7H_2O$	27.8	27.8	27.8	27.8	28			
	$Na_2 - EDTA$	37.3	37.3	37.3	37.3				

含量 名称(年) 成分	MS	LS	H	T	B5	Nitsch (尼许)	White (怀特)	Miller (米勒)
	1962	1965	1967	1967	1968	1951	1963	1963
微量元素 KJ	0.83	0.83			0.75			0.8
H_3BO_3	6.2	6.2	10	10	3	0.5	1.5	1.6
$MnSO_4 \cdot H_2O$				25	10			4.4
$MnSO_4 \cdot 4H_2O$	22.3	22.3	25			3	7	1.5
$ZnSO_4 \cdot 7H_2O$	8.6	8.6	10		2	0.05	3	
$Na_2MoO_4 \cdot 2H_2O$	0.25	0.25	0.25	0.25	0.25	0.025		
$CuSO_4 \cdot 5H_2O$	0.025	0.025	0.025	0.025	0.025	0.025	0.001	
$CoCl_2 \cdot 6H_2O$	0.025	0.025			0.025			
MoO_3						0.0001		
有机成分 甘氨酸	2		2				3	2
盐酸硫胺素	0.4	0.4	0.5		10		0.1	0.1
盐酸吡哆素	0.5		0.5		1		0.1	0.1
菸酸	0.5		0.5		1		0.3	0.5
肌醇	100	100	100		100		100	
叶酸			0.5					
生物素			0.05					
半胱氨酸							1.0	
D-泛酸钙							1.0	
柠檬酸铁						0.01		
Na-Fe-EDTA								32
蔗糖	30000	30000	20000	10000	20000	20000	20000	30000
琼脂	10000	10000	8000	8000	10000	10000	10000	10000
pH 值	5.8	5.8	5.5	6.0	5.5	6.0	5.6	6.0

(3) 母液配制

把培养基中必须的一些物质，按原量的 10 倍、100 倍或 1000 倍称量后放到一起，成为一种浓缩液即母液。培养基的单位为 mg/L。

1) 大量元素

按表中顺序，以 10 倍用量分别称出，并进行溶解后混合在一起，最后加蒸馏水使其总容量达到 1L，此即大量元素的母液。配培养基时，每配 1L 取母液 100ml。

2) 微量元素

因用量小，为称量方便及精确起见，常将其扩大配成 100 倍或 1000 倍母液，逐次溶解后并混合在一起。在配 1L 培养基时取母液 10mL 或 1mL。

3) 有机物质

主要指氨基酸及维生素类物质，它们都是分别称量，用容量瓶分别配成所需的浓度（0.1~10mg/mL），用时按培养基配方要求量分别加入。

4) 铁盐

是单独按培养基配方表配制。每配 1L 培养基加铁盐 5mL。

5）植物激素

配制时单个称量，分别贮藏。

以上各种混合液（母液）或单独配制成的药品，均应放在冰箱中保存，以免变质、长霉。蔗糖、琼脂等可按配方中要求酌情变动，随称随用。

（4）培养基的配制、灭菌和保存

配制培养基时，首先从母液中按所需容积分别用移液管吸取大量元素、微量元素、铁盐、维生素及植物激素等，放入烧杯中，再加入所需要的蔗糖和其他附加成分。将已配好的培养基成分与预先已加热溶化的琼脂混合后，用 1N 氢氧化钠或 1N 盐酸调节 pH 值，至要求的一定值（5.5～6.0 之间的一个特定值）。然后装入容积适宜的三角瓶或试管中，用棉花或纱布塞好瓶口，用牛皮纸包好，标上记号。再放入高压灭菌锅中，在温度 120℃、1kg/cm² 的高压下灭菌 15～20min。灭菌后的培养基可在室温下贮存（最适宜的温度为 10℃）。一般情况下，应在消毒后的两周内用完。

2．材料采集

组织培养所用的植物材料非常广泛，通常用枝、干皮层的一部分或茎尖、芽、叶片、子叶、胚轴等，有的利用花粉或花药。根尖不易灭菌，因此很少被采用。阔叶树一般用 1～2 年生健壮枝条，除去叶子即可使用，以新鲜枝条为佳。针叶树老龄材料难于培养，不易生成小植株，常采用种子或离体胚培养，可选用子叶或胚轴为材料。

3．材料消毒

先将采集的材料用清水冲洗干净，以无菌纱布吸干。如用嫩枝、叶、芽为材料，先将其切成 2～3cm 长的小段或小片，在 70％ 的酒精中浸泡约 0.5～1min，再用消毒剂进行消毒。常用的消毒剂有次氯酸钠（安替福民）、次氯酸钙（漂白粉）、过氧化氢及低浓度的氯化汞、溴水等（表 8-2）。然后再用无菌水冲洗 3～5 次（表 8-3）。

常用消毒剂效果比较   表 8-2

消 毒 剂	使用浓度	去除难易	消毒时间（min）	效 果
次氯酸钙	9%～10%	易	5～30	很 好
次氯酸钠	2%～5%	易	5～30	很 好
过氧化氢	10%～12%	最易	5～15	好
溴 水	1%～2%	易	2～10	很 好
氯 化 汞	0.1%～1%	较难	2～10	最 好
抗 菌 素	40～50mg/L	中	30～60	较 好

植物不同器官消毒顺序   表 8-3

组 织	消 毒 顺 序			备 注
	消 毒 前	消 毒	消 毒 后	
种 子	工业酒精中浸 10min 再用无菌水漂洗	10% 次氯酸钙浸 20～30min 再用 1% 溴水浸 5min	无菌水洗 3 次在无菌水中发芽，或无菌水洗 5 次，在滤纸上发芽	用幼根或幼芽来发生愈伤组织
果 实	纯酒精迅速漂洗	2% 次氯酸钠浸 10min	无菌水反复冲洗再剖除种子或内部组织	获得无菌苗

组 织	消 毒 顺 序			备 注
	消 毒 前	消 毒	消 毒 后	
茎 切 段	自来水洗净再用纯酒精漂洗	2%次氯酸钠浸15~30min	无菌水洗3次	每立在琼脂培养基上或切取出组织进行培养
贮藏器官	自来水洗净	2%次氯酸钠浸20~30min	无菌水冲洗3次，滤纸吸干	从消毒材料内部取出组织来培养
叶 片	自来水洗净吸干，再用纯酒精漂洗	0.1%氯化汞浸1min或2%次氯酸钠浸15~20min	无菌水反复冲洗，滤纸吸干	选用嫩叶、叶片平放在琼脂上，或叶柄插在琼脂上

4. 接种材料的制备

经过消毒后的材料，用无菌的解剖刀、镊子等，进一步切成所需小段或小片，小片大小一般为2~5mm。这些小片就成为所谓的外植体。如用芽或茎尖等材料培养，还要剥除芽鳞与幼叶。材料切取分离可在双筒解剖镜下进行，分离时，为了防止材料变褐，可用0.1%的柠檬酸及0.1%的抗坏血酸浸湿滤纸，将材料放于滤纸上。

5. 接种和培养

（1）接种

在无菌条件下将切好的外植体，立即接种在培养基上。每瓶6~8个，不能过密，以免杂菌感染时互相影响。接种后，瓶口用无菌药棉封好，培养皿用无菌胶带封口，放置在25~26℃恒温条件中培养，用日光灯作光源，光照强度为1000~1500lm/m²，诱导愈伤组织发生。

（2）转培

接种后3~4d左右，愈伤组织发生，当愈伤组织块直径长到0.5~1.5cm时，在无菌条件下，转入分化培养基中，置于光照下，诱导愈伤组织分化芽或根，所需时间因植物而异，一般为2周至2个月左右。在培养过程中，如发现培养基不适宜愈伤组织的生长和分化时，把愈伤组织切成小块，转到新鲜培养基中或换入另一种培养基中培养。

（3）再转培

在一般情况下，多数植物愈伤组织如先分化芽，长出茎、叶，则容易诱导生根，形成完整植株；如先诱导生根，则难诱导出芽。有些植物也可先诱导生根，然后根出芽形成苗。一般无根苗长到2~5cm高时，可在无菌条件下，从苗的基部切下，将无根苗体转移到发根培养基上，诱导生根，形成完整植株。

6. 试管苗移植

幼苗生根之后，需要移植于土壤继续培养，中间要有一个适应过程。当木本植物长至5~10片叶子时（草本植物长至3~5片叶）移植较适宜。在移植前，先打开培养瓶或试管的棉塞，由室内漫射光转到室外直射光，锻炼3~5d，使试管苗在室内接触空气，逐渐适应大气环境。加深叶色，增加木质化程度，增强自养能力。移植时用长镊子小心取出试管苗，用水洗去沾附在根部的培养基，注意避免损伤根系。进行沙培或直接上盆。总之移栽基质要求疏松、透气性良好，经消毒处理。移植初期要保持土壤及空气湿度，并可用原培养基浓度的 1/10～1/2 营养液浇灌，经过一段室内或有荫棚的地方管理，逐渐增加光照强度，经过 3～4 周锻炼，再移到小型露地苗床定植。

第二节 容 器 育 苗

容器育苗是利用各种容器，装入培养基质培育苗木的方法。容器又称营养器或营养钵，类型多种多样，如杯、袋、筐、篮，容器材料可以是泥、纸、瓷、塑料、竹木等制做。

容器育苗是 60 年代发展起来的一种育苗技术。在各国林业育苗、造林中应用较普遍。欧美一些国家，如瑞典、芬兰、丹麦、荷兰、加拿大、巴西等应用广泛。根据年度统计，许多国家容器育苗在生产中占有一定比例，如芬兰为 30%、瑞典占 40%、加拿大占 10%～75%、巴西占 92%。我国采用容器育苗是从 70 年代开始的。在北方荒山绿化造林中，尤其是自然条件恶劣环境下，如干旱少雨的阳坡，采用营养杯育苗和造林，获得较好的效果。在城市园林苗圃，近些年来也有不同程度推广应用。除播种育苗外，还可以利用营养钵进行扦插育苗。

一、容器育苗的特点

（一）优点

1. 可以提高苗木移栽成活率

容器苗木的根系是在容器中形成的，起苗、运输、移栽时根系不会受到损伤，不散失水分，从而保证了移栽后成活率高。据统计，北方一些干旱山地，原先绿化造林成活率很低的阳坡，采用营养杯育苗造林，成活率达 85% 以上。

2. 节省育苗地

容器育苗对圃地要求不严，不需占用好地，可以在平整的场院或其他闲散地育苗。

3. 可以缩短育苗周期

由于种苗是在特制的容器及营养基中生长发育，水、肥、气、光照等条件较好，苗木生长较快，移栽后又无缓苗期，缩短了幼苗的抚育年限。用于大面积荒山造林的容器苗，可以比普通常规育苗苗龄更小一些，如北方油松容器育苗，可提前 0.5～1 年出圃绿化。

4. 可以延长栽植时间

除寒冷的冬季之外，容器苗在其他季节都可以栽植，有利劳力合理安排，克服季节劳力紧张现象。

5. 节省种子、管理省工

如果用容器育苗时，每公斤松树种子可以培育苗木 12 万株，而采用常规方法，每公斤种子只能培育出 1.5 万株苗木。容器苗杂草较少，管理起来方便省工。

6. 便于实现育苗机械化

在自动化作业较高的情况下，制杯、装填营养土、播种、覆土等可实行流水作业，工作效率高。如荷兰育苗已实现机械化、工厂化生产。日本由 6 人操作每日可完成 40 万个营养杯的播种任务。

（二）不足之处

容器育苗从全过程看，工序繁杂，费料费工，需要大量优质土配制营养土，用人工制杯要很多劳力。

容器育苗成本较高，据日本报导，采用泥炭土进行容器育苗，比普通育苗成本高60％左右。同时苗木培育及栽植过程运输费用较高。育苗所使用的容器规格及形状、营养杯配置、施肥、灌水等问题都有待进一步研究总结。

二、容器的种类及制作方法

（一）容器的种类

容器种类较多，从育苗和栽培上看，世界各国的育苗容器，可以归纳为两大类。一类容器可以与苗木一起栽入土中，这类容器有粘土营养杯（美国应用较多）、泥炭容器（北欧应用）、稻草泥杯、纸杯等。另一类容器不与苗木一起栽入土中，移栽苗木时需要将苗木从容器中取出栽植，这类容器多为塑料容器或陶瓷容器。

容器的形状有圆筒形、长方形、六角形等。据观察及分析，六角形容器比圆形好些，根系生长舒展，而圆筒形容器易造成根系在杯内盘旋成团，移栽后影响根系伸展。

容器的规格不太一致，大小不等。但从有利苗木生长及搬运方便上考虑，容器高度范围在5～25cm，直径3～15cm。其中容器高8～20cm，直径7～10cm应用较多。

制作容器的材料有硬塑料、软塑料、合成纤维、泥炭、粘土、纸浆、特制的纸、稻草、竹木等。

（二）制作方法

1. 纸制营养杯

用纸浆和合成纤维（维尼纶）制成。直径4～10cm，高7～13cm。我国目前使用的纸袋营养杯，通常是用旧报纸粘合而成的。每张报纸可做10个左右。纸杯容易腐烂，不妨碍苗根生长，苗木根系可穿过纸杯进入土中正常生长。

2. 塑料容器

是用聚乙烯、聚苯乙烯、聚氯乙烯为原料制成。一般高8～20cm，直径5～12cm。容器的四周及底部打孔，以利通气、排水。在苗木栽植前，将塑料容器去掉，以免阻碍苗木根系生长。

3. 泥浆稻草杯

用泥浆和切碎的稻草充分搅拌后做成圆柱形杯，杯高约15cm，直径约10cm。做杯时将混合均匀的泥浆糊在木模上，并封上底，然后将模型取出，晒干稻草杯。

4. 泥炭容器

用泥炭沼泽土75％、纸浆25％粘合而成。规格为8cm×8cm或9cm×8cm。泥炭的保水性和通气性好，有利苗木根系生长。同时苗根也容易穿过容器壁，扎根深入土中。

5. 竹篮

用削去竹子外皮后，余下的竹黄，编织成高约20cm，直径12～15cm的竹篮。根据需要可大可小。这种容器适于培育较大苗木。

6. 营养砖

制作营养砖的土壤以结构疏松、含腐殖质较高的沙壤土为好。土质沙性过重则易松散，不利成砖，透水性强，增加灌水次数；土质过粘则易板结，幼苗根系发育不良。制砖地选好之后，清除草根、石块等杂物，将地整平。制砖土每立方米拌杂肥50kg、过磷酸钙

1kg、腐熟猪粪 5kg，混合均匀后，加水拌成泥浆，稀稠要适度，以既能成堆又能流动为宜。然后筑成宽 1m、厚 15cm 的浆畦，待 1～2d 稍干后，用刀切成 7cm×7cm×15cm 的砖块，并随即在每个砖块中央压一个直径为 2～3cm、深约 6cm 的穴，装入营养土即可播种。

三、营养土的配制

（一）营养土应具备的条件

（1）具备种子发芽、扦插生根和幼苗正常生长所需的各种营养物质。

（2）保水性、通气性、排水性能好。

（3）重量轻、便于搬运。

（4）经多次浇水，不易出现板结现象。

（5）用土要经过火烧或高温消毒的土壤，以减少病虫害及杂草种子。据实验，把土壤放在 80℃左右的温度进行短时间处理，大部分杂草种子死亡，大部分病毒、病害及昆虫、卵也死亡，而土壤有机质不会损失。

（二）营养土的材料

用来配营养土的材料有森林中的腐殖质土、未经耕种的山皮土、泥炭土、碎稻壳、蛭石、珍珠岩等。

其中以腐殖质土和泥炭土为最好。

（三）营养土的酸碱度

营养土的酸碱度应根据培育植物特性而定，一般针叶树种要求 pH 值在 4.5～5.5 之间，阔叶树种要求 pH 值在 6～8 之间。在苗木生长过程中，营养土的酸碱度应随时进行调节，如 pH 值低时，可加入适量的硝酸钙、碳酸钾或苛性钠及生理碱性肥料进行调整；如果 pH 值过高时，可以加入硫酸铵和生理酸性肥料进行调整。

（四）营养土配制

国内外营养土配制多种多样，目前也没有统一标准，现举几例供选择。

（1）泥炭沼泽土和蛭石的混合物　配制按重量计算，其比例为 1∶1；3/5∶2/5 或 3/4∶1/4，再加入适量的石灰石及砂质肥料。

（2）烧土 2/3，堆肥 1/3。

（3）泥炭土、烧土、菎心土各 1/3。

（4）广西林科所油茶营养杯营养土的配制，以塘泥（肥土）60%，草皮灰泥 37%，磷肥 3%，三者混合均匀后装入杯中备用。

（5）河北承德地区油松营养杯营养土的配制，选用生土（含腐植质的山皮土）60%～70%，未耕种过的黄土 30%～40%，掺入 5%～10%腐熟有机肥，充分混合后使用。

四、育苗程序

（一）播种育苗

1. 装杯

将营养土配料充分混合并过筛，然后装入容器，容器口要留出覆土高度 3～4cm 为宜。边装土边压实。

2. 营养杯摆放

将装好的营养杯按照预定的地点依次排列。宽度一般为 1m 左右，这样便于操作管理，长度一般 5～10m。如果在容器架上育苗，上下层间距应在 1m 以上，以不影响光照为原则。

3. 播种

先进行种子消毒和催芽，然后播种。每杯播种量，大粒种子 2～3 粒，中小粒种子 4～6 粒。播种后覆土 1～2cm。

4. 播种后的管理

播种后应及时进行覆盖，以减少水分蒸发、保持营养土湿度。覆盖物可用稻草、蒲包片或塑料布等。待幼苗出土后及时撤除覆盖物。

播种初期要保持一定湿度，采用喷灌方法浇水，随苗木生长注意加大灌水及追肥量。

苗木出齐后，还应及时间苗及补苗，每个容器只留一株壮苗，缺苗容器可结合间苗进行补植。

病虫害防治，可参照一般育苗除治。

（二）扦插育苗

营养杯也可以进行扦插育苗。一些较珍贵树种及较难培育的苗木可采用容器扦插，如雪松、翠柏等。插穗插入容器深度约 3～5cm，扦插后应及时浇水，使插穗与土密切接触，以利生根。其他管理与一般育苗基本相同。

第三节 塑料温室育苗

塑料温室又称塑料大棚。凡是以塑料为覆盖材料而建起来的温室统称塑料温室。塑料包括塑料薄膜、塑料板、硬质塑料。

一、温室的发展变化

据记载，我国的温室起源于两千年以前。当时纸张、玻璃尚未出现，所谓温室非常原始，只是在住房的基础上稍加改装或"兼而用之"。公元前 105 年，汉朝蔡伦发明了造纸术之后，纸窗温室出现。到唐朝温室已相当发展，唐代诗人王建曾描写温室的情况："酒幔高楼一百家，宫前杨柳寺前花，内园分得温汤水，二月中旬已进瓜"。

18 世纪以后，玻璃温室出现，玻璃比纸窗结实、耐用，透光良好，使温室性能大为改善，玻璃温室这些优点，在生产上起了很大作用，至今仍有相当发展应用。但玻璃温室有其不足之处，玻璃本身重，搬运困难，又容易破碎，投资较大，因而发展速度较慢，温室面积仍受到限制。

随着科学技术的进步，塑料工业的发展，近 20 年来，塑料温室发展较快。主要原因是，塑料本身轻，建造方便、简单，拆装容易。成本较玻璃温室低，而且适于大面积推广，适用于机械化生产，为农业、园林绿化育苗提供了广阔前途。

我国各地区的地理位置，大部分城市及农村都适宜塑料大棚的发展，长江以北是塑料大棚发展的中心地区。目前蔬菜生产应用推广较快，园林育苗也逐渐推广应用。随着我国石油工业及塑料工业的发展，塑料温室的前景十分广阔。

二、塑料温室育苗的优越性

（1）塑料具有轻便、耐腐蚀性能，建造、拆装及运转比较方便。塑料的比重仅为钢铁的 1/6，而耐腐蚀性超过不锈钢。

（2）塑料保温、透光性良好，紫外线透过率好（紫外线难于穿透玻璃），大棚内温度，在凉爽天气时，可比空旷地提高 2~5℃，天气较暖时可提高 6~8℃。因此，一般可延长植物生长期一个月，或者更长些。

（3）可提高空气相对湿度，据测定，大棚内白天的湿度比空旷地高 7%~13%，有的可高达 20% 左右。在这种温度上升，湿度又较大的环境下，有利种子发芽及苗木生长，有些种子可提前 5~10d 发芽出土。

（4）便于控制环境条件，防止不良气候的危害。大棚内的温度，湿度可以人为调节，土壤条件也较好。苗木在棚内可免受风害、干旱、霜冻、大气污染等危害。

（5）适合运用新技术和集约经营管理。在塑料温室内有利新技术推行，如无土栽培、容器育苗、喷灌、化学除草等。

塑料温室也具有一些不足之处。如大棚建造仍需投入较大资金及人力。塑料经长期使用后容易产生硬化，透明度、坚韧度变低。由于棚内湿度较大，苗木容易受病害侵染。此外，苗木地上部分生长比地下根系快，使苗木栽培质量受到不良影响。

三、塑料温室的建造

（一）地址选择

塑料温室应选择地势平坦、向阳、避风有灌溉条件的地方。走向以东西长、南北宽为适宜。

（二）结构形式

塑料温室一般呈拱圆形（即顶部呈半圆形），这种拱圆形一般用韧性好的软塑料作为覆盖材料，还有一种塑料温室上盖为屋脊形，这种温室一般采用塑料板覆盖。

塑料温室的骨架分竹、木结构和钢架结构两种类型。钢架结构长度一般为 30~50m，宽度一般为 5~15m，中央高 2.1~3m，侧方高 1.2~1.8m。高度不宜过高，否则温室内的温度上升缓慢，而且散热面大，不利室内温度的保持。温室过高也容易遭受风害。竹、木结构塑料温室，长度及宽度均可缩小，高度也可以降低。

以轻型角钢做构架时，先由钢筋焊接成规定的宽、高骨架单件，然后以间距 1.5~2.0m 将各单件连接而成。拱棚越大，保温效果越好。

（三）塑料薄膜种类及特性

1. 聚氯乙烯

耐酸、碱，不易氧化，弹性好，具有较强的韧性。在塑料温室建设中应用广泛。

2. 聚乙烯

防水，绝缘，抗拉力小，容易硬化，保温性能差。

3. 聚氟乙烯

强度大，具较强抗拉力，耐酸性很强，且不易老化，因此，使用时间较长。

4. 有色塑料膜

由上述薄膜加上有机染料制成。

5. 聚丙烯酸酯

是一种聚合成的塑料板，可代替玻璃。

四、塑料温室育苗方法及管理

在塑料温室内，可以采用原土播种、扦插育苗，也可以采用容器育苗。由于棚内育苗条件好，苗木生长快，生长速度可超过露地 2~3 倍。也可以采用沙培、砾培等无土栽培方式育苗。塑料温室还可以用于苗木过渡培养，使苗木逐步适应露地培育，提高移植成活率。

塑料温室在管理措施方面，重点是做好温度、湿度的调节和控制，以维持或创造植物生长的良好环境。

（一）温度管理

温度控制是塑料大棚育苗的主要技术措施。由于塑料薄膜白天吸收太阳辐射热较多，温度增高，特别是密闭的大棚，中午升温较高（如在京津地区，4月中旬，地膜覆盖之下的地表温度可达50℃），这对苗木生长不利。而夜间温度下降过低时，又会影响植物体内物质运输，也不利生长。因此当大棚内的温度超过30℃的高温或低于20℃时，就应注意降温与增温。

1. 增温方法

夜间温度过低时应关闭门窗或加盖草帘保温。较大的塑料温室，可安装加热设备，如安装暖气或埋设热气管道，土壤中设电热温床或地上热风采暖等。

2. 降温方法

大棚内温度过高时，应打开两端的门，顶部及侧面应开天窗及侧窗，增加空气流通，调节降低棚内温度。也可采用温室顶部流水降温、室内喷水、喷雾降温。还可以采用遮荫网遮光降温。

（二）湿度管理

一般情况下，大棚内的湿度比棚外高，对种子发芽、生根有利。若湿度过低时，可采用喷雾、喷灌增加湿度，过高时应打开门窗通风，使水分扩散。

（三）采光

塑料大棚内的光照，一般只有露地的80%左右，塑料透光率略低于玻璃，但所有塑料薄膜都具有透过红外线、紫外线的能力（紫外线有利器官形成，防止植株徒长，有利物质积累），而玻璃难于使紫外线透过，这是塑料大棚优越之点。

一般情况下，夏秋季节光照可以满足植物生长，但冬季塑料大棚的光照则显不足，需要采取补光措施。当前选用的光源主要是灯光光源。如荧光灯、弧光灯、白炽灯、高压水银灯、低压钠灯、高压钠灯、气体发光灯及金属卤化灯等。这些光源都可作为栽培植物光源补充，但不够经济，能量消耗较大，效益低。

有些情况需要遮光处理，如光照过强、温度过高、缩短光照时间等，以达到调整植物生长发育的目的。遮光材料较多，如尼龙纱、苇帘、竹帘、塑料制品等（表8-4）。

不同遮光材料的遮光率 表8-4

材　料　种　类	遮　光　率　（%）	材　料　种　类	遮　光　率　（%）
苇　　　帘	24～76	合成纤维织品	35～75
遮　　　帘	43～76	白　　　布	20～28
遮　阳　板	26～74	白色涂料	14～27
冷　　　布	25～66	黑塑料薄膜、黑纸	90以上

温室遮光分内张装置、外张装置及涂色遮光三种。内张装置是在温室内设二重幕（有

的与保温幕共用），材料多为尼龙网纱等。内张装置操作方便，易于管理，适于一些大型温室。外张装置是在温室外面，架设遮光材料，遮光效果较好，但操作麻烦，一般所用竹帘、遮阳板不宜太大，适宜小型温室。涂层遮光适于玻璃温室，将涂料直接涂喷于采光材料上，这种方法存在照度不能调节的缺点，效果不理想。

（四）追肥及病虫害防治

塑料温室内苗木生长快，除施足基肥外，应在苗木生长期及时追肥。棚内磷肥多呈固定状态，不易及时供给苗木，因此早期追肥应以氮、磷肥为主，后期增施磷、钾肥。也可采用根外追肥供植物吸收。

由于温室内湿度较大、温度高，容易滋生病害，如立枯病、赤枯病、白粉病等，应注意防治。主要措施是注意通风，药物防治可采用 0.5% 的硫酸铜溶液或 1% 的硫酸亚铁溶液喷洒于苗木，也可以用 500 倍代森锌溶液喷洒。

（五）化学除草

大棚内无风，有利化学除草剂使用。

第四节 无 土 栽 培

无土栽培是用营养液和培养基质栽培植物的一种新方法。这种栽培植物和育苗新技术，已摆脱了利用土壤种植的旧的方式，完全在人为控制下进行生产。

历史上，生豆芽可以说是一种原始的无土栽培，这种用水生豆芽的方法，主要靠植物体自身贮藏的营养维持生长，是一种不完全的无土栽培形式。1859～1865 年期间，德国科学家通过植物矿质营养的生理研究，为植物无土栽培理论和栽培技术奠定了基础。1929年美国加利福尼亚大学教授格里克，进行了大规模植物营养研究，用水培方法种出 7.5m 高的西红柿，采收西红柿 14kg，从而引起人们的极大注意。但是直到 20 世纪 40 年代，无土栽培才被作为一种新的栽培形式，开始大面积用于农业生产。最近 20 多年以来有较广泛的发展，除蔬菜栽培外，还用于花卉栽培、树木及果树育苗、药用植物栽培、城市楼顶及荒滩地利用等。无土栽培应用场合也较广泛，从室外大田种植和室内温室种植到海上船舶，原子潜水艇的高级专门种植，为船员提供新鲜蔬菜。无土栽培还可以成为一门太空时代科学，为长期宇宙生活提供食物。从发展前景看，无土栽培对于缺少土地的国家及沙漠地区具有广阔前途。随着科学技术的进步及普及工作不断深入，无土栽培将会为人类创造出更大的经济效益。

一、无土栽培的特点

（一）无土栽培的优点

（1）植物生长快、单位面积产量高。无土栽培摆脱了土壤条件的种种限制，容易解决植物生长所需水、空气、养分之间的矛盾，因此植物生长快、产量高，有的可达到一般土壤栽培几倍至十几倍，如用无土栽培的西红柿，每公顷产量可达 15 万 kg，而土壤种植每公顷产量仅 1.25 万 kg，前者是后者的 12 倍。

（2）无土栽培可以充分利用空间，不受地方限制。发展规模可大可小，大的可以工厂化、专业化。小的可以一家一户，阳台、楼顶、院落等，只要阳光照射之处，多种空间均可利用。在石山、沙漠也可开展。

（3）省水、省养分、省劳力。利用土壤种植，养分损失很大，一般在50%以上。水分损失更严重，据统计，用土壤种植茄子，每公斤产品需消耗水分400kg，而利用水培时，每公斤产品只消耗水分46kg。水分及养分都较节省。

（4）产品质量好。据报道，无土栽培的香石竹，不仅香味强烈，花期长，而且花多，进入盛花期早。水培比一般土壤种植可提前两个月开花。

（5）清洁卫生，不污染环境，病虫害少。由于无土栽培所用的肥料都是化学品，无不良气味，避免许多病虫害的侵染和蚊蝇滋生，减少对环境污染，无土栽培杂草较少。

（二）无土栽培的不足之处

（1）无土栽培营养液配方不能千篇一律。不同树种、不同生长阶段，对营养需求有一定差异，这就需要科学确定元素比例、营养液浓度。

（2）大规模无土栽培需要一定设备，生产成本比常规育苗高，要求有一定技术，大规模推广应用受到一定限制。

二、无土栽培材料及设备

无土栽培材料、设备包括场地、容器、栽培基质、营养液、灌水装置。

（一）场地及容器

无土栽培场地要求不严，大小均可，凡能满足阳光、水源条件都可进行生产。栽培容器多种多样，规格也无统一要求，如花盆、栽培箱、槽、塑料筒、陶瓷桶等。但应避免使用金属容器，以免腐蚀。

（二）培养基质

基质应具备以下特点：

（1）具有良好的吸水、保水、排水性能。通气性能良好，以满足植物根系呼吸及对水分的需要。

（2）能支撑植物直立生长。

（3）具有一定保温、调温作用，有一定强度，能长期使用。

常用的基质有泥炭、珍珠岩、蛭石、浮石、锯末、刨花、沙、砾、岩棉、泡沫塑料及水等。

基质常以不同比例混合使用。多数混合物含有泥炭、珍珠岩、蛭石、沙的组合，常用的混合物为：

泥炭、珍珠岩、蛭石，1:1:1

泥炭、珍珠岩、沙，2:2:1

泥炭、蛭石、沙，2:1:1

泥炭、浮石、沙，2:2:1

泥炭、珍珠岩，1:1

蛭石、珍珠岩，1:1

泥炭、蛭石，1:1

泥炭、沙，3:1

（三）营养液

营养液是无土栽培中最基本的条件。它包含植物生长所需要的各种养分。

化学试剂是配制营养液的原料，这些原料包括植物生长所需要的大量元素（氮、磷、钾、钙、镁、硫、铁等）和微量元素（硼、锰、锌、铜、钼等）。营养液的元素种类及浓度，依植物种类、生长时期及气候条件而异。常用的营养液配方如表 8-5 所示。

常用营养液配方

格里克的营养液　　　　　　　　　　　　　　　　　　表 8-5（a）

化 合 物	化 学 式	重 量（g）
硝 酸 钾	KNO_3	542
硝 酸 钙	$Ca(NO_3)_2$	96
过磷酸钙	$Ca(H_2PO_4)_2 + CaSO_4$	135
硫 酸 镁	$MgSO_4$	135
硫 酸	H_2SO_4	73
硫 酸 铁	$Fe_2(SO_4)_3 \cdot nH_2O$	14
硫 酸 锰	$MnSO_4$	2
硼 砂	$Na_2B_4O_7$	1.7
硫 酸 锌	$ZnSO_4$	0.8
硫 酸 铜	$CuSO_4$	0.6
合 计		1000.1

凡尔赛营养液（g/L水）　　　　　　　　　　　　　　表 8-5（b）

大 量 元 素			微 量 元 素		
硝酸钾	KNO_3	0.568	碘化钾	KI	0.00284
硝酸钙	$Ca(NO_3)_2$	0.710	硼 酸	H_3BO_3	0.00056
磷酸二氢铵	$NH_4H_2PO_4$	0.142	硫酸锌	$ZnSO_4$	0.00056
硫酸镁	$MgSO_4$	0.284	硫酸锰	$MnSO_4$	0.00056
氯化铁	$FeCl_3$	0.112			
合 计		1.816	合 计		0.00452
总 计					1.82052

汉堡营养液（g/L水）　　　　　　　　　　　　　　　表 8-5（c）

大 量 元 素			微 量 元 素		
硝酸钾	KNO_3	0.7	硼 酸	H_3BO_3	0.0006
硝酸钙	$Ca(NO_3)_2$	0.7	硫酸锰	$MnSO_4$	0.0006
过磷酸钙	含 20%P_2O_5	0.8	硫酸锌	$ZnSO_4$	0.0006
硫酸镁	$MgSO_4$	0.28	硫酸铜	$CuSO_4$	0.0006
硫酸铁	$Fe_2(SO_4)_3 \cdot nH_2O$	0.12	钼酸铵	$(NH_4)_6Mo_7O_{24} \cdot 4H_2O$	0.0006
合 计		2.6	合 计		0.003
总 计					2.603

成　　分	化 学 式	气　　　　候		
		加利福尼亚	俄 亥 俄	新 泽 西
硝酸钙	Ca（NO₃）₂	0.74		0.9
硝酸钾	KNO₃	0.48	0.58	
磷酸氢二铵	（NH₄）₂HPO₄			0.007
硫酸铵	（NH₄）₂SO₄		0.09	
磷酸二氢钾	KH₂PO₄	0.12		0.25
磷酸氢钙	CaHPO₄		0.25	
硫酸钙	CaSO₄		0.06	
硫酸镁	MgSO₄	0.37	0.44	0.43
总　　　　计		1.71	1.42	1.587

营养液浓度以各表中所列浓度为宜，总浓度不应超过 4‰。根据植物种类、不同生长阶段可以调整氮、磷、钾的比例。配制营养液用水，可以用饮用水，但不可用含酸及工业污染水配制。营养液的 pH 值，以 5.5～6.5 为宜，根据植物种类调节，每周测试一次。

（四）灌水装置

喷灌、滴灌、喷壶灌水均可，视具体情况而定。如全光自控间歇喷雾扦插育苗，就是利用水来调控温度、湿度，为插穗生根创造合适的环境条件（图 8-1）。

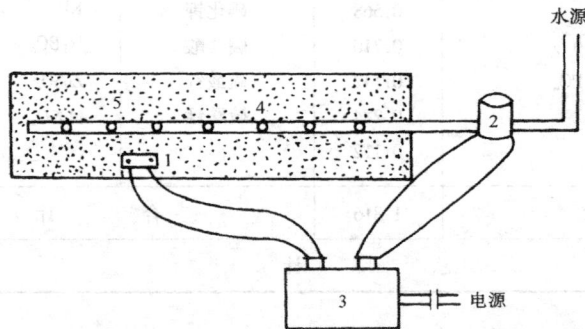

图 8-1　全光自控间歇喷雾苗床示意图

1—电子叶；2—电磁阀；3—湿度自控仪；4—喷头；5—苗床（基质为蛭石、珍珠岩等）

三、无土栽培的分类与方法

（一）无土栽培的分类

无土栽培方法很多，分类方法也不统一，有采用人名、地名进行分类的。根据基质情况及结构形成，可以归纳为以下类型。

1. 无基质栽培

有一般性水培、营养膜技术、漂浮培、雾培等。

2. 基质栽培

根据所用固体基质不同，可分为沙培、砾培、珍珠岩培、蛭石培、泥炭培、浮石培、锯末培、岩棉培、其他基质及混合基质栽培。

（二）无土栽培方法

1. 水培

水培是植物的根悬浮在营养液中，茎基部被一层薄的固体物所支持的一种栽培方法。水培主要用于播种、扦插和培育小苗。

水培时，把植物固定在盛有营养液的水培槽中。水培槽用水泥、木料、塑料或其他材料制成。水槽宽约1m，长度视需要而定，深度20cm左右。植物可由水槽上面的塑料网或金属网固定。金属网应刷油漆或沥青。网上铺一层疏松透气物质，如泥炭、刨花、锯末、稻壳等，作为苗床及固定植物生长。网与溶液面之间应有2~3cm距离。随植物生长空间距离可增大（图8-2）。

小粒种子可直接撒在苗床上，播种前先用稀释的营养液喷洒苗床，供幼苗吸收，待苗木根系伸入到营养液时，可停止在苗床施肥。扦插育苗时，不必扦插过深，以防腐烂。

2. 营养膜栽培技术

营养膜技术是用塑料布或其他物质折叠在一起，形似口袋，边缘用夹子或扣子连在一起，植物可以在缝内固定，营养液在袋中循环流动，供植物吸收利用（图8-3）。

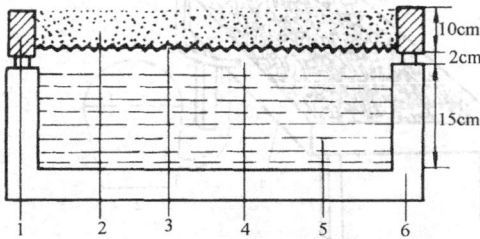

图8-2 水培槽装置
1—框架；2—苗床（基质）；3—栅栏（网）；
4—空气层；5—营养液；6—防水槽

图8-3 营养膜栽培技术

上述装置还可以改成平底长槽，槽中放一个微弯的厚塑料板盖，板盖上开若干种植孔，孔的大小及位置根据植物来开（图8-4）。由于塑料板盖是停放在槽中的，随着根系生长，板盖可以上升。营养液可以用电动抽水机使之流动，小规模栽培可用手操作使营养液流动，供植物吸收。由于营养液在槽内很薄，所以称为营养膜。

3. 漂浮技术

漂浮技术也属于水培栽植范围。漂浮水培的设备包括温室中的苗床、聚苯乙烯泡沫塑料、气泵和计时器。

漂浮水培方法，首先作木制框，规格15cm高、101cm宽、3m长。然后在框中铺塑料薄膜作衬里，放入营养液，上面漂浮厚约5cm的聚苯乙烯泡沫塑料，每块泡沫塑料大小为

1m×1m，上面按一定距离开孔，孔的直径1.5cm，孔中种植植物。

营养液定期用气泵通气，用计时器控制。

4．雾培（又称气培）

雾培是将营养液用喷雾的方法，直接喷到根系上，使苗木同时得到养分、水分、氧气供应，较好地协调了水、气之间的矛盾。

雾培时，植株悬挂在容器空间，按一定距离设置喷头，定时向植物喷营养液。这种方法工艺及设备要求较高。

5．固定基质栽培

固定基质栽培是植物生长在单一基质或混合基质中，将营养液浇于基质内栽培的一种方法。此法多用于温室栽培，容器大小及形状不严，盆、箱、槽均可（图8-5）。

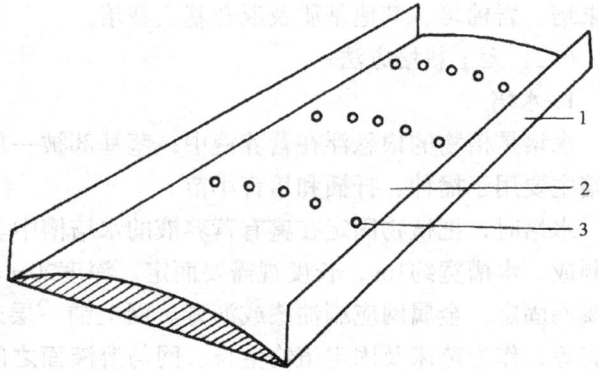

图8-4　平底直壁水培槽
1—平底直壁槽；2—微弯的塑料板盖；3—种植孔

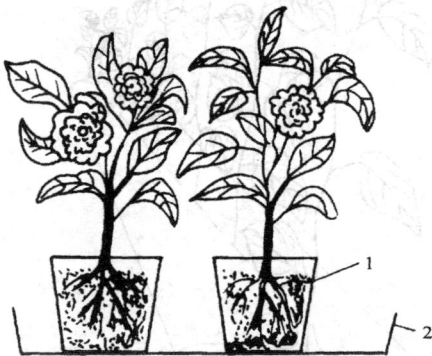

图8-5（a）　下面放有浅盘的培养盆
1—花盆内放泥炭、蛭石；2—浅盘

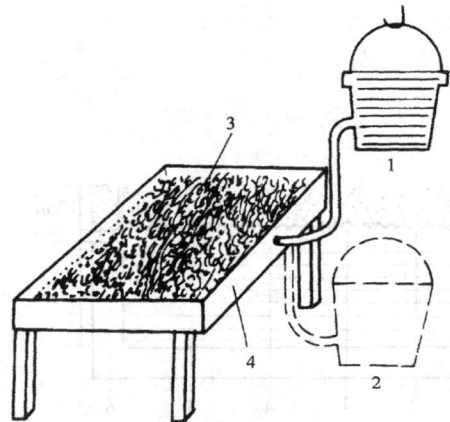

图8-5（b）　从下面灌水的培养槽
1—灌营养液时桶的位置；2—排出时桶的位置；3—培养基质；4—槽

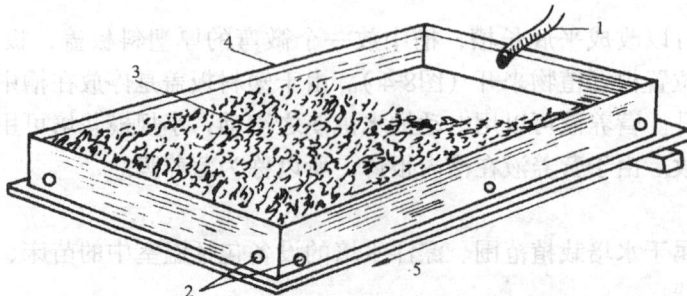

图8-5（c）　从上面灌水的培养槽
1—进水管；2—排水孔；3—培养基质；4—槽；5—坡度

小型栽培，可以用素烧盆或四周及底部都有孔隙的塑料箱栽培。在箱内播种、扦插或移栽小苗。播种后，初期用1/5浓度的营养液喷灌基质，随小苗生长逐渐增加营养液浓度至正常值。初期每周浇1~2次营养液即可。迅速生长期可每天浇1次，每次用量应适宜。每隔2~3周可用清水冲洗一次，以冲净残留的营养液，并使基质保持湿润。

第五节 化 学 除 草

化学除草是用化学药剂代替人工除草或机械除草的一项新技术。历史较短，但发展迅速，一些国家应用很普遍，如新西兰在农牧业及苗圃生产中基本上实现了化学除草，欧美一些国家在林业及园林生产上应用化学除草也很广泛。我国化学除草，70年代起步并有一定突破，在农、林生产及城市园林苗圃，均有不同程度的应用。从全国范围看，目前南方及东北开展较快。在广东、海南岛等省，橡胶园、茶树、油茶、柑桔产地，均有较广泛应用。我国东北地区，林业生产及苗圃育苗，也在逐渐推广应用化学除草。

一、化学除草的特点

（一）优点

（1）用途广、效果好。在农、林生产及园林苗圃中都可以应用，化学除草剂不仅可以消灭杂草，也可以在林业生产中消灭一些非目的树种，还可以用于幼林抚育、开设边界线、林区防火道等。化学除草效果可达80%~90%，有的可达100%，杀草效果显著。

（2）具有一定选择性及对环境的适应性。由于树种生物学特性不同，对药剂反应也不同，也就是说，根据不同树种选择相适宜的药剂，灭草保苗。除草剂在各种环境下均可使用，可以在全国各地区推广应用。

（3）使用方便，投资少、成本低、省工。根据测算统计，化学除草费用比机械及人工除草要低很多，而且节省劳力，减轻了工作人员的劳动强度。

（4）不破坏土壤结构，有利水土保持。化学除草可以减少耕作，尤其在坡地，可以减少水土流失，有利水土保持。

（二）缺点

（1）除草剂对环境有一定污染。

（2）使用不当会伤苗。有些除草剂残效期较长，容易产生药害。

二、除草剂分类

除草剂种类很多，为了比较各种除草剂的相似性及差异性，可按其作用方式、在体内运转情况、化学结构等几方面进行分类。

（一）按作用方式分类

1. 选择性除草剂

这类除草剂只能杀死某些植物，对另一些植物则无伤害力。即对杂草具有"挑选"能力。如西玛津、阿特拉津只杀一年生杂草，2，4-D丁酯只杀阔叶杂草。

2. 灭生性除草剂

这类除草剂对一切植物都有杀灭作用，即对植物没有"挑选"的能力。如草甘膦、除草醚、草枯醚等。这类除草剂主要在植物栽前，或者在播种后出苗之前使用。也可以在休闲地、道路、防火线（道）上使用。

上述两类除草剂之间不是绝对的。如除草醚使用得当，也可以变为选择性除草剂；反之，阿特拉津若用量过大，则可转为灭生性。

（二）按除草剂在植物体内移动（运转）情况分类

1. 触杀型除草剂

这类除草剂的特点是只起局部杀伤作用，不能在植物体内传导。药剂接触部位受害或死亡，没有接触部位不受伤害。这类药剂往往见效快，但起不到斩草除根作用。使用时必须喷洒均匀、周到，才能收到良好效果。如百草枯、除草醚等。

2. 内吸传导型除草剂

这类除草剂的特点是被茎、叶或根吸收后通过传导而被杀，药剂作用较缓慢，一般需要 15~30d，但除草效果好，能起根治作用。如草甘膦、阿特拉津等。

内吸传导型除草剂有三种类型：

（1）能同时被根、茎、叶吸收的除草剂，如 2，4-D，这类药剂可作叶面处理，也可作土壤处理。

（2）主要被叶片吸收，然后随光合作用产物运输到根、茎及其他叶片。这类药剂主要作茎、叶处理，如草甘膦、茅草枯、甲砷钠等。

（3）主要通过土壤被根系吸收，然后随茎内蒸腾流上升，移动到叶片，产生毒杀作用。这类药剂主要作土壤处理，如阿特拉津、敌草隆等。

（三）按化学结构分类

1. 无机除草剂

由天然矿物为原料制成，不含有机碳素化合物。特点是化学性质稳定，大多数能溶于水，不易分解。但除草性能低，用量大，容易产生药害，而且对人、畜不安全，因此多数被淘汰，很少使用。这类除草剂有氯化钠、氯酸钾、亚砷酸钠等。

2. 有机除草剂

由苯、醇、脂肪酸等有机合成原料制成，含有有机碳化合物，我国生产的除草剂，绝大多数属于这一类，主要包括下列 13 类：

（1）苯氧羧酸类 2，4-D 丁酯、2，4-D 钠盐、2，4-D 胺盐、2，4-D 丁酸、2，4-D。

（2）苯基羧酸类 豆科威、伐草克等。

（3）醚类与酚类 除草醚、草枯醚、五氯酚钠等。

（4）二硝基苯胺类 氟乐灵、二硝酚等。

（5）腈类 敌草腈、溴苯腈等。

（6）酰胺类 敌稗、杀草安、毒莠安、敌草安、克草尔、除草佳等。

（7）氨基甲酸酯类 灭草灵、燕麦灵、稗蓼灵、苯胺灵等。

（8）硫代氨基甲酸酯类 杀草丹、草达灭、草克死等。

（9）取代脲类 灭草隆、敌草隆、利谷隆、绿麦隆、异丙隆、非草隆、莠谷隆和除草剂一号等。

（10）均三氮苯类 西玛津、阿特拉津、扑草净、莠灭净、扑灭通、灭草通、莠去通等。

（11）杂环类 百草枯、杀草快、麦草净等。

（12）氯代烃及氯代脂肪酸类 三氯乙酸、茅草枯、二氯丁酸、百草烯等。

（13）有机磷类 草甘膦、草特膦、伐垄膦等。

178

三、除草剂灭草原理

除草剂灭草原理主要是当除草剂接触杂草或被杂草（植物）吸收之后，干扰和破坏了杂草（植物）的生理机能，造成杂草（植物）正常生理生化活动受到破坏，使杂草（植物）生长受到影响，甚至死亡。

干扰或破坏植物的生理机能，归纳起来有以下几种类型。

（一）抑制光合作用

光合作用是植物体内各种生理生化活动的物质基础，光合作用一旦受到干扰，植物生长就会受到破坏，甚至导致死亡。

在正常情况下，植物叶绿素中的电子受光的激发，获得很高的能量，这种高能电子会脱离开原来的轨道，经过环式光合磷酸化之后，又回到叶绿素中，或从水中的光解中得到电子填补原来的空穴。这样，叶绿素中电子不断受光激发脱离轨道，又不断得到电子补充，光能也就转变成植物所需要的化学能。但经除草剂处理后，光合作用时，叶绿素电子的回流就会受到阻挡，水中光解得到的电子也被除草剂截获，原来受激发脱离叶绿素轨道的电子空穴，得不到电子补充填补，即叶绿素被氧化了，叶子出现失绿退色和枯萎。均三氮苯类、取代脲类和酰胺类等属于此类除草剂。

（二）破坏植物呼吸与电子传递作用

线粒体是植物进行呼吸的细胞部位。一些除草剂可以改变线粒体的机能，包括对 AT-PC 三磷酸腺苷合成的解偶联反应和干扰电子传递等两个方面。如五氯酚钠能破坏植物体内的呼吸酶，茅草枯可以取代呼吸过程起重要作用的丙铜酸，使正常呼吸遭受破坏。

（三）导致植物生长反常

一些激素类除草剂，如 2，4-D 和二甲四氯等，当用量小时，能促进植物生长，而用量过大时，反会抑制或破坏植物正常生长，如茎尖生长点萎缩，叶片皱缩，茎基部畸形变粗、肿裂、霉烂等。

（四）干扰蛋白质合成和核酸代谢

不同类型除草剂，对植物体内蛋白质合成和核酸代谢的影响不同。如苯氧乙酸类除草剂具有局部选择性，它们可以使植物顶端的核酸代谢"冻结"，抑制顶端生长，又可以使植物基部组织增加核酸和蛋白质合成，促使细胞分裂，造成生长异常，甚至形成瘤状物，阻碍有机物运输，使植物致死。如硫代氨基甲酸酯类除草剂都是蛋白质和核酸合成的抑制剂。

四、除草剂除草保苗的选择性

园林苗圃使用除草剂的目的是消灭杂草，保护苗木。除草剂除草保苗是人们利用了除草剂的选择性，并采用一定的人为技术的结果。这种杀草保苗的选择性，归纳起来有生物原因、非生物原因和技术方面原因。

（一）生物原因

1. 形态上的选择

利用植物外部形态上的不同获得选择性。如单子叶植物和双子叶植物，外部形态上差别很大，造成双子叶植物容易被伤害。原因见表8-6。

2. 生理生化上的选择

不同植物对同一种除草剂反应往往不一样。有的植物体内，由于具有某种酶类的存在，可以将某种有毒物质转化为无毒物质，因而不会产生毒害，这种解毒作用或钝化作用可以被利用，如西玛津可杀死一年生杂草，不伤害针叶树大苗，敌稗可消灭稻田中的稗草，对水稻无害。

单子叶植物与双子叶植物形态差异 表 8-6

形态组织 植物	叶 片	生 长 点
单子叶 （禾本科）	竖立，角度开张小，狭窄，表面角质层和蜡质层较厚，表面积较小，药液不易停留和渗入	顶芽被重重叶鞘包围、保护，触杀性除草剂不易伤害分生组织
双子叶 （菊科）	平展、叶片大、薄、表面角质层和蜡质层薄，药液容易停留和渗入	幼芽裸露，没有叶片保护，触杀性药剂能直接伤害分生组织

（二）非生物原因形成的选择性

1"时差"选择

有些除草剂残效期较短，但药效迅速。利用这一特点，在播种前或播种之后出苗前施下去，可以将已发芽出土的杂草杀死，而无害于种子及以后幼苗的生长。例如五氯酚钠，可在整好地后施药，在阳光较好的情况下，经 3～7d，药效可散失，然后播种。

2."位差"选择

利用植物根系深浅不同及地上高低差异进行化学除草，称为位差选择。一般情况下，园林苗木（播种苗除外）根系分布较深、杂草根系在土壤表层。因此，把除草剂施于土壤表层，可以达到杀草保苗的目的。地上高低差异同样获得选择性。如百草枯和杀草快，对植物的光合作用具有强烈的抑制作用，入土失效，对根不起作用，对地上非光合作用枝、干部分也不起作用，因此，可应用果园、苗圃等消灭杂草。

3."量差"选择

利用苗木与杂草耐药能力上的差异获得选择性。一般木本苗木根深叶茂，植株高大，抗药力强，杂草组织幼嫩，抗药能力差，用药量得当，可获得杀草保苗的效果。

（三）采用适当的技术措施获得选择性

（1）采用定向喷雾保护苗木，如采用伞状喷雾器，只向杂草喷药，注意避开苗木。

（2）在已经移栽的苗木上，采用遮盖措施进行保护（小苗可用塑料罩，盖苗保护），避免药剂接触苗木。

苗木或其他栽培植物，对除草剂之所以有抗性，主要是上述某些选择性的作用，然而这些抗性是有条件的，条件变了，苗木也可能受到伤害。

五、除草剂使用方法

除草剂剂型有水剂、颗粒剂、粉剂、乳油剂等。水剂、乳油剂主要用于叶面喷雾处理。颗粒剂主要用于土壤处理。粉剂应用较少。

（一）叶面处理

叶面处理是将除草剂溶液直接喷洒在杂草植株上，这种方法可以在播种前或出苗前应用。也可以在出苗之后进行处理，但苗期叶面处理必须选择对苗木安全的除草剂，如果是灭生性除草剂，必须有保护板或保护罩之类将苗木保护起来，避免苗木接触药剂。

叶面处理时，雾滴越细，附着在杂草上的药剂越多，杀草效果越高。但是雾滴过细，在有风的时候易产生飘移，或悬浮在空气中。对有蜡质层的杂草，药液不易在杂草叶面附着时，可以加入少量展着剂，以增加药剂附着能力，提高灭草效果。展着剂有羊毛脂膏、农乳6201、多聚二乙醇、柴油、洗衣粉等。

（二）土壤处理

土壤处理是将除草剂施于土壤中（毒土、喷浇），在播种之前处理或苗木生长期处理。土壤处理多采用选择性不强的除草剂。但在苗木生长期需用选择性很强的除草剂，以防苗木受害。

土壤处理应注意两个问题，一是要考虑药剂的淋溶。在沙性强，有机质含量少，而降水量较多的情况下，药剂会淋溶到土壤的深层，这种情况下，苗木容易受害，施药量应适当降低。二是土壤处理要注意除草剂的残效期（指对植物发生作用的时间期限）。除草剂种类不同，残效期也不同，少则几天，如五氯酚钠，3～7d，除草醚20～30d，多则数月至一年以上，如西玛津残效期可达1～2年。对残效期短的，可集中于杂草萌发旺盛期使用，残效期长的，应考虑后茬植物的安全问题。

（三）施药时期

杂草刚发芽时使用除草剂，杀草效果最好。一年施药两次即可。第一次在播种前或播种后出苗前施药，第二次在7月上中旬。如果一年施药三次，第二次可在6月施，第三次在7月下旬施药。

用药量大小，依据除草剂品种、环境条件及植物等因素而定，一般用药量在3～15kg/ha（见表8-7、表8-8）。

苗圃常用除草剂配方（外来） 表8-7

药　名	适用树种	使用时间	药量（kg/ha）	作用方式
除草醚	桉树、柳杉、落叶松	苗前或苗期	6～8	茎叶、土壤
草　敌	花旗松、小干松	播后苗前	14.5	土　壤
西玛津	核桃、板栗	播后苗前	2.34	土　壤
茅草枯	杨树	扦插、平茬	10～13	茎叶、土壤
扑灭津	辐射松等	播后苗前	2.24	土　壤
豆科威	花旗松、小干松、辐射松	播后苗前	6～11	土　壤
百草枯	针、阔叶树	播前、苗前	0.42～0.70	土　壤
阿特拉津	辐射松等	苗　期	0.75	土　壤
草甘膦	针、阔叶树	苗　前	0.75	茎　叶

大苗区或幼林区除草剂配方（外来） 表8-8

药　名	防　除　对　象	药量（kg/ha）	作用方式
2，4-D丁酯	阔叶杂草	2～4	茎　叶
茅草枯	窄叶杂草	15～30	茎　叶
四氟丙酸钠	多年生深根性杂草	10～15	土　壤
百草枯	各种杂草、灌木	4～6	茎　叶
西玛津	一年生浅根杂草	3.3	土　壤
阿特拉津	一年生杂草	4	土　壤
敌草隆	杂草	3.5～5	土　壤

注：大苗区可在移植前后苗木抗药性较强季节使用。

喷药所使用的喷雾器有机动喷雾器和背负式喷雾器两种。机动喷雾器适用于常绿针叶树苗区。高压喷枪可作土壤处理，低压喷枪作茎叶处理。

六、环境条件对除草效果的影响

化学除草剂除草效果与环境因素密切，主要同气象因子和土壤因子有关。

(一) 温度

一般情况下，除草剂除草效果随温度增加而加快。气温高于 15℃时，效果渐好，用药量也省。低于 15℃时，灭草效果缓慢，有的 15d 才达到灭草高峰。

(二) 光照

在光照条件下，一些除草剂效果较好，如用除草醚除草，晴天比阴天效果快 10 倍，所以喷药应选择晴天进行。

(三) 天气条件

晴天无风喷药效果好，选择上午 9 时至下午 4 时喷药。大风及有露水的早晨不适宜喷药，因为大风容易造成药物飘移，有露水的早晨能稀释药剂，会影响喷药效果。

(四) 土壤条件

土壤性质及干、湿状况，影响用药量及灭草效果。一般讲，沙质土、贫瘠土比肥沃土及粘土用药量小，杀草效果也不及肥沃土壤。这是因为沙土及贫瘠土对药剂吸附力差，药剂容易随水下渗，用药过大，容易对苗木产生药害。

土壤干、湿也会影响灭草效果。干燥的土壤，杂草生长缓慢，组织老化，抗药性强，杂草不易被杀死。土湿，杂草生长快，组织幼嫩，角质层薄，抗药力弱，灭草容易。此外，空气干燥，杂草气孔容易关闭，也影响灭草效果。

综上所述，为了充分发挥灭草效果，应该在晴天无风，气温较高的条件下施药。

除草剂的发展趋势，目前具有如下特点：①新型除草剂不断涌现，具有高效、低毒、低残留等特点；②混合剂制品急剧增加；③剂型多样化；④增效剂、防护剂、解毒剂迅速发展；⑤加强了除草剂作用机理的研究及除草剂对生态影响的研究。

复习思考题

1. 何谓组织培养?
2. 简述组织培养的操作程序。
3. 容器育苗有何优点?
4. 塑料温室育苗应采取哪些管理措施?
5. 什么是无土栽培? 有何特点?
6. 无土栽培有哪些方法?
7. 除草剂灭草原理是什么?
8. 使用除草剂有哪些方法?

第九章 植树工程施工

第一节 植树工程概述

一、植树工程概念

城市园林绿化建设与其他城市建设一样，要经过规划设计、计划、施工才能实现。由于园林绿化建设所处的地位和功能效果的反映方式不同，决定了它在施工的原则、方法、要求等方面有它的特殊性。首先绿化工程是一种以有生命的绿色植物为主要对象的工程，受自然条件的制约性强。园林植物生长的周期长、见效慢、施工的季节性强和难度大是又一个特点。绿化工程的特殊性还表现在施工与养护的紧密相连，工程的竣工交付使用并不能马上收到经济效益，相反为了巩固绿化成果，提高绿化质量，还要继续投资才能巩固、完善，发挥其多种功能效益。

植树工程是绿化工程的重要组成部分，它与花坛施工，草坪施工有区别，也不同于林业生产的植树造林，我们只有熟悉它的特点，研究并掌握它的规律性，按照客观规律办事，才能做好这项工作。

所谓"植树工程"是指按照正式的园林设计及一定的计划，完成某一地区的全部或局部的植树绿化任务而言。

在植树工程施工过程中，经常提到"栽植"这一概念。"栽植"往往仅理解为树木的"种植"，广义讲，"栽植"应包括掘起、搬运、种植三个基本环节，本章主要用其广义概念。将树苗从某地连根（裸根或带土球并包装）起出的操作叫"起（掘）苗"；把掘出的植株用一定的交通工具（人力或机械、车辆等）运到指定种植地点叫"搬运"（运苗）；按要求将运来的树苗栽入适宜的土壤内的操作叫"定植"。栽植以其目的不同可分为移植和定植。植树工程中的移植和定值与苗圃中苗木培育过程中的移植、定植在操作工序的要求上相同，但其性质及应用目的不完全一样。苗木培育中的移植是培育苗木有效根系和良好冠形所必须的生产程序，定植是苗木培育的最后环节。苗木一旦栽入园林绿地就称为幼树，对它所进行的一切作业称之为养护，目的是发挥树木的多种功能作用。一般情况下，植树工程是长久性的工程，一旦实施则要求树木久远地生长下去，所以园林树木的栽植绝大多数都是定植，而不像培育苗木那样定植前都应经过移植阶段。只有在某种特殊情况下或某种特殊工程需要时，把一些树木从这一绿地搬迁到另一绿地才用"移植"这一概念，如大树移植。所以"移植"在植树施工中不是普遍的现象和必须经过的生产程序。因此我们应该正确理解和应用这些概念。

此外，无论在育苗生产中还是植树工程中，还经常遇到"假植"一词。所谓"假植"是指苗木或树木掘起或搬运后不能及时种植时为了保护根系、维持生命活动而采取的短期或临时的将根系埋于湿土中的措施。这项工作的好坏对保证种植成活关系极大。

要保证栽植的树木成活，必须掌握树木生长规律及其生理变化，了解树木栽植成活的原理。

一株正常生长的树木，其根系与土壤密切接触，根系从土壤中吸收水分和无机盐并运送到地上部分供给枝叶制造有机物质。此时，地下部分与地上部分的生理代谢是平衡的。栽植树木时，首先要掘起，根系与原有土壤的密切关系被破坏了，即使是苗圃中经多次移植的苗木，也不可能起掘全部根系，仍会有大量的吸收根断留在土壤中，这样就降低了根系对水分和营养物质的吸收能力，而地上部分仍然不断地蒸发水分，生理平衡遭到破坏，比时，树木就会因根系受伤失水不能满足地上部分的需要而死亡。这就是人们常说的"人挪活，树挪死"的道理。但是并不是说，树挪了一定会死，因为根系断了还能再生，根系与土壤的密切关系可以通过科学的、正确的栽植技术重新建立。一切利于根系迅速恢复再生能力和尽早使根系与土壤建立紧密联系的技术措施都有助于提高栽植成活率，能做到树挪而不死。

由此可见，如何使新栽的树木与环境迅速建立密切联系，及时恢复树体以水分代谢为主的生理平衡是栽植成活的关键。这种新的平衡关系建立的快慢与树种习性、年龄时期、物候状况以及影响生根和蒸腾为主的外界因子都有着密切的关系。同时也不可忽视人的栽植技术和责任心。一般说，发根能力和再生能力强的树种容易成活；幼、青年期的树木及处于休眠期的树木容易栽活；充足的土壤水分和适宜的气候条件成活率高。严格的、科学的栽植技术和高度的责任心可以弥补许多不利因素而大大提高栽植的成活率。

二、施工原则

（一）必须符合规划设计要求

植树工程施工是把人们的美好理想（规划、设计、计划）变为现实的具体工作。因为每个规划设计都是设计者根据建设事业发展的需要与可能，按照科学原则、艺术原则形成一定的构思，设计出来的某种美好的意境，融汇了诗情画意和形象、哲理等精神内容。所以，施工人员必须通过设计人员的设计交底充分了解设计意图，理解设计要求，熟习设计图纸，然后，严格按照设计图纸进行施工。如果施工人员发现设计图纸与施工现场实际不符，则应及时向设计人员提出。如需变更设计时，必须求得设计部门的同意，决不可自行其事！同时不可忽视施工建造过程中的再创造作用，可以在遵从设计原则的基础上，不断提高，以取得最佳效果。

这就是人们常说的：按图施工，一切符合设计意图。

（二）施工技术必须符合树木的生活习性

树木除有共同的生理外，各种树木都有它本身的特性。不同树种对环境条件的要求和适应能力表现出很大的差异性，如再生力和发根力强的树种（如杨、柳、榆、槐、椿、椴、槭、泡桐、枫杨、黄栌等）栽植容易成活，一般都用裸根栽植，苗木的包装、运输可以简单些，栽植技术可以粗放些。而一些常绿树及发根再生力差的树种，栽植时必须带土球，栽植技术必须要求严格。面对不同生活习性的树木，施工人员必须了解其共性与特性，并采取相应的技术措施，才能保证植树成活和工程的高质量完成。

（三）抓紧适宜的植树季节

我国幅员辽阔，不同地区的树木适宜种植期也不相同；同一地区，不同树种由于其生长习性不同，施工当年的气候变化和物候期也有差别。从移植树木成活的基本原理来看，如何确保移植苗木根部缩短离土（水）时间，尽快恢复水分代谢平衡，是移植成活的关键，这就必须合理安排施工的时间控制与衔接。

1. "三随"

所谓"三随"就是在移植过程中，应作到起、运、栽一条龙，即事先做好一切准备工作，创造好一切必要的条件，于最适宜的时期内，抓紧时间，随掘苗，随运苗，随栽苗，环环扣紧，再加上及时的后期养护、管理工作，这样就可以提高移植成活率。

2. 种植顺序

在植树适期内，合理安排不同树种的种植顺序十分重要。原则讲应该是发芽早的树种应早移植，发芽晚的可以稍后推迟；落叶树春栽宜早，常绿树移栽时间可晚些。

（四）加强经济核算 讲求经济效益

以尽可能少的投入，换取最多的效益。必须调动全体施工人员的积极性，发挥主人翁精神，增产节约，增收节支，认真进行成本核算，争取创造尽可能多的经济效益。要加强统计工作，收集、积累资料，总结经验，以利再战。

（五）严格执行植树工程的技术规范和操作规程

规范和操作规程是植树经验的总结，是指导植树施工的技术方面的法规，各项操作程序质量要求、安全作业等都必须符合技术规程的规定。

三、植树季节

（一）确定植树季节的依据

适宜的植树季节就是树木所处物候状况和环境条件最利于栽植成活而花费人力物力较少的时期。植树季节决定于树木的种类、生长状态和外界环境条件。确定植树时期的基本原则是要尽量减少栽植对树木正常生长的影响。

树木有它自身的年周期生长发育规律，以春季发芽、夏季生长到秋后落叶前为生长期，此期生理活动旺盛，生长发育与外界环境因子的关系十分密切；树木自秋季落叶后到春季萌芽前为休眠期，此期各项生理活动处于微弱状态，营养物质消耗最少，对外界环境条件的变化不敏感，而对不良环境因素的抵抗力强。根据栽植成活的原理，应选择外界环境最有利于水分供应和树木本身生命活动最弱，消耗养分最少，水分蒸腾最小的时期为移植树木的最好季节。一般在树木休眠期移植比较理想，但是并不是整个休眠期都适合栽树，特别是华北地区冬季的十二月、一月、二月，正值天寒地冻，此期施工必然费工时，提高了工程造价，因此应选择土壤状况便于掘苗、刨坑的时期。同时还要选择土壤水分和温度有利于根系再生，苗木发芽，植株生长的时期。另外，还要有利于避免干旱、晚霜、冻伤等危害。

综上所述，最适宜的植树季节是早春和晚秋，即树木落叶后开始进入休眠期至土壤结冻前，以及萌芽前树木刚开始生命活动的时候，这两个时期树木对水分和养分的需要量不大，容易得到满足。树体内还储存有大量的营养物质，又有一定的生命活动能力，有利于伤口的愈合和新根的再生，所以在这两个时期栽植一般成活率最高。至于春植好还是秋植好，则须依不同树种和不同地区条件而定。雨季空气湿度大，土壤水分条件好，适合于某些地区栽植某些树种。具体各地区哪个时期最合适，要根据当年的气候变化和不同树种生长的特点来决定。同一个植树季节南北方地区可能相差一个月之久，这些都要在实际工作中灵活运用。

（二）各植树季节的特点

1．春季植树的特点

自春天土壤化冻后至树木发芽前，此期树木仍处于休眠期，蒸发量小，消耗水分少，栽植后容易达到地上、地下部分的生理平衡；多数地区土壤处于化冻返浆期，水分条件充足，有利于成活；土壤已化冻，便于掘苗、刨坑；在冬季严寒地区栽植不耐寒的边缘树种春栽为妥，可免防寒之劳；具肉质根的树木如山茱萸、木兰属、鹅掌楸等须在春季栽植。春植适合于大部分地区和几乎所有树种，对成活最为有利，故称春季是植树的黄金季节。但是有些地区不适合春植，如春季干旱多风的西北、华北部分地区，春季气温回升快，蒸发量大，适栽时间短，往往造成根系来不及恢复，地上部分已发芽，影响成活。另外，西南某些地区（如昆明）受印度洋干湿季风影响，秋冬和春至初夏均为旱季，蒸发量大，春栽往往也影响成活。

2．秋季植树的特点

树木落叶后至土壤封冻前，此期树木进入休眠期，生理代谢转弱，消耗营养物质少，有利于维持生理平衡。此时气温逐渐降低，蒸发量小，土壤水分较稳定；树体内贮存营养物质丰富，有利断根伤口愈合，如果地温尚高，还可能发出新根。经过一冬根系与土壤密切结合，春季发根早，符合树木先生根后发芽的物候顺序。但是秋植苗木要经过一冬才能发芽，易受大风吹袭容易哨条或造成冻伤，城市中人为破坏也较严重，管护不好影响成活。对于不耐寒的髓部中空的有伤流的树木种类不适宜秋植。对于当地耐寒的落叶树健壮大苗应安排秋栽以缓和春季劳力紧张的予盾。

3．雨季植树的特点

只适合于某些地区和某些常绿树种，主要用于山区小苗造林，特别是春旱秋冬也干旱的西南地区。

雨季植树一定要掌握当地历年雨季降雨规律和当年降雨情况，抓住连阴雨的有利时机，栽后下雨最为理想。华北地区城市园林绿化中的雨季植树一般提早在雨季前进行。常绿树一年中有多次抽梢现象，利用新梢第一次生长停止，第二次生长尚未开始的间歇时间抓紧栽植。此时树体生理活动微弱，容易维持地上、地下部分的水分平衡，对成活有利，而又避免了正值雨季的许多不便。栽植大苗要配合喷水、遮荫等措施，以提高成活率。

4．冬季植树的特点

在冬季土壤基本不结冻的华南、华中和华东等长江流域地区，可以冬栽。以广州为例，气温最低的一月份，平均气温仍在13℃以上，故无气候上的冬季，从一月份开始就可以栽植樟树、山松等常绿深根性树种，二月即全面开展植树工作。在北方气温回升早的年份，只要土壤化冻就可以开始栽植部分耐寒树种。在冬季严寒的华北北部、东北大部，由于土壤结冻较深，对当地乡土树种可以利用冻土球移植法进行栽植。

我们掌握了各个植树季节的优缺点就能根据各地条件因地、因树种制宜，恰当地安排施工时期和施工进度。对于落叶树要掌握"春栽早，雨栽巧，秋栽落叶好"的原则，以提高植树成活率。

（三）非适宜季节植树技术要点

绿化施工很少单独存在，往往和其他工程交错进行，有时，需要待建筑物、道路、管线工程建成后才能植树，上述工程一般无季节性，按工程顺序进行，完工时不一定是植树的适宜季节。此外，对于一些重点工程，为了及时绿化早见效果往往也在非适宜季节植树。

1. 有预先移植计划的方法

预先可知由于其他工程影响不能及时种植，仍可于适合季节进行掘苗、包装，并运到施工现场假植养护，待其他工程完成后立即种植。

（1）落叶树的移植：于早春未萌芽时行带土球掘好苗木，并适当重剪树冠。所带土球的大小规格可仍按一般规定或稍大。但包装要比一般的加厚、加密。如果只能提供苗圃已在去年秋季掘起假植的裸根苗，应另造土球（称做"假坨"），即在地上挖一个与根系大小相应的，上大下小的圆形底穴，将蒲包等包装材料铺于穴内，将苗根放入，使根系舒展，干于正中。分层填入细润之土并夯实（注意不要砸伤根系），直至与地面相平，将包裹材料收拢于树干捆好。然后挖出假坨，再用草绳打包。为防暖天假植引起草包腐朽，还应装筐保护。选比球稍大、略高20~30cm的箩筐，苗木规格较大的应改用木箱或桶。先填些土于筐底，放土球于正中，四周分层填土并夯实，直至离筐沿还有10cm高时为止，并在筐边沿加土拍实作灌水堰。同时在距施工现场较近、交通方便、有水源、地势较高，雨季不积水之地，按每双行为一组，每组间隔6~8m作卡车道，挖深为筐高1/3的假植穴。将装筐苗运来，按树种与品种、大小规格分类放入假植穴中。筐外培土至筐高1/2，并拍实，间隔数日连浇3次水。假植期间，适当进行施肥、浇水、防治病虫、雨季排水、疏枝、控徒长枝、去蘖等。

待施工现场能够种植时，提前将筐外所培之土扒开，停止浇水，风干土筐，发现已腐朽的应用草绳捆缚加固。吊栽时，吊绳与筐间应垫块木板，以免勒散土坨。入穴后，尽量取出包装物，填土夯实。经多次灌水或结合遮荫保其成活后，酌情进行追肥等养护。

（2）常绿树的移植：先于适宜季节将树苗带土球掘起包装好，提前运到施工地假植。先装入较大的箩筐中，土球直径超过1m的应改用木桶或木箱。按前述每双行间留车道和适合的株距放好，筐、箱外培土，进行养护待植。

2. 临时特需的移植技术

无预先计划，因临时特殊需要，在不适合季节移植树木，可按照不同类别树种采取不同措施。

（1）常绿树的移植：应选择春梢已停，二次梢未发的树种，起苗时应带较大土球，对树冠行疏剪或摘掉部分叶片。做到随掘、随运、随栽；及时多次灌水，叶面经常喷水，晴热天气应结合遮荫。易日灼的地区，树干裸露者应用草绳进行卷干，入冬注意防寒。

（2）落叶树的移栽：选春梢已停长的树种，疏剪尚在生长的徒长枝以及花、果；对萌芽力强，生长快的乔、灌木可以行重剪，最好带土球移植。如行裸根移植，应尽量保留中心部位的新土。尽量缩短起（掘）、运、栽的时间，保湿护根，栽后要尽快促发新根，可灌溉配以一定浓度的（0.001%）生长素。晴热天气，树冠枝叶应遮荫加喷水；易日灼地区应用草绳卷干。适当追肥，剥除蘖枝芽，应注意伤口防腐；剪后晚发的枝条越冬性能差，当年冬季应注意防寒。

总之，此时关键要掌握一个"快"字，事先做好一切必要的准备工作，有利随掘、随运、随栽，环环扣紧，争取在最短的时间内完成栽植工作。栽后应及时多次灌水，并经常进行叶面喷水。入冬加强防寒，方可保证成活。

四、树种与苗木的选择

在进行城市绿化时，必须慎重地选择树种和苗木，因为它是决定绿化工作成败的重要因素。在施工过程中也必须根据各树种的不同特性和施工条件采取不同的技术措施，改进和克服不利的环境条件，以保证栽植成活，充分发挥绿化效益。

（一）园林树木的栽植环境与适地适树

树木的生长受环境的制约和控制，只有在一定的环境条件下才能生长发育，而树木对环境又有改善的作用，因此，适地适树是树种选择时的总的原则。

城市绿化是在特定环境内进行的，对环境的了解是正确选择树种的前提。除了要对环境的特点有足够的认识外，同时还要了解处于各种环境条件下的人们对树种的特殊要求。城市中树木的生长除了受该城市小气候及土壤因素影响外，还在很大程度上受着人为活动的影响。一个城市的兴建、改建、扩建，对自然环境或生态系统影响很大。首先改变了原有的地形地貌，各种建筑物、道路等代替了原有植物覆盖，即改变了下垫面的性质，进而影响了城市的光、热和土壤状况。由于工业的发展，交通、能源燃料和人口集中，二氧化碳含量增高，噪音四起，三废排放，改变了城市大气、水和土壤状况，尤以大气污染影响最大。以上两方面的变化使城市具有特有的生态条件，因而在绿化的树种选择方面应充分注意这些特点而做到科学性。

树木的生态习性是长期生长在一定环境条件所形成的，具有一定的遗传性。树木的生态习性主要表现在对环境条件中的温度、光照、土壤、水分等方面的要求。要知道当地的环境是否能适合某一树种，首先就要了解当地的地理位置是否在该树种的分布区之内，或者当地是否有栽培该树种的历史。一般来说，本地区的乡土树种和已在绿化中大量使用的树种是适应本地区生长的。所谓"适地适树"就是把树栽在适合的生态环境条件下，使树木的生态习性和园林栽植地的环境条件相适应。达到树和地的统一，以及具备一定的园林功能效果。

如何做到适地适树，施工人员具有很大的责任。当设计人员选定了配置树种，施工时发现某些不适应的部分，可以通过人为措施来改造栽植地环境，创造条件满足其基本生态习性的要求。如北京在绿化施工中，通过改善土壤的通气排水状态，使油松、白皮松及其他喜好疏松土壤的树木健康生长的措施，可为"改地适树"的一个范例。

（二）园林树木栽植对苗木的选择

由于苗木的质量好坏直接影响栽植成活和以后的绿化效果，所以，在施工中必须十分重视对苗木的选择。在确保树种符合设计要求的前提下，对苗木选择有下述要求。

1. 对苗木质量的要求

（1）植株健壮：苗干通直圆满，枝条苗壮，组织充实，不徒长，木质化程度高。相同树龄和高度条件下，干径越粗苗木的质量越好。高径比值（系地上部分的高度与地际直径粗度之比）差距越小越好。无病虫害和机械损伤。

（2）根系发达：根系发达而完整，主根短直，接近根颈一定范围内有较多的侧根和须根，起苗后大根系无劈裂。

（3）顶芽健壮：具有完整健壮的顶芽（顶芽自剪的树种除外），对针叶树更为重要，顶芽越大，质量越好。

2. 对苗木冠形和规格的要求

（1）行道树苗木：树干高度合适。杨柳及快长树胸径应在 4～6cm，国槐、银杏、元宝枫及慢长树胸径在 5～8cm（大规格苗木除外）。分枝点高度一致，具有 3～5 个分布均匀，角度适宜的主枝。枝叶茂密，树冠完整。

（2）花灌木：高在 1m 左右，有主干或主枝 3～6 个，分布均匀，根际有分枝，冠形丰满。

（3）观赏树（孤植树）：个体姿态优美，有特点。庭荫树干高 2m 以上；常绿树枝叶茂密，有新枝生长，不烧膛，中轴明显的针叶树基部枝条不干枯，圆满端庄。

（4）绿篱：株高大于 50cm，个体一致，下部不秃裸；球形苗木枝叶茂密。

（5）藤木：有 2～3 个多年生主蔓，无枯枝现象。

3. 对苗木产地和繁殖方法的选择要求

（1）选择本地产苗木。本地培育的苗木适应当地气候、土质情况，栽植成活率高。外地购苗，距栽植地越远（尤其是南北方），成活越没有保证。

（2）选择实生苗。实生苗适应性强，寿命长，对病虫害有较强的抵抗能力，除观花观果等特殊用途外，应选用实生苗。

4. 对移植、掘苗和保存情况的要求

（1）选择移植苗。经多次移植断根，再生后所形成的根系紧凑丰满，移栽易成活。

（2）注意掘苗质量。伤根太多，根端劈裂，土球太小，包装不合格或散坨等，成活率无法保证。

（3）保存良好。掘苗后不注意保护根系，或在运输中风吹日晒，均会造成根系失水而死亡。

五、苗龄与绿化成果的关系

树木的年龄对栽植成活率的高低及工程造价有很大影响。因为不同年龄时期的苗木生理活动的特点不同，对外界环境的适应性不同，对栽植技术的要求繁简大不一样，工程的投资费用有很大差别，栽植后发挥绿化功能效益快慢显著不同。为此必须根据工程需要合理地选用苗龄。

（一）树木不同年龄时期的特点

1. 幼青年期的特点

幼青年期，从繁殖开始到生长势自然减退为止。此期的特点是地上、地下部分离心生长迅速，光合和吸收面积不断扩大，经一定年龄养分积累，进入性成熟，对不良环境有较强的适应能力。由于个体小，根系分布范围也小，尤其经过移植培育的苗木根系紧凑而不远离根颈，掘苗时根系损伤率低；伤根后伤口容易恢复，很快起到吸收功能；枝条修剪后也有较强的再生能力，地上地下部分的生理平衡容易维持，因而幼青年期苗木栽植的成活率较高。再者，由于株体小，掘苗、运输、栽植比较方便，工程费用较低。但是由于树体矮小，容易受到不良环境和人为的损害，发挥绿化效果慢。

2. 壮年期的特点

壮年期系在正常的外界条件下树木从生长势自然减退到冠顶或外缘出现枯梢为止。此期的特点是营养生长趋于缓慢而稳定状态；有花果者，多为盛花盛果期；此期树木占据空间和体积最大，发挥绿化功能和经济效益最高。壮年期在树木一生中占据时间最长，后期骨干枝出现离心秃裸现象，根系范围不再扩大，某些骨干根先端出现衰亡枯死现象。此期由于树体大，掘苗、运输、栽植操作困难，工程费用高，施工技术要求复杂，一旦栽植成活很快发挥绿化效果。

3.衰老更新期的特点

衰老更新期，从树梢出现干枯到根颈萌蘖更新或多次更新直至死亡为止。此期的特点是生长势显著衰退，骨干枝和骨干根大量衰亡，树冠稀疏，多不规则，有些树木质腐朽，吸收根减少，一旦遭受不良外界环境的影响或病虫袭击很容易死亡。此期树木已无移植的价值，故不能选用。

（二）根据工程需要选择苗龄

根据城市绿化的需要和环境条件特点，一般绿化工程多需用较大规格的幼青年苗木；移栽较易成活，绿化效果发挥也较快。为提高成活率，尤其选用在苗圃经多次移植的大苗。园林植树工程选用的苗木规格，落叶乔木最小选用胸径3cm以上，行道树和人流活动频繁之处还应更大些；常绿乔木，最小应选树高1.5m以上的苗木。

总之，城市绿化用苗规格应掌握小苗（规格太小）莫用；大树慎重，最宜适龄。

第二节 植 树 工 程 施 工

一、施工前的准备工作

承担绿化施工的单位，在接受施工任务后，工程开工之前，必须做好绿化施工的一切准备工作，以确保施工高质量地按期完成。

（一）了解设计意图与工程概况

首先应了解设计意图，向设计人员了解设计思想，所达预想目的或意境，以及施工完成后近期所要达到的效果。通过设计单位和工程主管部门了解工程概况，包括：

1.植树与其他有关工程

铺草坪、建花坛以及土方、道路、给排水、山石、园林设施等的范围和工程量。

2.施工期限

包括工程总的进度，始、竣日期；应特别强调植树工程进度的安排必须以不同树种的最适栽植日期为前提，其他工程项目应围绕植树工程来进行。

3.工程投资及设计概算

包括主管部门批准的投资数和设计预算的定额依据，以备编制施工预算计划。

4.设计意图

施工单位拿到设计单位全部设计资料（包括图面材料、文字材料及相应的图表）后应仔细阅读，看懂图纸上的所有的内容，并听取设计技术交底和主管部门对此项工程的绿化效果的要求。

5.了解施工现场地上与地下情况

向有关部门了解地上物处理要求；地下管线分布现状；设计单位与管线管理部门的配合情况。

6.定点放线的依据

了解施工现场及附近的水准点，以及测量平面位置的导线点，以便作为定点放线的依据，如不具备上述条件，则需和设计单位协商，确定一些永久性的构筑物，作为定点放线的依据。

7. 工程材料的来源

了解各项工程材料来源渠道，其中主要是苗木的出圃地点、时间及质量。

8. 机械和车辆的条件

了解施工所需用的机械和车辆的来源。

（二）现场踏勘

在了解设计意图和工程概况之后，负责施工的主要人员必须亲自到现场进行细致的踏勘与调查。应了解：

（1）各种地上物（如：房屋、原有树木、市政或农田设施等）的去留及须保护的地物（如：古树名木等）。要拆迁的如何办理有关手续与处理办法。

（2）现场内外交通、水源、电源情况，现场内外能否通行机械车辆，如果交通不便，则需确定开通道路的具体方案。

（3）施工期间生活设施（如食堂、厕所、宿舍等）的安排。

（4）施工地段的土壤调查，以确定是否换土，估算客土量及其来源等。

（三）制定施工方案

根据工程规划设计所制定的施工计划就是施工方案，又叫"施工组织设计"或"组织施工计划"。

1. 施工方案的主要内容

根据绿化工程的规模和施工项目的复杂程度制定的施工方案，在计划的内容上尽量考虑得全面而细致，在施工的措施上要有针对性和预见性，文字上要简明扼要，抓住主要关键，其主要内容如下。

（1）工程概况

①工程名称，施工地点；

②参加施工的单位、部门；

③设计意图；

④工程的意义，原则要求以及指导思想；

⑤工程的特点以及有利和不利条件；

⑥工程的内容、包括的范围，工程项目，任务量，预算投资等。

（2）施工的组织机构

①参加施工的单位、部门及负责人；

②需设立的职能部门，及其职责范围和负责人；

③明确施工队伍，确定任务范围，任命组织领导人员，并规定有关的制度和要求；

④确定义务劳动的来源单位及人数。

（3）施工进度

分单项与总进度，规定起止日期。

（4）劳动力计划

根据工程任务量及劳动定额，计算出每道工序所需用的劳力和总劳力，并确定劳力的来源，使用时间及具体的劳动组织形式。

（5）材料工具供应计划

根据工程进度的需要，提出苗木、工具、材料的供应计划，包括用量、规格、型号、使用期限等。

（6）机械运输计划

根据工程需要提出所需用的机械、车辆，并说明所需机械、车辆的型号，日用台班数及具体使用日期。

（7）施工预算

以设计预算为主要依据，根据实际工程情况、质量要求和当时市场价格，编制合理的施工预算。

（8）技术和质量管理措施

①制定操作细则：施工中除遵守当地统一的技术操作规程外，应提出本项工程的一些特殊要求及规定；

②确定质量标准及具体的成活率指标；

③进行技术交底，技术培训的方法；

④质量检查和验收的办法。

（9）绘制施工现场平面图

对于比较大型的复杂工程，为了了解施工现场的全貌，便于对施工的指挥，在编制施工方案时，应绘制施工现场平面图。平面图上主要标明施工现场的交通路线；放线的基点；存放各种材料的位置；苗木假植地点，以及水源、临时工棚、厕所等等。

（10）安全生产制度

建立、健全安全生产组织；制定安全操作规程；制定安全生产的检查、管理办法。

绿化工程项目不同，施工方案的内容也不可能完全一样，要根据具体工程情况加以确定。另外，生产单位管理体制的改革，生产责任制，全面质量管理办法和经济效益的核定等内容，对于完成施工任务都有重要的影响，可根据本单位的具体情况加以实施。

2. 编制施工组织方案的方法

施工方案，由施工单位的领导部门负责制定，也可以委托生产业务部门负责制定。由负责制定的部门，召集有关单位开会，对施工现场进行详细的调查了解，称"现场勘测"。根据工程任务和现场情况，研究出一个基本的方案，然后由经验丰富的专人执笔，负责编写初稿。编制完成后，应广泛征求群众意见，反复修改，定稿、报批后执行。

3. 植树工程的主要技术项目的确定

为确保工程质量，在制定施工方案的时候，应对植树工程的主要项目确定具体的技术措施和质量要求。

（1）定点和放线：确定具体的定点、放线方法（包括平面和高程），保证栽植位置准确无误，符合设计要求。

（2）挖坑：根据树种、苗木规格，确定挖树坑的具体规格（直径×深度）。为了便于施工中掌握，可以根据苗木大小分成几个级别，分别确定相应的树坑规格，进行编号，以便工人操作掌握。

（3）换土：根据现场踏查时调查的土质情况，确定是否需要换土。如需换土，应计算出客土量，客土的来源。换土的方法，成片换还是单坑换，还要确定渣土的处理去向。如果现场土质较好，只是混杂物较多，可以去渣添土，尽量减少客土量，保留一部分碎破瓦片有利于土壤通气。

（4）掘苗：确定具体树种的掘苗、包装方法，哪些树种带土球，土球规格，包装要求；哪些树种裸根掘苗，保留根系规格等。

（5）运苗：确定运苗方法，如用什么车辆和机械，行车路线，遮盖材料和方法及押运人，长途运苗还要提出具体要求。

（6）假植：确定假植地点、方法、时间、养护管理措施等。

（7）种植：确定不同树种和不同地段的种植顺序，是否施肥（如需施肥，应确定肥料种类，施肥方法及施肥量），苗木根部消毒的要求与方法。

（8）修剪：确定各种树苗的修剪方法（乔木应先修剪后种植，绿篱应先种植后修剪），修剪的高度和形式及要求等。

（9）立支柱：确定是否需要立支柱、立支柱的形式、立支柱的材料和方法。

（10）灌木：确定灌水的方式、方法、时间、灌水次数和灌水量，封堰或中耕的要求。

（11）清理现场：应作到文明施工，工完场净，清理现场的要求。

（12）其他有关技术措施：如灌水后发生倾斜要扶正，遮荫、喷雾、防治病虫害等的方法和要求。

4．计划表格的编制和填写

在编制施工方案工作中，凡能用图表或表格说明的问题，就不要用文字叙述，这样可以做到既明确又精炼，便于落实和检查。目前生产上还没有一套统一的完善的计划表格式样，各地可依据具体工程要求进行设计。表格应尽量作到内容全面，项目详细。

（1）进度计划：主要说明施工的时间进度，包括施工地点、工程名称、工程项目、工程量、用人工量、施工进度，举例见下表：

工 程 进 度 计 划 表

工程名称　　　　　　　　　　　　　　　　　　　　　年　　月　　日

工程地点	工程项目	工程量	单位	定额	用工	进　　　　度					备　注
						×月×日	×月×日	×月×日	×月×日	×月×日	

主管　　　　　　　　审核　　　　　　　　　技术员　　　　　　　　制表

（2）工具和材料计划：主要说明工程地点；工具和材料的种类、规格及质量要求；工具和材料的需要量和使用时间等，举例见下表：

工 程 材 料 工 具 计 划 表

工程名称　　　　　　　　　　　　　　　　　　　　　年　　月　　日

工程地点	工程项目	工具材料名称	单　位	规　格	需用量	使用日期	备　注

主管　　　　　　　　审核　　　　　　　　　技术员　　　　　　　　制表

（3）苗木供应计划：苗木是植树工程的最重要的物质，按照工程要求保证及时供应苗木才能保证整个施工按期完成。用苗计划表如下：

工 程 用 苗 计 划 表

工程名称　　　　　　　　　　　　　　　　　　　　　　　年　　月　　日

苗木品种	规　　格	数　　量	出苗地点	供苗日期	备　注

主管　　　　　　　　审核　　　　　　　　　　技术员　　　　　　　　　制表

（4）机械、车辆计划（如下表）

机 械 车 辆 使 用 计 划 表

工程名称　　　　　　　　　　　　　　　　　　　　　　　年　　月　　日

工程地点	工程项目	车辆机械名称	型　号	台　班	使用时间	备　注

主管　　　　　　　　　　审核　　　　　　　　　技术员　　　　　　　　　制表

（四）施工现场的准备

施工现场的准备是植树工程准备工作的重要内容。现场准备的工作量随施工场地的地点不同而有很大差别。这项工作的进度和质量对完成绿化施工任务影响较大。

1．清理障碍物

绿化工程用地边界确定之后，凡地界之内，有碍施工的市政设施、农田设施、房屋、树木、坟墓、堆放杂物、违章建筑等，一律应进行拆除和迁移。对这些障碍物的处理应在现场踏勘的基础上逐项落实，根据有关部门对这些地上物的处理要求，办理各种手续，凡能自行拆除的限期拆除，无力清理的，施工单位应安排力量进行统一清理。对现有房屋的拆除要结合设计要求，如不妨碍施工，可物尽其用，保留一部分作为施工时的工棚或仓库，待施工后期进行拆除。凡拆除民房要注意落实居民的安置问题。对现有树木的处理要持慎重态度，对于病虫严重的、衰老的树木应予砍伐；凡能结合绿化设计可以保留的尽量保留，无法保留的可进行迁移。

清除障碍物是一项涉及面很广的工作，有时仅靠园林部门不可能推动，这就必须依靠领导部门的支持。

2．地形地势的整理

地形整理是指从土地的平面上，将绿化地区与其他用地界限区划开来，根据绿化设计图纸的要求整理出一定的地形起伏，此项工作可与清除地上障碍物相结合。对于有混凝土的地面一定要刨除，否则影响树木的成活和生长。地形整理应做好土方调度，先挖后垫，以节省投资。地势整理主要指绿地的排水问题，具体的绿化地块里，一般都不需要埋设排水管道，绿地的排水是依靠地面坡度，从地面自行径流排到道路旁的下水道或排水明沟。所以将绿地界限划清后，要根据本地区排水的大趋向，将绿化地块适当填高，再整理成一定坡度，使其与本地区排水趋向一致。一般城市街道绿化的地形整理要比公园的简单些，主要的是与四周的道路，广场的标高合理衔接，使行道树内排水畅通。洼地填土或是去掉大量碴土堆积物后回填土壤时，需要注意对新填土壤分层夯实，并适当增加填土量，否则一经下雨或自行下沉，还会形成低洼坑地仍然不能自行径流排水。如地面下沉后再回填土壤，则树木被深埋，易造成死株。

3. 地面土壤的整理

地形地势整理完毕之后，为了给植物创造良好的生长基地，必须在种植植物的范围内，对土壤进行整理。原是农田菜地的土质较好，侵入体不多的只需要加以平整，不需换土。如果在建筑遗址、工程弃物、矿碴炉灰地修建绿地，需要清除渣土换上好土。对于树木定植位置上的土壤改良，待定点刨坑后再行解决。

4. 接通电源、水源，修通道路

这是保证工程开工的必要条件，也是施工现场准备的重要内容。

5. 根据需要，搭盖临时工棚

如果附近没有可利用的房屋，应搭盖工棚、食堂等必要生活设施，安排好职工的生活。

（五）技术培训

开工之前，应该安排一定的时间，对参加施工的全体人员（或骨干）进行一次技术培训。学习本地区植树工程的有关技术规程和规范，贯彻落实施工方案，并结合重点项目进行技术练兵。

二、植树工程施工的主要工序

（一）定点、放线

1. 行道树的定点、放线

道路两侧成行列式栽植的树木称行道树。要求位置准确，尤其是行位必须绝对准确无误。

（1）确定行位的方法

行道树行位严格按设计横断面规定的位置放线，在有固定路牙的道路以路牙内侧为准；在没有路牙的道路，以道路路面的平均中心线为准，用钢尺测准行位，并按设计图规定的株距，大约每10棵左右，钉一个行位控制桩，通直的道路，行位控制桩可钉稀一些，凡遇道路拐弯则必须测距钉桩。行位控制桩不要钉在植树刨坑的范围内，以免施工时挖掉木桩。道路笔直的路段，如有条件，最好首尾用钢尺量距，中间部位用经纬仪照准穿直的方法布置控制桩。这样可以保证速度快，行位准。

（2）确定点位的方法

行道树点位以行位控制桩为瞄准的依据，用皮尺或测绳按照设计确定株距定出每棵树的株位。株位中心可用铁锹铲一小坑，内撒白灰，作为定位标记。

由于行道树位置与市政、交通、沿途单位、居民等关系密切，定点位置除应以设计图纸为依据外，还应注意以下情况：

①遇道路急转弯时，在弯的内侧应留出 50m 的空档不栽树，以免妨碍视线。

②交叉路口各边 30m 内不栽树。

③公路与铁路交叉口 50m 内不栽树。

④高压输电线两侧 15m 内不栽树。

⑤公路桥头两侧 8m 内不栽树。

⑥遇有出入口、交通标志牌、涵洞、车站电线杆、消火栓、下水口等都应留出适当距离，并尽量注意左、右对称。

点位定好以后，必须请设计人员以及有关的市政单位派人验点之后，方可进行下一步的施工作业。

2. 成片绿地的定点、放线

自然式成片绿地的树木种植方式，不外乎有两种，一为单株，即在设计图上标出单株的位置，另一种是图上标明范围而无固定单株位置的树丛片林。其定点、放线方法有以下三种：

（1）平板仪定点：依据基点将单株位置及片林的范围线按设计图依次定出，并钉木桩标明，木桩上应写清树种、棵数。

（2）网格法：适用范围大，地势平坦的公园绿地。按比例在设计图上和现场分别划出距离相等的方格（20m×20m 最好），定点时先在设计图上量好树木对其方格的纵横坐标距离，再按比例定出现场相应方格的位置，钉木桩或撒灰线标明。

（3）交会法：适用于范围较小，现场内建筑物或其他标记与设计图相符的绿地，以建筑物的两个固定位置为依据，根据设计图上与该两点的距离相交会，定出植树位置。位置确定后必须作明显标志，孤立树可钉木桩，写明树种，刨坑规格。树丛界限要用白灰线划清范围，线圈内钉一个木桩写明树种、数量、坑号，然后用目测的方法定单株点，并用灰点标明。目测定单株点时，必须注意以下几点：

①树种、数量符合设计图。

②树种位置注意层次，中心高，边缘低或由高渐低的倾斜树冠线。

③树林内注意配置自然，切忌呆板，尤应避免平均分布，距离相等，邻近的几棵不要成机械的几何图形，或一条直线。

（二）刨坑（挖穴）

刨坑（挖穴）的质量好坏，对植株以后的生长有很大的影响。城市绿化植树必须保证位置准确，符合设计意图。

1. 刨坑规格

栽种苗木用的土坑一般为圆筒状，绿篱栽种所用的为长方形槽，成片密植的小株灌木，则采用几何形大块浅坑。常用刨坑规格见表 9-1、表 9-2。

确定刨坑规格，必须考虑不同树种的根系分布形态和土球规格。平生根系的土坑要适当加大直径，直生根系的土坑要适当加大深度。同时要调查刨坑地点的土壤情况，如为农田耕地土壤，排水良好，则可按规定规格刨坑；如为城市碴土或板结粘土，则要加大刨坑规格。

2. 刨坑操作规范

乔木、常绿树、灌木刨坑规格
表 9-1

乔木胸径（cm）	灌木高度（m）	常绿树高（m）	坑径×坑深（cm）
		1.0～1.2	50×30
	1.2～1.5	1.2～1.5	60×40
3～5	1.5～1.8	1.5～2.0	70×50
5.1～7	1.8～2.0	2.0～2.5	80×60
7.1～10	2.0～2.5	2.5～3.0	100×70
		3.0～3.5	120×80

绿篱刨槽规格
表 9-2

苗木高度（m）	单 行 式 （cm）	双 行 式 （cm）
1.0～1.2	50×30	80×40
1.2～1.5	60×40	100×40
1.5～2.0	100×50	120×50

（1）掌握好坑形和地点：以定植点为圆心，按规格在地面划一圆圈，从周边向下刨坑，按深度垂直刨挖到底，不能刨成上大下小的锅底形（图 9-1）。在高地、土埂上刨坑，要平整植树点地面后适当深刨；在斜坡、山地上刨坑，要外推土，里削土，坑面要平整；在低洼地坡底刨坑，要适当填土浅刨。

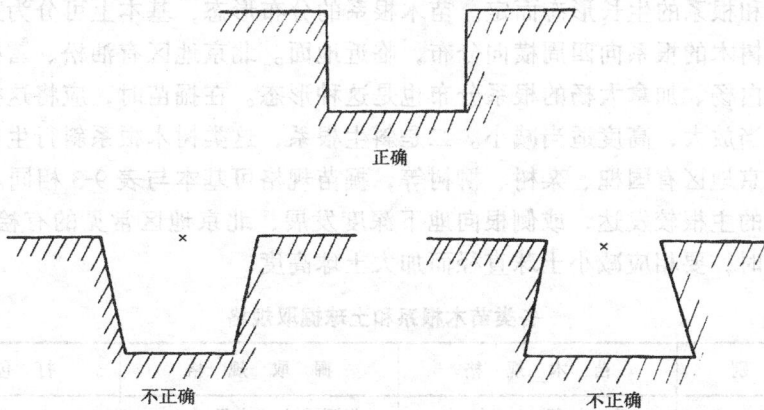

图 9-1　刨坑

（2）土壤堆放：刨坑时，对质地良好的土壤，要将上部表层土和下部底层土分开堆放，表层土壤在栽种时要填在根部。杂层土壤中的部分好土，也要和其他石碴土分开堆放。同时，土壤的堆放要有利于栽种操作，便于换土运土和行人通行。

（3）地下物处理：刨坑时发现电缆、管道等，应停止操作，及时找有关部门配合解决；绿地内挖自然式树木栽植穴时，如发现有严重影响操作的地下障碍物时，应与设计人员协商，适当改动位置。

（三）掘苗

起掘苗木是植树工程施工的关键工序之一，掘苗质量好坏直接影响植树成活率和最终的绿化成果。苗木原生长品质好坏是保证掘苗质量的基础，但正确合理的掘苗方法和时间，认真负责的组织操作，却是保证苗木质量的关键。掘苗质量同时与土壤含水情况，工具锋利程度，包装材料适用与否有关，故应于事前做好充分的准备工作。

1．主要掘苗方法

（1）露根掘苗法（裸根掘苗）：适用于大多数阔叶树在休眠期移植。此法保存根系比较完整，便于操作，节省人力、运输和包装材料。但由于根部裸露，容易失水干燥和损伤弱小的须根。

（2）带土球掘苗法：将苗木的一定根系范围，连土掘削成球状，用蒲包、草绳或其他软材料包装起出。由于在土球范围内须根未受损伤，并带有部分原土，移植过程中水分不易损失，对恢复生长有利。但操作较困难，费工，要耗用包装材料；土球笨重，增加运输负担，所耗投资大大高于裸根移植。所以，凡可以用裸根移植成活者，一般不采用带土球移植。但目前移植部分常绿树、竹类和在生长季节移植落叶树却不得不用此法。

2．掘苗规格

掘取苗木时根部或土球的规格一般参照苗木的干径和高度来确定。落叶乔木掘取根部的直径，常为乔木树干胸径的9～12倍。落叶花灌木，如玫瑰、珍珠梅、木槿、榆叶梅、碧桃、紫叶李等，掘取根部的直径为苗木高度的1/3左右。分枝点高的常绿树，掘取的土球直径为胸径的7～10倍，分枝点低的常绿苗木为苗高的1/2～1/3。攀援类苗木的掘取规格，可参照灌木的掘取规格，也可以根据苗木的根际直径和苗木的年龄来确定。

上述掘苗规格，是根据一般苗木在正常生长状态下确定的，但苗木的具体掘取规格要根据不同树种和根系的生长形态而定。苗木根系的分布形态，基本上可分为三类：一是平生根系，这类树木的根系向四周横向分布，临近地面。北京地区有油松、雪松、刺槐、实生樱花等。毛白杨、加拿大杨的根系分布也是这种形态。在掘苗时，应将这类树木的土球或根系直径适当放大，高度适当减小。二是斜生根系，这类树木根系斜行生长，与地面呈一定角度，北京地区有国槐、栾树、柳树等，掘苗规格可基本与表9-3相同。三是直生根系，这类树木的主根较发达，或侧根向地下深度发展，北京地区常见的有桧柏、白皮松、侧柏等，掘苗时，要相应减小土球直径而加大土球高度。

各类苗木根系和土球掘取规格 表9-3

树 木 类 别	苗 木 规 格		掘 取 规 格		打 包 方 式
乔木（包括落叶和常绿高分枝单干乔木）	胸 径 （cm）		根系或土球直径 （cm）		
	3～5		50～60		
	5～7		60～70		
	7～10		70～90		
落叶灌木（包括丛生和单干低分枝灌木）	高 度 （m）		根系直径 （cm）		
	1.2～1.5		40～50		
	1.5～1.8		50～60		
	1.8～2.0		60～70		
	2.0～2.5		70～80		

树 木 类 别	苗 木 规 格	掘 取 规 格		打 包 方 式
	高 度 (m)	土球直径（cm）	土球高（cm）	
常绿低分枝乔灌木	1.0~1.2	30	20	单股单轴6瓣
	1.2~1.5	40	30	单股单轴8瓣
	1.5~2.0	50	40	单股双轴，间隔8cm
	2.0~2.5	70	50	同　上
	2.5~3.0	80	60	同　上
	3.0~3.5	90	70	同　上

3. 掘前准备

（1）选号苗木：树苗质量的好坏是影响成活的重要因素之一。为提高栽植成活率、最大限度地满足设计要求，移植前必须对苗木进行严格的选择。这种选择树苗的工作称"选苗"。在选好的苗木上用涂颜色、挂牌拴绳等方法做出明显的标记，以免误掘，此工作称"号苗"。

（2）土地准备：掘苗前要调整好土壤的干湿情况，如果土质过于干燥应提前灌水浸地。反之土壤过湿，影响掘苗操作，则应设法排水。

（3）拢冠：常绿树，尤其是分枝低、侧枝分叉角度大的树种，如桧柏、白皮松、云杉、雪松、沙地柏等，掘前要用草绳将树冠松紧适度地围拢。这样，既可避免在掘取、运输、栽植过程中损伤树冠，又便于掘苗操作。

（4）工具、材料准备：备好适用的掘苗工具和材料。工具要锋利适用，材料要对路。掘土球苗用的蒲包、草绳等要用水浸泡湿透待用。

4. 露根手工掘苗法及质量要求

（1）操作规范

掘苗前要先以树干为圆心按规定直径在树木周围划一圆圈，然后在圆圈以外动手下锹，挖够深度后再往里掏底。在往深处挖的过程中，遇到根系可以切断，圆圈内的土壤可随挖随轻搬动，不能用锹向圆内根系砍掘。到挖至深度和掏底后，轻放植株倒地，不能在根部未挖好时就硬推生拔树干，以免拉裂根部和损伤树冠。根部的土壤绝大部分可去掉，但如根系稠密，带有护心土，则不要打除，而应尽量保存。

（2）质量要求

①所带根系规格大小应按规定挖掘，如遇大根则应酌情保留。

②苗木要保持根系丰满，不劈不裂，对病伤劈裂及过长的主侧根都需进行适当修剪。

③苗木掘完后应及时装车运走，如一时不能运完，可在原坑埋土假植。若假植时间较长，还要设法灌水，保持土壤及树根的适度潮湿。

④掘出的土不要乱扔，以便掘苗后用原土将掘苗坑（穴）填平。

裸根苗还有机械掘苗法，主要用于大面积整行区域树木出圃。要组织好拔苗的劳动力，随起、随拔、随运、随假植，做到起净、拔净，不丢失苗木。

5. 带土球苗的手工掘苗法及质量要求

（1）操作步骤及规范

①划线：以树干为正中心，按规定的土球规格在地面上划一圆圈，标明土球直径的尺寸，一般要比规定规格稍大一些，作为向下挖掘土球的依据。

②去表土：表层土中根系密度很低，一般无利用价值。为减轻土球重量，多带有用根系，挖掘前应将表土去掉一层，其厚度以见有较多的侧生根为准。此步骤也称起宝盖。

③挖坨：沿地面上划圆外缘向下垂直挖沟，沟宽以便于操作为度，约宽 50~80cm，所挖之沟上下宽度要基本一致。随挖随修整土球表面，随掘随收，一直挖掘到规定的土球高度。

④修平：挖掘到规定深度后，球底暂不挖通。用圆锹将土球表面轻轻铲平，上口稍大，下部渐小，呈红星苹果状（图 9-2）。

⑤掏底：土球四周修整完好以后，再慢慢由底圈向内掏挖。直径小于 50cm 的土球，可以直接将底土掏空，以便将土球抱到坑外包装；而大于 50cm 的土球，则应将底土中心保留一部分，支住土球，以便在坑内进行包装。

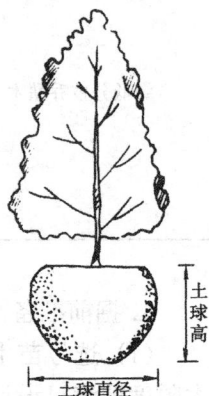

图 9-2 土球型样

⑥打包：各地土质情况不同，打包工序操作繁简不一，现以北京地区沙壤土为例讲述。

a.打内腰绳　所掘土球土质松散，应在土球修平时拦腰横捆几道草绳。若土质坚硬则可以不打内腰绳。

b.包装　取适宜的蒲包和蒲包片，用水浸湿后将土球覆盖，中腰用草绳拴好。

c.捆纵向草绳　用浸湿的草绳，先在树干基部横向紧绕几圈并固定牢稳，然后沿土球垂直方向稍斜角（30°左右）缠捆纵向草绳，随拉随用事先准备好的木锤、砖石块敲草绳，使草绳稍嵌入土，捆得更加牢固。每道草绳间相隔 8cm 左右，直至把整个土球捆完。

土球直径小于 40cm 者，用一道草绳捆一遍，称"单股单轴"；土球较大者，用一道草绳沿同一方向捆二道，称"单股双轴"；必要时用二根草绳并排捆二道的，称"双股双轴"（图 9-3）。

d.打外腰绳：规格较大的土球，于纵向草绳捆好后，还应在土球中腰横向并排捆 3~10 道草绳。操作方法是用一整根草绳在土球中腰部位排紧横绕几道，随绕随用砖头顺势砸紧，然后将腰绳与纵向

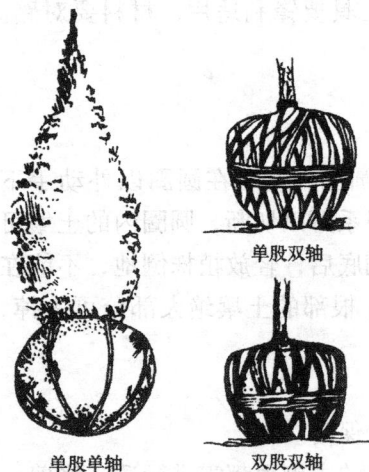

单股双轴

单股单轴　　　双股双轴

图 9-3 纵向捆扎法

草绳交插联接，不使腰绳脱落。

e.封底：凡在坑内打包的土球，于草绳捆好后将树苗顺势推倒，用蒲包将土球底部堵严，并用草绳捆牢。

f.出坑：土球封底后应立即抬出坑外，集中待运。

g.平坑：将掘苗土填回坑内，待整地时一并填平。

200

（四）运苗与假植

苗木的运输与假植的质量，也是影响植树成活的重要环节，实践证明"随掘随运随栽"对植树成活率最有保障，可以减少树根在空气中暴露的时间，对树木成活大有益处。

1. 苗木装车

（1）装车前的检验

运苗装车前须仔细核对苗木的品种、规格、质量等，凡不符合要求应由苗圃方面予以更换（见表 9-4）。

待运苗的质量要求最低标准　　　　　　　　　　　　　　　　　　　　表 9-4

苗木种类	质 量 要 求
落叶乔木	树干：主干不得过于弯曲，无蛀干害虫，有明显主轴树种应有中央领导枝。 树冠：树冠茂密，各方向枝条分布均匀，无严重损伤及病虫害。 根系：有良好的须根，大根不得有严重损伤，根际无肿瘤及其他病害。带土球的苗木，土球必须结实，捆绑的草绳不松脱
落叶灌木或丛木	灌木有短主干或丛灌有主茎 3~6 个，分布均匀。根际有分枝，无病虫害，须根良好
常绿树	主干不弯曲、无蛀干害虫，主轴明显的树种必须有领导干。树冠匀称茂密，有新生枝条，不烧膛。土球结实，草绳不松脱

（2）装运裸根苗

①装运乔木时应树根朝前，梢向后，顺序排码。

②车后箱板应铺垫草袋、蒲包等物，以防碰伤树皮。

③树梢不得拖地，必要时要用绳子围拢吊起来，捆绳子的地方需用蒲包垫上。

④装车不要超高，压得不要太紧。

⑤装完后用苫布将树根盖严捆好，以防树根失水。

（3）装运带土球苗

①1.5m 以下苗木可以立装，高大的苗木必须放倒，土球向前，树梢向后并用木架将树头架稳。

②土球直径大于 60cm 的苗木只装一层，小土球可以码放 2~3 层，土球之间必须排码紧密以防摇摆。

③土球上不准站人和放置重物。

2. 苗木运输

运输途中，押运人要和司机配合好，经常检查苫布是否漏风。短途运苗中途不要休息。长途行车必要时应洒水浸湿树根，休息时应选择荫凉之处停车，防止风吹日晒。

3. 苗木卸车

卸车时要爱护苗木，轻拿轻放。裸根苗要顺序拿取，不准乱抽，更不可整车推下。带土球苗卸车时不得提拉树干，而应双手抱土球轻轻放下。较大的土球最好用起重机卸车，若没有条件时应事先准备好一块长木板从车箱上斜放至地，将土球自木板上顺势慢慢滑下，但绝不可滚动土球。

4. 苗木假植

苗木运到施工现场如不能及时栽完，裸根苗1~2h以上不能栽植者应先用湿土将苗根埋严，称"假植"。

（1）裸根苗短期假植，可在栽植处附近选择合适地点，先挖一浅横沟约2~3m长，然后立排一行苗木，紧靠苗根再挖一同样的横沟，并用挖出来的土将第一行树根埋严，挖完后再码一行苗，如此循环直至将全部苗木假植完。

（2）裸根苗较长时间假植，可事先在不影响施工的地方挖好30~40cm深、1.5~3m宽，长度视需要而定的假植沟，将苗木分类排码，码一层苗木，根部埋一层土，全部假植完毕以后，还要仔细检查，一定要将根部埋严，不得裸露。若土质干燥还应适量灌水，保证树根潮湿。

带土球的苗木，运到工地以后，如能很快栽完则可不假植，如一二天内不能栽完，应选择不影响施工的地方，将苗木码放整齐，四周培土，树冠之间用草绳围拢。假植时间较长者，土球间隔也应填土，并根据需要经常给苗木叶面喷水。

（五）栽植修剪

1．修剪的目的

（1）提高成活率：苗木在挖掘过程中，无论裸根或带土球，对植株的根系都会有一定损伤，从而破坏了原植株上、下部分水分和养分的平衡，若不修剪去枝，则会影响树木成活。而通过修剪，便可减少枝叶水分和养分的消耗量，调整植株地上部分和地下部分的水分和养分的平衡，从而提高树木成活率。

（2）树冠整形：苗木在培育地点所形成的树冠，较之在定植地点所要求的树冠，会有一定的差距。绿化地点和性质不同，对树形和树冠的要求各有不同，例如用于道路绿化的树木，要求树冠宽广，覆盖面积大，有时还要分叉整形，以调和与架空电线的矛盾。绿地树木的整形，根据孤立树、群生混交林与建筑物配置树木等不同类型而有不同要求。因此苗木在移栽过程中，必须经过修剪整形，才能达到不同的绿化要求。

（3）推迟物候期，增强生长势：树木经过修剪，植株上的花芽、叶芽、混合芽随枝条的剪下而大量减少。而剪去的芽一般都是顶芽、壮芽，留下的芽则是较弱的侧芽、腋芽、隐芽或不定芽，这类芽萌发的时间晚，可以在苗木栽植以后，温度、湿度等条件对根部的生理活动较为有利时，才开始萌动，这样就推迟了发芽日期，协调了植株地上与地下部分的生理活动。通过修剪还可以使当年树木的生长势增强，当年枝的年生长量比未修剪树木的生长量为大，即使是慢长树类，例如国槐，经强修剪后的定植大苗，当年的枝条长度也可达1~2m。

（4）减少伤害：剪除带病虫枝条，可以减少病虫危害。另外剪去一些枝条，减轻树梢重量，对防止树木倒伏也有一定作用，对于春季多风沙地区的新植树尤为重要。

2．修剪的原则

树木修剪一般应尊重原树型特点，不可违反其自然生长的规律。

（1）落叶乔木

①凡属具有中央领导干、主轴明显的树种（如银杏、杨树类、法桐等），应尽量保护主轴的顶芽，保证中央领导干直立生长。若顶芽受损或主轴受折，则应选择中央领导枝上生长角度比较直立的侧芽代替顶芽，并通过修剪的方法，控制与之竞争的侧芽、侧枝，尽量保证这类树长成高大的树身。

②主轴不明显的树种（如槐、柳类），应选择比较直立的枝条代替领导枝直立生长，但必须通过修剪控制与直立枝竞争的侧生枝。

③对于分枝高度的要求，行道树一般应保持2.5m以上的分枝高度；同一条道路上相邻树木分枝点高度应基本一致；绿地树木一般为树高1/2～1/3左右。

（2）灌木

一般采用两种方法，一种为疏枝，即将枝条齐根或者着生部位剪除；另一种为短截，即截短枝条的前部、保留基部。

①内高外低：多留内膛枝，逐级留低外缘枝，以形成内高外低的丰满灌丛。

②内稀外密：疏枝修剪应内疏外密，以利通风透光。

③去直留斜：剪去直立的枝芽，保留斜向枝芽，以使灌丛丰满，避免过分徒长。

④去老留新：根蘗发达的丛木树种（如黄刺玫、玫瑰、白玉棠、珍珠梅等），应多疏剪老枝，使其不断更新，生长旺盛。

（3）常绿树

孤植的常绿树一般不剪，如有折枝可剪去。若需提高分枝点应注意避免剪口相连，不使造成环状剥皮。绿篱修剪应按设计要求造型，通常情况下应保证下宽上狭，大枝不露头。

3．修剪操作规范

（1）剪口要平整：要求剪口平滑整齐，不劈不裂，不撕破树皮，以使剪口能较快愈合。

（2）短截剪口部位要合格：短截剪口部位要根据树木具体情况而定。要选择萌发抽条的方向符合今后树形要求的芽，定为剪口芽。剪口位置与芽的距离一般为0.5～1cm，剪口要成45°斜面。

（3）疏枝剪口部位要正确：需要疏枝的枝条一般可分为二类：一类是弱枝、枯枝、一年生枝，这类枝条弱小，疏枝剪口也较小，可齐枝条的着生部位剪除。一类是粗壮大枝，疏枝剪口较大，切口部位要与主枝相合适，如紧贴主枝剪除，则会扩大切口面积，影响主枝生长；如距离主枝较远，则留有残枝桩，不易愈合。因此，切口要微靠大枝，左右对称不歪斜，不留残枝桩。

（4）修剪时应先将枯干、带病、破皮、劈裂的枝条剪除，过长的徒长枝应加以控制，较大的剪口、伤口应涂抹防腐剂。

（5）高大乔木应于栽前修剪，小苗灌木可于栽后修剪。

4．常见树木种类移植时的修剪方法（以北京地区为例）

（1）落叶快长乔木类的修剪

北京地区常用的落叶快长乔木有杨属树木和柳属树木等，这类苗木生长量大，生长势强，发芽期早，萌发力高，因此对这类苗木都采用强修剪措施。

杨属树木北京地区常用的有毛白杨、加拿大杨。这类苗木分枝点的高度，随定植地点的不同而各有不同。一般绿地内部定植的孤立树或丛生林，分枝点高度可定为1.8～2.0m；人行道两侧树木的分枝点高度需定为2.2～2.3m。若定植在道路中间的隔离带或快车道旁的绿地带，植树位置与快车道有一定的距离，分枝点高度可定为2.5m；若定植在快车道旁，分枝点高度需定为2.8～3.2m。杨树苗木分枝点以上的修剪，采用重短截和强疏的方法，保留生长强壮、分布均匀和走向合乎要求的侧枝，其余都进行疏枝。保留的侧枝要再进行短截，留存的枝段一般长度为 30~40cm，并要适当注意使下部枝较长，上部枝较短。对行道树和行列树苗木要统一确定高度规格，使定植后树木高度整齐一致。

柳属树木北京地区常用的有旱柳、垂柳和馒头柳。这类苗木侧枝发达，树冠宽广，覆盖面积大，这类树木的修剪，也采用重短截和强疏的方法，要选择生长强壮、分布均匀的主侧枝作为主干的继续延伸枝，通常选用 3~4 枝，按分枝点要求的高度短截，其余的主侧枝和次侧枝，可整枝齐茬强疏。

（2）落叶慢长乔木类的修剪

①对隐芽和不定芽萌发力强、当年枝条生长量大、生长势强的树种实行强修剪。如国槐、元宝枫、栾树等。对这类树种的修剪可参照柳树的修剪方法，采用重短截和强疏。

②对生长量较小，生长势较弱，要利用侧、腋芽抽枝长叶的树种，如银杏、白腊、合欢、悬铃木等，采用中短截或轻短截，正常疏或轻疏。短截和疏枝的总修剪量，要达到苗木原树冠的 1/3~1/2，保留的侧枝应分布均匀自然，主侧枝所留长度要较长，次侧枝所留长度要较短。

③对珍贵树种，如白玉兰、西府海棠等，采用轻短截和轻疏，原树形基本保持不变。对病虫枝、枯枝、折枝进行疏枝，对弱枝作短截。对树枝分布不均匀处，作适当短截，选择侧、腋芽指向缺枝方向，使新枝发育后构成完整树形。

（3）果树类的修剪

北京地区绿化常用的果树类苗木有柿、核桃和山里红等。这类苗木在定植时一般未进入结果期，或刚进入结果期，在移植时的修剪主要是为植株整形，经常采用中短截和正常疏枝的方法。核桃和柿树的树形，在绿化上常用中直分层型，山里红的树型为密枝丰圆型，修剪时要根据苗木的规格大小和所要求达到的树形，先将不符合树形要求的主侧枝和次侧枝齐茬疏剪，再将保留的枝条分层次进行轻短截或中短截。果树苗木一般都在栽种完毕后再进行修剪，以便正确观察和修剪，但要随掘运、随栽植、随修剪。

（4）落叶灌木类的修剪

落叶灌木一般有二类，第一类是低矮小乔木型，植株下部有主干，干高 50~80cm，其上分叉密生斜侧枝，如榆叶梅、碧桃等。这类苗木采用中短截和正常疏枝，保持苗木原有分枝点，对侧枝按该树种自然树形进行适当疏枝，对保留枝条进行中短截或轻短截，对较弱枝条则进行重短截。第二类落叶灌木是丛生型，植株从基部丛生枝条，各枝条间有较小距离，如黄刺玫、玫瑰、珍珠梅、连翘、紫荆等。这类苗木修剪以正常疏枝为主，适当进行短截，疏枝主要是剪去弱枝、病虫危害枝和过密枝，选留分布均匀、生长健壮的根际分蘖枝，对选留枝适当进行短截，这样可推迟萌动和减少开花量，并促使根际在当年萌发新条。灌木类苗木一般在移栽后再进行修剪。

（5）藤木类的修剪

在北京地区常用的藤木有凌霄、五叶地锦、爬山虎、紫藤、金银花等，一般都在移栽后进行短截修剪，将苗木一年生枝条重短截，促使栽植当年萌发生长势强的新条，以便于攀援。

（六）定植

所谓"定植"，系指按设计将苗木栽植到位不再移动者而言，其操作程序分散苗和栽苗。

1. 散苗

将苗木按设计图纸或定点木桩，散放在定植坑（穴）旁边，称"散苗"。散苗时应注意：

（1）必须保证位置准确，按图散苗，细心核对，避免散错。带土球苗木可置于坑边，裸根苗应根朝下置于坑内。对有特殊要求的苗木，应按规定对号入座，不许搞错。

（2）保护苗木植株与根系不受损伤，带土球的常绿苗木更要轻拿轻放。减少苗木暴露时间。

（3）作为行道树、绿篱的苗木应于栽植前量好高度，按高度分级排列，以保证邻近苗木规格基本一致。

（4）在假植沟内取苗时应顺序进行，取后及时用土将剩余苗的根部埋严。

2. 栽苗

散苗后将苗木放入坑内扶直，提苗到适宜深度，分层埋土压实、固定的过程称"栽苗"。

（1）埋土前必须仔细核对设计图纸，看树种、规格是否正确，若发现问题应立即调整。

（2）树形及长势最好的一面应朝向主要观赏方向；平面位置和高程必须与设计规定相符；树身上、下必须垂直，如果树干有弯曲，其弯向应朝向当地的主风方向。

（3）栽苗深浅对成活率影响很大，一般应与原土痕平齐。乔木不得深于原土痕的10cm；带土球树种不得超过5cm；灌木及丛木不得过浅或过深。

（4）行列式植树应十分整齐，相邻树不得相差一个树干粗，最好用尺量距先栽标杆树，（约20株的距离定植一株），三点一线，以标杆树为瞄准依据。

（5）定植完毕后应与设计图纸详细核对，确定没有问题后，可将捆拢树冠的草绳解开。

（6）栽裸根苗最好每三人为一个作业小组，一人负责扶树、找直和掌握深浅度，二人负责埋土。栽种时，将苗木根系妥善安放在坑内新填的底土层上，直立扶正。待填土到一定程度时将苗木轻轻提拉到深度合适为止，并保持树身直立不得歪斜，树根呈舒展状态，然后将回填的坑土踩实或夯实，最后用余土在树坑外缘培起灌水堰。

（7）栽植带土球苗木，必须先量好坑的深度与土球的高度是否一致。若有差别应及时将树坑挖深或填土，必须保证栽植深度适宜。土球入坑定位安放稳当后应尽量将包装材料全部解开取出，即使不能全部取出也要尽量松绑，以免影响新根再生。回填土时必须随填土随夯实，但不得夯砸土球，最后用余土围好灌水堰。

（8）城市绿化植树常会遇到土壤不适，需要更换土壤的问题，这步工序称"客土"。所谓土质不适，系指原坑内土壤中含有白灰、炉渣等对树木生长有害的物质。而对于坑中含少量石子、砖瓦等杂物者，则可过筛使用，杂质量少也可不筛，有利于树根的透气呼吸。

（七）验收前的养护管理

植树工程按设计定植完毕，为了巩固绿化成果，提高植树成活率，还必须加强后期养护管理工作。

1. 立支柱

高大的树木，特别是带土球栽植的树木应当支撑，这在多风地方尤其重要。立好支柱可以保证新植树木浇水后，不被大风吹斜倾倒或被人流活动损坏。

支柱的材料，各地有所不同。北方地区多用坚固的竹竿及木棍；沿海地区为防台风也有用钢筋水泥桩的。不同地区可根据需要和条件运用适宜的支撑材料，既要实用也要注意美观。

支柱的绑扎方法有直接捆绑与间接加固二种。直接捆绑是先用草绳把将与支柱接触部位的树干缠绕几圈，以防支柱磨伤树皮，然后再立支柱，并用草绳或麻绳捆绑牢固。立支柱的形式多种多样，应根据需要和地形条件确定，一般可在下风方向支一根，还可用双柱加横梁及三角架形式等。支柱下部应深埋地下，支点尽可能高一些。间接加固主要用粗橡胶皮带将树干与水泥杆连接牢固，水泥杆应立于上风方向，并注意保护树皮防止磨破。北方防风的直接捆绑的支柱，可于定植二三年，树根已经扎稳后撤掉，而防台风的水泥桩则是永久性的。

2. 浇水

水是保证植树成活的重要条件，定植后必须连续浇灌几次水，尤其是气候干旱、蒸发量大的北方地区更为重要。

（1）开堰、作畦

①开堰：单株树木定植埋土后，在植树坑（穴）的外缘用细土培起 15~20cm 高的土埂称"开堰"。浇水堰应拍平踏实，防止漏水。

②作畦：株距很近、联片栽植的树木，如绿篱、色块、灌木丛等可将几棵树或成条、块栽植的树木联合起来集体围堰称"作畦"。作畦时必须保证畦内地势水平，确保畦内树木吃水均匀，畦壁牢固不跑水。

（2）灌水

树木定植后必须连续浇灌三次水，以后视情况而定。

第一次水应于定植后 24h 之内，水量不宜过大，浸入坑土 30cm 上下即可，主要目的是通过灌水使土壤缝隙填实，保证树根与土壤紧密结合。常用灌水量见表9-5、表9-6。

乔木、灌木灌水量 表 9-5

刨 坑 直 径 （cm）	土 堰 直 径 （cm）	每坑灌水量（kg）
50	70	75
60	80	100
70	90	120
80	100	160
100	120	220
120	140	300

在第一次灌水后，应检查一次，发现树身倒歪应及时扶正，树堰被冲刷损坏之处及时修整。然后再浇第二次水，水量仍以压土填缝为主要目的。二水距头水时间 3~5d，浇水后仍应扶直整堰。

刨 槽 宽 度 （cm）	土 堰 宽 度 （cm）	槽长每米灌水量（kg）
40	60	60
50	70	70
60	80	80
80	100	100
100	120	120
120	140	140

第三水距二水 7～10d，此次要浇透灌足，即水分渗透到全坑土壤和坑周围土壤内，水浸透后应及时扶直。

3．其他养护管理

（1）围护：树木定植后一定要加强管理，避免人为损坏，这是保证城市绿化成果的关键措施之一。即使没有围护条件的地方也必须派人巡查看管，防止人为破坏。

（2）复剪：定植树木一般都加以修剪，定植后还要对受伤枝条和栽前修剪不够理想的枝条进行复剪。

（3）清理施工现场：植树工程竣工后（一般指定植灌完三次水后），应将施工现场彻底清理干净，其主要内容为：

①封堰：单株浇水的应将树堰埋平，即将围堰土埂平整覆盖在植株根际周围。土中如果含砖石杂质等物应捡出，否则影响下一次开堰。封堰土堆应稍高于地面，使在雨季中绿地的雨水能自行径流排出，不在树下堰内积水。秋季植树应在树基部堆成 30cm 高的土堆，以保持土壤水分，并保护树根，防止风吹摇动，以利成活。

②整畦：大畦灌水的应将畦埂整理整齐，畦内进行深中耕。

③清扫保洁：全面清扫施工现场，将无用杂物处理干净，并注意保洁，真正做到场光地净文明施工。

（八）验收、移交

植树工程竣工后，即可请上级领导单位或有关部门检查验收，交付使用。验收合格的标准主要为是否符合设计意图和植树成活率。

设计意图是通过设计图纸直接表达的，施工人员必须按图施工，若有变动应纠清原因。

成活率是验收合格的另一个重要指标。所谓"成活率"，就是定植后成活树木的株数与定植总株数的比例，其计算公式为：

$$成活率（\%）= \frac{定期内定植苗发芽株数}{定植总株数} \times 100$$

对成活率的要求各地区不尽相同，北京要求一般不低于 95%。

这里必须说明当时虽然发芽了的苗木绝不等于已然成活，还必须加强后期养护管理争取最大的保存率。

经过验收合格后，签订正式验收证书，即移交给使用单位或养护单位进行正式的养护管理工作。至此，一项植树工程宣告竣工。

第三节　大　树　移　植

一、概述

大树移植是城市园林绿化建设事业所特有的工作项目，当然也是植树工程施工所必须研究的课题。

大树移植，即移植大型树木的工程。所谓大树是指：树干和胸径一般在 10～40cm，树高在 5～12m，树龄一般 10～50 年或更长。大树移植条件较复杂，要求较高，一般农村和山区造林是很少采用的，但它却是城市园林布置和城市绿化经常采用的重要手段和技术措施。有些重点建筑工程，要求用特定的优美树姿相配合，这就只有采用大树移植的办法才能实现。

我国早有用直接移植大规格树木进行城市绿化建设的历史，近 40 年来，大树移植技术有了较大的发展。以北京为例，移植大树技术是在 1954 年原苏联展览馆（现北京展览馆）施工中开创和应用的。当时北京仅有一支刚刚组建一年多，年轻的绿化专业队伍，没有移植大树的经验，也没有技术资料。开始用木箱的方法移植大树，是在边研究，边实践的情况下开创的。当时移植的大树为干径 10cm 左右，树高 4～5m 的常绿树和落叶树，木箱的规格也只有直径 1.5m×1.5m，高 1.2m，土球的规格直径 1.00m×1.00m，高 0.8m，从此开创了移植大树的历史。到 1958 年，天安门广场人民英雄纪念碑栽种的大油松林，近 200 株，树木干径为 15cm×20cm，树高 6～8m，木箱加大到直径 2m×2m，高 1m，栽种成功。1959 年建国十周年国庆工程，天安门广场以及十大建筑大批量栽种大树，移植树木规格又有提高。

80 年代以后，移植大树的规格又有大的发展，移植树木干径 25～35cm，树高 10～12m，用 2.50m×2.50m×1.2m 的木箱移植成功。如在菜户营立交桥和碧玉公园各栽种了几棵大油松，成活率 100％，生长正常。

近些年不断研究和实践移植更大的树木乃至古树，树干直径在 40～50cm，百年以下树龄的古树用直径 3.00m×3.00m，高 1.20m 的木箱，当前的技术起出来是没有问题，只要具备起重 60t 以上的大型吊车，在就近移植是完全可能的。

近些年来，土球方法移植技术也不断改进，土球规格也不断加大，由原来的直径 1.20m×1.20m，高 1m，目前可以起到直径 1.60m×1.60m，高 1.20m 的大土球。掘苗工艺由原来的双股双轴的打法，改为四股双轴加腰绳的打法，可用大土球移植法代替小规格木箱移植，不仅大幅度降低了造价，而且成倍的提高了施工速度。

除北京外，全国从南到北各大城市都有不少移植大树的成功经验，如广州市从 60 年代起就广泛地应用大树移栽技术，并在大树移栽树种选择，大树移栽方法等方面取得了成果。国际上一些国家也分别按各自的国力及科技水平用不同的大树移植方法绿化城市。

大树移植技术是现代城市绿化不可缺少的。栽植大树除生态环境、美化环境等特有的绿化功能以外，对于城市园林具有特殊作用。

随着城市建设的发展，高楼大厦林立，新建和改建的道路宽阔，立交桥体量庞大。作为配套建设的绿化工程也应是大手笔、大气势，与现代化气息成龙配套。在绿化美化中只有栽种大树，才能占据大的空间和覆盖大的地面，在总体上建造一个协调一致的大环境，在人们的直观上感受到一种舒适和优美。因此，移植大树技术在现代化建设中会发挥重要的作用。

移植大树是绿化工程中质量高、效果快的一个重要手段，也是突破植树季节性，实行全年植树绿化的一项重要措施。如北京重点工程多，带有特殊要求的任务多，都要求做到高质量、高速度、见效快，而且突破植树的季节性。使用大批量的大树种植，突出了效果，使之立树成荫，当即成林。

大树移植是园艺造景的重要内容，体现了园林艺术。无论是以植物造景，还是以植物配景，要反映景观效果，都要选择理想的树型来体现艺术的景观内容。幼龄树是不成形的，只有选用成形的大树才能创造理想的艺术作品。因此，大树移植技术在造园、造景中是不可缺少的条件。

大树移植是保存绿化成果的一项措施。城市绿化与保存绿化成果的矛盾日益突出，其中一个主要原因是人为损坏，特别是在繁华的街道、广场、车站乃至一些居民小区，人流大，车辆多，再加上摊商、集市，对于绿地和树木破坏力极大，保存绿化成果相当困难。在这些地区绿化只有栽种大规格树木，提高树木本身对外界抗性能力，才能得到保存。

移植大树技术要求复杂，消耗的人力、物力、财力远远超过一般植树工程。作业人员必须经过严格的培训和实际锻炼，必须达到熟练操作程度，方可单独上岗，否则，人员、树木的安全和工程质量就不能保证。此外，大树的来源，主要来自绿地、山区和郊外，但都要具备足够的土层，按规格能起出土坨和能够包装的土壤，松散的沙质土、石头砖块过多和地下水位过高等不能严密包装起来的土壤都不宜带土移植，否则不能保证工程质量和树木成活。

在城市移植大树，从起树地点到栽植地点，必须选择好大树运行的路线，使超宽超高的大树能顺利运行。如铁路、公路、立交桥、过街电缆电线，大体高度都在 4.5m 以下，如搬运超大规格树木都要设法绕过这些障碍，否则树头就要受到损坏，如无法绕过障碍，就不具备移植大树的条件。

总之，移植大树不同于带有群众性的一般的绿化植树，是专业性很强的一项技术工作，同时还需借助于一定的机械力量才能完成。所以，除有特殊需要的工程外，一般均需慎重。

二、带土方箱移植法

对于必须带土球移植的树木，土球规格如果过大（如直径超过 1.3m 时），很难保证吊装运输的安全和不散坨，一般应改用方木箱包装移植，较为稳妥安全。用方箱包装，可移植胸径 15~30cm 或更大的树木以及沙性土壤中的大树。

带土方箱移植法适用于雪松、油松、桧柏、白皮松、华山松、龙柏、云杉、辽东冷杉、铅笔柏等常绿树。

（一）掘苗准备工作

掘苗前，应先按照绿化设计要求的树种、规格选苗，并在选好的树上做出明显标记（在树干上拴绳或在北侧点漆），将树木的品种、规格（高度、干径、分枝点高度、树形及主要观赏面）分别记入卡片，以便分类排队，编出栽植顺序。对于所要掘取的大树，其所在地的土质、周围环境、交通路线和有无障碍物等，都要进行了解，并据以确定它能否移植。此外，还应按照表9-7的要求，准备好各种工具和材料。

木箱包装移植大树的主要材料、工具、机械表　　　　　表9-7

名　称		规格、数量和用途
材料类	木　板	木板分箱板、上板、底板三种。箱板，厚5cm，倒梯形，上边长分别为1.5m、1.8m、2.0m、2.2m，下边比上边分别短10cm，箱板高分别为0.6m、0.7m、0.7m、0.8m。箱板共需4块，每块由三条木板钉成，其上有三条板带，板带厚5cm，宽10~15cm，长短随箱板高而定。上板，2~4块，厚5cm，宽20cm，长度比箱板上边长10cm左右。底板，若干块，厚5cm，宽20cm，长度比箱板下边长10cm左右
	铁　皮	厚0.1cm，宽3cm，长80~90cm，共40条，钉木箱四角用。另备长50~60cm的共40条，钉底板用。铁皮上每5cm左右打钉眼
	钉　子	3″~3.5″，每株树约用750枚
	杉　篙	比树高度略长，3根，备作支撑用
	支撑横木	10cm×10cm方木，长80~90cm，4根，支撑箱板用
	垫　板	共8块，块为3cm厚，15~20cm宽，其中4块长20~25cm，4块长15~20cm，支撑横木垫木墩用
	方　木	10cm×10cm~15cm×15cm，长1.5~2.0m，共8根。吊装、运输、卸车时垫木箱用
	圆木墩	高30~35cm，直径25~30cm，共10个
	草袋、蒲包	各10个，包土台四角，填充上板、底板及围裹树干用
	扎把绳	10根，捆杉篙，起吊木箱时牵引用
工具类	铁　锹	圆头，锋利的3~4把，掘树修整土台用
	平口锹	2把，削土台掏底用
	小板镐	2把，掏底用
	紧线器	2把，收紧箱板用
	钢丝绳	0.4″2根，每根连打扣长10~12m，每根附卡子4个
	小　镐	2把，刨土用
	铁锤或斧子	2~4把，钉铁皮用
	小铁棍	粗0.6~0.8cm，长40cm，2根
	冲子、刹子	各1个，刹铁皮和铁皮打眼用
	鹰嘴扳子	1个，调整钢丝绳卡子用
	起钉器	2个，起弯钉用
	油压千斤顶	1个，上底板用
	钢卷尺	1个，量土台用
	废机油	少量，钉坚硬木润滑钉子用
机械类	起重机	根据需要，配备5~8t起重机1~2台，如土质太软，应配备履带式吊车。如木箱板规格为1.5m×1.5m时，用5t吊车；1.8m×1.8m时用8t吊车；2.0m×2.0m时用15t吊车
	卡　车	1辆，载重量依据树木大小而定

注：上列工具、材料和机械，基本上是一组（4个人）所需的数字；木箱标准是按1.8m计算的。掘苗多时，有些工具、材料可交替使用，机械则应根据情况而增加。

210

（二）掘苗操作

1. 掘苗

掘苗时，应先根据树木的种类、株行距和干径的大小确定在植株根部留土台的大小。一般可以按苗木干径（即树木高 1.3m 处的树干直径）的 7～10 倍确定土台。不同干径树木应留土台和所用木箱的大小见表 9-8。

各类干径树木应留土台即所用木箱规格简表 表 9-8

树木胸径（cm）	15～17	18～24	25～27	28～30
木箱规格（m） （上边长×高）	1.5×0.6	1.8×0.70	2.0×0.70	2.2×0.80

土台的大小确定之后，要以树干为中心，按照比土台大 10cm 的尺寸，划一正方形线印，将正方形内的表面浮土铲除掉，然后沿线印外缘挖一宽 60～80cm 的沟，沟深应与规定的土台高度相等。挖掘树木时，应随时用箱板进行校正，保证土台的上端尺寸与箱板尺寸完全符合，土台下端可比上端略小 5cm 左右。土台的四个侧壁，中间可略微突出，以便于装上箱板时能紧紧抱住土台，切不可使土台侧壁中间凹两端高。挖掘时，如遇有较大的侧根，可用手锯或剪枝剪把它切断，其切口应留在土台里。

2. 装箱

修整好土台之后，应立即上箱板，其操作顺序和注意事项如下：

（1）上箱板：先将土台的 4 个角用蒲包片包好，再将箱板围在土台四面，用木棍或锹把将箱板临时顶住，经过检查、校正，要使箱板上下左右都放得合适，保证每块箱板的中心都与树干处于同一条直线上，使箱板上端边低于土台 1cm 左右，作为吊运土台下沉系数，即可将经检查合格的钢丝绳分上下两道绕在箱板外面。

（2）上钢丝绳：上下两道钢丝绳的位置，应在距离箱板上下两边各为 15～20cm 处。在钢丝绳的接口处，装上紧线器，并将紧线器松到最大限度，紧线器的旋转方向是从上向下转动为收紧。上下两道钢丝绳上的紧线器，应分别装在相反方向的箱板中央的带板上，并用木墩将钢丝绳支起，以便于收紧。收紧紧线器时，必须两道同时进行。钢丝绳上的卡子，不可放在箱角上或带板上，以免影响拉力。收紧紧线器时，如钢丝绳跟着转，则应用铁棍将钢丝绳别住。将钢丝绳收紧到一定程度时，应用锤子锤打钢丝绳，如发出"嗒嗒"之声，表明业已收得很紧，即可进行下一道工序。

（3）钉铁皮：先在两块箱板相交处，即土台的四角上钉铁皮（北方俗称"铁腰子"），每个角的最上一道和最下（最后）一道铁皮，距箱板的上下两个边各为 5cm；如是 1.5m 长的箱板，每个角钉铁皮 7～8 道；1.8～2.0m 长的箱板，每个角钉铁皮 8～9 道；2.2m 长的箱板，每个角钉铁皮 9～10 道。铁皮通过每面箱板两边的带板时，最少应在带板上钉两个钉子，钉子应稍向外斜，以增加拉力；不可把钉子砸弯，如砸弯，应起出重钉。箱板四角与带板之间的铁皮，必须绷紧、钉直。将箱板四角铁皮钉好之后，要用小锤轻轻敲打铁皮，如发出老弦声，表明已经钉紧，即可旋松紧线器，取下钢丝绳（图 9-4）。

3. 掏底、上底板和盖板

将土台四周的箱板钉好之后，要紧接着掏出土台底部的土，上底板和盖板。

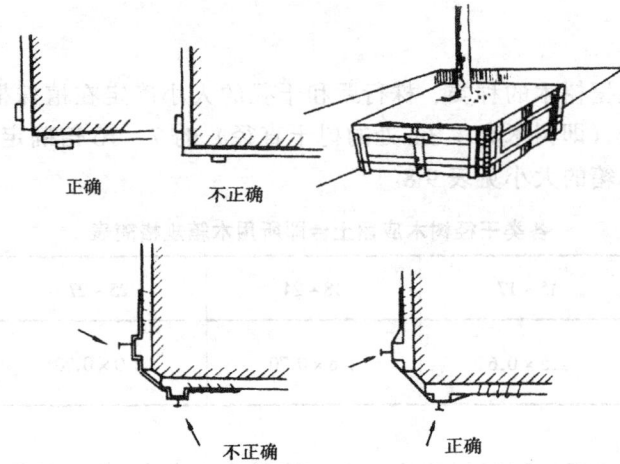

图 9-4 钉铁皮的方法

（1）备好底板：按土台底部的实际长度，确定底板的长度和需要的块数。然后在底板的两头各钉上一块铁皮，但应将铁皮空出一半，以便上底板时将剩下的一半铁皮钉在木箱侧面的带板上。

（2）掏底：先沿着箱板下端往下挖 35cm 深，然后用小板镐和小平铲掏挖土台下部的土，掏底土可在两侧同时进行。当土台下边能容纳一块底板时，就应立即上一块底板，然后再向里掏土。

（3）上底板：先将底板一端空出的铁皮钉在木箱板侧面的带板上，再在底板下面放一个木墩顶紧；在底板的另一端用油压千斤顶将底板顶起，使之与土台紧贴，再将底板另一端空出的铁皮钉在木箱板侧面的带板上，然后撤下千斤顶，再用木墩顶好。上好一块底板之后，再向土台内掏底，仍按照上述方法上其他几块底板。在最后掏土台中间的底土之前，要先用 4 根 10cm×10cm 的方木将木箱板 4 个侧面的上部支撑住。先在坑边挖一小槽，槽内立一块小木板作支垫，将方木的一头顶在小木板上，另一头顶在木箱板的中间带板上，并用钉子钉牢，就能防止土台歪倒。然后再向中间掏出底土，使土台的底面呈突出的弧形，以利收紧底板。掏挖底土时，如遇树根，应用手锯锯断，锯口应留在土台内，不可使它凸起，以免妨碍收紧底板。掏挖中间底土要注意安全，不得将头伸入土台下面；在风力超过 4 级时，应停止掏底作业。

（4）上盖板：于树干两侧的箱板上口钉一排板条，称"上盖板"。上盖板前，先修整土台表面，使中间部分稍高于四周；表层有缺土处，应用潮湿细土填严拍实。土台应高出边板上口 1cm 左右。于土台表面铺一层蒲包片，再在上面钉盖板（图 9-5）。

4. 吊运、装车

吊运、装车必须保证树木和木箱的完好以及人员的安全。其操作顺序和注意事项如下：

（1）每株树的重量超过 2t 时，需要用起重机吊装，用大型卡车运输。

（2）吊装带木箱的大树，应先用一根较短的钢丝绳，横着将木箱围起，把钢丝绳的两端扣放在木箱的一侧，即可用吊钩钩好钢丝绳，缓缓起吊，使树身慢慢躺倒；在木箱尚未

212

离地面时，应暂时停吊，在树干上围好蒲包片，捆上脖绳，将绳的另一端也套在吊钩上。同时在树干分枝点上拴一麻绳，以便吊装时用人力控制方向。拴好绳后，可继续将树缓缓起吊，准备装车。吊装时，应有专人指挥吊车，吊杆下面不得站人（图9-6）。

（3）装车时，树冠应向后，土台上口应与卡车后轴在一直线上，在车箱底板与木箱之间垫两块 10cm × 10cm 的方木，分放在捆钢丝绳处的前后。木箱在车厢中落实后，再用两根较粗的木棍交叉成支架，放在树干下面，用以支撑树干，在树干与支架相接处应垫上蒲包片，以防磨伤树皮。待树完全放稳之后，再将钢丝绳取出，关好车厢，用紧线器将木箱与车箱刹紧。树干应捆在车厢后的尾钩上，用木棍撩紧；树冠应用草绳围拢紧，以免树梢垂下拖地（图9-7）。

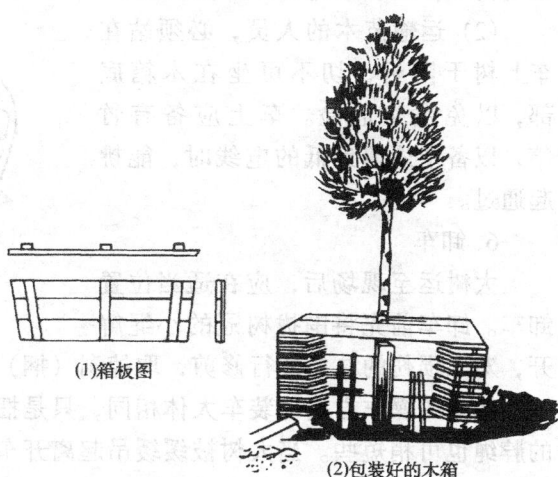

(1)箱板图

(2)包装好的木箱

图9-5 上盖板

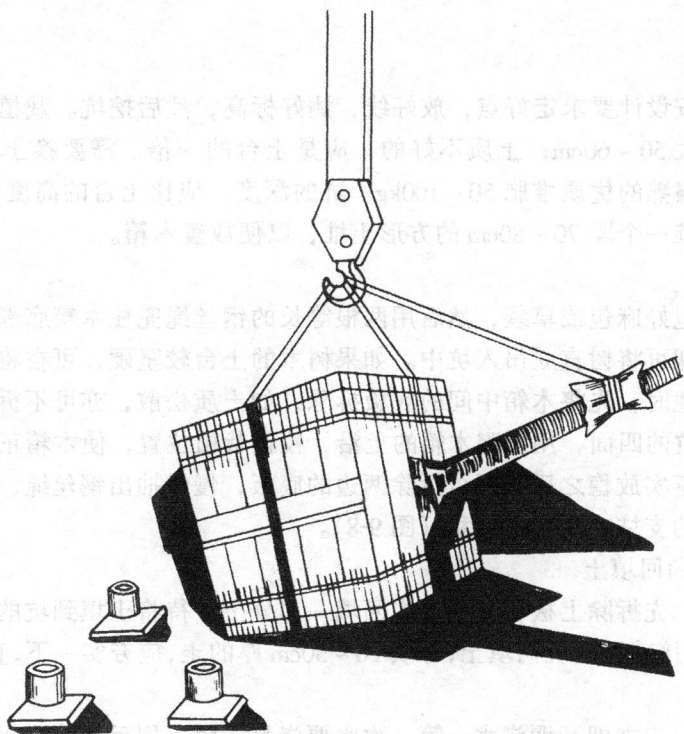

图9-6 吊运木箱

5. 运输

（1）运输苗木的人员，必须了解所运苗木的树种、规格和卸苗地点；对于要求对号入

213

位的苗木，必须知道具体卸苗地址。

（2）运输苗木的人员，必须站在车上树干附近，切不可坐在木箱底部，以免发生危险。车上应备有竹竿，以备中途遇到低的电线时，能挑起通过。

6. 卸车

大树运至现场后，应在适当位置卸车。卸车前先将围拢树冠的小绳解

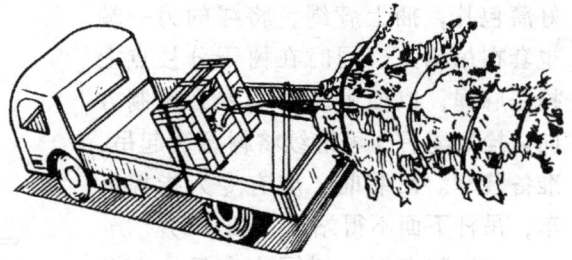

图 9-7　方箱包大树装车法

开，对于损伤的枝条进行修剪，取掉刹（捆）车用的紧线器，解开卡车尾钩上的绑绳。

卸车的操作方法与装车大体相同，只是捆钢丝绳的位置应比装车稍靠近上端，树干上的脖绳也可稍短些。当大树被缓缓吊起离开车厢时，应将卡车立刻开走，然后在木箱准备落地处横放一根或数根高度为 35～40cm 的大方木，再将木箱徐徐放下，使木箱上口落在方木上，然后用木棍顶住木箱落地的一边，以防木箱滑动，再徐徐松动吊绳，摆动吊杆，使树木缓缓立起。当木箱不再滑动时，即可去掉木棍，并在木箱落地处按 80～100cm 的距离平行地垫好两根 10cm×10cm×200cm 的方木，使树木立于其上，以便栽植时穿捆钢丝绳。

（三）栽植

1. 挖坑

栽植前，应按设计要求定好点，放好线，测好标高，然后挖坑。栽植坑的直径，一般应比大树的土台大 50～60cm；土质不好的，应是土台的一倍。需要换土的，应用沙质壤土，并施入充分腐熟的优质堆肥 50～100kg。坑的深度，应比土台的高度大 20～25cm。在坑底中心部位要堆一个厚 70～80cm 的方形土堆，以便放置木箱。

2. 吊树入坑

先在树干上包好麻包或草袋，然后用两根等长的钢丝绳兜住木箱底部，将钢丝绳的两头扣在吊钩上，即可将树直立吊入坑中。如果树木的土台较坚硬，可在将树木移吊到坑的上面还未全部落地时，先将木箱中间的底板拆除，如土质松散，亦可不拆除中间底板，然后由 4 个人坐在坑的四面，用脚蹬木箱的上沿，校正栽植位置，使木箱正好落在坑中方形土台上。将木箱落实放稳之后，即可拆除两边的底板，慢慢抽出钢丝绳，然后在树干上捆好用大杉篙支立的支柱，将树身支稳（图 9-8）。

3. 拆除箱板和回填土

树身支稳后，先拆除上板，并向坑内回填一部分土，待将土填到坑的 1/3 高度时，再拆去四周的箱板，接着再向坑内填土，每填 20～30cm 厚的土，应夯实一下，直至填满为止。

4. 栽后管理

填完土之后，应立即开堰浇水。第一次水要浇足，隔一周后浇第二水，以后根据不同树种的需要和土质情况合理浇水。每次浇水之后，待水全部渗下，应中耕松土一次，中耕深度为 10cm 左右。

三、软包装土球移植法

大树带土球移植，适用于油松、白皮松、雪松、华山松、桧柏、龙柏、云杉等常绿树

图 9 - 8　栽植入坑

以及银杏、柿树、国槐等落叶乔木，其方法比方木箱移植法简单。

（一）掘苗准备工作

掘苗的准备工作，与方木箱的移植相似，但是它不需要用木箱板、铁皮等材料和某些工具，材料中只要有蒲包片、草绳等物即可。

（二）掘苗操作

1. 确定土球的大小

一般可按树木胸径（树干 1.3m 处的直径）的 7 ~ 10 倍来确定。具体规格见表9-9（北京地区）。

土 球 规 格 简 表　　　　　　　　　　　　　　　表 9 - 9

树 木 干 径 (cm)	土 球 规 格			捆 草 绳 密 度
	土 球 直 径	土 球 高 度 (cm)	留 底 直 径	
10 ~ 12	树干粗的 8 ~ 10 倍	60 ~ 70	土球直径的 1/3	四分草绳，双股双轴，间距 8 ~ 10cm
13 ~ 15	7 ~ 10 倍	70 ~ 80		

2. 挖掘

土球规格确定之后，以树干为中心，按比土球直径大 3 ~ 5cm 为尺寸划一圆圈，然后沿着圆圈挖一宽 60 ~ 80cm 的操作沟，其深度应与确定的土球高度相等。当掘到应挖深度的 1/2 时，应随挖随修整土球，将土球表面修平，使之上大下小，局部圆滑，呈红星苹果型。修整土球时如遇粗根，要用剪枝剪或小手锯锯断，切不可用锹断根，以免将土球震散。

3. 打包

215

将预先湿润过的草绳理顺，于土球中部缠腰绳，2人合作边拉缠，边用木锤（或砖、石）敲打草绳，使绳略嵌入土球为度。要使每圈草绳紧靠，总宽达土球高的1/4～1/3（约20cm左右）并系牢即可。在土球底部向内刨挖一圈底沟，宽度在5～6cm左右，这样有利草绳绕过底沿不易松脱。然后用蒲包、草绳等材料包装。草绳包扎方式有下列三种：

（1）桔子式：先将草绳一头系在树干（或腰绳）上，呈稍倾斜经土球底沿绕过对面，向上约于球面一米处经树干折回，顺同一方向按一定间隔缠绕至满球。然后再绕第二遍，与第一遍的每道于肩沿处的草绳整齐相压，至满球后系牢。再于内腰绳的稍下部捆十几道外腰绳，而后将内外腰线呈锯齿状穿连绑紧。最后在计划将树推倒的方向沿土球外沿挖一道弧形沟，并将树轻轻推倒，这样树干不会碰到穴沿而损伤。用蒲包将土球底部挡严，并另用草绳与土球底沿纵向绳拴连系牢（图9-9）。

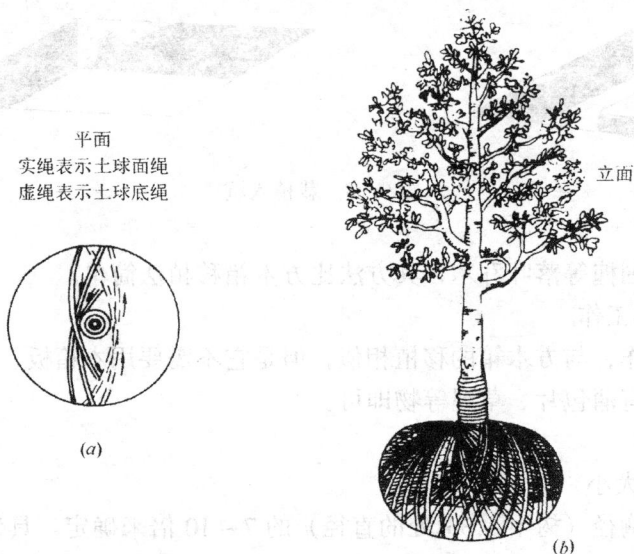

平面
实绳表示土球面绳
虚绳表示土球底绳

立面

(a)

(b)

图9-9 桔子式包扎法示意图
（a）包扎顺序图； （b）扎好后的土球

（2）井字（古钱）式（图9-10）：先将草绳一端系于腰箍上，然后按图9-10（a）所示数字顺序，由1拉到2，绕过土球的下面拉至3，经4绕过土球下拉至5，再经6绕过土球下面拉至7，经8与1挨紧平行拉扎。按如此顺序包扎满6～7道井字形为止，扎成如图9-10（b）的状态。

（3）五角式（图9-11）：先将草绳的一端系在腰箍上，然后按图所示的数字顺序包扎，先由1拉到2，绕过土球底，经3过土球面到4，绕过土球底经5拉过土球面到6，绕过土球底，由7过土球而到8，绕过土球底，由9过土球面到10，绕过土球底回到1。按如此顺序紧挨平扎6～7道五角星形，扎成如图示的状态。

井字式和五角式适用于粘性土和运距不远的落叶树或1t以下的常绿树，否则宜用桔子式。

4．吊装运输

平面
实绳表示土球面绳
虚绳表示土球底绳

立面

(a)

(b)

图 9 - 10　井字式包扎法示意图
(a) 包扎顺序图；　　(b) 扎好后的土球

平面
实绳表示土球面绳
虚绳表示土球底绳

立面

(a)

(b)

图 9 - 11　五角式包扎法示意图
(a) 包扎顺序图；　　(b) 扎好后的土球

吊运前先撤去支撑，捆拢树冠。应选用起吊、装运能力大于树重的机车和适合现场使用的起重机类型。吊装前，用事先打好结的粗绳；将两股分开，捆在土球腰下部，与土球接触的地方垫以木板，然后将粗绳两端扣在吊钩上，轻轻起吊一下，此时树身倾斜，马上用粗绳在树干基部拴系一绳套（称"脖绳"），也扣在吊钩上，即可起吊装车。

装车时必须土球向前，树梢向后，轻轻放在车厢内。用砖头或木块将土球支稳，并用粗绳将土球与车身牢牢捆紧，防止土球摇晃。

运输途中要有专人负责押运，苗木运到施工现场后要立即卸车，如不能立即栽植，则应将苗木立直、支稳，决不可将苗木斜放或平倒在地。

5. 假植

苗木如短期内不能栽植则应假植。假植场地应距施工现场较近，且交通方便，水源充足，地势高燥不积水。假植树木量较多时，应按树种、规格分门别类集中排放，便于假植期间养护管理和日后运输。较大树木假植时，可以双行成一排，株距以树冠侧枝互不干扰为准，排间距保持在 6～8m 间，以便通行运输车辆。树木安排好后，在土球下部培土，至土球高度的 1/3 处左右，并用铁锹拍实，切不可将土球全部埋严，以防包装材料腐朽。必要时应立支柱，防止树身倒歪，造成树木损伤。

假植期间，要经常喷水保持土球和叶面潮湿，以保持树体水分代谢平衡。随时检查土球包装材料情况，发现腐朽损坏的应及时修整，必要时应重新打包。要注意防治病虫害。

加强围护看管，防止人为破坏。一旦栽植条件具备，则应立即栽植。

（三）栽植

1. 定点刨坑

栽植前，应按照设计要求定好点，测出标高，编好树号，以便栽植时对号入位。

定植的树坑，其直径应比土球大 30～40cm，深度应比土球的高度大 20～30cm。如定植坑的土质不好，还应适当加大坑径并换用沙质壤土。

2. 栽植

吊装入穴前，要将树冠生长最丰满、完好的一面朝向主要观赏方向。吊装入穴（坑）时，粗绳的捆绑方法与装卸时的方法相同。吊起时，应使树干立直，然后慢慢放入坑内。坑内应先堆放 15～25cm 厚的松土，使土球能刚好立在土堆上。填土前，应将草绳、蒲包片尽量取出，若不好取出，也应剪断草绳，剪碎蒲包片，然后分层填土踏实。栽植的深度，不要超过土球的高度，与原土痕印相平或略深 3～5cm 即可。

3. 栽后管理

栽后于坑的外围开堰并浇第一次水，水量不要太大，起到压实土壤的作用即可；2～3d 以后浇第二次水，水量要足；再过一周浇第三次水，待水渗下即可中耕、松土、封堰。

四、其他移植法

大树移植除主要用带土软材包装和方箱包装移植法外，还有裸根移植法和冻土球移植法。

（一）大树裸根移植

适用于移植容易成活，干径在 10～20cm 的落叶乔木，如杨、柳、刺槐、合欢、栾树、元宝枫等；个别树种，如国槐、泡桐等干径粗达 40～50cm 的也可移活。裸根移植大树必须在落叶后至萌芽前当地最适季节进行。有些树种仅宜春季，土壤冻结期不宜进行。对潜伏芽寿命长的树木，地上部留一定的主枝、副主枝外，可对树冠行重剪，但慢长树不可过重，以免影响栽后相当一段时期的观赏效果。锯截粗枝应避免劈裂，伤口应涂抹保护剂。按半径 8～10 倍半径范围外垂直掘苗，挖掘深度应视根系情况。遇粗根应用手锯锯断，不宜硬铲引起劈裂。挖倒大树以后，用尖镐由根颈向外出土，注意尽量少伤树皮和须根。保持根部湿润，未能及时定植应进行假植，时间不能过长，以免影响成活率。栽植穴径应比根的幅度与深度大 20～30cm，栽后可立支柱。其他养护同裸根苗。萌芽后应注意选留适合枝芽培养树形，其他剥去。

（二）冻土球移植法

我国华北以北地区，冬季气候严寒，土壤封冻较深，可以利用冻土期挖掘冻土球移植，并利用冻结河道和雪地滑动运输，此法可以免去包装材料和大型机械运输，大大节省开支。

选用当地（尤其是根系）耐严寒的乡土树种，冬季土壤冻结不很深的地区，可于土壤封冻前灌水湿润土壤。待气温下降到零下 12～15℃，土层冻结深达 20cm 时，开始用羊角镐等挖掘土球。下部尚未冻结，可于坑穴内停放 2～3d；预先未灌水，土壤干燥冻结不实，可于土球外泼水使其冻结。在土壤冻结很深的地区，为减少挖掘困难，应提前在冻得不深时挖掘，并泼水促冻。挖好的树，未能及时移栽时应用枯草落叶覆盖，以免晒化或经寒风侵袭而冻坏根系。

吊装、运输的方法和要求，与土球包装移植相同，由于冻土移植冻坨不易破碎，可不包装；吊装时，用粗麻绳双股吊起。

（三）大树移植机移植法

大树移植机是一种在卡车或拖拉机上装有操纵尾部四扇能张合的匙状大铲的移树机械。可先用四扇匙状大铲在栽植点挖好同样大小的坑穴，即将铲张至一定大小向下铲，直至相互并合。抱起倒锥形土块上收，横放于车的尾部，运到欲起树边卸下。移植机停在适合起树的位置，张开匙铲围于树干四周一定位置，开机下铲，直至相互并合，收提匙铲，将树抱起，树梢向前，匙铲在后，横卧于车上，即可开到栽植点，直接对准放正，入原挖好的坑穴中，填土入缝，整平做堰，灌足水即可（图9-12）。

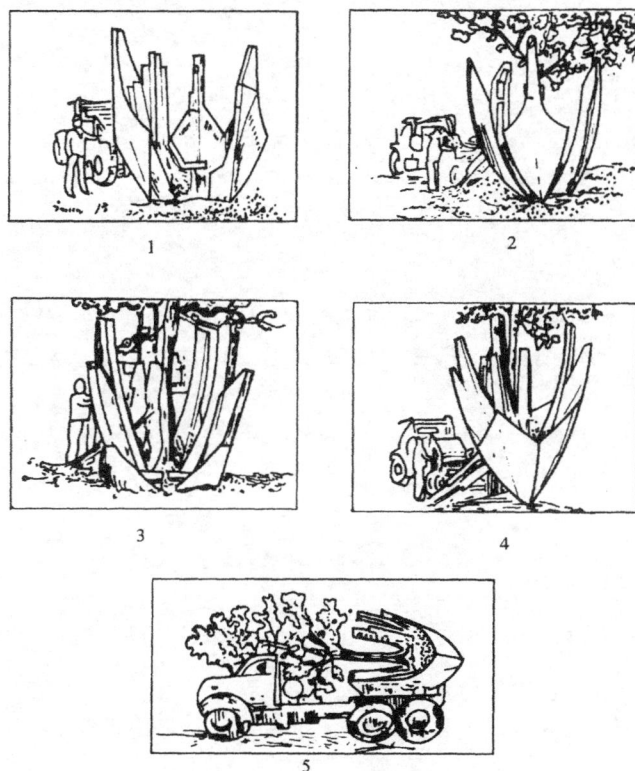

图 9-12　移树机移植大树

大树移植机最适于交通方便，运距短的平坦圃地移植，效率很高。与传统的大树移植相比，使原分步进行的众多环节联成一体，使挖穴、起树、吊、运、栽等成为随挖、随运、随栽的流水作业，并免去了许多费工的辅助操作（如包装等），是今后应该推广的一种先进方法。

复 习 思 考 题

1. 何谓植树工程？
2. "树挪死"是为什么？怎样才能提高成活率？

3. 论述本地区的植树季节。

4. 植树工程应遵守哪些原则？

5. 什么叫定植、移植和假植？

6. 作一处施工现场勘查，并写一篇报告。

7. 制定一个典型工程施工方案（包括文字与表格）。

8. 简述植树工程施工的主要工序。

9. 带土方箱大树移植各道工序的技术要领是什么？

10. 简述软包装土球移植法的操作程序及要领。

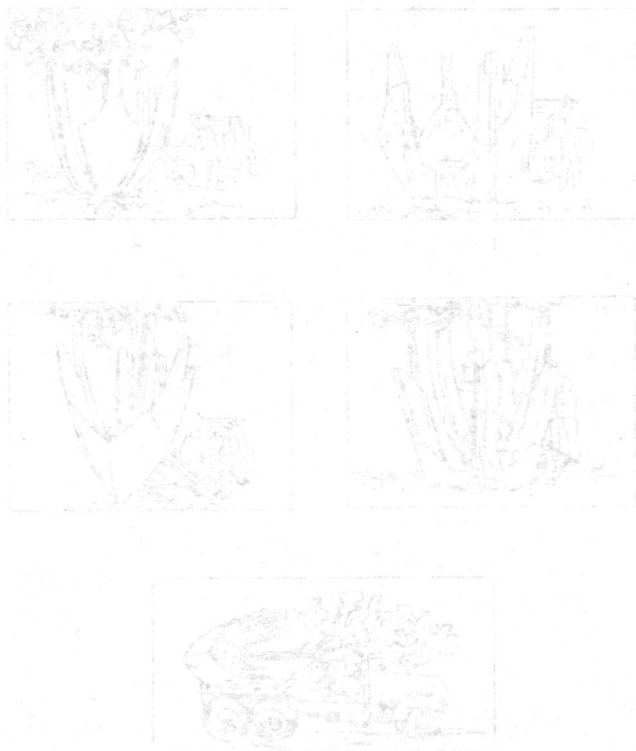

第十章 树木的养护管理

第一节 概 述

一、养护管理工作的意义及要求

园林植物栽植后的养护管理是保证成活，实现绿化美化效果的重要措施。为了使园林树木生长旺盛，苍翠欲滴，浓阴覆盖和花香四溢，必须根据树木的年生育进程和生命周期的变化规律，适时地、经常地、长期地进行养护管理，为各个年龄期的树木生长创造适宜的环境条件，使树木长期维持较好的生长势，预防早期转衰，延长绿化效果，并发挥其多种功能效益。俗话说"三分种植，七分养护"，这就从数量的角度上强调了城市园林树木在栽植过程中，养护管理工作的重要性。

城市公园、绿地、街道、庭院定植的树木，需要一年四季长期地进行养护管理工作，如中耕除草、施肥、灌溉排水、整形修剪、防风防寒、防治病虫害以及大树、古树的更新复壮等等，只有这样才能保证树木成活和健康地生长发育。而这些管理措施应根据不同的树种、物候期和特定要求适时进行。如新种植的树木，由于掘苗移植时根部受到创伤，有的枝梢也受到不同程度的修剪，特别是立地条件一般都发生了变化，这就需要有一个适应的过程。因此，在定植后的 1～3 年内，需要精心养护，才能保证树木成活。

养护管理严格说来，包括两方面的内容，一是"养护"，根据不同园林树木的生长需要和某些特定的要求，及时对树木采取如施肥、灌水、中耕除草、修剪、防治病虫害等园艺技术措施。另一方面是管理，如看管围护、绿地的清扫保洁等园务管理工作。

二、分级管理的标准

大、中城市园林绿化面积大，养护管理工作任务重，为了加强养护管理，提高养护质量，应根据干道的主次、区域的位置，实行分级管理。北京市园林局于 1981 年制定了《树木、草坪养护管理分等定额投资管理试行办法》。根据各类道路绿地的各种树木、草坪，分别制定了养护等级质量标准。树木分 4 个等级，每个等级对生长势、叶子健壮程度、枝干健壮程度、病虫对叶和枝干的危害程度、树上树下人为损坏和堆物堆料程度、树冠完整程度、缺株程度和采取的养护措施等都规定了比较明确的养护质量指标；草坪分 2 个等级，每个等级对覆盖率、叶色、杂草、病虫害和修剪等制订了较具体的养护质量指标。按养护质量要求，根据北京地区的土壤、气候条件和历史上多年养护经验，相应地规定了各等级的浇水、病虫害防治、修剪、施肥等养护措施，并依据养护措施的工、料、机运，计算出各等级的投资金额。试行办法规定各级园林部门设置专职养护管理干部并确定了检查评比办法。各单位每年根据养护等级质量标准制订养护升级计划，上级单位除日常检查外，每年的年中和国庆节前进行两次检查，年终进行评定。

北京地区目前执行的树木养护质量标准，可供其他地区参考，现介绍如下。

（一）一级标准

1．生长势

生长势好，生长超过该树种、该规格的平均年生长量（平均年生长量待调查确定）。

2．叶片健壮

（1）叶片正常：落叶树，叶大而肥厚；针叶树，针叶生长健壮，在正常的条件下不黄叶，不焦叶，不卷叶，不落叶；叶上无虫粪、虫网、灰尘。

（2）被虫咬食叶片最严重的每株在5％以下（包括5％，以下同）。

3．枝干健壮

（1）无明显枯枝，死杈；枝条粗壮，越冬前已新梢木质化。

（2）无蛀干害虫的活卵、活虫。

（3）介壳虫最严重处，主干、主枝上平均每100cm 1头（活虫）以下（包括1头，以下同），较细的枝条平均每尺长内在5头活虫以下（包括5头，以下同）。株数都在2％以下（包括2％，以下同）。

（4）无明显的人为损坏，绿地、草坪内无堆物堆料、搭棚或侵占等；行道树下，距树干1m内无堆物堆料、搭棚、圈栏等影响树木养护管理和生长的东西；1m以外如有，则应有保护措施。

（5）树冠完整美观，分枝点合适，主、侧枝分布匀称和数量适宜，内膛不乱，通风透光。绿篱、黄杨球等，应枝条茂密，完满无缺。

4．缺株在2％（包括2％，下同）以下

（二）二级标准

1．生长势

正常生长达到该树种该规格的平均生长量。

2．叶子正常

（1）叶色、大小、厚薄正常。

（2）较严重黄叶、焦叶、卷叶，带虫粪、虫网、蒙灰尘叶的株数在2％以下。

（3）被虫咬食的叶片最严重的每株在10％以下。

3．枝、干正常

（1）无明显枯枝、死杈。

（2）有蛀干害虫的株数在2％以下。

（3）介壳虫最严重处，主干平均每100cm 2头活虫以下，较细枝条平均每尺长内在10头活虫以下，株数都在4％以下。

（4）无较严重的人为损坏，对轻微或偶尔发生难以控制的人为损坏，能及时发现和处理。绿地、草坪内无堆物堆料、搭棚、侵占等，行道树下距树1m以内，无影响树木养护管理的堆物堆料、搭棚、围栏等。

（5）树干基本完整：主侧枝分布匀称，树冠通风透光。

4．缺株在4％以下

（三）三级标准

1．生长势基本正常

2．叶子基本正常

（1）叶色基本正常。

（2）严重黄叶、焦叶、卷叶、带虫粪、虫网、蒙灰尘叶的株数在10%以下。

（3）被虫咬的叶片最严重的每株在20%以下。

3．枝、干基本正常

（1）无明显枯枝、死杈。

（2）有蛀干害虫的株数在10%以下。

（3）介壳虫最严重处，主枝主干上平均每100cm，有3个活虫以下，较细的枝条平均每33cm长，内在15头活虫以下；株数都在6%以下。

（4）对人为损坏能及时进行处理，绿地内无堆物堆料、搭棚侵占等。行道树下无堆放石灰等对树木有烧伤、毒害的物质，无搭棚、围墙、圈占树等。

（5）90%以上的树木树冠基本完整，有绿化效果。

4．缺株在6%以下

（四）四级标准

（1）有一定绿化效果。

（2）被严重吃光树叶（被虫咬食的叶片面积、数量都超过一半）的株数在20%以下。

（3）被严重吃光树叶的株数在10%以下。

（4）严重焦叶、卷叶、落叶的株数在20%以下。

（5）严重焦梢的株数在10%以下。

（6）有蛀干害虫的株数在30%以下。

（7）介壳虫最严重处主枝主干平均每100cm5头活虫以下，较细枝条平均每33cm长，内在20头活虫以下，株数都在10%以下。

（8）缺株在10%以下。

三、工作阶段的划分

树木养护管理工作应顺其树木生长规律和生物学特性以及当地的气候条件而进行。因季节性比较明显，全国各地气候相差悬殊，养护工作阶段的划分各地应据本地情况而定。现以北京为例介绍工作阶段划分的内容。

1．冬季阶段

12月及次年1、2月份土壤封冻，树木停止生长。这个季节的主要养护管理内容包括：

（1）整形修剪：应在发芽前进行一次整形修剪。

（2）防治虫害：消灭越冬虫源。

（3）积雪：大雪之后，树木堆雪保墒防寒。

（4）搭风障：为雪松等一些树设防寒风障。

（5）维护巡查：加强树木的看管保护，减少人、畜、机械、车辆对树木的损坏。

2．春季阶段

3、4月份大地回春树木萌动。

（1）浇水：土地解冻后，要及时普遍浇水。

（2）施肥：有条件的地区施用有机肥，施肥后及时浇水。

（3）防治病虫。

（4）剥芽、去蘖。

（5）拆除防寒物。

（6）补植缺株。

（7）维护巡查：除注意人、畜破坏之外，应及时了解病虫害发生情况、树堰墒情，以及补植树木是否遗漏浇水等。

3．初夏阶段

5、6月份气温上升，树木大量生长。

（1）浇水：根据情况及时灌水。

（2）防治虫害：防治为害叶面的害虫。

（3）修剪。

（4）除草中耕：雨季之前，除去杂草。

（5）维护巡查：调查病虫发生情况及打药情况。

4．盛夏阶段

7、8、9月份高温多雨，枝叶大量生长。

（1）防治病虫害：除防治叶面害虫外，注意防治腐烂病。

（2）中耕除草。

（3）注意防涝、排水。

（4）修剪：适当疏枝，减少伤害及矛盾。对绿篱应进行整形修剪。

（5）补植缺株：以补植常绿树为主。

（6）扶直培土。

（7）维护巡查。

5．秋季阶段

10、11月份气温降低，树木枝干停止生长且木质化。

（1）灌冻水：封冻前灌足水，水后封高堰。

（2）防寒。

（3）施肥：落叶后要对因缺肥而生长较差的树木施有机肥。

（4）防治病虫害。

（5）维护巡查：淘汰病弱株，并对全部树木进行调查统计和记录。

以上仅是划分阶段进行的养护管理工作的简单叙述。

（工作月历参见表10-1～表10-3）。

代表城市 月份	北　　京	代表城市 月份	北　　京
1 月份 （小寒、大寒）	平均气温 – 4.7℃，平均降水量 2.6mm ①进行冬季修剪，将枯枝、病虫枝、伤残枝及与架空线路有矛盾的枝条修去。但对有伤流和易枯梢的树种，暂时不剪，推迟至发芽前为宜 ②检查巡视防寒设施的完好程度，发现破损立即补修 ③在树木根部堆集不含杂质的雪 ④积肥 ⑤防治病虫害，在树根下挖越冬虫蛹、虫茧，剪除树上虫包 ⑥加强看管，防止人为地损伤树木	5 月份 （立夏、小满）	平均气温 20.1℃，平均降水量 36.1mm ①树木抽枝长叶，需大量水分，适时灌水 ②对春花植物进行花后修剪，更新，新植树木抹芽和除蘖 ③进行中耕除草和及时追肥 ④防治病虫害
2 月份 （立春、雨水）	平均气温 – 1.9℃，平均降水量 7.7mm ①继续进行树木冬剪，月底结束 ②堆雪 ③检查巡视防寒设施的情况 ④积肥和沤制堆肥 ⑤防止病虫害 ⑥进行春季绿化的准备工作	6 月份 （芒种、夏至）	平均气温 24.8℃，平均降水量 70.4mm ①给树木灌水与施肥，保证肥水供应 ②雨季即将来临，疏剪树冠和修剪去与架空线路有矛盾的枝条，特别是行道树 ③中耕除草 ④防治病虫害 ⑤作好雨季排水的准备工作
3 月份 （惊蛰、春分）	平均气温 4.8℃，平均降水量 9.1mm，树木结束休眠，开始发芽展叶 ①春季植树，做到随挖、随运、随栽、随养护 ②进行春灌，补充土壤中水分，缓和春旱现象 ③对树木进行施肥 ④撤除防寒设施，扒开埋土，根据树木耐寒能力，分批进行 ⑤防治病虫害	7 月份 （小暑、大暑）	平均气温 26.1℃，平均降水量 196.6mm ①排除积水防涝 ②中耕除草及追肥，后期增施磷、钾肥，保证树木能安全越冬 ③移植常绿树种，最好入伏后降过一场透雨后进行 ④修剪树木，抽稀树冠，达到防风目的 ⑤防治病虫害 ⑥及时扶正吹倒吹斜的树木
4 月份 （清明、谷雨）	平均气温 13.7℃，平均降水量 22.4mm，树木发芽展叶 ①进行春季植树，在树木发芽前完成植树工程任务 ②对园林树木，特别是春花植物进行灌水施肥 ③修剪冬季及早春易干梢的树木 ④防治病虫害 ⑤维护看管花灌木，防止人为破坏	8 月份 （立秋、处暑）	平均气温 24.8℃，平均降水量 243.5mm ①继续移植常绿树 ②树木修剪和对绿篱的整形修剪 ③继续进行中耕除草 ④排除积水，做好防涝工作，巡查救险 ⑤防治病虫害 ⑥挖掘枯死树木 ⑦加强行道树的管护，及时剪除与架空线路有矛盾的枝条

代表城市 月 份	北 京	代表城市 月 份	北 京
9月份 （白露、秋分）	平均气温 19.9℃，平均降水量 63.9mm ①迎国庆，全面整理园容与绿地，挖掘死树，剪除干枯枝，病虫枝，做到青枝绿叶 ②绿篱的整形修剪工作结束 ③中耕除草和施肥，对一些生长较弱，枝条不够充实的树木，应追施一些磷、钾肥 ④防治病虫害	11月份 （立冬、小雪）	平均气温 3.8℃，平均降水量 7.9mm ①秋季植树 ②继续灌冻水，上冻之前灌完 ③对不耐寒的树木做好防寒工作，时间不宜过早 ④给园林树木深翻施基肥
10月份 （寒露、霜降）	平均气温 12.8℃，平均降水量 21.1mm；气温下降，树木开始相继休眠 ①耐寒力较强的乡土树种秋季栽植 ②收集落叶积肥 ③本月下旬开始灌冻水 ④防治病虫害	12月份 （大雪、冬至）	平均气温 2.8℃，平均降水量 1.6mm ①防寒 ②冬季树木整形修剪 ③消灭越冬害虫 ④继续积肥 ⑤加强机具维修和养护 ⑥进行全年工作总结

华东地区代表城市园林树木养护管理工作月历　　　　　　表 10-2

代表城市 月 份	南 京	代表城市 月 份	南 京
1月份	平均气温 1.9℃，平均降水量 31.8mm ①冬植抗寒性强的树木，如遇冰冻天气立即停止，对喜温树种（如樟树，石楠等）可先打树洞 ②深施基肥，大量积肥和沤肥堆肥 ③冬季修剪整形，剪除病虫枝，伤残枝及不需要的枝条，挖掘死树，冬耕 ④做好防寒工作，遇有大雪，对常绿树、古树名木、竹类要组织打雪 ⑤防治越冬害虫 ⑥经常检查巡视防寒措施的完好程度	3月份	平均气温 8.3℃，平均降水量 73.6mm ①"3.12"是植树节，做好宣传和植树工作，挖、运、栽、管及时完成，提高植树成活率 ②对原有树木、果树、花灌木浇水和施肥 ③清除树下杂物、废土及树上的铅丝，铁钉等 ④撤除防寒设施及堆土
2月份	平均气温 3.8℃，平均降水量 53mm ①继续进行一般树木的栽植。本月上旬开始竹类的移植 ②继续进行冬季整形修剪 ③继续进行冬施基肥和冬耕，对春花树木施花前肥，并做好积肥工作 ④继续做好防寒工作 ⑤继续除治越冬害虫	4月份	平均气温 14.7℃，平均降水量 98.3mm ①本月上旬完成落叶树栽植工作，樟树、石楠、法青等以本月发芽时栽植最适宜 ②新植树木立支撑柱 ③对各类树木进行除草、松土、灌水抗旱 ④修剪常绿树绿篱，做好树木的剥芽、除蘖工作 ⑤防治病虫害，对易感染病害的雪松、月季、海棠等每 10 天喷一次波尔多液

代表城市 月份	南 京	代表城市 月份	南 京
5月份	平均气温20℃，平均降水量97.3mm ①对春季开花的灌木（如紫荆，丁香，连翘，金钟花等）进行花后修剪及更新，追施氮肥，中耕除草 ②新植树木夯实，填土，剥芽去蘖 ③灌水抗旱 ④及时采收成熟的枇杷，十大功劳，结香，接骨木的种子 ⑤防治病虫害，做好预测预报工作	9月份	平均气温22.9℃，平均降水量101.3mm ①准备迎国庆，加强中耕除草、整形、修剪工作 ②绿篱的整形修剪工作结束 ③整理园容和绿地 ④防治病虫害，特别是蛀干害虫（如天牛、木蠹蛾） ⑤继续抓好防台风、防暴雨工作，行道树与庭园树木如有吹倒吹斜及时扶正
6月份	平均气温24.5℃，平均降水量145.2mm ①加强行道树的修剪，解决树木与架空线路及建筑物之间的矛盾 ②做好防台、防暴风雨的工作，及时处理危险树木 ③做好抗旱、排涝工作，确保树木花草的成活率和保存率 ④抓紧晴天进行中耕除草和大量追肥，保证树木迅速生长，花灌木花后的修剪；整形、剪除残花 ⑤雷雨季节可对部分树木进行补植或移植 ⑥采收杨梅、腊梅、郁李、梅等种子 ⑦防治病虫害（如袋蛾，刺蛾幼虫和介虫的幼虫）	10月份	平均气温16.9℃，平均降水量44mm ①对新植树木全面检查，确定全年植树成活率 ②樟树、松柏类等常绿树木带土球出圃供绿化栽植 ③采收树木种子 ④防治病虫害
7月份	平均气温28.1℃，平均降水量181.7mm ①本月暴风雨多，暴风雨过后及时处理倒伏树木，凹穴填土夯实，排除积水 ②行道树修剪、剥芽、葡萄修剪副梢 ③新栽树木的抗旱、果树施肥及除草松土 ④防治病虫害，清晨捕捉天牛，杀灭袋蛾、刺蛾	11月份	平均气温10.7℃，平均降水量53.1mm ①进行秋季植树（大多数常绿树及少数的落叶树），掌握好挖、运、栽三个环节，保证栽植成功 ②进行冬季修剪，修去病虫枝、徒长枝、过密枝，结合修剪储备插条 ③冬翻土地，施肥，改良土壤 ④做好防寒工作，对抗寒性差或引进的新品种要进行防寒（如卷干，涂白，搭暖棚，设风障等） ⑤柑桔类施冬肥 ⑥大量收集落叶杂草积肥和沤肥堆肥 ⑦防治病虫害，消灭越冬虫包、虫茧和幼虫
8月份	平均气温27.9℃，平均降水量121.7mm ①继续做好抗旱排涝工作，旱时灌水，涝时及时排除积水，确保树木旺盛生长 ②继续做好防台及防汛工作，及时解决树木与电线和建筑物的矛盾，吹倒吹歪树木及时扶正栽好 ③进行夏季修剪，对徒长枝、过密枝及时修去，增加通风、透光度，四月份未修剪的绿篱、树球本月中下旬修剪 ④挖掉死树，对花灌木及树木进行中耕除草 ⑤继续做好病虫害防治工作	12月份	平均气温4.6℃，平均降水量30.2mm ①除雨、雪、冰冻天气外，大部分落叶树可挖掘栽植 ②继续积肥与沤制肥料 ③对园林树木、果树等冬季施肥，深施，施足 ④冬季树木的整形修剪 ⑤深翻和平整土地，使土壤熟化 ⑥继续做好防寒工作 ⑦加强机具的维修和养护工作 ⑧防除越冬害虫 ⑨做好全年的工作总结，找出经验与问题，以便翌年推广或改正

东北地区代表城市园林树木养护管理工作月历   表 10-3

代表城市 月份	哈 尔 滨	代表城市 月份	哈 尔 滨
1 月份	平均气温 – 19.7℃,平均降水量 4.3mm,露地树木休眠 ①积肥和贮备草炭或泥炭 ②对园林树木进行巡视,管护,检查防寒设施情况 ③组织冬训:举办各类园林绿化学习班,提高职工技术管理水平	7 月份	平均气温 22.7℃,平均降水量 176.5mm,雨季来临,气温最高 ①对一些树木进行造型修剪(如榆树) ②中耕除草 ③防治病虫害,特别是杨树的腐烂病 ④调查春季栽植树木的成活率
2 月份	平均气温 – 15.4℃,平均降水量 3.9mm ①进行松类冻坨移植 ②冬季修剪进行树冠更新,如柳树,糖槭 ③继续积肥 ④检修机具	8 月份	平均气温 21.4℃,平均降水量 107mm ①加强雨季的排水,防止水涝 ②对树木进行整形修剪,并修剪绿篱 ③调查春植树木的保存率 ④挖掘枯死树木 ⑤防治病虫害 ⑥加强树木的后期管理,及时中耕除草,保证树木正常生长
3 月份	平均气温 – 5.1℃,平均降水量 12.5mm ①做好春季植树的准备工作 ②继续进行冬季树木的修剪 ③继续积肥	9 月份	平均气温 14.3℃,平均降水量 27.7mm,此月气温下降,温度变化大 ①为迎接国庆,整理园容和绿地,对主干道上的行道树进行涂白 ②修剪树木,修去枯干枝,病虫枝,挖除枯死树木 ③中耕除草 ④防治病虫害 ⑤做好秋季植树的准备工作
4 月份	平均 6.1℃,平均降水量 25.3mm,树木萌芽,连翘类开花 ①土壤解冻至 40~50cm 时,进行春季植树,做到"挖、运、栽、浇、管"五及时 ②撤除防寒设施 ③进行春灌和施肥,保证树木的萌发生长 ④为迎接"五·一",于 4 月下旬进行树木涂白 ⑤对新植树木设置护树架	10 月份	平均气温 5.9℃,平均降水量 26.6mm ①本月中下旬开始秋季植树 ②对近 1~2 年栽植的树木进行灌冻水 ③收集杂草、落叶积肥,沤肥堆肥 ④对园林树木做好防寒的准备工作
5 月份	平均气温 14.3℃,平均降水量 33.8mm ①对新植树木或树冠更新的树木及时抹芽和除蘖 ②灌水抗旱,进行追肥 ③5 月初对树木进行洗冠除尘 ④中耕除草 ⑤防治病虫害 ⑥铺草坪	11 月份	平均气温 – 5.8℃,平均降水量 16.8mm ①封冻之前结束树木栽植工作 ②灌冻水 ③防寒,对不耐寒树种及引进的珍贵树种缠草绳(卷干)防寒 ④做好冻坨移植的准备工作,在土壤封冻前挖好坑,并准备好暖土
6 月份	平均气温 20℃,平均降水量 77.7mm ①修剪树木,将病虫枝、枯枝、内膛过密枝进行疏剪 ②对园林树木进行灌溉与施肥 ③松土除草 ④防治病虫害 ⑤铺设草坪,栽植五色草(上旬最宜)	12 月份	平均气温 – 15.5℃,平均降水量 5.7mm ①冻坨移植树木 ②砍伐枯死树木 ③继续积肥

228

第二节　灌　溉　与　排　水

植物体在整个生命过程中都不能离开水分。水分是植物的基本组成部分，植物体重量的 40%～80% 是由水分组成的，如树叶的含水量约占 80%，嫩梢的含水量约占 60%～80%，树干内占 40%，休眠芽内占 40%。树木体内的一切生命活动都是在水的参与下进行的，如光合作用，呼吸作用，蒸腾作用，矿质营养的吸收、运转和合成等等。水能维持细胞膨压，使枝条伸直，叶片展开，冠幕浓密，花朵丰满、挺立、鲜艳，使树木充分发挥其观赏效果和绿化功能。同时，水也是平衡树木温度的不可替代的重要因子。大气干燥，水分不足时，会使光合作用效率降低，花芽的形成量减少。当土壤内水分含量达 10%～15%，地上部分停止生长；当土壤内含水量低于 7% 时，根系停止生长。但土壤中水分过多，空气含量减少，根系呼吸作用微弱，减弱根系的吸收机能，进而影响到树木的运转与合成。严重缺氧时，根系进行无氧呼吸，引起死亡。俗话说"水多是命，水少是病"则是这个道理。

一、树木灌水与排水的原则

（一）不同的气候和不同时期对灌水和排水的要求有所不同

现以北京为例说明这个问题。

4～6 月份是干旱季节，雨水较少，也是树木发育的旺盛时期，需水量较大，在这个时期一般都需要灌水。在江南地区因有梅雨季节，在此期不宜多灌水。对于某些花灌木如梅花、碧桃等于 6 月底以后形成花芽，所以在 6 月份短时间扣水，借以促进花芽的形成。

7～8 月份为北京地区的雨季，本期降水较多，空气湿度大，故不需要多灌水，遇雨水过多时还应注意排水。但在遇大旱之年，在此期也应灌水。

9～10 月份是北京的秋季，在秋季应该使树木组织生长更充实，充分木质化，增强抗性，准备越冬。因此在一般情况下，不应再灌水，以免引起徒长。但如过于干旱，也可适量灌水，特别是对新栽的苗木和名贵树种及重点布置区的树木，以避免树木因为过于缺水而萎蔫。

11～12 月份树木已经停止生长，为了使树木很好越冬，不会因为冬春干旱而受害，所以于此期在北京应灌封冻水，特别是在华北地区越冬尚有一定困难的边缘树种一定要灌封冻水。

（二）树种不同、栽植年限不同则灌水和排水的要求也不同

各种树木对水分的需要是不同的。俗话说"旱不死的腊梅，淹不死的柑桔"。一般阴性植物要求较高的空气湿度和土壤湿度，热带植物长期生活在多雨的条件，形成了对空气和土壤中的水分要求较高的特性。阳性植物对水分要求相应较少。有些树木则很耐旱，如国槐、刺槐、侧柏、柽柳等。有些则耐水淹，如杨、柳。

观花树种，特别是花灌木的灌水量和灌水次数均比一般的树种要多。对于樟子松、锦鸡儿等耐干旱的树种则灌水量和次数均少。而对于水曲柳、枫杨、垂柳、赤杨、水松、水杉等喜欢湿润土壤的树种，则应注意灌水。

值得注意的是，耐干旱的不一定常干，喜湿者也不一定常湿，应根据四季气候不同，注意经常相应变更。同时对于不同树种相反方面的抗性情况也应掌握，如最抗旱的紫穗槐，其耐水力也很强，而刺槐同样耐旱，但却不耐水湿。总之，应根据树种的习性而浇水。

不同栽植年限灌水次数也不同。

新栽植的树木一定要灌 3 次水，方可保证成活。新植乔木需要连续灌水 3~5 年，灌木最少 5 年。对于新栽常绿树，尤其常绿阔叶树，常常在早晨向树上喷水，有利于树木成活。对于一般定植多年，正常生长开花的树木，除非遇上大旱，树木表现迫切需水时才灌水，一般情况则根据条件而定。

从排水角度来看，也要根据树木的生态习性，忍耐水涝的能力决定。如玉兰、梅花、梧桐在北方均为名贵树种中耐水力最弱的，若遇水涝淹没地表，必须尽快排出积水。对于柽柳、榔榆、垂柳、旱柳等，均系能耐 3 个月以上深水淹浸，短时期内不排水也问题不大。

（三）根据不同的土壤情况进行灌水和排水

灌水和排水应根据土壤种类、质地、结构以及肥力等而有所区别。盐碱地，就要"明水大浇"、"灌榜结合"，最好用河水灌溉。沙地容易漏水，保水力差，灌水次数应当增加，亦可小水勤浇，并施有机肥增加保水保肥性。低洼地也要"小水勤浇"，注意不要积水，并应注意排水防碱。较粘重的土壤保水力强，灌水次数和灌水量应当减少，并施入有机肥和河沙，增加通透性。

（四）灌水应与施肥、土壤管理等相结合

在全年的栽培养护工作中，灌水应与其他技术措施密切结合，以便在互相影响下更好地发挥每个措施的积极作用。例如，灌溉与施肥，做到"水肥结合"是十分重要的，特别是施化肥的前后，应该浇透水，既可避免肥力过大，影响根系吸收，又可满足树木对水分的正常要求。如有的地方栽植茉莉等采取"三道水"的方法，即施肥前先浇一次水，施肥后次日上午 10 点左右浇一次大水，施肥后第三天又浇一次水，这样不仅可以使肥效充分发挥，而且也满足了植物对水分的正常要求。又如河南鄢陵花农用的"矾肥水"，就是水肥结合的措施，并有防治缺绿病和地下虫害之效。

此外，灌水应与中耕除草、培土、覆盖等土壤管理措施相结合。因为灌水和保墒是一个问题的两个方面，保墒做得好可以减少土壤水分的消耗，满足树木对水分的要求。在树木生长季节要做到"有草必锄，雨后必锄，灌水后必锄"。山东菏泽花农栽培牡丹采用"湿地锄干，干地锄湿"和"春锄深一犁，夏锄刮破皮"等方法，从而保证了牡丹的正常生长发育，减少了旱涝灾害的不良影响。

二、树木的灌水

（一）灌水的时期

灌水时期由树木在一年中各个物候期对水分的要求，气候特点和土壤水分的变化规律等决定，除定植时要浇大量的定根水外，大体上可以分为休眠期灌水和生长期灌水两种。

1. 休眠期灌水

秋冬和早春进行。我国的东北、西北、华北等地降水量较小，冬春又严寒干旱，因此休眠期灌水非常必要。秋末或冬初的灌水（北京为 11 月上、中旬）一般称为灌"冻水"，冬季结冻，放出潜热有提高树木越冬能力，并可防止早春干旱，故在北方地区，这次灌水是不可缺少的；对于边缘树种，越冬困难的树种，以及幼年树木等，浇冻水更为必要。

早春灌水，不但有利于新梢和叶片的生长，并且有利于开花与坐果。早春灌水促使树木健壮生长，是花繁果茂的一个关键。

2. 生长期灌水

分为花前灌水；花后灌水；花芽分化期灌水。

(1) 花前灌水：可在萌芽后结合花前追肥进行，具体时间要因地、因树种而异。

(2) 花后灌水：多数树木在花谢后半个月左右是新梢迅速生长期，如果水分不足，则抑制新梢生长。果树此时如缺水则易引起大量落果。入夏后是树木生长旺盛期，大量的干物质在此时形成，更应勤灌溉。

(3) 花芽分化期灌水：树木一般是在新梢生长缓慢或停止生长时，花芽开始形态分化。此时也是果实迅速生长期，都需要较多的水分和养分，若水分不足，则影响果实生长和花芽分化。因此，在新梢停止生长前及时而适量的灌水，可促进春梢生长而抑制秋梢生长，有利花芽分化及果实发育。

(二) 灌水量

灌水量与树种、品种、砧木以及不同的土质、气候条件、植株大小、生长状况等有关。耐旱树种灌水量要少些，如松类；不耐旱的树种灌水量要多，如水杉、马挂木、柏类等。在盐碱土地区，灌水量每次不宜过多，灌水浸润土壤深度不要与地下水位相接，以防返碱和返盐。土壤质地轻，保水保肥力差的地，也不宜大水灌溉，否则会造成土壤中的营养物质随重力水淋失，使土壤逐渐贫脊。在有条件灌溉时，即应灌足，切忌表土打湿而底土仍然干燥。一般已达花龄的乔木，大多应浇水令其渗透到80～100cm深处。适宜的灌水量一般以达到土壤最大持水量的60%～80%为标准。

(三) 生产中常用的灌水方法和质量要求

1. 灌水年限

树木定植以后，一般乔木需连续灌水3～5年，灌木最少5年。土质不好之处或树木因缺水而生长不良，以及干旱年份，则应延长灌水年限，直到树木根深不灌水也能正常生长为止。

2. 灌水的顺序

抗旱灌水虽受设备及工力条件的限制，但必须掌握新栽的树木、小苗、灌木、阔叶树要优先灌水。长期定植的树木、大树、针叶树可后灌。因为新植树木、小苗、灌木的树根较浅，抗旱能力较差，阔叶树蒸发量大，其需水多，所以要优先。

3. 一年中灌水次数

一般年份全年灌水六次，时间安排在3、4、5、6、9、11月各一次。气候干旱的年份以及土质不好或因缺水树木生长不良者应增加灌水次数。

4. 单株灌水量

每次每株树的最低灌水量：乔木不得少于90kg，灌木不得少于60kg。

5. 常用水源

有自来水、井水（土井、机井、压水机等）、河、湖、池塘水以及工业及生活废水。河水、井水和池塘水含有一定数量的有机物质，是较好的灌溉用水。为了节约用水可用工业生产和人民生活中排放的污水作灌溉用，但是，用前必须经过化验，确实不含有害有毒物质的水才能用，否则不能作灌溉用水。

6. 常用的引水方式

人工担水或水车运水；胶管引水；渠道引水；自动化管道等。

7. 灌水方式

（1）单堰灌溉：每棵树开一个单堰，适用于株行距较远、地势不平坦、人流较多的行道树、绿地等处。此法可以保证每棵树都能均匀地灌足水。

（2）畦灌（连片堰）：几棵树连片开大堰灌水的方法。适用于株行距较密、地势平坦、水源充足、人流较少的地方。畦灌水量足，但必须保证堰内地势平坦，否则水量不均匀。

（3）喷灌：即用水管引水进行人工降雨。

（4）滴灌：用水管引水到树根部，用自动定时装置控制水量和时间，保证水分定时地一滴滴地滴入树根，这是一种正在推广中的较合理的灌水方式。

8. 质量要求

（1）灌水堰应开在树冠投影的垂直线下，不要开得太深以免伤根。堰壁培土要结实以免伤根及被水冲坏，堰底地面要平坦，保证吃水均匀。

（2）水量足，灌的匀是最基本的质量要求，若发现漏水现象应及时用土填严，再进行补灌。

（3）水渗透后及时封堰中耕，通过中耕、封堰可以切断土壤的毛细管，否则水分很快蒸发。

（4）夏季早晚进行灌溉，冬季可于中午前后进行。

三、排水

排水是防涝保树的主要措施。土壤水分过多，氧气不足，抑制根系呼吸，减退吸收机能，严重缺氧时，根系进行无氧呼吸，容易积累酒精使蛋白质凝固，引起根系死亡。特别是对耐水力差的树种更应及时排水。

排水的方法主要有以下几种：

（1）地表径流：将地面整成一定的坡度，保证雨水能从地面顺畅地流到河、湖、下水道而排走。这是绿地最常用的排涝方法，既节省费用又不留痕迹。地面坡度一般掌握在0.1%～0.3%，不要留下坑洼死角。

（2）明沟排水：在地表挖明沟将低洼处的积水引到出水处。此法适用于大雨后抢排积水；或地势高低不平不易实现地表径流的绿地。明沟宽窄视水情而定，沟底坡度一般以0.2%～0.5%为宜。

（3）暗沟排水：在地下埋设管道或砌筑暗沟将低洼处的积水引出，此法可保持地势整齐便利交通，节约用地，唯造价较高。

第三节 施 肥

一、施肥的作用

树木定植后，在栽植地点生长多年甚至上千年，主要靠根系从土壤中吸收水分与无机养料，以供正常生长的需要。由于树根所能伸及范围内，土壤中所含的营养元素（如氮、磷、钾以及一些微量元素）是有限的，吸收时间长了，土壤的养分就会减低，不能满足树木继续生长的需要。若不能及时得到补充，势必造成树木营养不良，影响正常生长发育，甚至衰弱死亡。以北京城区行道树而言，多植于贫瘠的城市渣土上，土壤理化性状不良；人流量大造成土壤密实；街道路面铺装阻碍透气透水；地下构筑物使根系的生存空间窄小；树木落叶常被清除不能回归土壤而使其营养循环中断。以致多数行道树长期处于生长不良状态，部分行道树有明显缺素症状，寿命缩短、焦叶、枯枝、死亡等现象相继出现。所以，栽培树木在定植后的一生中，都要不断给予养分的补充，提高土壤肥力，以满足其生活的需要。这种人工补充养分或提高土壤肥力，以满足植物生活需要的措施，称为"施肥"。通过施肥主要解决三个问题。

（1）供给树木生长所必需的养分。

（2）改良土壤性质，特别是施用有机肥料，可以提高土壤温度，改善土壤结构，使土壤疏松并提高透水、通气和保水性能，有利于树木根系生长。

（3）为土壤微生物的繁殖与活动创造有利条件，进而促进肥料分解，改善土壤的化学反应，使土壤盐类成为可吸收状态，有利树木生长。

二、合理施肥的原则

（一）掌握树木在不同物候期内需肥的特性

一年内树木要历经不同的物候期，如根系活动，萌芽，抽梢长叶，开花结果，落叶休眠等。每个物候期来临时，这个物候期就是树木当时的生长中心。树体内营养物质的分配，也是以当时的生长中心为重心的。因此在每个物候期即将到来之前，及时施入当时生长所需要的营养元素，才能使树木正常地进行生长发育。早春和秋末是根系的生长盛期，需要吸收一定数量的磷素，根系才能强大，伸入深层土壤。抽枝发叶期，细胞分裂迅速，叶量很快增加，树木体量不断扩大。此时需要从土壤中吸收多量的氮素肥料，建造细胞和组织。花芽分化时期，如氮肥过多，枝叶旺长促使叶芽形成。此时应施以磷为主的肥料，创造花芽分化形成的条件，为开花打基础。开花期与结果期，需要吸收多量的磷、钾肥，植物才能开花鲜艳夺目，果实充分发育。同一种肥料，因施用时期与树木年生育节奏和养料分配中心不一致时，则有不同的反映。在养分以开花坐果期为分配中心时，即使大量地超过常规施肥的水平，施入氮肥量，仍能提高开花坐果的效果。但施氮肥期晚于这个分配中心时，即使少量施入，也会加剧生理落果。这就证明了适期施肥的重要性。

乔灌木根系在较低的土壤温度时即开始活动，要求的温度比地上部分低。早春，在地上部分萌发之前，根系已进入生长期，因此早春施肥应在根系开始生长之前进行，才能赶上树木此时的营养物质分配中心，使根系向深、广发展。故冬季施有机基肥，对根系的生长极为有利。早春施速效性肥料时，不应过早施用，以免肥分在树木根吸收利用之前流失。

（二）掌握树木需肥期因树种而不同

园林绿地栽植的树木种类很多，它们对营养元素的种类要求和施用时期各不相同。行道树、庭荫树等，为了使它们春季迅速抽梢发叶，增大体量，在冬季落叶后至春季萌芽前，施用堆肥、厩肥等有机肥料，使其冬季熟化，分解成可吸收利用的状态，供春季树木生长时利用，对于高生长属于前期生长类型的树木，如油松、黑松、银杏等特别重要。全期生长型的树木，枝条的生长在整个生长季节内持续进行，如榆树、雪松、刺槐、悬铃木等，休眠期施基肥，对春季枝叶萌发生长有良好的影响，但如春季施肥不足，生长期内还可用追肥形式继续促进高生长量，在一定程度上可弥补春肥不足造成的影响。由此可知，休眠期施用基肥对树木生长有良好的影响，特别是对前期生长型树木的生长有更为重要作用。

早春开花的乔灌木，如碧桃、海棠、迎春、连翘等，休眠期施肥，对花芽的萌发，花朵绽开，无疑有重要的作用。花后是枝叶生长盛期，及时施入以氮为主的肥料，可促使花灌木枝叶形成，为开花结果打下基础。在枝叶生长缓慢，花芽形成期，则改施以磷为主的肥料。也就是说观花植物，应施花前和花后肥，可收到事半功倍的效果。

一年中可多次抽梢、多次开花的灌木，如紫薇、木槿、月季等，每次开花后及时补充因抽梢、开花而消耗的养料，才能使树木长期保持不断抽枝和开花，避免因消耗太大而早衰。这类树木一年内应多次施肥。花后立即施入含氮、磷为主的肥料，既促枝叶，又促花芽形成和开花。如只施氮肥，则枝叶茂密，梢顶不易开花。

（三）掌握肥料的性质

肥料的性质不同，施肥的时期也不同，易流失和易挥发的速效性或施后易被土壤固定的肥料，如碳酸氢铵、过磷酸钙等宜在树木需肥前施入；迟效性肥料如有机肥料，因需腐烂分解矿质化后才能被树木吸收利用，故应提前施用。同一肥料因施用时期不同而效果不一样。氮肥能促进细胞分裂和延长，促枝叶快长，并利于叶绿素的形成，使树木青翠挺拔。故氮肥或含氮为主的肥料，应在春季树木发叶、长梢、扩大树冠之际大量施入，取得枝繁叶茂的效果。秋季为了使树木能按时结束生长，准备越冬，应及早停施氮肥，加施磷钾肥。

树木的根系和花果的生长，要求吸收较多的磷素肥料，在早春根系活动时和春夏之交，树木由营养生长转向生殖生长阶段多施入磷肥与钾肥，保证根系、花果的正常生长和增加开花量。同时磷、钾肥能增强枝干的坚实度，提高抗寒抗病的能力。在树木生长后期多施磷钾肥，利于树木越冬。

三、施肥

（一）土壤施肥

将肥料施在土壤中，由根系吸收利用，称为土壤施肥。施肥深度由根系分布层的深浅而定，根系分布的深浅因树种而异。一般土壤施肥深度应在 20～50cm 左右。施肥的深度与范围还应随树木的年龄增加而加深和扩大。另外肥料种类也与施肥深度有关，如氮素在土壤中移动性较强，在浅层施肥时，可随灌溉或雨水渗入深层，易被土壤吸附固定。而移动困难的磷、钾元素，应施在吸收根分布层内，供根系吸收利用，减少土壤的吸附，充分发挥肥效。

基肥一般采用迟效性的有机肥，需较长时期的腐熟分解，并要求一定的土壤湿度，应深施。追肥一般以速效性化肥为主，易流失，宜浅施。

施基肥的常用方法有：

（1）环状沟施肥法：秋冬季树木休眠期，在树冠投影图的外缘，挖 30～40cm 宽的环状沟，沟深依树种、树龄、根系分布深度及土壤质地而定。一般沟深 20～50cm。将肥料均匀撒在沟内，然后填土平沟。此法施肥的优点是，肥料与树木的吸收根接近，易被根系吸收利用。缺点是受肥面积小，挖沟时损伤部分根系。

（2）放射状沟施肥法：以树干为中心，向外挖 4～6 条渐远渐深的沟，沟长稍超出树冠正投影线外缘，将肥料施入沟内覆土踏实。这种方法伤根少，树冠投影圈内的内膛根也能着肥。

(3) 穴施：在树冠正投影线的外缘，挖掘单个的洞穴，将肥施入后上面覆土踏实与地面平。此法操作简便省工。

（二）追肥

在树木生长季节，根据需要施加速效肥料，促使树木生长的措施，称施追肥。在施肥时，将肥料配成溶液状喷洒在树木的枝叶上，营养元素由气孔和皮孔进入植株，供树木利用的方法称为根外追肥。园林树木施追肥，因卫生及观瞻的原因，一般都用化肥或菌肥，不用粪稀等有机肥。施追肥可以采用以下二种方法。

1．根施法

按规定的施肥量用穴施法把肥料埋于地表下 10cm 处，或结合灌水将肥料施于灌水堰内，由树根吸收利用。北京市园林科研所研制的棒状被膜长效树肥在城区行道树及花灌木上得到广泛应用，改善行道树和花灌木生长状况效果明显。

2．根外施肥

按规定的稀释比例，将肥料兑水稀释后用喷雾器喷施于树叶上，由地上部分直接吸收利用，也可以结合除虫打药混合喷施。

四、施肥的注意事项

1．有机肥料要充分发酵、腐熟；化肥必须完全粉碎成粉状。

2．施肥后（尤其是追肥）必须及时适量灌水，使肥料渗透，否则土壤溶液浓度过大对树根不利。

3．根外追肥最好于傍晚喷施，以免气温高，溶液很快浓缩，影响追肥效果或导致药害。

第四节 整形与修剪

一、整形修剪的目的和作用

（一）整形修剪的概念

修剪有广义和狭义之分。狭义的修剪是指对树木的某些器官（枝、叶、花、果等），加以疏删短截，以达到调节生长、开花结实的目的。广义修剪包括整形，所谓"整形"是指用剪、锯、捆绑、扎等手段，使树木长成栽培者所希望的特定形状。二者合称"整形修剪"。

（二）整形修剪的目的和作用

1．美化树形

一般说来，自然树形是美的，但因环境和人为的影响，使树形遭到破坏，如上有架空线，下有人流车辆等情况，必须将行道树修成适合的树形。从园林景点需要来说，单纯自然树形是不能满足要求的，必须通过人工整形修剪，使树木在自然美的基础上，创造出人为干预后的自然与艺术揉为一体的美。如现代园林中规则式建筑物前的绿化，就要有艺术美和自然美树形来烘托，也就是说将树木整修成规则式或不规则的特种型体，才能使建筑物线条美进一步发挥出来，达到"曲尽画意"的境界。

从树冠结构来说，经过人工整形修剪的树木，各级枝序、分布和排列会更科学、更合理。使各层的主枝在主干上分布有序，错落有致，各占一定方位和空间，互不干扰，层次分明，主从关系明确，结构合理，树形美观。

2. 协调比例

在园林中放任生长的树木往往树冠庞大，在园林景点中，园林树木有时起着陪衬作用，不需要过于高大，以便和某些景点或建筑物相互烘托，相互协调，或形成强烈的对比，这必须通过合理的整形修剪加以控制，及时调节其与环境的比例，保持它在景观中应有的位置。在建筑物窗前绿化布置，既要美观大方，还要有利于采光，因此常配置灌木或球型树。与假山配植的树木常用整形修剪方法，控制树木的高度，使其以小见大，衬托山体的高大。

从树木本身来说，树冠占整个树体的比例是否得体，直接影响树形观赏效果。因此合理的整形修剪，可以协调冠高比例，确保观赏需要。

3. 调节矛盾

在城市中由于市政建筑设施复杂，常与树木发生矛盾。尤其行道树，上有架空线，下有管道电缆线，地面有人流车辆等问题，使树枝上不挂电线，下不妨碍交通人流，主要靠修剪来解决。

4. 调整树势

园林树木在生长过程中因环境不同，生长情况各异。生长在片林中的树木，由于接受上方光照，因此向高处生长，使主干高大，侧枝短小，树冠瘦长；相反孤植树木，同样树龄同一种树木，则树冠庞大，主干相对低矮，为了避免以上情况，可用人工修剪来控制。当然树木在地上部分的长势还受根系在土壤中吸收水分、养分多少的影响。利用修剪可以剪掉地上部不需要的枝条，使之养分、水分供应更集中，有利于留下的枝条及芽的生长。

通过修剪可以促局部生长。由于枝条位置各异，枝条生长有强有弱，往往造成偏冠，极易倒伏，因此要及早修剪改变强枝先端方向，开张角度，使强枝处于平缓状态，以减弱生长或去强留弱。但修剪量不能过大，防止削弱树势。具体是"促"还是"抑"要因树而异，要因修剪方法、时期、树龄等而异，即可促使衰弱部分壮起来，也可使过旺部分弱下来。

对于有潜芽寿命长的衰老树适当重剪，结合施肥浇水可使之更新复壮。

5. 增加开花结果量

正确修剪可使树体养分集中，使新梢生长充实，促进大部分短枝和辅养枝成为花果枝，形成较多的花芽，从而达到花开满树、果实满膛之目的。由于目前部分园林不善于修剪，使开花部位上移，外移，内膛空虚，花量大减。通过修剪可以调整营养枝和花果枝的比例，促其提早开花结果，同时克服大小年现象，提高观赏效果。

6. 改善透光条件

自然生长的树木或修剪不当的树木，往往枝条密生，树冠郁闭，内膛枝细弱老化，促使冠内相对湿度大大增加，为喜湿润环境的病虫害（蚜虫、介壳虫等）繁殖蔓延提供了条件。通过修剪、疏枝，使树冠内通风透光，即可大大减少病虫害的发生。

二、整形修剪的原则

在对树木进行整形修剪时，应根据下述原则进行工作。

（一）根据园林绿化对该树木的要求

不同的绿化目的各有其特殊的整剪要求，而不同的整形修剪措施会造成不同的后果。因此，首先应明确该树木在园林绿化中的目的要求。例如，同是一种桧柏，它在草坪上孤植作观赏与作绿篱，就有完全不同的整形修剪要求，因而具体的整剪方法也就不同。

（二）根据树种的生长发育习性

1. 树种的生长发育和开花习性

不同树种的生长习性有很大差异，必须采用不同的修剪整形措施。例如呈尖塔形、圆锥形树冠的乔木，如钻天杨、毛白杨、银杏等，顶芽的生长势强，形成明显的主干与主侧枝的从属关系，对这一类习性的树种就应采用保留中央领导干的整形方式，而成圆柱形、圆锥形等。对于一些顶端生长势不太强，但发枝力却很强、易于形成丛状树冠的，例如桂花、栀子、榆叶梅、毛樱桃等，可修剪整形成圆球形、半球形等形状。对一些喜光树种，如梅、桃、樱、李等，如果为了多结实，就可采用自然开心形的整形修剪方式。而像龙爪槐等具有曲垂而开展习性的，则应采用盘扎主枝为水平圆盘状的方式，以便使树冠呈开张的伞形。

各种树木所具有的萌芽发枝力的大小和愈伤能力的强弱，对整剪的耐力有着很大的关系。具有很强萌芽发枝能力的树种，大都能耐多次的修剪，例如悬铃木、大叶黄杨、女贞等。萌芽发枝力弱或愈伤能力弱的树种，如梧桐、桂花、玉兰、枸骨等，则应少行修剪或只行轻度修剪。

在园林中经常要运用剪、整技术来调节各部位枝条的生长状况以保持均整的树冠，这就必须根据植株上主枝和侧枝的生长关系来进行。按照树木枝条间的生长规律而言，在同一植株上，主枝愈粗壮则其上的新梢就愈多，新梢多则叶面积大，制造有机养分及吸收无机养分的能力亦愈强，因而使该主枝生长粗壮；反之，同树上的弱主枝则因新梢少、营养条件差而生长逐渐衰弱。所以欲借修剪措施来使各主枝间的生长势近于平衡时，则应对强主枝加以抑制，使养分转至弱主枝方面来。故整剪的原则是"对强主枝强剪（即留得短些），对弱主枝弱剪（即留得长些）"，这样就可获得调节生长，使之逐渐平衡的效果。对欲调节侧枝的生长势而言，应掌握的原则是"对强侧枝弱剪，对弱侧枝强剪"。这是由于侧枝是开花结实的基础，侧枝如生长过强或过弱时，均不易转变为花枝，所以对强者弱剪可产生适当的抑制生长作用而集中养分使之有利于花芽的分化，而花果的生长发育亦对强侧枝的生长产生抑制作用。对弱侧枝行强剪，则可使养分高度集中，并借顶端优势的刺激而发生出强壮的枝条，从而获得调节侧枝生长的效果。

树种的花芽着生和开花习性有很大差异，有的是先开花后生叶，有的是先发叶后开花；有的是单纯的花芽，有的是混合芽；有的花芽着生于枝的中部或下部，有的着生于枝梢，这些千变万化的差异均是在进行修剪时应予考虑的因素，否则很可能造成较大损失。

2. 植株的年龄时期

植株处于幼年期时，由于具有旺盛的生长势，所以不宜行强度修剪，否则会使枝条不能及时在秋季成熟，因而降低抗寒力，也会造成延迟开花年龄的后果。所以对幼龄小树除特殊需要外，只宜弱剪，不宜强剪。成年期树木正处于旺盛开花结实阶段，此期树木具有完整优美的树冠，修剪整形目的在于保持植株的健壮完美，使开花结实活动能长期保持繁茂和丰产、稳产，同时还应配合其他管理措施综合运用各种修剪方法以达到调节均衡的目的。衰老期树木，因其生长势衰弱，每年的生长量小于死亡量，处于向心生长更新阶段，所以修剪时应以强剪为主以刺激其恢复生长势,并应善于利用徒长枝来达到更新复壮的目的。

（三）根据树木生长地点的环境条件特点

由于树木的生长发育与环境条件间具有密切关系,因此即使具有相同的园林绿化目的要求,但由于条件的不同,在进行具体整形修剪时也会有所不同。例如同是一株独植的乔木,在土地肥沃处以整剪成自然式为佳,而在土壤瘠薄或地下水位较高处则应适当降低分枝点,使主枝在较低处即开始构成树冠;而在多风处,主干也宜降低高度,并应使树冠适当稀疏才妥。

三、整形修剪的时期与方法

（一）整形修剪的时期

对园林树木的整形修剪工作,随时都可进行,如抹芽、摘心、除蘖、剪枝等。有些树木因伤流等原因,要求在伤流最少的时期内进行,绝大多数树木以冬季和夏季整形修剪为最好。

1. 冬季修剪（休眠期修剪）

落叶树从落叶开始至春季萌发前修剪称为冬季修剪或休眠期修剪。这段时期内树木生长停滞,树体内养料大部分回归根部,修剪后营养损失最少。且修剪的伤口不易被细菌感染腐烂,对树木生长影响较小。大部分树木及多量的修剪工作在此时间内进行。

冬季修剪对观赏树种树冠的构成,枝梢的生长,花果枝的形成等有重要影响,因此进行修剪时要考虑到树龄。通常对幼树的修剪以整形为主。对于观叶树以控制侧枝生长、促进主枝生长为目的。对花果树则着重于培养构成树形的主干、主枝等骨干枝,以早日成形,提前观花观果。

冬季严寒的北方地区,修剪后伤口易受冻害,早春修剪为宜,但不应过晚。早春修剪应在树木根系旺盛活动之前,营养物质尚未由根部向上输送时进行,可减少养分的损失,对花芽、叶芽的萌发影响不大。

有伤流现象的树种,如核桃、槭类、四照花、桦木、葡萄等,在萌发后有伤流发生,应在春季伤流期前修剪。伤流使树木体内的养分与水分流失过多,造成树势衰弱,甚至枝条枯死。核桃在落叶后11月中开始发生伤流,可在果实采收后,叶片黄之前进行为宜。

2. 夏季修剪（生长期修剪）

夏季修剪在生长季节进行,故也称为生长期修剪。生长期修剪,要剪去大量枝叶,对树木,尤其对花果树的外形有一定影响,故宜尽量从轻。对于发枝力强的树,如在冬剪基础上培养直立主干,就必须对主干顶端剪口附近的大量新梢进行短截,目的是控制它们生长,调整并辅助主干长势和方向。花果树及行道树的修剪,主要控制竞争枝、内膛枝、直立枝、徒长枝的发生和长势,以集中营养供主要骨干枝的旺盛生长之需。而绿篱的夏季修剪,主要保持整齐美观,同时剪下的嫩枝可作插穗。

（二）修剪方法

修剪的方法归纳起来基本是截、疏、伤、变、除蘖等,可根据修剪的目的灵活采用。

1. 截

又称短截,即把一年生枝条的一部分剪去。其主要目的是刺激侧芽萌发,抽发新梢,增加枝条数量,多发叶多开花。短剪程度影响到枝条的生长,短剪程度越重,对单枝的生长量刺激越大。根据短剪的程度可分为以下几种:

（1）轻短截：轻剪枝条的顶梢（剪去枝条全长 1/5～1/4），主要用于花果类树木强壮枝修剪。去掉枝梢顶梢后刺激其下部多数半饱满芽的萌发，分散了枝条的养分，促进产生多量中短枝，易形成花芽。

（2）中短截：剪到枝条中部或中上部饱满芽处（剪枝条长 1/3～1/2）。由于剪口芽强健壮实，相对养分集中，刺激多发营养枝。主要用于某些弱枝复壮以及各种树木培养骨干枝和延长枝。

（3）重短截：剪到枝条下部半饱满芽处，由于剪掉枝条大部分（剪枝条全长 2/3～3/4），刺激作用大。主要用于弱树、老树、老弱枝的复壮更新。

（4）极重短截：在春梢基部留 1～2 个瘪芽，其余剪去，以后萌 1～3 个短、中枝。园林中紫薇常采用此方法。

（5）回缩：又称缩剪。将多年生枝条剪去一部分，称为回缩。因树木多年生长，离枝顶远，基部易成光腿，为降低顶端优势位置，促多年生基部更新复壮，常采用回缩修剪方法。

2. 疏

又称疏剪或疏删。将枝条自分生处（枝条基部）剪去。疏剪可调节枝条均匀分布，加大空间，改善通风透光条件，有利于树冠内部枝条生长发育，有利于花芽分化。疏剪的对象主要是病虫枝、伤残枝，内膛密生枝、干枯枝、并生枝、过密的交叉枝、衰弱的下垂枝等（图 10-1）。

疏剪强度可分为轻疏（疏枝占全树枝条 10%）、中疏（10%～20%）、重疏（20% 以上）。疏剪强度依树种、长势、树龄而定。萌芽力强成枝力弱的或萌芽力成枝力都弱的树种，少疏枝。马尾松、油松、雪松等枝条轮生，每年发枝数有限，尽量不疏枝。萌芽力成枝力强的树种，可多疏，如法桐。幼树宜轻疏，以促进树冠迅速扩大，对于花灌木类则可提早形成花芽开花。成年树生长与开花进入盛期，枝条多，为调节生长与生殖关系，促进年年有花或结果，适当中疏。衰老期树木，发枝力弱，为保持有足够的枝条组成树冠，疏剪时要小心，只能疏去必须要疏除的枝条。

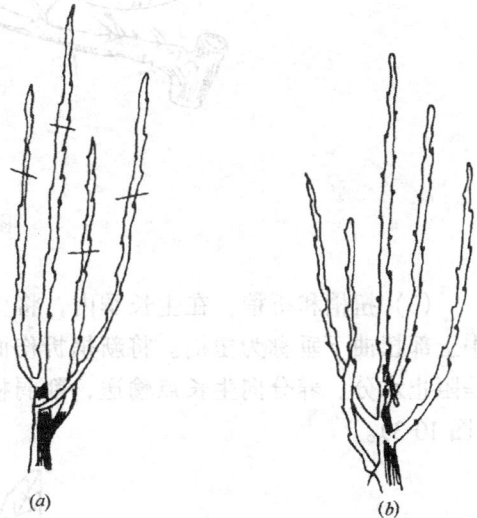

图 10-1　短截与疏剪
(a) 延长枝、发育枝短截；　(b) 强旺密挤枝疏除

疏剪工作贯穿全年，可在休眠期、生长期进行。

3. 伤

用各种方法破伤枝条，以达到缓和树势，削弱受伤枝条的生长势的目的，叫伤，如环割、刻伤、扭梢等。

（1）环状剥皮：在发育盛期对不大开花结果的枝条，用刀在枝干或枝条基部适当部位，剥去一定宽度的环状树皮，在一段时期内可阻止枝梢碳水化合物向下输送，利于环状剥皮上方枝条营养物质的积累和花芽的形成。根系因营养物质减少，受一定影响。环状剥皮深达木质部，剥皮宽度以一月内剥皮伤口能愈合为限。一般为枝粗的 1/10 左右。弱枝不宜剥皮（图 10-2）。

（2）刻伤：用刀在芽的上方横切，深达木质部称为刻伤。在春季树木发芽前，在芽上方刻伤，可暂时阻止部分根系贮存的养料向枝顶回流，使位于刻伤口下方的芽获得较为充足的养分，有利于芽的萌发和抽新枝，刻伤越宽，效果越明显。如果生长盛期在芽的下方刻伤，可阻止碳水化合物向下输送，滞留在伤口芽的附近，同样能起到环状剥皮的效果。

此法在观赏树木修剪中广为应用，如雪松的树冠往往发生偏冠现象，应用刻伤可补充新枝，再如观花观果树的光腿枝，为促下部萌发新枝，也可用刻伤方法（图 10-2）。

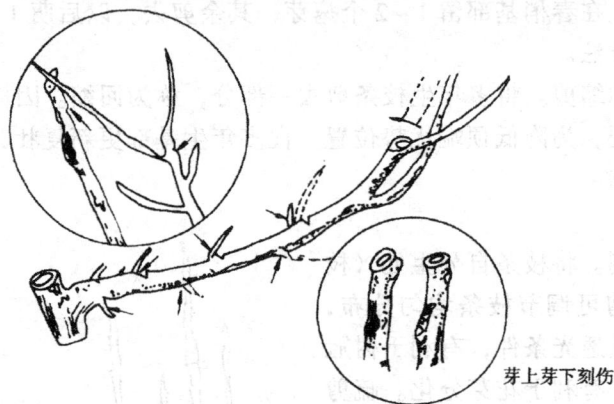

芽上芽下刻伤

图 10-2　刻伤

（3）扭梢和折梢：在生长季内，将生长过旺的枝条，特别是着生在枝背上的旺枝，在中上部扭曲下垂称为扭梢。将新梢折伤而不断则为折梢。扭梢与折梢是伤骨不伤皮，目的是阻止水分、养分向生长点输送，削弱枝条长势，利于短花枝的形成，如碧桃常采用此法（图 10-3）。

图 10-3　扭梢

4. 变

改变枝条生长方向，缓和枝条生长势的方法称为变，如曲枝、拉枝、抬枝等，其目的是改变枝条的生长方向和角度，使顶端优势转位、加强或削弱。将直立生长的背上枝向下曲成拱形时，顶端优势减弱，枝条生长转缓。下垂枝因向地生长，顶端优势弱，枝条生长不良，为了使枝势转旺，抬高枝条，使枝顶向上（图10-4）。

图10-4　曲枝

5. 其他

（1）摘心：在生长季节，随新梢伸长，随时剪去其嫩梢顶尖的技术措施称摘心。具体进行的时间依树种、目的要求而异。通常在梢长至适当长度时，摘去先端4～8cm，可使摘心处1～2个腋芽受到刺激发生二次枝，根据需要二次枝还可再进行摘心（图10-5）。

（2）剪梢：在生长季节，由于某些树木新梢未及时摘心，使枝条生长过旺，伸展过长，且又木化。为调节观赏树木主侧枝的平衡关系以及调整观花观果树木营养生长和生殖生长关系，采取剪掉一段已木化的新梢先端，即为剪梢。

（3）除芽：为培养通直的主干，或防止主枝顶端竞争枝的发生，在修剪时将无用或有碍于骨干枝生长的芽除去，即为除芽。

（4）除萌蘖：主干基部及大伤口附近经常长出嫩枝，有碍树形，影响生长。剪除最好在木化前进行，亦可用手掰掉。此外，碧桃、榆叶梅等易长根蘖，也应除掉。

（5）疏花、疏果：花蕾或幼果过多，影响开花质量和坐果率。如月季、牡丹等花蕾多，为促使花朵硕大，常需摘除过多的花蕾。易落花的花灌木，一株上不宜保持较多的花朵，应及时疏花（图10-6）。

摘心前

摘心后

图10-5　夏季摘心

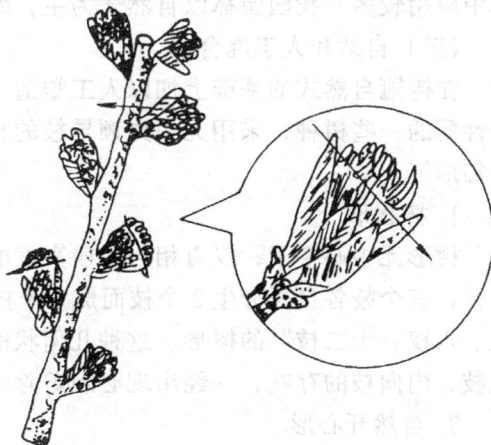

图10-6　花前复剪和疏花

四、整形修剪的方式

（一）自然式修剪

各种树木都有它的一定树形，一般说来，自然树形能体现园林的自然美。以树木分枝习性，自然生长形成的树冠为基础，对树冠的形状作辅助性的调整和促进，使之早日形成自然树形所进行的修剪，叫"自然式修剪"。此种整形修剪方式符合树种本身的生长发育习性，可促进树木生长良好、发育健壮，并能充分发挥该树种的树形特点，提高观赏价值。

各种树木因分枝习性、生长状况不同，形成了各式各样的自然树冠形式，研究和了解各树木的冠形是进行自然式整形的基础。主要树木冠形大致有以下几类：

圆柱形——塔柏、杜松、龙柏、美杨；

塔　形——雪松、水杉、桧柏（幼青年期）、塔形杨、窄冠侧柏；

圆锥形——落叶松、毛白杨；

卵圆形——桧柏（壮年期）、加杨；

球　形——元宝枫、黄刺梅、栾树；

倒卵形——千头柏、刺槐；

丛生形——玫瑰、棣棠、翠柏；

拱枝形——连翘、南迎春；

伞　形——龙爪槐；

馒头形——馒头柳。

修剪时要依不同树形灵活掌握。对由于各种因子而产生的扰乱生长平衡、破坏树形的徒长枝、内膛枝、并生枝以及枯枝、病虫枝等，均应加以抑制或剪除，注意维护树冠的匀称完整。对主干明显、有中央领导枝的单轴分枝树木，修剪时应注意保护顶芽，防止偏顶而破坏冠形。

（二）人工式修剪

依园林中观赏的需要，将树冠修剪成各种特定的形态，如各种整齐的几何形体或不规则的人工体形（正方形、球形、鸟、兽等动物型）以及亭、门和绿雕塑等。西方规则式园林中应用较多，我国园林以自然式为主，除绿篱用几何形体修剪外，其他树木应用较少。

（三）自然和人工混合式

在树冠自然式的基础上加以人工塑造，以符合人们观赏的需要和树木生长的要求。对干性弱的一些树种，采用无中央领导枝的整形方式，如杯状形、开心形、头状形、架形和匍匐形等。

1. 杯状形

树形无中心主干，仅有相当一段高度的树干，自主干上部分生 3 个主枝，均匀向四周排开，三个枝各自再分生 2 个枝而成 6 个枝，再以 6 枝各分生 2 枝即成 12 枝，即所谓"三股、六杈、十二枝"的树形。这种几何状的规整分枝不仅整齐美观，而且冠内不允许有直立枝、内向枝的存在，一经出现必须剪除。此种树形在城市行道树中较为常见。

2. 自然开心形

由杯状形改进而来。此形无中心主干，中心也不空，但分枝较低。三个主枝分布有一定间隔，自主干上向四周放射而出，中心开展。园林中的碧桃、榆叶梅、石榴等观花观果树木修剪采用此形。

3. 多领导干形

留 2～4 个中央领导干，于其上分层配列侧生主枝，形成均整的树冠。本形适用于生长较旺盛的种类，可造成较优美的树冠，提早开花年龄，延长小枝寿命，最宜作观花乔木、庭荫树的整形。

4. 中央领导干形

留一强大的中央领导干，在其上配列疏散的主枝。适用于轴性强的树种，能形成高大的树冠，最宜于作庭荫树、独赏树及松柏类乔木的整形。

5. 圆球形

此形具一段极短的主干，在主干上分生多数主枝，主枝分生侧枝，各级主侧枝均相互错落排开，利于通风透光，叶幕层较厚，园林中广泛应用，如黄杨、小叶女贞、球形龙柏等常修剪成此形。

6. 灌丛形

主干不明显，每丛自基部留主枝 10 余个，其中保留 1~3 年生主枝 3~4 个，每年剪掉 3~4 个老主枝，更新复壮。

7. 棚架形

主要应用于园林绿地中蔓生植物。凡是有卷须或缠绕性植物均可自行依支架攀援生长，如葡萄、紫藤等；不具备这些特性的藤蔓植物，如木香、爬蔓月季等则靠人工搭架引缚，便于它们延长扩展，又可形成一定遮荫面积，而形状由架形而定。

五、枝条截、疏修剪的操作及剪口处理

（一）剪口与剪口芽

短剪枝条或剪后在枝条上造成的伤口称为剪口；距离剪口最近的顶部芽称为剪口芽（图10-7）。剪口的方向，剪口芽的质量影响到被修剪枝条抽生新梢的生长与长势。

剪口——剪口要平滑，与剪口芽成 45 度角的斜面，从剪口芽对侧下剪，使剪口芽与斜面不在同一方向，斜面上方与剪口芽尖相平，斜面最低部分和芽基相平，这样剪口伤面小，容易愈合，芽可得到足够的养分和水分，萌发后生长快。剪口距芽的距离以 0.5~1cm 之间为宜。疏枝的剪口，于分枝点处剪去，与干平，不留残桩。丛生灌木疏枝与地面相平。

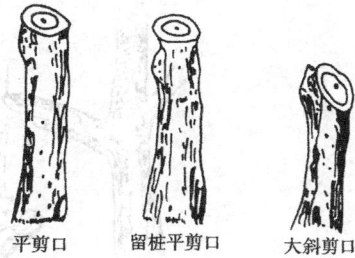

图 10-7 剪口和剪口芽

剪口芽——剪口芽的方向、质量，决定新梢生长方向和枝条的生长状况。选择剪口芽应从树冠内枝条分布状况和期望新枝长势的强弱考虑，需向外扩张树冠时，剪口芽应留在枝条外侧，如欲填补内腔空虚，剪口芽方向应朝内，对生长过旺的枝条，为抑制它生长，以弱芽当剪口芽，扶弱枝时选留饱满的壮芽。

（二）大枝锯除法

对较粗大的枝干，回缩或疏枝时常用锯操作，为防止劈裂或夹锯，可采用分步作业法。首先在离要求的锯口上方20cm处，从枝条下方向上锯一切口，深度为枝干粗度的一半，从上方将枝干锯断，留下一段残桩，然后从锯口处锯除残桩，可避免枝干劈裂。另也可以不留残桩法，先从枝干基部下方向上锯入深达 1/3 时，再从锯口向下锯断（图10-8）。

（三）剪口的保护

短剪与疏枝的伤口不大时，可以任其自然愈合。如锯除大的枝干，造成伤口面大，常因雨淋或病菌侵入而腐烂。因此，伤口要用锋利的刀削平整，用20%的硫酸铜溶液来消毒，最后涂保护剂（保护蜡、豆油铜素剂、调合漆等），起防腐防干和促进愈合的作用。

方法不当而劈裂

一步法（一）

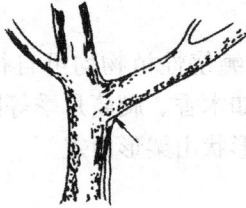

一步法（二）

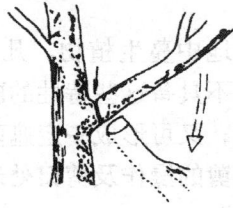

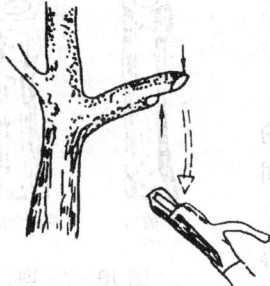

二步法

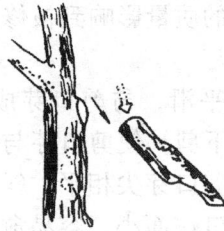

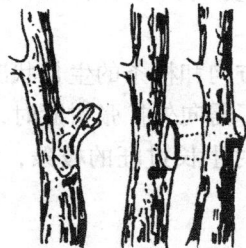

留桩过长　伤口大　适中

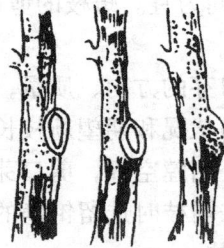

愈合情况

图 10-8　锯大枝

六、修剪的程序及安全措施

（一）修剪的程序

园林树木修剪的程序，概括起来，即"一知、二看、三剪、四拿、五处理"。

1. 一知

修剪人员，必须知道操作规程、技术规范及特殊要求。

2. 二看

修剪前先绕树观察，对实施的修剪方法应心中有数。

3. 三剪

根据因地制宜、因树修剪的原则进行合理修剪。剪时由上而下，由外及里，由粗剪到细剪。

4. 四拿

修剪下的枝条及时拿掉，集中运走，保证环境整洁。

5. 五处理

剪下的枝条，特别是病虫害枝条要及时处理，防止病虫害蔓延。

(二) 安全措施

(1) 修剪时使用的工具应当锋利，上树机械或折梯，使用前应检查各个部件是否灵活，有无松动，防止发生事故。

(2) 上树操作必须系好安全带、安全绳，穿胶底鞋，手锯一定要拴绳套在手腕上，以保安全。

(3) 作业时严禁嬉笑打闹。要思想集中，以免错剪。刮五级以上大风时，不宜上高大树木上修剪。

(4) 在高压线附近作业时，应特别注意安全，避免触电，必要时应请供电部门配合。

(5) 在行道树修剪时，必须专人维护现场，树上树下要互相联系配合，以防锯落大枝砸伤过往行人和车辆。

七、各类园林树木的修剪

(一) 行道树的修剪

行道树是指在道路两旁整齐列植的树木，每条道路上树种相同。城市中，干道栽植的行道树，主要的作用是美化市容，改善城区的小气候，夏季增湿降温，滞尘和遮荫。行道树要求枝条伸展，树冠开阔，枝叶浓密。冠形依栽植地点的架空线路及交通状况决定。在架空线路多的主干道上及一般干道上，采用规则形树冠，整形修剪成杯状形、开心形等立体几何形状。在无机动车辆通行的道路或狭窄的巷道内，可采用自然式树冠。

行道树一般使用树体高大的乔木树种，主干高要求在 2.5~6m 之间，行道树上方有架空线路通过的干道，其主干的分枝点高度，应在架空线路的下方，而为了车辆行人的交通方便，分枝点不得低于 2~2.5m。城郊公路及街道、巷道的行道树，主干高可达 4~6m 或更高。定植后的行道树要每年修剪扩大树冠，调整枝条的伸出方向，增加遮荫保湿效果，同时也应考虑到建筑物的使用与采光。

1. 杯状形行道树的修剪

杯状形行道树具有典型的三叉六股十二枝的冠形，主干高在 2.5~4m。整形工作是在定植后的 5~6 年内完成的。以法桐为例，春季定植时，于树干 2.5~4m 处截干，萌发后选 3~5 个方向不同、分布均匀与主干成 45°夹角的枝条作主枝，其余分期剥芽或疏枝，冬季对主枝留 80~100cm 短截，剪口芽留在侧面，并处于同一平面上，使其匀称生长；第二年夏季再剥芽疏枝，幼年法桐顶端优势较强，在主枝呈斜上生长时，其侧芽和背下芽易抽生直立向上生长的枝条，为抑制剪口处侧芽或下芽转上直立生长，抹芽时可暂时保留直主枝，促使剪口芽侧向斜上生长；第三年冬季于主枝两侧发生的侧枝中，选 1~2 个作延长枝，并在 80~100cm 处再短剪，剪口芽仍留在枝条侧面，疏除原暂时保留的直立枝、交叉枝等，如此反复修剪，经3~5年后即可形成杯状形树冠。

骨架构成后，树冠扩大很快，疏去密生枝、直立枝，促发侧生枝，内膛枝可适当保留，增加遮荫效果。上方有架空线路，勿使枝与线路触及，按规定保持一定距离。一般电话线为0.5m，高压线为1m以上。近建筑物一侧的行道树，为防止枝条扫瓦、堵门、堵窗，影响室内采光和安全，应随时对过长枝条行短截修剪。

生长期内要经常进行抹芽，抹芽时不要扯伤树皮，不留残枝。冬季修剪时把交叉枝、并生枝、下垂枝、枯枝、伤残枝及背上直立枝等截除。

2. 开心形行道树修剪

多用于无中央主轴或顶芽能自剪的树种，树冠自然开展。定植时，将主干留3m或者截干，春季发芽后，选留3~5个位于不同方向、分布均匀的侧枝行短剪，促枝条生长成主枝，其余全部抹去。生长季注意将主枝上的芽抹去，只留3~5个方向合适、分布均匀的侧枝。来年萌发后选留侧枝，全部共留6~10个，使其向四方斜生，并行短截，促发次级侧枝，使冠形丰满、匀称。

3. 自然式冠形的行道树修剪

在不妨碍交通和其他公用设施的情况下，树木有任意生长的条件时，行道树多采用自然式冠形，如塔形、卵圆形、扁圆形等。

(1) 有中央领导枝行道树

如杨树、水杉、侧柏、金钱松、雪松、枫杨等。

分枝点的高度按树种特性及树木规格而定，栽培中要保护顶芽向上生长。郊区多用高大树木，分枝点在4~6m以上。主干顶端如受损伤，应选择一直立向上生长的枝条或在壮芽处短剪，并把其下部的侧芽抹去，抽出直立枝条代替，避免形成多头现象。

阔叶类树种如毛白杨，不耐重抹头或重截，应以冬季疏剪为主。修剪时应保持冠与树干的适当比例，一般树冠高占3/5，树干（分枝点以下）高占2/5。在快车道旁的分枝点高至少应在2.8m以上。注意最下的三大主枝上下位置要错开，方向均称，角度适宜。要及时剪掉三大主枝上最基部贴近树干的侧枝（把门侧），并选留好三大主枝以上的其他各主枝，使呈螺旋形往上排列。再如银杏，每年枝条短截，下层枝应比上层枝留得长，萌生后形成圆锥状树冠。形成后，仅对枯病枝、过密枝疏剪，一般修剪量不大。

(2) 无中央领导枝行道树

选用主干性不强的树种，如旱柳、榆树等，分枝点高度一般为2~3m，留5~6个主枝，各层主枝间距短，使自然长成卵圆形或扁圆形的树冠。每年修剪主要对象是密生枝、枯死枝、病虫枝和伤残枝等。

行道树定干时，同一条干道上分枝点高度应一致，使整齐划一，不可高低错落，影响美观与管理。

(二) 花灌木的修剪

首先要观察植株生长的周围环境、光照条件、植物种类、长势强弱及其在园林中所起的作用，做到心中有数，然后再进行修剪。

1. 因树势修剪

幼树生长旺盛，以整形为主，宜轻剪。严格控制直立枝，斜生枝的上位芽在冬剪时剥掉，防止生长直立枝。一切病虫枝、干枯枝、人为破坏枝、徒长枝等用疏剪方法剪去。幼树尽量用重短截，否则直立枝、徒长枝大量发生，造成树冠密闭，影响通风透光和花芽的形成。丛生花灌木的直立枝，选择生长健壮的加以轻摘心，促其早开花。

壮年树应充分利用立体空间，促使多开花。于休眠期修剪时，在秋梢以下适当部位进行短截，同时逐年选留部分根蘖，并疏掉部分老枝，以保证枝条不断更新，保持丰满株形。

老弱树木以更新复壮为主，采用重短截的方法，使营养集中于少数腋芽，萌发壮枝，及时疏删细弱枝、病虫枝、枯死枝。

2. 因时修剪

落叶灌木依修剪时期可分休眠期修剪和夏季修剪（花后修剪）。在北京地区，冬季修剪一般在12月至次年2月底为宜，一些易受冻害的树种，如木槿、紫薇可适当推迟到三月中旬前后。夏季修剪在花落后进行，目的是抑制营养生长，增加全株光照，促进花芽分化，保证来年开花。夏季修剪宜早不宜迟，这样有利控制长枝的生长。若修剪时间稍晚，直立徒长枝已经形成，如空间条件允许，可用摘心办法使生出二次枝，增加开花枝的数量。

3. 根据树木生长习性和开花习性进行修剪

（1）春季开花，花芽（或混合芽）着生在二年生枝条上。如连翘、榆叶梅、碧桃、迎春、牡丹等灌木是在前一年的夏季高温时进行花芽分化，经过冬季低温阶段于第二年春季开花，应在花残后叶芽开始膨大尚未萌发时进行修剪。修剪的部位依植物种类及纯花芽或混合芽的原则而有所不同。连翘、榆叶梅、碧桃、迎春等可在开花枝条基部留2~4个饱满芽进行短截。牡丹则仅将残花剪除即可。

（2）夏秋季开花，花芽（或混合芽）着生在当年生枝条上。如紫薇、木槿、珍珠梅等是在当年萌发枝上形成花芽，因此应在休眠期进行修剪。北京地区由于冬季寒冷、春季干旱，因此修剪宜推迟到早春气温回升即将萌芽时进行。将二年生枝基部留2~3个饱满芽或一对对生的芽进行重剪，剪后可萌发出一些苗壮的枝条，花枝会少些，但由于营养集中会产生较大的花朵。有些灌木如希望当年开两次花，可在花后将残花及其下的2~3芽剪除，刺激二次枝条的发生，适当增加肥水则可二次开花。

（3）花芽（或混合芽）着生在多年生枝上。如紫荆、贴梗海棠等，花芽大部虽着生在二年生枝上，但多年生的老干当营养条件适合时亦可分化花芽。这类灌木进入开花龄植株修剪量较小，在早春将枝条先端枯干部分剪除，于生长季节为防止当年生枝条过旺影响花芽分化可进行摘心，使营养集中于多年生枝干上。

（4）花芽（或混合芽）着生在开花短枝上的灌木。如西府海棠等。这类灌木早期生长势较强，每年自基部发生多数萌芽，自主枝上发生大量直立枝，当植株进入开花龄时，多数枝条形成开花短枝，在短枝上连年开花，这类灌木一般不大进行修剪，可在花后剪除残花，夏季生长旺时，将生长枝进行适当摘心，抑制其生长，并将过多的直立枝、徒长枝进行疏剪。

（5）一年多次抽梢，多次开花的灌木，如月季。可于休眠期对当年生枝条进行短剪或回缩强枝，同时剪除交叉枝、病虫枝、并生枝、弱枝及内膛过密枝。寒冷地区可行强剪，必要时进行埋土防寒。生长期内可多次修剪，可于花后在新梢饱满芽处短剪（通常在花梗下方第2~3芽处）。剪口芽很快萌发抽梢，形成花蕾开花，花谢后再剪，如此重复。

（三）绿篱修剪

绿篱是萌芽力、成枝力强、耐修剪的树种，密集带状栽植而成，起防范、美化、组织交通和分隔功能区的作用。适宜作绿篱的植物很多，如女贞、大叶黄杨、锦熟黄杨、桧柏、侧柏、石楠、冬青、火棘、野蔷薇等。北方常用黄杨、桧柏、侧柏；热带则多用三角花、茉莉等组成花篱。

绿篱的高度依其防范对象来决定，有绿墙（160cm 以上）、高篱（120～160cm）、中篱（50～120cm）和矮篱（50cm 以下）。绿篱进行修剪，既为了整齐美观，增添园景，也为了使篱体生长茂盛，长久不衰。高度不同的绿篱，采用不同的整形方式，一般有下列二种。

1. 自然式修剪

绿墙、高篱和花篱采用较多。适当控制高度，并疏剪病虫枝、干枯枝，任枝条生长，使其枝叶相接紧密成片提高阻隔效果。用于防范的枸骨、枸桔等刺篱和玫瑰、蔷薇、木香等花篱，也以自然式修剪为主。开花后略加修剪使之继续开花，冬季修去枯枝、病虫枝。对蔷薇等萌发力强的树种，盛花后行重剪，新枝粗壮，篱体高大美观。

2. 整形式修剪

中篱和矮篱常用于草地、花坛镶边，或组织人流的走向。这类绿篱低矮，为了美观和丰富园景，多采用几何图案式的整形修剪，如矩形、梯形、倒梯形、篱面波浪形等。绿篱种植后剪去高度的 1/3～1/2，修去平侧枝，统一高度和侧面，促使下部侧芽萌生成枝条，形成紧枝密叶的矮墙，显示立体美。绿篱每年最好修剪 2～4 次，使新枝不断发生，更新和替换老枝。整形绿篱修剪时，顶面与侧面兼顾，不应只修顶面不修侧壁，这样会造成顶部枝条旺长，侧枝斜出生长。从篱体横断面看，以矩形和基大上小的梯形较好，下部和侧面枝叶受光充足，通风良好，生长茂盛，不易产生枯枝和空秃现象。

组字、图案式绿篱，一般用长方形整形方式，要求边缘棱角分明，界限清楚，篱带宽窄一致，每年修剪次数应比一般镶边、防范的绿篱为多。枝条的替换、更新应时间短，不能出现空秃，以保持文字和图案的清晰。用植物修制成鸟兽、牌楼，亭阁等立体造型，为保持其形象逼真，不能任枝条随意生长破坏造型，应每年多次修剪。

（四）片林修剪

（1）有主轴的树种（如杨树、油松等）组成片林，修剪时注意保留顶梢。当出现竞争枝（双头现象），只选留一个；如果领导枝枯死折断，应扶立一侧枝代替主干延长生长，培养成新的中央领导枝。

（2）适时修剪主干下部侧生枝，逐步提高分枝点。分枝点的高度应根据不同树种、树龄而定。同一分枝点的高度应大体一致；而林缘分枝点应低留，使呈现丰满的林冠线。

（3）对于一些主干很短，但树已长大，不能再培养成独干的树木，也可以把分生的主枝当作主干培养，逐年提高分枝，呈多干式。

（4）应保留林下的树木、地被和野生花草，增加野趣和幽深感。

（五）藤本植物的修剪

因多数藤本植物离心生长很快，基部易光秃。小苗出圃定植时，宜只留数芽重剪。吸附类引蔓附壁后，生长季可多短截下部枝，促发副梢填补基部空缺处。北方地区普遍栽培的五叶地锦生长迅速，枝叶重叠交错，一旦遭到暴风雨袭击，枝叶则会大面积自墙壁脱落。可于雨季前或冬季休眠时进行修剪，以减小迎风张仰角度，让新发枝梢上的吸盘都能触及和吸附墙壁。用于棚架的藤本植物，其造型随架型而异。栽植初期摘心，培养成 2～3 个主蔓，使均匀分布在棚架上。生长期内短剪，促发侧枝迅速布满棚架。冬季不必下架防寒者，以疏为主，剪除枯、密枝，以调节生长促进开花。钩刺类可适当疏除老枝，蔓枝一般可不剪，似情况回缩更新。

第五节 冬 季 防 寒

新植在公园、街道、居住区等地的一些树木，当冬季气温降低至一定程度时，枝叶、树梢常因低温危害而落叶、枯梢或全株死亡；或者早春树木萌发后，因晚霜和寒潮袭击而枯萎，这些现象称为冻害或寒害。为使树木安全越冬，在入冬前根据各树种对低温的忍耐能力，分别采取保护性措施，或提高树木本身抗寒能力，抵御严寒，称为防寒。

一、产生冻害的原因

影响树木冻害发生的因素很复杂，从内因来说，与树种、品种、树龄、生长势及当年枝条的成熟及休眠与否均有密切关系；从外因来说是与气象、地势、坡向、水体、土壤、栽培管理等因素分不开的。因此当发生冻害时，应多方面分析，找出主要矛盾，提出解决办法。

（一）内因

（1）各树种有自身特定的遗传基因组合，结构不同，对忍耐低温极限值和范围的能力不一样。如樟子松比油松抗冻，油松比马尾松抗冻。含笑、广玉兰、山茶花、油茶、白玉兰、水杉等对低温的抵抗比桧柏、雪松、毛白杨、云杉、丁香、白桦等要低。将不耐寒的树木栽植寒冷地区，必然会引起冻害。

（2）同一树种不同器官，同一枝条不同组织，对低温的忍耐力不同，新梢、根颈、花芽抗寒力弱，叶芽形成层耐寒力强，髓部抗寒力最弱。抗寒力弱的器官和组织，对低温特别敏感。

（3）枝条愈成熟其抗冻力愈强，在降温来临之前，如果还不能停止生长而进行抗寒锻炼的树木，都容易遭受冻害。

（4）一般处在休眠状态的植株，抗寒力强，植株休眠越深，抗寒力越强。解除休眠早，受早春低温威胁较大，休眠解除晚，可以避开早春低温的威胁。

（二）外因

1. 气候方面的原因

植物抗寒性的获得是在秋天和初冬期间逐渐发展起来的，这个过程称作"抗寒锻炼"，一般的植物通过抗寒锻炼才能获得抗寒性。但如遇异常天气，秋季持续高温，雨水充沛，树木不能及时停止生长，转入抗寒锻炼，枝条组织不老熟，使在常年气温下不受冻害的树木遭受冻害。

同一树木在冬季能忍受很低的温度，而早春和中夏仅在 0℃ 以下几度就可冻死。早春树木萌发后，遇到晚霜、寒流，新梢即受冻干枯死亡。这些都与树体内的生物化学过程有关，因为早春温暖后树木萌芽，树体内的抗寒锻炼解除，与休眠期相比，生化活动由合成转向分解，复杂的有机物分解成简单的物质，供生长需要。脂肪减少，抗寒力降低，而中夏季节树木正处旺盛生长阶段，一切组织均不老熟，故都易遭受冻害。

低温来临的状况与冻害的发生有很大关系，当低温到来的时期早，又突然，植物本身未经抗寒锻炼，人们也没有采用防寒措施时，很容易发生冻害；日极端最低温度愈低，植物受冻害就越大；低温持续的时间愈长，植物受害愈严重。此外，植物受低温影响后，如果温度急剧回升，则比缓慢回升受害严重。

2. 水肥管理方面的原因

（1）土壤水分过多。秋季土壤内水分过多，树木的抗寒力有降低趋势。因水分多，树木生理活动强，枝条届时不能及时停止生长而木质化，枝条组织老熟硬化程度差，易遭冻害。故秋季雨水多时要注意及时排水，减少灌溉，9月下旬至10月初停止灌水。

（2）施肥迟。秋季应及时停止施肥，如果9月份仍继续给树木施用含氮肥料，会促进树木枝叶徒长，不能很好形成顶芽封顶，抗寒锻炼弱，易引起冻害。

3. 光照方面的原因

阳性树木，要求生长在光照充足、直射光强的地方。一则其光合作用要求较强的光照，另则强烈光照能抑制细胞的伸长，使细胞壁增厚，保护组织或木栓层，角质层发达，抗寒能力强。如将阳性树木栽植在阴处，光照不足，水分过多，树木生长差而柔弱，细胞内含水量多，树皮光滑，保护组织不发达，极易遭受低温冻害。

二、冻害的表现

（一）芽

花芽是抗寒力较弱的器官，花芽冻害多发生在春季回暖时期。花芽受冻后，内部变褐色，到后期则芽不萌发，干缩枯死。

（二）枝条

与枝条的成熟度有关。成熟的枝条，在休眠期以形成层最抗寒，皮层次之，而木质部、髓部最不抗寒。随受冻程度加重，髓、木质部先后变色，严重冻害时韧皮部才受伤，如果形成层变色则枝条失去了恢复能力。

（三）枝杈

因分枝处（主枝或侧枝）的组织成熟较晚，营养物质积累不足，抗寒锻炼迟，遇到冬季昼夜温差辐度大时，易引起冻害。受冻后，皮层和形成层变为褐色，干缩凹陷。有的树皮成块状冻裂，有的顺主干垂直冻裂或劈枝。

（四）主干

主干受冻后有的形成纵裂，一般称为"冻裂"现象，树皮成块状脱离木质部，或沿裂缝向外卷折。形成冻裂的原因是由于气温突然急剧降到零下，树皮迅速冷却收缩，致使主干组织内外涨力不均，因而自外向内开裂，或树皮脱离木质部。树干冻裂常发生在夜间，随着气温的变暖，冻裂处又可逐渐愈合。

冻裂在幼树上较老树少，针叶树较落叶树发生少。一般木射线较大的树种，如核桃、榆树、槭树、悬铃木、七叶树、垂柳等易受冻裂，孤植比群植树易受冻裂，地势低洼，排水不良处的树木比排水良好处的树木易遭冻裂。

（五）根颈和根系

在一年中根颈停止生长最迟，进入休眠期最晚，而开始活动和解除休眠又较早，因此在温度骤然下降的情况下，根颈未能很好地通过抗寒锻炼，同时近地表处温度变化又剧烈，因而容易引起根颈的冻害。根颈受冻后，树皮先变色，以后干枯，可发生在局部，也可能成环状，根颈冻害对植株危害很大。

根系无休眠期，较其他上部分耐寒力差。但根系在越冬时活动力明显减弱，故耐寒力较生长期略强。根系受冻后变褐色，皮部易与木质部分离。一般粗根较细根耐寒力强，新栽的树或幼树因根系小又浅，易受冻害，而大树则相当抗寒。

三、冻害的防治

（一）贯彻适地适树的原则

因地制宜的种植抗寒力强的树种、品种和砧木，在小气候条件比较好的地方种植边缘树种，这样可以大大减少越冬防寒的工作量，同时注意栽植防护林和设置风障，改善小气候条件，预防和减轻冻害。

（二）加强栽培管理，提高抗寒性

加强栽培管理（尤其重视后期管理）有助于树体内营养物质的贮备。经验证明，春季加强肥水供应，合理运用排灌和施肥技术，可以促进新梢生长和叶片增大，提高光合效能，增加营养物质的积累，保证树体健壮。后期控制灌水，及时排涝，适量施用磷钾肥，勤锄深耕，可促使枝条及早结束生长，有利于组织充实，延长营养物质的积累时间，从而能更好地进行抗寒锻炼。

此外，在冬季土壤易冻结的地区，应在封冻前灌一次透水，称为灌冻水。因为水的比热大，热容量大，冬季土壤中水分多，土温波动较小，冬季土温不致下降过低，早春不致很快升高。早春土地解冻及时灌春水，能降低土温，推迟根系的活动期，延迟花芽萌动与开花，免受冻害。

（三）加强树体保护

对树体保护方法很多，目前常用的措施主要有：

1. 根颈培土

冻水灌完后结合封堰，依不同的树种和规格，在树木根颈部培起大小不同的土堆，防土冻伤根颈和根系。同时也能减少土壤水分的蒸发。

2. 覆土

在土地封冻前，可将枝干柔软，树身不高的乔灌木压倒固定，盖一层干树叶（或不盖），覆细土 40～50cm，轻轻拍实。此法不仅可防冻，还能保持枝干湿度，防止枯梢。

3. 涂白与喷白

用石灰加石硫合剂对枝干涂白，可减小向阳皮部因昼夜温差大引起的危害，还可以消灭一些越冬病虫害。对花芽萌动早的树种，进行树身喷白，可延迟开花，以免早霜的危害。

4. 卷干、包草

新植小树和冬季湿冷之地，不耐寒的树木可用草绳卷干或用稻草包裹枝干来防寒，晚霜后拆除。

5. 积雪

降大雪后，人工将雪堆积在树根周围，保护土壤阻止层冻结，可以防止对根的较大冻害，同时春季融雪后，土壤能充分吸水，增加土壤的含水量，降低土温，防止芽的过早萌动，避免晚霜和寒潮的危害。

第六节　古树名木的养护管理

我国是著名的文明古国，有着光辉灿烂和独特风格的古代文化。历史遗留在风景名胜、古典园林、坛庙寺院及居民院落中的古树、名木，就是很好的见证。这些世界罕见的古树，被誉为珍贵的"活文物"。历代人们都十分珍惜这些古树名木，它不仅在我国园林中构成独特的瑰丽景观，而且也是中国传统文化的瑰宝。

一、保护和研究古树、名木的意义

所谓古树，是指树龄在百年以上的树木。凡树龄在三百年以上的树木为一级古树；其余的为二级古树。所称名木，是指珍贵、稀有的树木和具有历史价值、纪念意义的树木。古树、名木往往一身而二任，当然也有名木不古或古树未名的，都应引起重视，加以保护和研究。

（一）古树名木是历史的见证

古树记载着一个国家，一个民族的文化发展历史，是一个国家，一个民族，一个地区的文明程度的标志，是活历史。我国传说有周柏、秦松、汉槐、隋梅、唐杏（银杏）等均可以作为历史的见证。北京景山公园内崇祯皇帝上吊的古槐（目前之槐已非原树）是记载农民起义军伟大作用的丰碑；北京颐和园东宫门内有两排古柏，八国联军火烧颐和园时曾被烧烤，靠近建筑物的一面从此没有树皮，它是帝国主义侵华罪行的记录。这些古老树木是活着的历史文物，其本身的存在，可作人们吊古、瞻仰的对象。

（二）为文化艺术增添光彩

不少古树名木曾使历代文人、学士为之倾倒，吟咏抒怀，它在文化史上有其独特的作用。例如"扬州八怪"中的李鳝，曾有名画《五大夫松》，是泰山名木的艺术再现。此类为古树名木而作的诗画为数极多，都是我国文化艺术宝库中的珍品。

（三）古树名木可以组建高质量的园林景观

古树名木苍劲古雅，姿态奇特，在园林中可构成独特的景观，也常成为名胜古迹的最佳景点。黄山风景名胜区的黄山松以顽强、奇异著称于世，宛若黄山的灵魂。它干身矮挺坚实，树冠短平针密，同湿雾、怪石抗争，显示出独特的魅力。鞍山千山之秀素有"秀在松"之说，香岩寺殿内的蟠龙松，冠幅遮天蔽日，葱秀俊逸，遒劲洒脱，宛若巨龙盘踞飞升。其他如陕西黄陵的"轩辕柏"，北京北海团城上的"遮荫侯"（油松）和"白袍将军"（白皮松），泰山"卧龙松"，四川灌县天师洞冠幅36m的世界最大银杏，陕西勉县武侯祠的"护墓双桂"及苏州光福的"清、奇、古、怪"4株古圆柏等等，均使万千中外游客啧啧称奇，流连忘返。

（四）古树是研究古自然史的重要资料

古树是进行科学研究的宝贵资料，它们对研究一个地区千百年来气象、水文、地质和植被的演变，有重要的参考价值。其复杂的年轮结构和生长情况，既反映出历史上的气候变化轨迹，又可追溯树木生长、发育的若干规律。

（五）古树可供树种规划作重要参考

古树多属乡土树种，保存至今的古树、名木，是久经沧桑的活文物，可就地证明其对家乡风土具有很强的适应性。故调查本地栽培及郊区野生树种，尤其是古树、名木，可作为制订城镇树种规划的可靠参考。

二、古树衰老的原因

任何树木都要经过生长、发育、衰老、死亡等过程，也就是说树木的衰老、死亡是客观规律。但是可以通过人为的措施使衰老以致死亡的阶段延迟到来，使树木最大限度地为人类造福，为此有必要探讨古树衰老的原因，以便有效地采取措施。

除上述的客观规律以外，往往还与下面因素有关。

（一）土壤密实度过高

城市公园里游人密集，地面受到大量践踏，土壤板结，密实度高，透气性降低，机械阻抗增加，对树木的生长十分不利。据测定：北京中山公园在人流密集的古柏林中土壤容重达 $1.7g/cm^3$，非毛管孔隙度为 2.2%，天坛"九龙柏"周围土壤容重为 $1.59g/cm^3$，非毛管孔隙度为 2%，在这样的土壤中，根生长受到抑制。

（二）树干周围铺装面过大

有些地段地面用水泥砖或其他材料铺装，仅留很小的树池，影响了地下与地上部分气体交换，使古树根系处于透气性极差的环境中。

（三）土壤理化性质恶化

随着公园、风景区各种文体、商业活动等的急剧增加，设置临时厕所，倾倒污水等人为原因而使土壤中的盐分含量过高是某些局部地段古树致死的原因。

（四）根部的营养不足

肥分不足是古树生长衰弱的原因之一。氮、磷、钾等元素不足，使古树生长缓慢，枝叶稀疏，抗性减弱。

（五）人为的损害

由于各种原因，人为的刻划钉钉、缠绕绳索、攀树折枝、剥损树皮；借用树干做支撑物；在树冠外缘 3m 内挖坑取土、动用明火、排放烟气、倾倒污水污物、堆放危害树木生长的物料、修建建筑物或者构筑物；擅自移植等行为，都会造成古树树体损伤、生长衰弱或死亡。

三、古树、名木的养护管理技术措施

（一）古树、名木的调查、登记、存档

古树、名木的系统调查，是摸清家底所必需，各地应组织专人开展调查，彻底掌握古树名木资源。调查内容主要包括树种、树龄、树高、冠幅、生长势、病虫害、养护及有关资料（如碑、文、诗、画、图片、传说等）。在调查的基础上加以分级，对于各级古树名木，均应设永久性标牌，编号在册，并采取加栏、加强保护管理等措施。对于年代久远，树姿奇特兼有观赏价值和文史及其他研究价值的古树名木要列入专门档案，尤当特殊保护，必要时拨出专款派专人养护，并随时记录备案。

（二）古树、名木复壮养护管理技术措施

1. 古树的复壮措施

据北京市园林科研所的研究，北京市公园古松柏生长衰弱的根本原因，是土壤密实度过高，透气性不良。为此，他们采取了下列复壮措施。

（1）埋条法

分放射沟埋条和长沟埋条。

放射沟埋条进行方法是以古树为圆心，在树冠投影外侧挖放射状沟4～12条，每条沟长120cm左右，宽为40～70cm，深80cm。沟内先垫放10cm厚的松土，再把剪好的苹果、海棠、紫穗槐等树枝缚成捆，平铺一层，每捆直径20cm左右，上撒少量松土，同时施入粉碎的麻酱渣和尿素，每沟施麻渣1kg，尿素150g，为了补充磷肥可放少量脱脂骨粉，覆土10cm后放第二层树枝捆，最后覆土踏平。

如果株行距大，也可以采用长沟埋条。沟宽70～80cm，深80cm，长200cm左右，然后分层埋树条施肥、覆盖踏平。

（2）地面铺梯形砖和草皮

下层做法与上述措施相同，在地面上铺置上大下小的特制梯形砖，砖与砖之间不勾缝，留有通气道，下面用石灰沙浆衬砌，沙浆用石灰、沙子、锯末配制比例为1:1:0.5。同时还可以在埋树条的上面种上花草，并围栏禁止游人践踏，或在其上铺带孔的或有空花条纹的水泥砖或铺铁筛盖。

（3）作渗井

依埋条法挖深120～140cm，直径110～120cm的渗井，井底壁掏3～4个小洞，内填树枝、腐叶土、微量元素等。井壁用砖砌成坛子形，不用水泥砌实，周围埋树条、施肥，井口盖盖。其作用主要是透气存水，将新根引过来，改善根的生长条件。

（4）埋透气管

在树冠半径4/5以外挖放射状沟，一般宽80cm，深80cm，长度视条件而定。挖沟时保留直径1cm以上的根，1cm以下可以断根，在沟中适当位置垂直安放透气管，每株树2～4根，管径10cm，管壁有孔，管外缠棕，外填酱渣、马掌、腐叶土、微量元素和树枝的混合物。

2. 养护管理措施

分别情况，有针对性地采取以下措施：

（1）保持生态环境

古树名木不要随意搬迁，也不应在古树名木周围修建房屋，挖土，架设电线，倾倒废土、垃圾及污水等，以免改变和破坏原有的生态环境。

（2）保持土壤的通透性

生长季进行多次中耕松土，冬季进行深翻，施有机肥料，改善土壤的结构及透气性，使根系和好气性微生物能够正常的生长和活动。

为防止人为破坏和保持土壤的疏松透气性，在古树名木周围应设立栅栏隔离游人，避免践踏，同时在树木周围一定范围内，不得铺装水泥路面。

（3）加强肥水管理

根据树木的需要，及时进行施肥，并掌握"薄肥勤施"的原则。当土壤质地恶化，不利树木生长时，可进行换土。在地势低洼或地下水位过高处，要注意排水；当土壤干旱时，应及时补水。

（4）防治病虫害

苹桧锈病、双条杉天牛、白蚁、红蜘蛛、蚜虫等病虫害常为害古树名木，要及时组织防治。

（5）补洞、治伤

衰老的古树加上人为的损伤，病菌的侵袭，使木质部腐烂蛀空，造成大小不等的树洞，对树木生长影响极大。除有特殊观赏价值的树洞外，一般应及时填补。先刮去腐烂的木质，用硫酸铜或硫磺粉消毒，然后在空洞内壁涂水柏油防腐剂。为恢复和提高观赏价值，表面用1:2的水泥黄沙加色粉面，按树木皮色皮纹装饰。较大树洞则要用钢筋水泥或填砌砖块填补树洞并加固，再涂以油灰和粉饰。

（6）支架支撑

古树年代久远，主干、主枝常有中空或死亡，造成树冠失去均衡，树体倾斜；又因树体衰老，枝条容易下垂。遇此情况需用他物支撑。

（7）堆土、筑台

可起保护作用，也有防涝效果。砌台比堆土收效尤佳，可在台边留孔排水。

（8）整形、修剪

对于一般古树可将弱枝进行缩剪或锯去枯死枝，通过改变根冠之比达到养分集中供应，有利发出新枝。对于特别有价值的珍贵古树，以少整枝、少短截，轻剪、疏剪为主，基本保持原有树形为原则。

古树、名木的保护与研究是个新的问题，也是一个相当紧迫急待解决的问题。各地应根据当地实际情况，进行试验、研究，为保护古树、名木做出贡献。

第七节　其他日常养护管理

一、及时防治树木病虫害

绝大多数园林树木，在其一生中都可能遭受病虫的危害，影响树木的正常生长发育，甚至造成死亡。所以，防治病虫是园林树木养护管理中的一项极为重要的措施；是巩固和提高城市园林绿化一项不可缺少的重要工作。它不仅直接影响城市园林树木的生长发育和绿化功能效果，而且与生产活动、环境保护、市容、卫生和人民生活都有密切关系。

园林树木病虫害防治，必须贯彻以"预防为主"和"治早、治小、治了"的原则，采取慎重的科学态度，对症下药，综合防治，以保证树木不受或少受病虫危害；同时要注意保护环境，减少农药污染，多用生物防治。

二、中耕除草

树木根部杂草滋长会与树木争夺水分、养分，特别是对新栽植的树木，不但影响树木的正常生长发育，而且杂草丛生，影响观瞻，所以及时消除杂草也是园林树木养护工作的内容。树木根部着生的杂草，我们提倡用中耕的方法消灭，就是将杂草连根锄掉，没有草的地方也要将地表锄松，既消灭了杂草，避免与树根争水夺肥，也疏松了土壤，提高了土壤的通透性能，对树根生长有利。如果草荒严重，也可用化学除莠的方法消灭杂草，但应注意选择适当的化学药剂，以免发生药害，而且最好是在草荒发生之前进行。对干旱缺草坪的地方，应考虑利用有观赏价值的野草问题。

三、防止风灾

在多风地区，树木常发生风害，出现偏冠和偏心现象。北方冬季和早春的大风，易使树木干梢干枯死亡。夏秋季沿海地区的树木又常遭台风危害，常使枝叶折损、大枝折断、全树吹倒，尤以阵发性大风，对高大的树木破坏性更大。

在管理措施上应根据当地实际情况采取相应的防风措施，如，排除积水；改良栽植地点的土壤质地；培育壮根良苗；采取大穴换土；适当深植，合理修枝，控制树形；定植后及时立支柱；对结果多的树要及早吊枝或顶枝，减少落果；对幼树、名贵树种可设置风障等。

对于遭受大风危害的树木，要根据受害情况及时维护。首先要对风倒树及时顺势扶正，培土为馒头形，修去部分和大部分枝条，并立支柱。对裂枝要顶起或吊枝，捆紧基部伤面促其愈合，并加强肥水管理，促进树势的恢复。

四、围护、隔离

树木喜欢根部土质疏松、透气性良好，而长期的人为践踏，土壤板结，会妨碍树木的正常生长，特别是树根较浅的树种，灌木和一些常绿树，反应更为强烈，所以对一些怕践踏的树木应当用绿篱或围篱围护起来与游人隔离，以减少踩踏。但应注意，为不妨碍观赏视线，突出主要景观，绿篱要适当低矮一些，围篱的造型和花色要简单、朴素，能起到围护作用即可，不要喧宾夺主。

五、看管、巡查

为了保护树木，免遭或少受人为破坏，一些重点绿地应设看管和巡视的工作人员，他们的主要责任是：

（1）看护所管绿地，进行爱护树木的宣传教育，发现破坏绿地和树木的现象，应及时劝阻和制止。

（2）与有关单位、部门配合协作，保护树木，同时保证各市政单位的正常工作（如电力、电讯、交通等）。

（3）检查绿地和树木的有关情况，发现问题及时报告上级处理。

复习思考题

1. 树木的养护管理主要包括哪些内容？
2. 树木灌水与排水应掌握哪些原则？
3. 怎样做到合理施肥？
4. 园林树木怎样施追肥？
5. 园林树木整形修剪的目的和作用是什么？
6. 园林树木整形修剪有哪些主要方法？
7. 进行树木修剪应掌握哪些程序？
8. 如何根据花灌木的开花习性进行修剪？
9. 园林树木产生冻害的原因有哪些？
10. 何谓古树名木？保护古树名木具何意义？
11. 分析本地区古树生长衰弱的原因有哪些？
12. 树木其他养护管理包括哪些内容？

第十一章　屋顶绿化与垂直绿化

城市的绿化水平是衡量现代化城市的重要标志之一。特别是在城市中建立良好的生态环境，是关系到城市的发展和人类生存的大事，而良好的生态环境又是靠一定绿地和城市的绿量来保证的。然而城市的土地是有限的，要在这有限的土地上增加城市的绿量，改善生态环境，只有向立体发展，大搞屋顶绿化和垂直绿化。这是今后城市绿化发展的方向之一。

第一节　国内外屋顶垂直绿化概况

一、屋顶垂直绿化的意义

在现代化的城市中，人口稠密，高楼成群，房屋毗连，寸土难寻，城市的肺腑——绿地面积日渐减少，人们生活、工作的环境变得日益恶劣，为了弥补城市绿地的不足，协调和改善城市的生态环境，增加城市绿化面的覆盖率，而不多占用土地，需另辟蹊径，转向高空发展，提高层次立体绿化，开拓城市的绿化空间，创造优美环境。

屋顶绿化是在建筑物、构筑物的平屋顶、露台、天台上进行绿化或造园。它与露地造园和植物种植的最大区别在于屋顶绿化是把露地造园和种植等园林工程搬到建筑物或构筑物之上。它的种植土是人工合成堆筑，并不与自然大地土壤相连。垂直绿化是应用攀援植物沿墙面或其他设施攀附上升形成垂直面的绿化。这两种绿化形式不仅可以提高城市绿量，丰富城市绿貌，改善生活环境，而且还可以创造经济效益。结合我国地少人多的实际情况，屋顶或垂直绿化有着不可忽略的现实意义。

（一）参与解决建筑与园林绿地的矛盾，增加单位面积区域中的绿化面积

目前，在用地紧张的大城市中，密集的低层建筑环绕着多、高层塔楼；在老城区，各类建筑密度更大，很少或几乎无法进行绿化。利用低、多层建筑的平屋顶或墙面进行绿化，就可以提高"自然"空间层次，改善环境，并使人们在高层建筑物上俯瞰到更多的绿色，享受到更丰富的园林美景。

（二）改善视觉卫生条件

屋顶上的园林绿化在鳞次栉比的城市建筑中，可使身居高楼工作和娱乐的人们，减少来自相邻低层部分的屋面反射的眩光和阳光的辐射热。当人们俯视时，屋顶或墙面绿化给人以视觉的缓冲，使人与地面建立起愉快的视觉联系。

（三）改善城市环境，保护生态平衡

绿化可以净化空气、吸尘、抗污、杀菌，是一种高效的"滤净器"。屋顶或墙面上的绿化因位势高，能起到低处矮生植物所起不到的作用，使这种"滤净器"在城市空间中多层次。

（四）改善建筑屋顶和墙面的物理性能

屋顶绿化和垂直绿化可加强屋面或墙面的构造处理，起到隔热、减渗、减少噪音及屏蔽部分射线和电磁波的作用。夏季可降温，冬季还可保暖。

（五）景观作用

屋顶或垂直绿化对美化环境起着独特的作用，它能加强景观与建筑的相互作用面相互结合，增加人与自然的紧密度，很好地保持建筑物和周围原有环境的协调。

（六）创造经济效益

由于屋顶的特殊生态环境，有利于阳性树木、花卉的生长与发育，因此在房屋承重能力许可时，还可作为育苗场地，建造生产性温室取得一定的经济效益。垂直绿化所应用的攀援植物具多种经济价值，多数种类都可食用、药用、工业用和用作蜜源植物或饲料植物，具有较广泛的开发应用价值。

二、国内外屋顶垂直绿化的概况

（一）国外屋顶垂直绿化简介

屋顶绿化在世界上很多国家盛行，最早可追溯到公元前6世纪的巴比伦空中花园。当时，新巴比伦王国的国王，为使远来的王妃不思念青山绿水、花木繁盛的美丽故乡——山国波斯而修建供其赏玩的，用石柱、石板、砖块、铅板等建筑材料垒筑起边长125m，高23m，面积为1.6ha的平台。其上铺设厚土，种植高约22m的大树和各种花草，并动用人力将河水引上屋顶，形成屋顶溪流和人工瀑布，被称为"空中花园"。

"空中花园"实际上是一个筑造在人造土石林之上，具有居住、游乐功能的园林式的建筑体，其实用功能在当今亦称得上是建筑与园林相结合的佳作，成为"古代世界七大奇迹"之一。

自"空中花园"之后的2500多年里，世界上营建大型屋顶花园则极为罕见。除了某些地区屋顶绿化和城市中心商业区地下车库库顶绿化外，并没有建造真正的屋顶花园。

美国于1959年在加利福尼亚州奥克兰市凯泽中心的屋顶上，建成面积达1.2ha的屋顶花园，被称为第一个巴比伦空中花园的再现。它建于该中心的六层楼屋顶上，按照一般造园手法进行设计和建造，针对减轻自重问题，采取了以下办法。

（1）园内构筑物全部采取轻质混凝土；

（2）乔木定点于承重柱所在的位置上；

（3）种植土中所需的沙子用粉碎多孔页岩代替；

（4）种植土厚度控制在最低限度。草皮等低矮地被植物土深为16cm，乔木土深度为76cm，二者之间以斜坡过渡。

乔灌木选择须根系树种，以适应浅薄土壤。为了便利竖向排水，在底部排水层与上部种植土层之间铺设一层3cm厚的稻草，防止堵塞排水层和土壤流失，当种植土逐渐变为成熟稳定的结构时，就可以自我保持了。同时，还考虑了当地主导西风的影响及毗邻的24层办公大厦的俯视景观问题（图11-1）。

西方发达国家在60~80年代间相继建造了各类规模的屋顶花园和屋顶绿化工程。如：美国华盛顿水门饭店屋顶花园、美国标准石油公司屋顶花园、英国爱尔兰人寿中心屋顶花园、加拿大温哥华凯泽资源大楼屋顶花园、德国霍亚市牙科诊所屋顶花园、日本同志社女子大学图书馆屋顶花园等。这些与建筑设计统一规划建造的屋顶花园，多数是在大型公共建筑和居住建筑的屋顶或天台上，向天空开敞；也有建在室内成为建筑内部共享空间的；有游览性的，也有仅能观赏，游人不能入内的屋顶绿化；有的不仅在平屋顶上修建，还在坡屋顶上修造草场式绿化屋顶。

国外屋顶绿化的一些做法和构造处理，参见图 11-2～图 11-5。

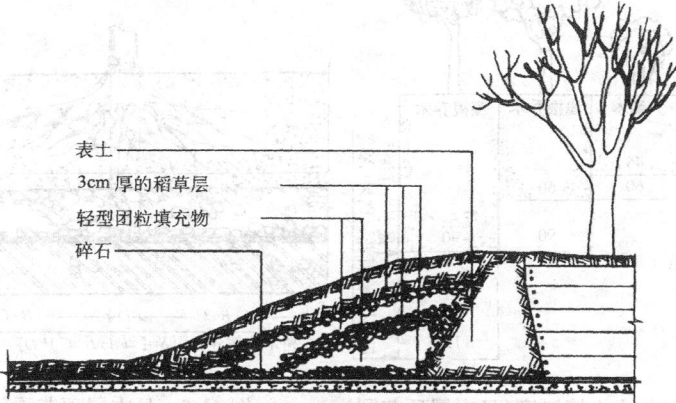

图 11-1　凯泽中心大楼屋顶花园剖面（1959 年）

- 表土
- 3cm 厚的稻草层
- 轻型团粒填充物
- 碎石

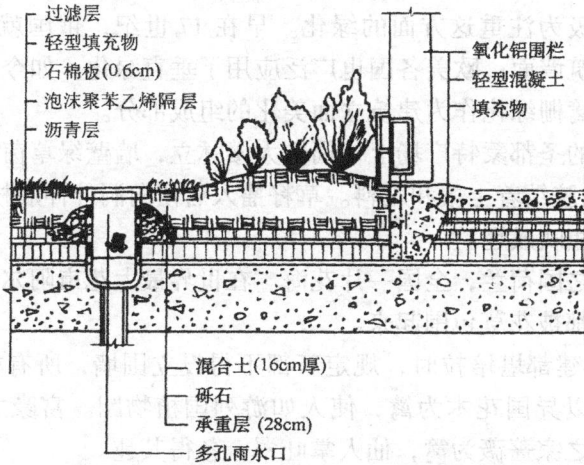

- 过滤层
- 轻型填充物
- 石棉板(0.6cm)
- 泡沫聚苯乙烯隔层
- 沥青层
- 氧化铝围栏
- 轻型混凝土
- 填充物
- 混合土(16cm厚)
- 砾石
- 承重层(28cm)
- 多孔雨水口

图 11-2　加拿大温哥华屋顶花园剖面（1978 年）

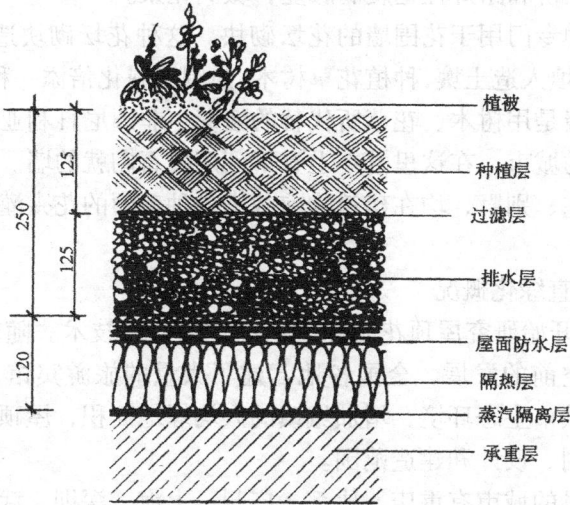

- 植被
- 种植层
- 过滤层
- 排水层
- 屋面防水层
- 隔热层
- 蒸汽隔离层
- 承重层

图 11-3　西德屋顶花园剖面实例（单位：cm）

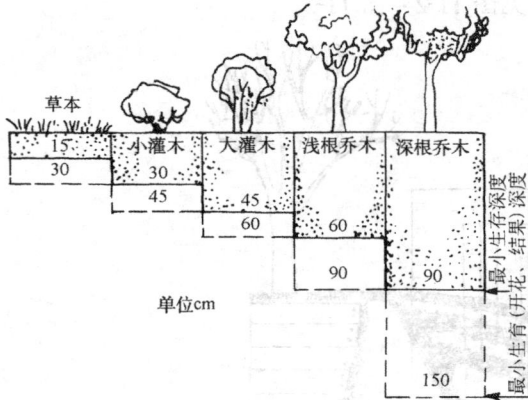

图 11-4　树木生长的最小土壤厚度（日本屋顶花园）　　图 11-5　日本屋顶花园剖面构造实例

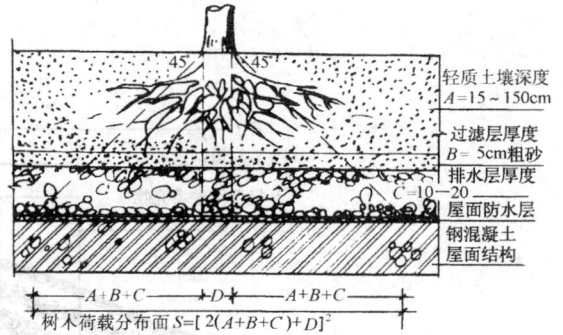

同屋顶绿化的发展一样，垂直绿化在世界上也早被一些国家所重视。即使城市绿化水平相当高的国家，也极为注重这方面的绿化。早在 17 世纪，俄国就将攀援植物用于亭、廊绿化，进而引向建筑墙面；欧美各国也广泛应用了垂直绿化。如今，国外一些国家已将阳台、窗台、墙面、篱栅绿化作为建筑立面美化的组成部分。

巴西库里提巴市的圣都蒙特广场上，周围大楼林立，墙壁绿草茵茵。大楼墙壁砌的是空心"生物砖"，砖内胶结着土壤和肥料。草籽播入后便向洞外伸展枝叶，编成外墙草坪，同广场的花坛、喷泉相映成趣。

缺少山林的低地之国荷兰，全国一片花海。在世界最大花市阿尔斯梅尔，连电线杆都吊着花盆，每栋房子都被花草包围起来。

澳大利亚 1927 年建都堪培拉时，规定新都不得设立围墙，所有机关、使馆、私邸均以绿墙代之。使馆区以异国花木为篱，使人如游列国植物园。富豪之家多以名花异卉结墙，兰桂争芬；平民之家蔷薇为篱，仙人掌吐翠，各得其趣。

城市国家新加坡，从政府大厦到国际机场的大道两旁，候车亭顶棚以紫色三角梅、黄色迎春花覆盖，行人天桥和路灯柱也爬满藤蔓，缀满花朵。

日本研制成功一种专门用于花围墙的花坛砌块。这种花坛砌块造型美观，可直接砌筑于围墙上，并在其间装填人造土壤，种植花草树木，使围墙绿化倍添一种立体的自然风景美。

风靡世界的生态墙是用树木、花草所代替的墙壁。非洲尼日利亚首都拉各斯，是一个用植物做围墙较普遍的城市，在这里基本上看不到用砖石砌就的墙。无论是街市两侧高耸的楼房，还是居民住宅、别墅，均在建筑物前栽满各种美丽的花卉灌木和小树，以铁丝为依托爬满藤蔓植物。

（二）我国屋顶垂直绿化概况

我国自 60 年代才开始研究屋顶花园和屋顶绿化的建造技术。随着我国改革开放的进程，旅游事业得到了空前的发展，全国各地营建了大量的旅游宾馆、饭店和涉外公共建筑。此时，为了改善城市生态环境，增加城镇的人均绿地面积，屋顶花园、屋顶绿化才真正进入城市的建设规划、设计和建造范围。

开展屋顶绿化较早的城市有重庆、成都、广州、上海、深圳、武汉等。如：广州东方宾馆屋顶花园、广州白天鹅宾馆的室内屋顶花园；上海华亭宾馆屋顶花园；重庆泉外楼、沙坪大酒家屋顶花园；成都饭店、成都岷山饭店屋顶花园；北京长城饭店屋顶花园；北京首都宾馆、北京华威大厦屋顶花园等。

开展屋顶绿化种植最早的是四川省。60 年代初，重庆、成都等一些城市的工厂车间、办公楼和仓库等建筑，利用平屋顶的空地开展农副生产，种植瓜果、蔬菜等。以生产为目的的屋顶种植，虽然出发点不是为了改善城镇环境、增加绿化面积，但它的实际效果却起到了绿化作用。近年来，这类屋顶绿化经过改造，多数改种各类花草及柑桔、葡萄等果树，有的还修建了园路，水体、花架等园林小品，形成屋顶花园，成为本单位职工业余休息、娱乐的场所。

70 年代我国第一个大型屋顶花园在广州东方宾馆 10 层屋顶建成。在 $900m^2$ 的屋顶面积上，布置有各种园林小品及各类适于当地生长的优良花木。布局简洁舒朗，空间划分大小适中，敞闭有序，层次丰富，体现了岭南园林风格，建成后得到国内外宾客的好评。

1983 年，北京利用外资修建了五星级旅游宾馆长城饭店，在饭店主楼西侧低层屋顶上，建成我国北方第一座大型露天屋顶花园。在 $3000m^2$ 不规则平面的花园里，水池、花台、各种几何形的种植区等有机地穿插结合，点缀少量的自然山石，喷泉、瀑布和小溪流水贯通全园。花园中具有中国园林特色的琉璃瓦四方亭与饭店后庭院的"镜园"园林建筑风格一致。为了减轻屋顶荷重，该园采用人工合成轻质种植土。在地形需要及大型种植池边处等部位均填充轻质聚苯乙烯加气混凝土等材料，这样既满足了造园所需地形、地物的布置，又不给屋顶结构增加过重的载荷。屋顶造园最重要的防水、排水及建筑构造等，也进行了精心设计与施工。

东方宾馆和长城饭店的屋顶花园，均建造在大型旅游宾馆的屋顶上，所需资金较多。在我国，这类屋顶花园尚属少数。增加城市绿化覆盖率和提高城市人均绿地面积，还应从改造现有城镇中单层或多层砖混结构的住宅平屋顶、公共建筑物的平屋顶来谋求出路。这方面成都、重庆等地已有不少的成功经验值得总结和推广。

到 80 年代末和 90 年代初，全国各地成批地出现了各具特色的屋顶花园。如上海首批兴建的豪华旅游宾馆中的华亭宾馆，在其主楼前裙楼屋顶上，兴建了具有中西造园风格的大型屋顶花园。广州中国大酒店大型天台花园，具有中国园林特色。1991 年开业的北京首都宾馆，第 16 层和第 18 层屋顶上，均建造了精美的屋顶小花园。另外，在北京机场路上合资建造的丽京花园别墅，三组大型屋顶花园已于 1993 年建成。北京林业大学主楼屋顶，建造了具有中国园林特色，又带一定示范性的屋顶花园，已于 1992 年建成投入使用。

此外，关于屋顶绿化方面的科学研究工作也在逐步发展。武汉市园林科研所《屋顶绿化无土栽培与植物选择的研究》课题，于 1990 年 6 月通过技术鉴定。该项研究通过对四种不同形式的屋顶绿化进行研究、中试和应用，优选出防水层、栽培基质、保水、保肥剂和植物材料，特别是采用交联聚丙烯酸盐类作屋顶绿化基质保水、保温剂的技术，值得推广。重庆市《垂直绿化调查及其应用技术的研究》课题组，多年进行屋顶栽培基质的试验，推出了 CP-I型化学改性泥炭作为屋顶绿化栽培的优良基质。北京市东城区园林局自1985 年开始进行了利用锯末为介质的屋顶绿化试验，取得了可喜的成果。

随着城市建设的发展，在垂直绿化方面，也取得了重大突破和进展。在我国，许多攀援植物都具有悠久的栽培历史和广阔的种植范围，如葡萄的栽培历史至今已 2000 多年，猕猴桃至少已有 1200 年的栽培历史。至于一些草本攀援植物，如多种瓜类、豆类的栽培，则早在《诗经》中已有记载。我国建造楼房较早的上海、广州、北京等大城市在教堂、图书馆等建筑物的外墙上种植爬山虎。如清华大学图书馆、体育馆和上海衡山路礼拜堂等，均有 60 余年种植爬山虎的历史。近 20 年来，发展垂直绿化已成为城市园林建设的重要内容，不少城市将垂直绿化列为绿化评比的标准之一。

以北京为例，1983 年 8 月召开的北京市第一次园林工作会议，提出了要进行垂直绿化的要求，此后六七年来机关单位的垂直绿化有了很大发展。为了迎接第十一届亚运会的召开，城市绿化要把"墙面有绿"作为迎亚运、完善北郊"五路三桥"和东厢道路绿化的重要标志之一。在干道两侧搞 100 处垂直绿化，并做到连线、成景、多样化。上海普陀区园林所在沪宁高速公路入城段的道路与公房之间建造了一条长 400 余米的透空隔离景墙，实施了垂直绿化。选栽山荞麦、何首乌、木防己、南蛇藤等 14 种攀援植物，并成功地在墙上设置塑料网罩以利植物攀援，用添加介质、喷施植物生长素、提高养护管理水平等措施，大大加快了墙面绿化速度，收到了预期的绿化效果。重庆城区主干道和次干道都是顺着山势开展，为了防止山坡垮塌，几乎条条道路都有挡土墙。从 1963 年开始，园林部门在这些挡土墙的石壁、墙顶上栽树和种植攀援植物，30 余年来，取得了较好的绿化效果。如市委、两路口等墙壁上，黄葛榕生长在石缝内，盘根错节，绿树遮壁，别具风格。朝天门等石壁上的地锦，上爬下吊，犹如绿帘垂挂，景色别致。长江路、人民支路等墙顶上的夹竹桃、五色梅、扶桑等花木，枝条自然下垂，四时八节，花繁叶茂，条条彩带沿山环绕，这些已成为山城绿化的一大特色。

总之，我国的屋顶绿化和垂直绿化正在逐步发展，并受到普遍重视。伴随着新世纪的到来，更多更大型的屋顶绿化和垂直绿化，随着城市建设和建筑业的迅速发展，将为我国建设花园城市做出贡献。

第二节　屋顶绿化的施工与养护

由于面积、承重、层顶形状、方位等因素的制约，在屋顶上造园比平地或地面要困难得多。其中最重要的问题是：建造花园或绿化的总重量及分布，建筑物是否能承受得住。为了使建筑物不致负担太重，就不能用一般的造园方式，因而要在园林或绿化结构上下功夫，提出切实可行、经济合理的方案。

一、屋顶绿化的施工原则

(一) 审定屋顶的最大承重量

设计施工前应取得基建部门的合作，了解房屋的使用年限，平屋顶的结构形式和建筑材料每平方米的承重量和动荷载，以及屋顶的坡降、排水、渗漏等情况，然后决定屋顶绿化的形式和内容。无论哪种体系和形式的屋顶结构，都根据建筑物设计时所选用的屋顶上人和不上人这二种屋顶使用要求，以及屋面活荷载取值大小确定其承载能力。

平屋顶分为上人屋顶和不上人屋顶两种。坡屋顶一般均设计成不上人屋顶。不上人屋顶屋面均布活荷载，当采用钢筋混凝土梁板结构时，其活荷载为 $50kg/m^2$；如采用坡屋顶瓦屋面和波形瓦等轻屋面，则其活荷载为 $30kg/m^2$。无特殊要求的上人平屋顶其均布活荷载为 $150kg/m^2$。这里所指的活荷载，不包括屋顶各种构件及构造做法等的自重，仅指施工和检修以及人们在屋顶活动及少量家具物件等的重量。在一般情况下，原建筑物屋顶若按不上人屋顶设计，则屋顶上不允许建造屋顶花园，除非重新更换屋顶承重构件，并逐项验算房屋有关承重构件的结构强度。即使屋顶原设计是按照上人屋顶设计，在建造屋顶花园时仍需严格控制所加荷载不得超过 150kg/m²。当然，若屋顶建筑结构已按照屋顶花园所需附加的各项荷重设计，就不存在屋顶承重能力的问题。只要按原设计建造，即可保证屋顶结构的安全。

应当指出的是，屋顶花园的活荷载数值仅是屋顶设计荷载中的一部分。它与屋顶结构自重、防水层、找平层、保温隔热层和屋面铺装等静荷载相加，才是屋顶的全部荷载。屋顶活荷载只是一项基本值，房屋结构梁板构件的计算荷载值要根据屋顶花园上各项园林工程的荷重大小最后确定。

（二）进行全面重量分析

对屋顶绿化使用的排水层材料、轻质人造土、栽植的植物材料和当地最大降雪量及降尘量的重量应进行统计分析，一定要将重量控制在平屋顶或平台的允许静载重量之内。

（1）掌握了解配制人造土的各种材料的干重和湿重，确定配比和铺设厚度。不同植物生存和生育所需土层的最小厚度是不相同的，而植物本身又有深根型和浅根型之分，对种植土深度也有不同要求；再加之屋顶上一般风较大，植物防风处理也对种植土提出了要求。综合以上因素，对地被、花卉、灌木和乔木等不同类型植物生存和生育的最适合的种植土深度提供数据如表 11-1 所示。

屋顶花园种植区土层厚度与荷载值　　　　表 11-1

类　　　别	单　位	地　被	花卉小灌木	大　灌　木	浅根乔木	深根乔木
植物生存种植土最小厚度	cm	15	30	45	60	90~120
植物生育种植土最小厚度	cm	30	45	60	90	120~150
排水层厚度	cm	—	10	15	20	30
平均荷载(生存)	kg/m²	150	300	450	600	600~1200
（生育）		300	450	600	900	1200~1500

注：种植土密度按 1000kg/m³ 计。

屋顶花园的种植土关系到植物能否健壮生长发育和房屋结构承重等问题。为了使花木旺盛生长并尽量减轻屋顶上的附加荷载，种植土要选用经过人工配制的新型基质，既含有植物生长发育所必须的各类元素，又要比露地耕土密度小。因此种植土应满足重量轻、持水量大、通风排水性好、营养适中、清洁无毒、材料来源广且价格便宜等要求。

国内外用于屋顶花园的人工配制种植土种类很多。日本采用人工轻质土壤，其土壤与轻质骨料（蛭石、珍珠岩、煤渣和泥炭等）的体积比为 3:1，其密度约为 1400kg/m³；美国和英国的人工种植土成分为沙土、腐殖土、人工轻质材料等，其密度在 1000~1600kg/m³；德国采用腐殖质、泥炭、泡沫质屑和有机肥料合成的人工种植土，其密度按不同的配合比在 700~1500kg/m³。

国内在 80 年代后建造的屋顶花园，采用的人工种植土的密度在 780~1600kg/m³。如北京长城饭店采用的是东北林区腐殖草炭土、蛭石和沙土，其比例为 0.7:0.2:0.1，密度为 780kg/m³。广州中国大酒店屋顶花园合成腐殖土密度达 1600kg/m³。上述人工种植土的密度一般均指其干密度，种植土经雨水或浇灌后的湿密度将增大 20%~50%。对于小于

$1000kg/m^3$ 的人工种植土，则当土达到饱和时，其土湿密度将仍接近 $1000kg/m^3$。

无论采用哪种材料和配合比组成的人工种植土，均应根据其实际密度的大小和种植土层的厚度折算成每平方米的荷重施加在屋顶结构板上。

常用的轻质人造土壤材料的物理性质见表 11-2。

几种轻质人造土壤材料和一般沙壤土的物理性状 表 11-2

材料名称	密度 $（t/m^3）$		持水量 （%）	孔隙度 （%）
	干	湿		
沙 壤 土	1.58	1.95	35.7	1.8
木 屑	0.18	0.68	49.3	27.9
蛭 石	0.11	0.65	53.0	27.5
珍 珠 石	0.10	0.29	19.5	53.9
稻 壳	0.10	0.23	12.3	68.7

（2）了解栽植材料的重量，以确定栽植植株的大小和数量。植物本身自重和大型乔灌木的根系重与建筑屋顶结构构造等自重相比，虽不属控制数值，但也是不可忽视的荷载。特别是屋顶上种植大型乔木时，除植物和根系重外，还有较高大的种植池重，是一项附加于结构上的需专门验算的集中荷载。

（3）掌握排水层的厚度与重量。屋顶花园的排水层设在防水层之上，过滤层之下。通常的做法是，在过滤层下做 100～200mm 厚用轻质骨料材料铺成的排水层，骨料可用砾石、焦碴和陶粒等。美国加州太平洋电讯大楼屋顶花园的排水层采用陶粒；北京长城饭店屋顶花园则采用了 200mm 厚的砾石为排水层；在我国南方某屋顶种植池采用 50mm 厚的焦碴层做排水层。排水层的厚度可参阅表 11-1 所列，但需根据排水层使用的材料计算它每平方米的重量。卵石、砾石和粗沙的容重为 2000～2500kg/m³，是排水层材料中最重的。若采用陶土烧制的陶粒，则仅有 600kg/m³。采用塑料空心制品时其重量将更轻。

另外，种植区内除种植土、排水层外，还有过滤层、防水层和找平层等（图 11-6）。在计算屋顶花园荷载时，可统一算入种植土的重量，以省略繁杂的小项荷载计算工作。

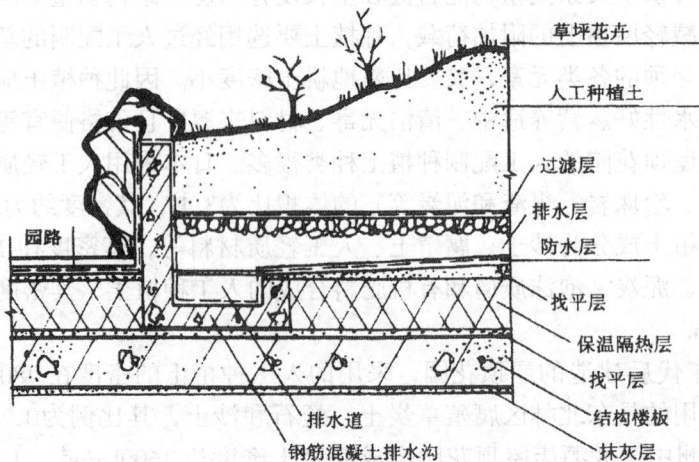

图 11-6 屋顶花园种植层的构造剖面分层

（4）从气象部门了解，当地历年来冬季最大降雪量和降尘量。

根据以上各项数字的重量分析，最后控制总重量在平屋顶的允许静载重量之内，才能确保安全。例如某一个平屋顶，允许静载重量为 400kg/m²。轻质人造土的湿密度为 1.0t/m³。假如需铺设 20cm 厚的种植层，按每平方米计算，则种植层的重量为 1.0t/m³ × 0.2m = 200kg/m²。

每平方米各种材料和各种因素的总重量为：

排水层重	50kg
人造轻质土壤重	200kg
栽植植物材料重	10kg
最大降雪量和降尘量重	20kg
活荷载（参考数字）	80kg
总计	360kg

则 360kg/m² 小于 400kg/m²，因此是可行的。

（三）亭台、假山、水池、棚架及大树的种植槽，必须建造在承重墙和承重柱上

（四）植物的选择

屋顶生态因子与地面不同，日照、温度、空气成分、风力等都随着层高的增加而变化。在不同地区，应选择适应当地条件的植物材料。

光照：屋顶相对比地面接受的太阳辐射、光照强度要大，光照时间较长，如 6 层屋顶，冬季光照强度比地面大 300～400lx，夏季大 500～800lx，因此促进植物光合作用，对生长有利。

温度：屋顶处于较高位置，温度应低于地面，但由于屋面日照辐射强，钢筋混凝土等屋面材料经太阳辐射升温快，反射强。夏季白天屋面温度比地面高 3～5℃，晚上由于屋面风力大，温度又比地面低 2～3℃。屋面温差较大，有利于植物生长。冬季屋顶花园的土温比周围园林土温至少高 5℃ 以上。

水分：由于屋面地势高，日照充足，温度较高，风大，因此相对湿度比地面低 10%～20%。尤其在夏季，蒸腾作用强，而且建筑材料温度高，水分蒸发快，植物对水分的需求更为重要。

风力：一般屋面高度为十几米至几十米，风力往往比地面大 1～2 级。处于风口的建筑，屋面风力更大，风力大使屋面温度、湿度受影响，对高大体量的植物生长不利。

鉴于屋面上述生态因子的实际状况比地面对植物的生态环境要差得多，因此，屋顶花园的植物选择，应具备以下特性：

（1）品种强壮，具有抵抗极端气候的能力；

（2）适应种植土浅薄、少肥的花灌木；

（3）能忍受干燥、潮湿积水的品种；

（4）耐夏季高热风，冬季能露地越冬；

（5）抗屋顶大风；

（6）抗污染能力强；

（7）容易移植成活、根系浅、耐修剪、生长较慢；

（8）耐粗放管理。

（五）铺设施工

根据平屋顶的承重能力和设置屋顶绿化的主要目的和要求，选择不同功能的屋顶绿化形式（表11-3）。选定屋顶绿化形式后，可根据平面图进行总体设计。屋顶绿化的设计和地面绿化设计基本相同，只是应特别注意排水系统的完整和通畅无阻。各个花坛、园路的出水孔必须与女儿墙排水口或屋顶天沟连接成一整体，使雨水和灌溉的水分能及时顺利地排走，减轻屋顶的荷重和防止渗漏。

屋顶绿化形式的主要指标　　　　　　　　　　　　　表 11 - 3

名　　称	要求承重（kg/m²）	种植层厚度（cm）	主　要　功　能
花 园 式	>500	30～50	提供休息游览场所
种植园式	200～300	20～30	繁殖花木，防暑降温，增加效益
地 毯 式	100～200	5～20	美化环境

施工时，首先用粉笔在屋面上根据设计要求划出花坛花架、道路排水孔道、浇灌设备的位置。先在屋面铺设 5～10cm 的排水层，排水层的材料可选用废弃的聚苯乙烯珠粒、煤碴或稻壳，排水层上铺尼龙窗纱或玻璃纤维布与石棉布的过滤层，以防轻质人造土颗粒下漏堵塞排水层。然后在过滤层上铺设轻质人造土种植层，厚度依栽植植物而定。

种植层上栽种树木与花草，配置时要注意污染源和太阳的方向。在花坛或种植槽内，必须先将排水孔用碎瓦片、尼龙窗纱或排水管子盖住，然后铺排水层与种植层。

（六）注意事项

（1）屋顶花园或绿化防水处理成败将直接影响建筑物的正常使用和安全。传统屋面防水材料油毡暴露在大气中，气温交替变化，使油毡本身、油毡之间及与沙浆垫层之间的粘结发生错动以致拉断。油毡与沥青本身也会老化，失去弹性，从而降低防水效果。因此，要有更牢靠的防水处理。新建屋顶花园和屋顶绿化防水层的设计与施工，应改用新型防水材料来代替传统的油毡防水层，并改变热操作为冷操作的施工工艺，确保防水层能达到预期的效果。

（2）屋顶造园或绿化应注意减轻花园或绿化材料、设施等的重量，为此，要求建筑的砌体结构选择自重轻、透气性能好、经济耐用、耐腐蚀、成本低的材料。花池、坐椅、花架、雕塑小品等构筑物都应采用轻型混凝土，减少自重。绿化使用的培养土，须用重量很轻的腐殖土与用多孔岩粉碎后的沙子混合制成。

造园设施，如高大沉重的乔木、假山、雕塑等，应位于受力的承重墙或相应的柱头上，并注意合理分散，避免集中。

（3）施工前，对屋顶要进行清理，平整顶面，有龟裂或凹凸不平之处应修补平整，有条件上一层水泥更好。原屋顶为预制空心板时，先在其上铺三层沥青，两层油毡作隔水层，以防渗漏。对没有女儿墙和外沿太矮的屋顶，为了安全应架设栏杆。

二、屋顶绿化的养护管理

屋顶绿化的管理，主要是指花园或绿地主体景物的各类地被、花卉和树木的养护管理。当然，还有屋顶上的水电设施和屋顶防水、排水等管理工作。

绿化的养护管理除基本与地面相同点外，主要是注意水与肥。屋顶因干燥、高温、光照强、风大，植物蒸腾量大，失水多，夏季易发生日灼，枝叶焦边或干枯，因此必须经常浇水，创造较高的空气湿度。夏季每日多次喷水，春秋也应一日2次以上。

屋顶绿化大都为多年生植物，在较浅的土层上生长，介质又多为无机物，因此必须施以营养液或有机肥，有机肥应经过处理以免影响卫生，无机肥需根据植物生长需要，配成营养液。

此外，在日常使用过程中，管理人员应注意不得任意在屋顶花园或绿地中增设超出原设计范围的大型景物，以免造成屋顶超载。不得破坏原屋顶防水层，更不得改变屋顶的排水系统和坡向。保持屋顶园路及环境的清洁，防止枝叶等杂物堵塞排水通道及下水口，造成屋面积水，最后导致屋顶漏水。

第三节　垂直绿化的施工与养护

一、攀援植物的种类

在奇妙的大自然中，植物种类纷葩烂漫，千姿百态。其中，有一些植物，它们的茎干柔弱纤细，自己不能直立向上生长，须借助他物来伸展其躯干，以利于争取吸收充足的雨露阳光。由于它们具有必须依附其他物体才能攀援向上生长的习性，所以把这类植物称为攀援植物。

我国攀援植物的种类极其丰富，据不完全统计约有1000多种，隶属70余科、200多属。其中大多数为种子植物，少数是蕨类植物。

攀援植物的种类，按其攀援方式分为：

（一）自身缠绕植物

不具有特殊的攀援器官，而是依靠植株本身的主茎缠绕在其他植物或物体上生长，这种茎称为缠绕茎。其缠绕的方向，有向右旋的，如薯蓣、啤酒花、葎草等（图11-7）；有向左旋的，如紫藤、扁豆、牵牛花等（图11-8）；还有左右旋，缠绕方向不断变化的植物，如何首乌等。

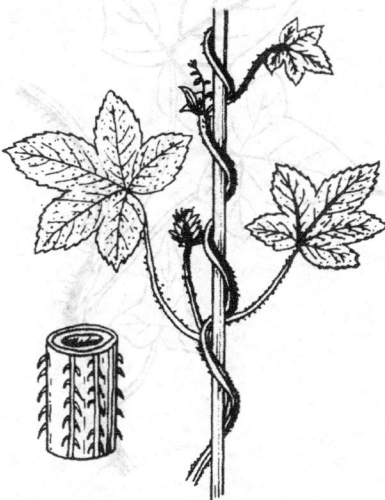

图11-7　葎草

图11-8　牵牛花

267

（二）依附攀援植物

具有明显的攀援器官，利用这些攀援器官把自身固定在支持物上，向上方或侧方生长，常见的攀援器官有：

1. 卷须

形成卷须的器官不同，有茎（枝）卷须，如葡萄（图 11-9）；有叶卷须，如豌豆、铁线莲等（图 11-10）。

图 11-9　葡萄的茎卷须

图 11-10　铁线莲的叶柄卷须

2. 吸盘

由枝先端变态而成的吸附器官，其顶端变成吸盘，如地锦、五叶地锦（图 11-11）。

3. 吸附根

节上长出许多能分泌胶状物质的气生不定根吸附在其他物体上，如常春藤、凌霄等（图 11-12）。

图 11-11　地锦茎上的吸盘

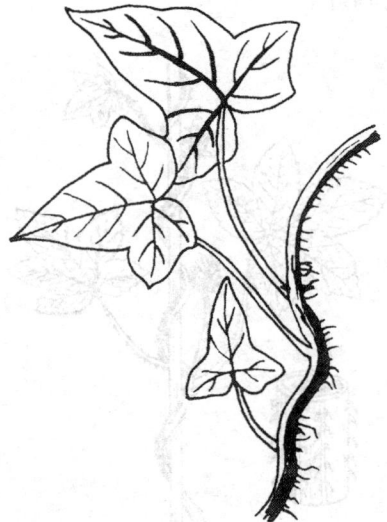

图 11-12　常春藤的气生吸附根

4. 倒钩刺

生于植物体表面的向下弯曲的镰刀状逆刺（枝刺或皮刺），将植株体钩附在其他物体上向上攀援，如藤本月季、葎草、多花蔷薇等。

（三）复式攀援植物

具有几种攀援能力，它既是缠绕性的攀援植物，又具有特化的攀援器，如葎草等。

二、垂直绿化的施工

（一）垂直绿化的形式和植物的选择

1. 附壁式

利用攀援植物绿化、美化城市中各类建筑的外墙、围墙、挡土墙、河道护坡墙以及一切垂直于地面的建筑物和构筑物的墙体的一种绿化形式。附壁式绿化要根据居住区的自然条件、墙面材料、墙面朝向和建筑高度等选择适宜的植物材料。

（1）墙面材料

一般建筑物的墙面装修，可分为清水墙面和混水墙面。所谓清水墙面，也就是目前国内工业与民用建筑最为普遍的红砖或青砖砌筑的砖外墙，它的墙面只进行勾缝处理，在墙的外表面不进行任何粉饰。而混水墙面是指在砖墙和其他块材或钢筋混凝土墙板外再用各类饰面进行粉饰。混水墙的外饰面最常用的有水泥沙浆抹面、水刷石墙面、塑料漆喷涂墙面、各种面料（马赛克、锦砖、石料等的贴面以及近几年时兴的铝合金装饰板和镜面玻璃幕墙等）。

墙面绿化要取得很好的绿化效果，除选择适合当地生长的攀援植物外，最关键问题是要使植物能牢靠地并按照各自的生长习性固定在墙面上。实践证明清水墙面比混水墙面更适合于墙面绿化。无论哪种饰面修建的混水墙，都是在砖或混凝土的实体上再罩一层"面层"，水泥沙浆、水刷石抹灰，由于施工技术、施工季节等问题，抹灰墙面常有整片脱落现象。各类贴面面砖的墙面，由于表面光滑，使得攀援植物不易吸附、钩刺在墙面上。而清水青红砖既不光滑，又无脱落问题，是垂直绿化最理想的墙面，适用于具有吸盘或吸附根类的攀援植物。

值得注意的是，在铝合金板墙面和玻璃幕墙面上不易进行绿化，一方面是攀援植物不易固定；即使形成绿化墙，一遇大风也要脱落。另外，金属板和玻璃为吸热材料，在炎热光照下植物不能正常生长，甚至会烧焦死亡。

除建筑物的墙面外，在市政工程中，挡土墙，河道护坡和单位围墙、灯柱、人工挡土墙都可利用墙面进行绿化。如北京市西三环路沿路围墙的绿化、北京市立交桥五叶地锦绿化、北京颐和园昆明湖东岸围墙的绿化、清华大学居民院围墙的蔓生蔷薇花墙、深圳市政府邻街围墙的勒杜鹃花墙、重庆市内挡土墙绿化等均给人们留下美好的印象。

（2）墙面朝向

墙面朝向不同，适宜于采用的植物材料不同。一般来说，朝南、朝东的墙面光照较充足，应选择喜光、耐旱和适应性强的树种，如五叶地锦、凌霄、木香、藤本月季等。而朝北和朝西的日照时间短，墙面温度低，较潮湿，应选择耐阴湿的植物，如地锦，常春藤、络石、薜荔、扶芳藤等。在不同地区，适于不同朝向墙面的植物材料不完全相同，要因地制宜选择植物材料。

2. 篱垣式

栅栏篱笆绿化是植物借助于各种栅栏、篱笆构件生长并划隔空间区域的一种绿化形式。栽培形式有两种：

（1）自然式

指对已缠绕栅栏上的植物，不加修剪而任其自然生长，以便显示出自然姿态及风趣。

（2）规则式

将攀附在栏杆上的植物和栏杆加工成具有一定艺术性的几何形或动植物图形。它不仅造型生动活泼，富于立体绿化效果，而且具有防护作用。

栅栏配置植物要根据构件结构和色彩以及立地条件进行选择。例如，钢筋混凝土结构的栅栏，造型一般都比较粗糙、浑厚，配置的攀援植物宜选用枝条粗壮、色彩斑斓的藤本月季、金银花、南蛇藤、猕猴桃、杠柳、花蓼等，使植物与栅栏相协调。当然，纯粹观赏性的栅栏，无论其质地是竹木，还是金属，或者混凝土结构，均无须配置植物。

此外，栅栏配置攀援植物一定要根据构件的色彩，最好选择近似色，不能反差太强烈，以能隐蔽、遮挡视线为佳。原则上白色的栅栏能和任何植物相配，而白花可配置红、黄色的栅栏。白色以外的颜色如茶色、红、绿、黄色等深于栅栏最协调。若栅栏在色泽与造型上别具一格，观赏性好，植物仅仅是起点缀作用的，那么，在选择植物时就要有反差，最好配置一些色泽鲜艳的植物，给人一种醒目感，否则就起不到点缀效果。

3. 花架式

花架主要是为了支持攀援植物生长而设置的构筑物，其形式极为丰富，有棚架、廊架、亭架、篱架、门架等，所以也具有一定的建筑功能。庭院中的花架既可作小品点缀，又可成为局部空间的主景；既是一种可供休息赏景的建筑设施，又是一种垂直绿化的理想形式（图 11-13～图 11-15）

夏季　　　　　　　　冬季

图 11-13　蔷薇花棚架

目前应用园林中的蔓生花架植物不下于几十种，如葡萄、南蛇藤、五味子、软枣子、金银花、紫藤等。此外，一年生草本攀援植物，如牵牛花、茑萝、葫芦、丝瓜、扁豆等，都是园林花架相宜的种类。

（二）垂直绿化的施工

1. 散水外地栽

高大建筑物墙基部都有散水地面和防潮墙围，多为水泥构成。墙面绿化可将植株栽植

图 11-14 蔷薇门

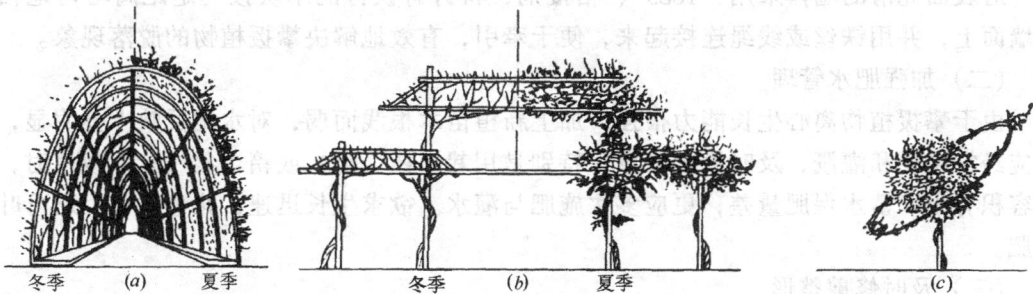

冬季　(a)　夏季　　　　　冬季　(b)　夏季　　　　　(c)

图 11-15 各种造型

(a) 甬道；(b) 牌楼；(c) 卫星

于散水外绿地内，种植带宽度 0.5~1m，土层厚为 0.5m。栽植前应深翻地，换好土，保证根系土层疏松，并施适量底肥。为了较快地形成绿化效果，种植株距为 0.5~1m。如果管理得当，当年就可见效果。

2. 种植池栽植

破散水砌成种植池，其大小、深度依栽种的植物需要而定，但深度必须在 40~50cm 左右，太浅根系伸展不良，扎根不牢。池底留几个排水孔，先在池内铺一层碎石的排水层，排水层上铺一层棕丝或尼龙窗纱，便于排水，不致堵塞排水孔，其上再铺种植土，土面应距池口 5cm 左右，以便浇水和施肥。窗台绿化亦可采用种植池栽植。

3. 缸盆栽植

在散水上放置缸、盆，将植株栽于缸盆内。缸一般圆形占地少，可放在屋角或拐弯处。

4. 木箱栽植

根据栽植需要做木箱，箱底之间留缝隙。适于阳台绿化，将木箱装置在阳台内侧或外侧。必须安置牢固。

5. 栏杆、棚架施工

选择栽植地，以利植株上爬为原则。栽植方法与一般树木一样。

三、养护

（一）牵引工作

苗木发芽生长后必须做好枝梢的引导工作，使其定向生长，快速见效。否则苗木在地面匍匐，分散植株养分，易受人为破坏。尤其五叶地锦萌发新梢后，如任其沿水泥散水面爬行，极易因地面阳光辐射而焦黄、枯萎，影响开始触墙的吸附能力。牵引方法有：

1. 斜支架式

用木棍或竹竿斜支到墙壁上，越过散水，植株通过支架，即可上墙，支架为15°～30°角，如角度过大，下部形成空档，即使顶端吸住墙壁，也易被风吹落。

2. 直立架式

在散水的外侧直立木杆约3m高，在上搭横杆与墙面相接，杆与杆间用铁丝相连，形成棚架式通道，植株通过棚架爬上墙体，形成绿色长廊。

3. 粘接附着物

对表面光滑的墙体采用"1083"、粘接剂，将钉有铁钉的木块按一定距离均匀地粘接在墙面上，并用铁丝或线绳连接起来，便于牵引，有效地解决攀援植物的脱落现象。

（二）加强肥水管理

由于攀援植物离心生长能力很强，加上新植苗木根浅而弱，对水肥反映十分明显，因此应经常施肥和灌溉，及时松土除草，特别是用栽植槽（池）或箱、盆（缸）栽植时，装土容积有限，蓄水保肥量差，更应多次施肥与灌水。欲求生长迅速，花色浓艳，还可叶面施肥。

（三）及时修剪整形

植株布架占棚后，应使蔓条均匀分布不使重叠，生长期内摘心，抹芽，促使侧枝大量萌发，迅速达到绿化效果。花后及时剪去残花，不使结实，节省营养物质。冬季应修去病虫枝、干枯枝及过密枝。

复习思考题

1. 屋顶垂直绿化有何意义？
2. 屋顶绿化的施工原则是什么？
3. 攀援植物依其攀援方式可分哪几类？
4. 墙面绿化应掌握哪些技术要领？
5. 列举本地区适做垂直绿化的主要植物种类。

附录 实习项目

实习一 园林树木种子采集

一、目的要求

掌握常见观赏树木种实成熟时期，了解种实采集前的准备工作，学会各种采集工具的使用，掌握主要采种方法。要求通过实习采集本地区主要园林树木种实。

二、材料和用具

剪枝剪、采种钩、高枝剪，塑料布或帆布，布袋及盛种容器等。

三、说明

种实采集应选择优良母树上成熟的种子，要保护好母树，切忌采集未成熟果实和折取大枝；不得在阴雨天、大风天上树采种；上树作业应注意安全；采收种实要分别盛装，并填写种子采收登记表。

四、方法步骤

（一）采摘法

适用于花灌木类或种子脱落后易飞散的树种，如杨、柳、榆、泡桐、连翘、紫薇、黄杨等。

1. 低矮树木，可在地面用手或剪枝剪采摘。

2. 高大树木，用高枝剪、采种钩或上树采种。

（二）摇落法

适用于树干高大，果实单生，用采摘法较困难的树种，如核桃、银杏、栎类等。可在种实成熟后脱落前用震荡、敲击果枝的方法，使种子落于铺在地面的塑料布或帆布上，以便收集装袋。

种子采收登记表　　　　　　　　　　　　　　　　　　　附表1

树　种		科　名	
学　名			
采集时间		采集地点	
母树情况			
种子调制时间方法		种子数量	
种子贮藏	方　法		
	条　件		
采种单位		填表日期	

1. 采种前有哪些准备工作?
2. 采种时应注意什么?
3. 填写《种子采收登记表》(见附表 1)。

实习二 种子调制

一、目的要求

掌握常见园林树木同类型果实调制方法;了解种子在脱粒、干燥过程中保证质量的措施。

二、材料和用具

(一)材料

用于播种繁殖的园林树木种实,主要有干果、肉质果、球果各二种。

(二)用具

缸、桶、小木锹、草帘、席子、木棒、筛子、簸箕等。

三、说明

自然干燥法晾晒球果时要经常翻动,随脱粒随收取种子;肉质果取种时,不可使果实堆沤过久,并应经常翻动或换水。种子取出后,应置通风背阴处阴干,达到贮藏含水量时为止。

四、方法步骤

(一)干果类的调制

1. 蒴果类:丁香、溲疏、紫薇、木槿等含水量低的种子,可在阳光下晒干,用簸箕簸除杂物。

2. 坚果类:栎类、板栗等种实在阳光下曝晒易失去发芽能力,采后应立即粒选或水选,置于通风处阴干。堆铺厚度不超过 20～25cm,并要经常翻动,种实湿度达到要求即可收集贮藏。

3. 翅果类:槭树、白蜡、臭椿、杜仲、枫杨等种子经干燥后除去杂物即可。但杜仲、榆树种子含水量高,且不宜曝晒,可用阴干法干燥。

4. 荚果类:刺槐、皂荚、紫荆、紫藤、合欢、相思树等果实采集后可摊开曝晒 3～5d。对少数不开裂的果实可用棍棒敲打或用石碾压碎果皮脱粒,最后清除杂物得纯净种子。

5. 蓇葖果类:牡丹、玉兰、绣线菊、珍珠梅、风箱果等种子,阴干后便可层积贮藏或播种。

(二)肉质果类的调制

1. 小叶女贞、黄菠萝、圆柏、山杏、山桃等种子的调制,可先将果实放入盛水的缸或桶中浸沤,待果肉软化捣碎或搓烂果皮,加水冲洗,用木棒搅动,捞出浮在上面的渣滓,重复冲洗取出纯净种子。

2. 核桃、银杏等果皮较厚,可堆积起来盖草浇水保持一定温度,待果皮软化腐烂后即可搓去果肉取种。

3.苦楝等肉质果采后可放在预先挖好的小坑或缸中，用石灰水浸沤一周左右，待果肉浸软后取出用木棒捣烂或用脚揉搓，即可脱掉果肉取种并阴干。

（三）球果类脱粒

可采用自然干燥法。将采摘的球果摊放在席上晾晒，经常翻动，待鳞片开裂轻轻锤打球果，种子即可脱出，然后过筛取种。油松、侧柏、杉木、金钱松等球果脱粒可用此法。

五、作业

1.简述球果类种子脱粒原理。并说明操作时应注意哪些问题？

2.简述肉质果取种如何保证种子质量。

实习三　种子的播前处理

一、目的要求

了解种子休眠的原因，掌握播种前种子处理的主要方法。

二、材料和用具

（一）材料

不同休眠类型种子2～3种（刺槐、马尾松等），适量高锰酸钾、福尔马林、退菌特等。

（二）用具

土壤筛、量筒、1/500天平、烧杯、培养器、玻璃棒、镊子、酒精、蒸馏水等。

三、说明

在生产上为了促进种子发芽，培育壮苗，预防病虫害等，常进行种子精选、消毒、浸种、催芽、多湿处理等。在层积催芽过程中要经常检查翻动种子，如出现霉腐种子要及时清除，湿度不够要边翻动边喷水。催芽过程中要掌握好种子萌动与播种时期相吻合，如种子萌芽早应注意低温控制，催芽晚可提高处理温度。种子催芽到"露白"或1/3～1/2萌芽即可播种。

四、方法步骤

（一）精选种子

"良种出壮苗"。所谓种子精选就是对种子不仅除去杂物而且从中选出具有良好播种品质的种子。具体方法有：

1.筛选：用不同孔目的筛子将种子过筛，淘汰小粒种子，再将土块及杂物去掉。

2.风筛：用簸箕将种子中杂物等簸出。筛选和风筛结合选种效果较好。

3.比重选：在量筒中注入一定量的蒸馏水，并放入已称过重量的种子，看量筒中蒸馏水上升的高度求出种子的容积，并按下列公式计算比重。

$$种子比重 = \frac{种子重量（g）}{种子容积（ml）}$$

知道了各种种子的比重后，便可在播种前用清水、盐水或酒精选。下沉种子即可播种。

4.粒选：大粒种子可采用逐粒挑选的方法挑出颗粒饱满、无病菌感染无虫孔的优质种子。

（二）种子消毒

花木种子表面常带有一些真菌或细菌病害，为了预防病菌传播，在播前需要进行消毒。种子消毒有药剂处理和温汤浸种两种方法。凡细菌潜伏于种皮下，普通药剂无法杀灭，均用温汤浸种。

1. 温汤浸种

将种子浸在一定温度的水中，不断搅动并加热保持一定的温度，到一定时间后需放入一定冷水中降温（见附表2）。

温汤浸种处理时间表   附表2

防 治 病 害	处理时间（min）	处理温度（℃）	冷水浸时间（min）
猝倒病、黑腐病、根腐病	25	50	3~5
凋萎病	30	50	

2. 药剂处理

（1）福尔马林处理：播种前1~2d将种子浸在0.5%福尔马林溶液中15~30h，取出后密封2h后将种子摊开，阴干后即可播种。

（2）高锰酸钾处理：用0.5%高锰酸钾浸种2h，密闭0.5h，取出洗净阴干待播。

（3）硫酸铜处理：以0.3%~1%硫酸铜溶液浸种4~6h，取出阴干即播。

（4）敌克松处理：将敌克松粉剂与10~15倍细土配成药土拌种，对防治猝倒病有较好效果。

（5）退菌特处理：用80%退菌特800倍液浸种15min，取出后阴干播种。

（三）种子催芽

通过人为措施，为种子发芽创造适宜条件，打破种子休眠状态，促进种子发芽。可使幼苗适时出土，出苗整齐，提高发芽率，并可增加苗木抗性。

1. 水浸催芽

用水浸泡种子，适用于短期休眠的种子（见附表3）。

常见树种浸种水温和时间表   附表3

树　　　种	水温（℃）	浸种时间（昼夜）	树　　　种	水温（℃）	浸种时间（昼夜）
杨、柳、榆、泡桐、白桦、复叶槭、黑枣	冷水	0.5~1	柳杉、桧柏、槐、软枣、苦楝、杜仲	60~70	1~3
悬铃木、桑、臭椿、小檗、香椿	30左右	—	刺槐、紫穗槐、合欢	80~90	—
侧柏、马尾松、文冠果、腊梅、皂荚、元宝枫、小叶椴、梧桐	40~50		紫藤	90~100	待水温后捞出

浸种水量一般是种子容积的3倍，种子浸入后要不断搅拌直至水温不烫手为止。每天换1~2次水，保证水中有足够氧气有利种子发芽。当种子吸水膨胀后捞出或层积或在潮

湿的环境中催芽。

2. 层积催芽

将种子与湿润物混合或分层放置，以解除种子休眠。

(1) 低温层积催芽：将种子混以种子 3 倍的湿沙（湿沙手握成团而不滴水为宜）置于室内堆放或埋藏于坑中，少量的亦可放于木箱、花盆中埋于地下。坑中竖草把，以利通气。保持在 0 ~ 10℃ 低温条件下 1 ~ 4 个月或更长时间。当 40% ~ 50% 种子开始裂嘴时即可取出播种。

(2) 高温层积催芽：将浸水吸胀的种子在 20 ~ 30℃ 条件下进行层积催芽。其混沙量同低温层积法。此法适用于被迫休眠的种子。

(3) 变温层积催芽：用高温和低温交替进行层积催芽。将种子水浸后混沙高温处理一段时间后转入低温处理。一般高温时间短，低温时间长，每天翻动 2 ~ 3 次，温度不够可喷水。

五、作业

1. 写出 1 ~ 3 种树木种子净种、消毒及催芽方法。

2. 说明在种子层积催芽过程中应注意什么？

实习四 硬枝扦插

一、目的要求

进一步理解扦插育苗的原理，掌握选条、剪穗和扦插技术。扦插后观察记载，了解扦插苗的生根、抽芽和生长发育规律。

二、材料和用具

(一) 材料

选乔、灌木及针叶树种若干种（插条）；萘乙酸或吲哚乙酸等药品；基质。

(二) 用具

剪枝剪、手锯、修枝刀、移植铲、锄、喷壶或喷雾器等（应备好菌床或盆、箱）。

三、说明

扦插是利用植物营养器官剪离母体后经过一定处理，促使发生再生根，形成新植株的方法。硬枝插是把园林植物成熟枝，剪离母体后，插在土中使其生根成为独立植株的方法。

在育苗生产中，许多树木种类均可用这种方法快速形成苗木。

四、方法步骤

(一) 选条和剪穗

1. 选条

依扦插成活的原理，应选用幼年树上的 1 ~ 2 年生枝条或萌生条；选择健壮、无病虫害且粗壮含营养物质多的枝条。落叶树种在秋季落叶后至翌春发芽前采条（落叶或开始落叶时剪取最宜）；常绿树插条，应于春季萌芽前采集，随采随插。

2. 剪穗

落叶阔叶树应先剪去梢端过细及基部无芽部分，用中段截制插穗。插穗长 15 ~ 20cm，粗 0.5~2.0cm，具有 2~3 个以上的饱满芽。上切口距第一个芽 1cm 左右处平剪，剪口要平滑；下切口在芽下 0.5cm 处平剪或斜剪，插穗上的芽应全部保留。常绿阔叶树的插穗长 10~25cm，并剪去下部叶片，保留上端 1~3 节的叶片，或每片叶剪去 1/3~1/2；针叶树的插穗，仅选枝条顶端部分，应剪成 10~15cm 长（粗度 0.3cm 以上），并保留梢端的枝叶。

（二）贮条（穗）

秋采春插的穗条应挖沟层积贮藏，堆积层数不宜过高，多 2~3 层为宜。亦可窖藏或插条两端蜡封置低温室内贮藏。

（三）扦插

落叶阔叶树种若插穗较长，且土壤粘重湿润可以斜插；插穗较短、土壤疏松宜直插。常绿树种宜直插。扦插的深度为插穗的 1/2~1/3，在干旱地区和沙地插床也可将插穗全部插入土中，插穗上端与地面平，并用土覆盖。扦插时为避免擦破插穗上的芽或皮，可先用扦插棒插洞后再插入插穗。

（四）插后管理

垄插苗要连续灌水 2~3 次，要小水漫灌，不可使水漫过垄顶。灌水后要及时中耕。待插条大部分发芽出土之后，要经常检查未发芽的插条，如发现第一芽已坏，则应扒开土面，促使第二个芽出苗。

床插苗，因有塑料薄膜覆盖，可每隔 5~7d 灌水一次。灌水后松土。要经常检查床内温湿度，必要时要进行降温、遮荫。

五、作业

1.说明采条的最佳时期和选条标准。

2.简述提高扦插成活率的措施。

插穗于扦插前采用冷水浸泡或生长刺激素处理可与对照区比较，进行生根、放叶情况的观察（见附表 4）。

插条育苗生长观察记录表 附表 4

树种：　　　　　　插穗类型：　　　　扦插日期：　　　　成活率%

观　察日　期	生长日期(d)	苗　高(cm)	径　粗(cm)	放　叶　情　况		生　根　情　况	
				开始放叶日期	放叶插条数	开始生根日期	生根插条数

实习五　芽接与枝接

一、目的要求

进一步理解嫁接育苗的原理，掌握园林树木芽接与枝接技术；嫁接后要定期检查管理，以了解嫁接苗愈合成活和生长发育规律。

二、材料和用具

(一)材料

接穗(如园林观赏桃、品种月季、金柑等)和砧木(如毛桃、野蔷薇、枳等)若干种。

(二)用具

剪枝剪、芽接刀、切接刀、劈接刀、修枝刀、盛穗容器、塑料条等。

三、说明

1. 芽接繁殖法,其接穗为单芽。时期一般春秋均可,而以秋季7~9月行之最多。芽接方法中最常用的是盾状芽接法,其次是嵌芽接和管状芽接法。

2. 枝接的接穗具有一短枝,一般是在2芽以上。此法应用很普遍,多行于休眠期(腹接法可行于生长期),以早春树液开始流动前的2月间进行最适宜。

枝接可地接,也可掘接,应按不同地区、不同树种和劳力调配决定。

3. 嫁接前3~4d砧木圃地进行充分灌水;采集、贮藏和切削过程中,应防止失水干燥,在生长季节嫁接时最好做到当天采当天接。嫁接的枝剪和刀要锋利,切削要求切面平滑,一刀削成。切砧、削穗、嫁接和包扎等技术环节必须连接紧密,尽量缩短操作时间。

4. 嫁接后应经常管理,并及时检查成活情况。枝接一般5~6周左右即可愈合,芽接15~20d左右即可看出是否成活。成活后可解除绑扎物,并做好设支柱、砧木除蘖、除草、松土、浇水等抚育工作。

四、方法步骤

(一)芽接

1. 盾状芽接

(1)接穗的采收:选定开花品质好,生长健壮而且抗性强的母本采穗。在树冠外围选取具有饱满芽的一次梢,桃花可选发育好的二次梢。把选好的枝留2~3芽从母本树上剪下,除去叶片,留叶柄,若不立即进行芽接应把穗条浸泡于水中或用湿布包好。

(2)取芽片:左手倒持接穗,右手执芽接刀,选饱满的芽自上而下或自下而上的削取芽片,长约2cm。芽片切面务必平滑,削芽时应一刀直削而下,稍带或不带木质。切勿左右摆动或重复几次削取。削下的芽最好直接扦入砧木,以免削面干燥影响成活,若不能立即扦入,可置于湿布中加以保存。

(3)砧木剥皮:选一二年生发育良好的实生苗,直径0.6~1cm左右。先剪除砧木上离地30cm以内的萌枝,并用干净布擦净干上泥沙,然后在离地10~15cm处的北面方向,选平滑的树皮段进行剥皮。先用芽接刀划一横弧,深达木质部,再自横弧中央自上而下直切一刀,深达木质部,长约2cm,使呈丁字形,再用芽接刀尾部拨开皮部,即可进行芽接。

(4)芽片插入及绑缚:把削好的芽片,用右手执其叶柄,自砧木切口处的中央由上而下,直插入,以抵满切缝为度。芽片必须全部插入且砧木平贴,不可弯曲或留有空隙,若芽片过长可齐横弧处削除,并将剥开之树皮覆盖芽片。最后自上而下用塑料带绑扎,要松紧适度,且必须露出芽及叶柄。

2. 嵌芽接

先于砧木上削去一正方形或长方形的皮层,在接穗上削取同样大小的一片芽片,将其嵌入砧木上，立即捆扎。此法适用于皮层较厚的树种。

3. 管状芽接

在砧木正直平滑处，用芽接刀行环状剥皮，长约 2cm。同样自接穗削一大小相同的管状圈皮，其上带一充实之芽，将其平贴套在砧木部分捆扎。

（二）枝接

1. 切接法

（1）砧木选择与处理：选 1～2 年生实生砧木，生长健壮，直径达 1cm 左右。嫁接时在距地面约 5～10cm 处剪断，用修枝刀把切口削平，再选砧木平滑的一面，用切接刀稍带木质部自上向下直切长约 2～2.5cm，将皮剥开。

（2）接穗选择与处理：优良的接穗选自生长健壮，品种固定的母树上，接穗应生长充实、芽饱满，无病虫为害。一般选自母株树冠中上部外围的枝，接穗具 2～3 芽，长约 4～8cm，在其上端剪口芽反面齐芽削呈 45°斜面，在剪口芽同侧下方削一较长的斜面，长约 2cm，伤口必须平滑，在此斜面之背面再切短斜面呈 45°。老师首先示范削切，同学用砧木的枝经多次练习再正式削接穗。

（3）接合并捆扎：把削好的接穗插入砧木切口中，使两者形成层彼此对准，因砧木一般大于接穗，故接穗应偏于砧木一侧，始能达到两者形成层互相密接的目的。接好后用塑料带扎紧封严。

2. 劈接法

此法与切接法在砧木与接穗的削法上均有不同。砧木一般比接穗粗，从中直劈，分成两半深达 3cm 左右，接穗下方削成 2 个长达 2cm 的斜面，形成楔形。将接穗直接插入砧木切口的一侧，使两者形成层紧密结合，稍加束缚用塑料条封严。

3. 腹接法

接穗削取同切接法，而砧木不截头，在树干中段作一斜切，深达木质部，将接穗插入扎捆即可。

五、作业

1. 根据操作和检查成活中的体会，简述影响芽接成活的因子有哪些？

2. 枝接 3 周后检查成活率，列表如附表 5。

枝接成活率统计表 附表 5

日　期	接穗品种	砧木种类	枝接方法	株　数	成 活 数	成 活 率

实习六　压条、分株、埋条

一、目的要求

掌握园林树木压条、分株、埋条繁殖技术及其各种方法。

二、材料和用具

（一）材料

280

杨树、月季、桃、紫藤、连翘等树木的种条；露地栽培的珍珠梅、迎春等。

（二）用具

修枝刀、剪枝剪、锹、锄、木钩等。

三、说明

1. 压条是将母株上的一部分或全部一年生或二年生枝条压入土内使之生根，断离母株后自成一独立的新植株的一种繁殖方法。由于压条的枝条不与母株分离，它能够借助母株供给的水分和养分生根发芽。因此，凡是扦插不易生根或生根时间长的树种，都可采用压条方法繁殖。

压条繁殖方法很多，有普通压条、水平压条、堆土压条、空中压条等。其中空中压条法将枝条上被压处进行环状剥皮或刻伤处理，然后用塑料袋套在被刻伤处，内填疏松、肥沃土壤或苔藓等湿润物，将袋扎紧，使其生根。若发现袋内土壤干燥，可用医用注射器注入水分。经 40～60d 即可生根。空中压条在生长期中进行，在秋冬就可剪取栽植。

其他压条法都是将枝埋在土中，深约 5～10cm，经过切伤或环割，促其生根。普通压条法的压条短，一枝形成一幼株；水平压条、波状压条被压枝条都长，在母体附近做深约 5～10cm 的长沟，把枝压入沟底，上覆细土，促其生根，一株可形成多株幼苗。堆土压条法适用于灌木类花木，选用 1～2 年生枝，在基部行环割培土促其生根。

2. 分株繁殖是利用某些植物能够萌生根蘖，把这些根蘖从母株上分割下来，栽培成新的植株的一种繁殖方法。此法多用于花灌木的繁殖。

3. 埋条繁殖是将一年生生长健壮的发育枝或徒长枝全部横埋于土中，使其生根发芽的一种繁殖方法。此法多用于扦插不易生根的树种，如毛白杨、新疆杨、河北杨以及悬铃木、江南槐等。

四、方法步骤

（一）压条

1. 普通压条法

适用于离地面近且容易弯曲的树种，如迎春、木兰、大叶黄杨等。将母株上近地面的 1～2 年生枝条弯到地面，在接触地面处挖沟，将枝条顺沟放置，枝梢露出地面，并在枝条向上弯曲处，插一木钩固定。待枝条生根成活后，从母株上分离即可。

2. 水平压条法

适用于枝条长且易生根的树种，如葡萄、连翘等。将整个枝条水平压入沟中，待成活后分别切离母体栽培。

3. 波状压条法

适用于枝条长且柔软或蔓性的树种，如紫藤、薜荔等。将整个枝条波浪状压入沟中，枝条弯曲的波谷压入土中，波峰露出地面。

4. 堆土压条法

适用于丛生性和根蘖性强的树种，如贴梗海棠、八仙花等。对母株进行平茬截干，促其萌发多数新枝。待新枝长到 30～40cm 高时，将其基部刻伤后培土，注意保持土壤的湿度。翌春将每个枝条切离母体进行栽植。

5. 高压法

即空中压条法。凡是枝条坚硬、不易弯曲或树冠太高、枝条不够压到地面的树种，可采用此法繁殖，如桂花、山茶、米兰、荔枝等。操作方法如前所述。

（二）分株

1．侧分法：将母株一侧或两侧土挖开，露出根系，将带有一定基干和根系的萌株带根挖出，另行栽植。

2．掘分法：将母株带根掘出，将根部分开多份，每份地上部均应各带 1~3 个基干，地下部带有一定数量的根系，经修剪另行栽培。

（三）埋条

1．枝条的采集

选用一年生截干萌发枝条，不可采用多年生树冠上的一年生枝条，也不能采用太短、太细、芽子太少的枝条。

2．整地作床

宽 1.4~1.6m，长不超过 20m。土壤湿润、细碎、无土块、埋条后灌水均匀。

3．埋条方法

埋条时间多在 3 月下旬芽萌动之前，其方法有平埋和点埋法。

（1）平埋法：一床埋两行，行距为 70~80cm，开沟深 3~4cm，沟宽 6cm 左右，沟深浅一致，沟底要平。把母条平稳放入沟后埋土，同时根据枝条粗细、长短、芽的疏密合理搭配，最好双条排列，防止疏密不匀造成缺苗。

（2）点埋法：基本同平埋法，只是埋土方法略有差异。此法在发芽处不埋土，使芽暴露在外，以利发芽。其他地方用土厚埋，以加强保水能力。

五、作业

1．写出压条、分株和埋条（各一种方法）具体操作过程及注意事项。

2．调查本地区采用压条，分株和埋条方法繁殖的园林树木各有哪些？

3．有条件可任选上述繁殖方法中的一种进行实地操作，并利用课余时间管理。

实习七　树　木　移　植

一、目的要求

通过实习，使学生掌握树木移植的基本方法。能独立进行人工裸根挖苗和软包装土球法的移植，在教师指导下，能实施带土方箱移植。

二、材料和用具

（一）材料

校苗圃或实习基地内的桧柏、油松、银杏、迎春、黄杨、悬铃木等；也可结合校园绿化或植树工程实习对指定苗木进行移植。

蒲包片、稻草片、麻袋片、塑料薄膜等包装材料。

若进行带土方箱移植，按教材第九章大树移植（上口 185cm 见方，高 80cm）所需的材料准备。

（二）用具

铁锹、镐、手锯、剪枝剪；带土方箱移植所需用具参见第九章。

三、说明

1. 裸根掘苗适用于大多数阔叶树在休眠期移植，在北方地区移植常绿树，以及一些珍贵的落叶树常采用带土球掘苗法。

2. 正式掘苗操作开始前必须做好人力组织、工具、材料等各方面的准备工作。

3. 掘苗前要调整好土壤的干湿情况。

4. 带土方箱移植从掘苗、装箱、运输到栽植，都需要较熟练的操作技术和严格的机构管理，此项目的实习可结合本地区具体情况而定，亦可由专业人员示范的形式进行。

5. 苗木移植，特别是大树移植要做好学生的组织工作，搞好安全教育。

四、方法步骤

（一）掘苗

1. 裸根苗

大多数落叶树和易成活的针叶树小苗都可采用裸根掘苗。掘苗时人与树苗相对垂直立定，用利锹沿树根四周由外向内垂直挖掘，直至规定深度，待四周侧根全部掘断后再向中心部掏挖，将底根铲断。轻去土，保护好根系。

2. 带土球苗

土球规格要符合规定大小。以树干为中心划一个正圆圈，标明土球直径的尺寸。去表土后沿所划圆圈外缘向下垂直挖沟，一直挖掘到规定的土球高度。掏底时，直径小于50cm的土球可直接掏空，将土球抱到坑外打包，大于50cm的土球，则应将土球中心保留一部分支撑土球在坑内打包。

具体操作方法，参考教材有关章节。

3. 带土方木箱掘苗

进行苗木的选择和号苗；把学生分成若干作业组，并进行分工。确定土台大小应根据树木品种，株行距等因素综合考虑，一般可按树木胸径（离地面1.3m处）的7～10倍。挖土台程序：划线、挖沟、铲宝盖土、修平。修平时要经常用箱板核对。

土台修好后，应立即上箱板，上紧线器，钉箱。加深边沟后进行掏底操作，然后上好底板和盖板。

具体操作参见教材有关章节。

（二）移植树木的修剪

1. 落叶乔木修剪：凡属具有中央领导干，主轴明显的树种（如银杏、悬铃木、杨树等），应尽量保护主轴的顶芽，保证中央领导干直立向上生长。主轴不明显的树种（如槐树类、柳树类、槭树类等），应选择上部中心比较直立的枝条当作领导枝，并通过修剪控制与直立枝竞生的侧枝，以使尽早形成高大的树身和丰满的树冠。

2. 灌木修剪：应多留内膛枝，外缘枝逐级留低，以形成内高外低的丰满灌丛；枝条的平面分布，应为内疏外密；树型一般不宜太高，一般树种宜将直立的枝芽剪去，保留斜向枝芽；根蘖比较发达的树种（如黄刺梅、玫瑰、白玉棠、珍珠梅等），应多疏剪老枝，以使植株更新，生长旺盛。

3. 常绿树修剪：孤植的常绿树一般不剪；绿篱修剪一般应按设计要求造型。

4. 几种常见树木移植时的修剪（北京地区）：乔木中以疏枝为主、短截为辅的树种有白腊、银杏、山楂等；疏枝、短截并重的树种有杨树类、槐树类、栾树、元宝枫等；以短截为主、疏枝为辅的树种有柳树类、合欢、悬铃木等；一般不宜过重修剪的树种有楸树、野漆、青桐、臭椿等。灌木与丛木以疏枝为主、短截为辅的树种有黄刺梅、山梅花、太平花、珍珠梅、连翘、玫瑰等；以短截为主、疏枝为辅的树种有紫荆、月季、溲疏等。

五、作业

1. 详细叙述软材包装土球移植法的操作过程。

2. 简述带土方木箱移植掘苗前的准备工作、掘苗程序及技术要领。

3. 实习体会。

实习八 园林树木修剪

一、目的要求

通过实际修剪操作，熟练操作技能，掌握行道树、花灌木、绿篱修剪的技术环节。

二、材料和用具

（一）材料

国槐、毛白杨、刺桐、悬铃木、月季、茶花、碧桃、紫薇、罗汉松、桧柏、大叶黄杨等。

（二）用具

剪枝剪、手锯、太平剪、安全带、胶鞋等。

三、说明

1. 行道树在城市园林绿化中具有重要的作用。理想的行道树应具备高大通直的树干、完整、紧凑、匀称的树冠和强大的根系等主要条件。培育行道树关键是培育一定高度的树干和完好的树冠，这些都必须通过修剪才能得以实现。

2. 观花灌木可丰富园林绿化景观，增加层次感。要充分发挥观花灌木在园林中的作用，除一般园林植物必要的养护工作外，修剪是非常重要的措施。

修剪前首先要了解不同植物的生长与开花习性，生长强弱，同时观察植株周围环境（立地条件）、光照条件等加以综合分析后，再决定修剪应取的技法。此外，修剪可以调节树势，促进花芽分化，但修剪工作不能孤立的进行，必须与浇水、施肥等其他养护措施相结合才能取得效果。修剪的最后目的是要达到树势均衡，生长旺盛，株形完整，花叶繁茂。

3. 用作绿篱的苗木，要求基部产生大量分枝，这就要进行多次重剪才能达到要求。一般每年修剪两次，为配合节日大都在"五·一"和"十·一"前进行，也可在休眠期和生长季后期枝条尚未木质化时进行。

修剪时应保持篱体高度一致，平剪放平使用，使篱顶面不呈锯齿状，篱体宽度应一致。

四、方法步骤

（一）行道树修剪

以小组为单位，对校园（场、圃）已定植的行道树树冠修剪。

1. 无主轴型

如槐、栾、馒头柳、无宝枫等。以槐树为代表。修剪时间主要在冬季。首先应掌握定干高度，在快车道旁，至少应保持干高 2.8m 以上，在慢行道或公园、绿化等处可适当低些。其次要选留好主枝。抹头后剪口以下萌生出许多新枝，根据方向均称、角度适宜，一般最好选留三四个主枝，其余的应及时掰芽或疏除。第二年冬季根据前一年生枝的强弱、长短进行中或轻短截，以加快树冠的扩大。对树型骨架已定型的壮年树，则以疏枝为主，本着去弱留强原则，适当疏剪掉一些丛生枝、轮生枝、过密枝、交叉枝、枯枝、病虫枝等，理顺树冠内部各大枝，疏密适度。在修剪时要注意解决好树木与电线、交通的矛盾。

2. 有主轴型

以毛白杨为代表，具有强大的顶端优势，不耐重抹头或重截，应以疏剪为主。首先不能修剪太重，应保持冠与树干的适当比例，一般树冠高占 3/5，树干（分枝点以下）高占 2/5。在快车道旁的分枝点高至少应在 2.8m 以下。其次，注意最下的三大主枝上下位置及方向，适当疏剪过密枝、内向生长枝、病虫枝等。

（二）花灌木修剪

组织学生进行花灌木修剪，可根据本地区有代表性的种类进行。在教师示范和学生实操过程中，要本着因树、因时以及树木生长习性和开花习性进行修剪。要注意培养学生掌握疏剪、短截、摘心、剥芽、除蘖等操作技法，并能独立确定修剪方案。各种植物混合栽植时，要观察实地情况，照顾周围树种，使之互相不影响生长而又达到整形和保证开花的目的。

在北京地区一般以有主干的碧桃、当年枝开花的紫薇与多年生枝开花的贴梗海棠三种为学生实操的代表树种。

1. 碧桃

春季开花，花芽着生在去年的枝条上，花枝有长、中、短之分，另外有花束状枝，此种花枝可连续几年形成花芽开花。芽有单芽、复芽和三芽并生，修剪时注意剪口芽须是叶芽。一般花后修剪。将开完花的枝条短截留 3~4 芽，夏季新梢长到一定长度时摘心，以控制枝条的生长，促花芽分化。摘心后发出二次枝，同样摘心。长花枝尽量多留少疏，如果过密可适当疏剪。留下平斜枝。长花枝宜留 7 组左右花芽短截。中花枝留 5 组左右花芽，短花枝可留 3 组花芽分别短截。无叶芽及花束状枝不能短截，过密时只能疏剪。大型开花枝组多选用生长旺盛的枝条，留 5~8 节芽短截，促发分枝，第二年留 2~3 个枝短截，其余疏掉，3~4 年即可培养成大型枝组。小型开花枝组，一般留 3~5 节芽短截，分生出枝条，留 2~3 个短截，其余疏掉，枝组很快形成。枝间间隔以 60cm 为宜，每个枝组长度不宜超过 50cm，如果长了及时回缩，枝组下部多留预备枝。开花枝部位越低越好，最好靠近骨干枝，如果出现上强下弱的要及时剪掉上部强枝，疏掉密生枝、细弱枝和衰老枝，使开花枝均匀分布。对于枯病虫枝，随时剪掉。

为防止花枝过长伸展或主枝伸展过远，必须更新修剪。花后留一定长度短截，下部发出几个新梢，冬剪时留靠近母枝基部，发育充实的一个枝条作开花枝，其余枝条连同母枝一齐剪掉，选留的开花枝适当短截，促发新梢开花，花后仍短截，下部发出几个新梢，新梢开花，花后再如上年一样，留一枝更新。每年利用靠近基部新梢短截更新，年年周而复始地修剪。

2. 紫薇

当年生长开花和二次枝之顶开花。一般修剪成疏散分层形。冬季可将当年苗短截，翌年剪口下发出3~4个新枝，一个枝可作主干延长枝，使其直立向上。下面2~3个枝，夏季摘心控制生长，作为第一层主枝。第二年冬剪将主干上新枝短截1/3，第一层主枝短截，剪口下留外芽，减弱生长势，扶助主干旺盛生长。夏季，新干上发生多数分枝，再选2枝作第二层主枝，但方向位置与第一层主枝错开，余枝摘心控制生长。第三年短截主干先端，只选一个枝作第三层主枝，其余枝摘心控制生长作为开花枝。以后不再向高处发展，每年只在主枝上选留各级侧枝和安排好开花枝。开花枝修剪时留2~3个芽短截。第二年只留后面一个枝，前2个枝剪掉。留下的一个枝再留2~3个芽短截。发枝后只留后面一个枝，前2个枝剪掉，留下的枝留2~3个芽短截。对于冠内的干枯病虫枝、细弱枝随时剪除。

3. 贴梗海棠

花芽着生在二年生以上枝条上，混合芽开花，喜阳光充足。四月中旬开花，一般簇生。

修剪时必须促使发生多数开花短枝并保留一定数量的母枝。每年自植株基部萌发多数萌蘖，可选一定数量强壮的新枝条留作母枝，其他可自基部疏剪，以免消耗养分。当新枝条长到60~80cm时进行摘心，特别是对直立枝的摘心，抑制先端生长，促使中下部形成混合芽。花后将过长的枝条进行短截，使发生侧枝，促使混合芽的分化。冬季修剪除将更新修剪应剪除的老枝外，多年生枝应尽量保留，使之连年开花。冬季修剪时还应将枯枝、病虫枝、过密枝进行疏剪。衰老的开花母枝要逐年更新，并逐年自萌蘖中选茁壮的新枝代替。

（三）绿篱修剪

一般绿篱的断面为上小下大的梯形或上下一致的矩形。对已定型的绿篱按原设计高度，用钢尺从地面向上量至规定高度要求，在绿篱两头，各立一行标杆，按规定高度拉绳沿着绳子用平剪修剪（将高出绳子的部分剪去）。顶部修平后，按横断面的要求将侧面修平或修剪成斜边（其他造形可参照此法进行）。

实习时，全班分成若干组，剪后相互交换进行评议。

五、作业

1. 有主轴的行道树种应如何修剪（选择当地的一种树木进行论述）？
2. 花灌木修剪应依据哪些原则？
3. 绿篱多年不修剪将产生什么后果？

实习九　古树名木的养护复壮

一、目的要求

掌握古树名木的养护管理技术措施；了解古树衰老的原因和主要复壮方法。可结合本地区古树名木资源状况进行调查。有条件的地区可对某些长势濒危的古树名木提出抢救措施，并在古树名木行政主管部门的指导下实施一般的治理，复壮工作。

二、材料和用具

（一）材料

治理、复壮措施所需材料因方法而异。

（二）用具

古树名木调查的主要用具，如皮尺、钢卷尺、自制表格等。

三、说明

本地区的古树名木一般由园林、林业行政主管部门确认和公布。古树名木行政主管部门按照当地人民政府规定的职责，负责本行政区域内古树名木的保护管理工作。进行古树名木的调查应争取上述部门的支持和配合，特别是进行养护或复壮试验，必须经过古树名木行政主管部门的批准，并在其指导下进行。

四、方法步骤

1．组织学生对当地古树名木资源进行调查。调查内容：树种、树龄、树高、冠幅、胸径、生长势、生长地的环境（土壤、气候等情况）以及观赏及研究的作用等。

2．搜集有关古树名木的历史及其诗、画、图片、神话传说等。

3．对当地古树名木落实养护管理规范的状况进行实地考察，其主要内容有：

（1）一级古树名木应设围栏保护；公园绿地及单位或私人庭院的二级古树名木，凡人流密度较大，易受毁坏的也应设围栏保护。孤立树或树群围栏与树干的距离应不小于 2m；特殊立地环境以游人摸不到树干为最低要求，根系延伸很远的树木，围栏外地面还应作透气铺装。

（2）树冠垂直投影外沿 2m 范围以内，或距树干 7m 以内，禁止地上地下动土施工或铺装不透气地面。对施工范围内的古树名木，必须事先采取防护措施。

（3）在古树名木根系分布范围内，严禁设置临时厕所和排放污水的渗沟；不准在树下堆物、堆料、堆肥和倾倒生活污水，撒过盐水的冰雪、人粪尿、垃圾或焚烧任何物品。

（4）不允许在树体上钉钉、缠绕铁丝、绳索、悬挂杂物或作为施工的支撑点或固定物等。严禁刻划树皮和攀折树枝。

（5）检测 1～3 次土壤含水量。松柏树的土壤含水量，一般以 14%～15% 为宜，沙质土可在 6%～20% 之间。根据树木所需适宜的土壤含水指标，决定浇水或排水。

（6）适时浇好春水、冻前水和肥后水。每次浇水的林地，水的渗透深度应在 80cm 以上。对公园及风景区游人密度较大之处及路边或施工工地附近的树木，附着尘埃较多时，应喷水淋洗叶面。

（7）检测林地土壤的养分状况，根据北京地区土壤所含氮、磷、钾的水平，一般碱解氮在 30ppm，速效磷在 20ppm，速效钾在 100ppm 以下，就应施肥。

株行距 8m 左右的林地，应于早春或秋后开沟施肥，孤立树可在树冠垂直投影外侧打穴施肥。沟施每隔 3～5 年一次，每次每株一般施腐叶肥或绿肥 200～300kg，过磷酸钙 2.5kg，尿素 0.2kg。穴施 2 年一次，每株每次施麻渣或豆饼 2～3kg，尿素 0.5～0.8kg。

生长期内应追施无机肥料。每年叶面喷肥 2～3 次。

（8）对有纪念意义或有特殊价值的古树，应保留其原貌，对枯枝应采取防腐措施加以保护，不允许随意修剪。

（9）古树名木的伤疤及空洞应及时进行修补；对树皮毁坏较多的树木，应有计划地采用桥接办法恢复树势；古树枝、体不稳的应采取加固措施；高大树体应安装避雷装置。

（10）平地古树林地（或围栏内），应栽植地被植物。不适宜栽草的地方，应经常中耕或加树皮屑等覆盖物，保持土壤疏松状态，防止表土流失或吹失。

（11）检查病虫害，及时进行防治。认真推广和采用安全、高效、低毒农药以及防治新技术。

（12）遇有土壤密实，通气、渗水不良的特殊情况，可采取挖沟埋入树木枝条、挖暗井、盲沟排水、铺设透气铺装等措施进行特殊养护。

4.实施衰弱古树名木的复壮措施。

五、作业

1.填写本地区古树名木调查表。

2.撰写本地区古树名木养护管理状况的调查报告。

3.提出对生长衰弱古树名木实施治理、复壮的方案。

实习十　植树工程（实习一周）

一、目的要求

深入了解植树工程在园林绿化中的地位、作用及园林绿化的意义和绿化工作的特点；掌握植树工程的准备工作项目及内容，熟悉施工的主要工序及全部操作规范；真正掌握植树工程中的基本技能，并每项操作都达到质量标准；突出培养学生并使之掌握植树工程的组织和管理能力，培养并使之掌握和树立严格的、科学的栽植技术和高度的责任心。

二、材料和用具

（一）材料

某植树工程全套设计施工图纸及有关相应的文字材料及附件；编号文字材料及图表用的文具纸张；掘苗所需的各种材料等。

（二）用具

比例尺、皮尺、测绳、钢卷尺、铁锹、白灰、木桩、手锯、剪枝剪等。

三、说明

1.承担植树工程施工的单位，在接受施工任务后，工程开工之前，必须听取植树工程设计交底，了解植树工程概况，进行现场勘查。通过上述内容的实习，使学生了解植树工程设计技术交底和现场勘查的工作内容、方法和步骤，培养学生掌握植树工程的组织和管理能力，并为下一步实习打下基础。

2.在了解某一植树工程概况和现场勘查之后，组织学生编制植树工程施工方案，使之掌握制定植树工程施工方案的内容、工作步骤和方法，达到既懂技术又会管理的目的。

3.植树工程施工必须符合设计意图，植树位置应该和设计图一致，要求严格按图定点、放线。组织学生进行定点、放线的实习，可使之掌握运用简单的测量工具，学会不同形式的绿地（包括行道树）的定点、放线方法。

4.栽苗是植树工程的重点工序，其操作是否规范，直接关系植树工程的质量和成活率。通过组织学生进行栽植内容的实习，可使学生了解和掌握栽苗的操作方法及要求。

5.掘苗（露根和带土球苗）实习可与实习七结合进行，有条件可增加带土方箱移植的实习。

四、方法步骤

（一）了解植树工程概况，勘查植树工程施工现场

1. 实习现场的选择。实习前与园林设计单位或施工部门取得联系和配合，最好结合当地的具体植树工程任务安排学生集中实习，可选择一个中小型绿化工程，也可完成较大型工程中的一部分。

2. 组织学生参加某项植树工程的设计交底会议，听取设计意图的说明，了解施工人员所提问题的范围、内容及方式，双方共同协商的问题是否取得一致意见，收集最终结果，如工程量是否有增减；施工要求有无变化；施工方法有无改动；施工材料有无变更等，并作出详细记录。

3. 组织学生随设计人员、市政单位、园林部门奔赴现场，对照图纸详细了解工程现场的自然条件、环境状况、设计要求以及施工中可能遇到的问题及处理意见。发动学生（集中或分组）在有关设计、施工人员和指导教师的带领下进行施工现场勘查，分别就现场土质情况、交通状况，水源、电源及各种地上物的情况作出具体详细的记载，同时提出解决办法。

（二）制定施工方案

1. 施工地点与现场勘查结合，与施工部门配合，为新开工程或近期内要开工的工程作模拟式施工方案，使学生感到真实的而不是虚构的施工现场。学生可随时向施工部门求教，并将制定的方案在施工实践中求得检验。

2. 施工方案的内容根据教材要求进行编制，不同的工程其内容不可能完全一样，要抓住其主要问题，提出解决办法，指导施工顺利进行。

3. 制定施工方案时，应着重确定以下几个方面的问题：

（1）施工的组织机构　重要而复杂的工程施工前必须组成精干的领导班子，有既懂业务技术又有组织能力的人担任总指挥，下设副总指挥及调度员。这是保证施工任务顺利完成的重要条件。除此，还要根据工程特点设置职能部门，确定负责人。既要明确分工，各负起责；又要密切协作，共同对完成任务负责。

（2）施工进度计划的安排　施工的总进度应根据主管部门的要求而定。植树工程的总工期应该包括一个适宜栽植期，一般情况下应避免交叉作业，最理想的施工程序应该是：征收土地→拆迁→整理地形→安装给排水、电缆管线→修建园林建筑→建设道路、广场→种植树木，铺栽草坪→布置花坛。如有大树移植任务，则应在建设道路、广场之前将大树栽好，以免载重汽车或吊车压坏新铺的路面。在许多情况下，不可能完全按照上述程序施工，但要注意前后工程项目不能互相干扰。

单项进度计划，指完成某项工作可规定的具体时间。如完成植树工程任务所规定的全部时间叫总进度，其中完成挖坑、种植等工序的时间叫单项进度，一般用×月×日至×月×日来表示，一些重要的紧迫工程甚至用小时来计算。

影响施工进度的主要因素是施工方法；另一个因素是施工程序中的主要矛盾和薄弱环节。因此，应分析主要矛盾和薄弱环节，在人力、物力、材料、机械上优先供应。

（3）材料、工具和劳动力安排（填写计划表格）。根据设计工程任务量的要求，在计算所用的材料、工具、苗木、劳力等用量时应加上耗损量即保险系数，如客土量的计算，材料用量等，亦应增加5%～10%才可保证工程的需要。

（4）编制施工预算　编制施工预算是一项很细致的工作，必须坚持实事求是，精打细算的原则，既要保证质量又要避免浪费，还要考虑物价变动的因素。

（5）组织技术培训　根据施工队伍的现状确定是否需要集中培训。在不能作全员培训时也应组织骨干进行培训，以保证施工质量。

（6）施工现场平面图的绘制　编制较大型工程施工方案，应绘制施工组织设计现场布置平面图，图面要求干净、清晰、图例正确、比例适当，一目了然。

（7）植树工程主要技术项目的确定　运用所学的理论知识，结合工程具体条件和要求，制定出切实可行的植树方案。

（三）定点、放线

1. 实习前落实实习现场，选下一二条行道树植树现场及一处 2000m² 以上的自然式成片绿地或空旷地。

2. 分组用测绳、花杆、皮尺，放出行道树的行位，并定出点位。要求行位准确，点位与环境协调。

3. 分别用交会法及网格法进行成片绿地的放线定点。要求各种设施位置准确，自然式树丛内单株点位符合自然式种植原则。

4. 确定点、线，分别用木桩或白灰粉作好标记。

5. 由实习指导教师根据设计图检查验证，并进行讲评。

五、作业

1. 根据设计交底和现场勘查的资料，写出一份××工程的勘查记录。

2. 制定施工方案及相应的图表（可分组进行）。

3. 植树工程阶段总结。

主 要 参 考 文 献

1　南京林业学校主编．园林植物栽培学．北京：中国林业出版社，1991

2　俞玖等．园林苗圃学．北京：中国林业出版社，1988

3　长春城建技工学校，西安园林技工学校主编．园林苗圃学．北京：中国建筑工业出版社，1983

4　上海市园林学校主编．园林植物栽培学．北京：中国林业出版社，1992

5　孙锦等．园林苗圃．北京：中国建筑工业出版社，1982

6　马太和．无土栽培．北京：北京出版社，1980

7　孙时轩等．林木种苗手册．北京：中国林业出版社，1985

8　陈有民主编．园林树木学．北京：中国林业出版社，1988

9　北京市园林学校主编．绿化施工与养护管理．北京：中国建筑工业出版社，1989